普通高等教育电子电气信息类应用型本科系列规划教材

单片机与FPGA实训教程

廖　磊　何　巍　周晓林　主编

科学出版社
北　京

内容简介

本书包括单片机、FPGA以及二者的联合设计实训三个部分，每个部分各两章，通过大量实训案例，由基础至综合，循序渐进地引导学生开展设计实训。其中，单片机实训部分包括基础实训和接口实训，可以作为单片机课程实验指导或课外综合实训指导。FPGA实训部分包括基础实训和综合实训，主要服务于EDA课程实验和课外或实践专周实训指导。单片机与FPGA综合实训部分包括两个层次，一是普通单片机与FPGA的综合设计，二是在FPGA中嵌入MC8051 IP核的综合设计，该部分主要用于课程设计、毕业设计、创新设计等实践模块的实训指导。本书以实验实训为主，自成体系。考虑到实验硬件平台的差异，着重阐述了不同实验平台下开展这些实验的移植方法，以期达到最大限度的兼容性。

本书可以作为高等院校电子信息工程、通信工程等弱电类专业本科生或低年级研究生开展单片机与FPGA实践实训的指导教材，也可以作为电子设计竞赛等课外培训或相关电子类工程技术人员参考书。

图书在版编目(CIP)数据

单片机与FPGA实训教程 / 廖磊，何巍，周晓林主编. —北京：科学出版社，2016.1（2021.1重印）

ISBN 978-7-03-046956-4

Ⅰ.①单… Ⅱ.①廖… ②何… ③周… Ⅲ.①单片微型计算机-教材 ②可编程序逻辑器件-系统设计-教材 Ⅳ.①TP368.1 ②TP332.1

中国版本图书馆CIP数据核字（2016）第006674号

责任编辑：杨 岭 李小锐 / 责任校对：韩雨舟
责任印制：余少力 / 封面设计：墨创文化

科学出版社 出版
北京东黄城根北街16号
邮政编码：100717
http://www.sciencep.com

四川煤田地质制图印刷厂印刷
科学出版社发行 各地新华书店经销

*

2015年12月第 一 版 开本：787×1092 1/16
2021年1月第三次印刷 印张：20.5
字数：470 000

定价：45.00元

前　言

培养学生的工程能力和创新能力是当前国内高校在工程教育中普遍存在的薄弱环节之一，为了改变工程教育落后的现状，教育部启动了“卓越工程师教育培养计划”，同时教育部主导的中国工程教育认证机制也在稳步推进。全国各大高校也积极开展了工程教育培养模式的探索和改革，其中课程群的优化整合、实践环节的改革和工程训练的加强是普遍的做法之一。由于传统的教学资源和实践资源都基本上围绕课程独立建设，课程之间存在明显鸿沟，基于课程群的知识融合，尤其是工程实践训练方面融合的资源比较欠缺，需要大力建设。基于此，本书旨在为单片机和 FPGA 相关课程的工程实践融合作出探索。

单片机与 FGPA 是目前高校电子类专业的两门重要专业课程。这两门课程也都是工程实践性极强的课程。传统的实践模式将两门课程的实践完全独立开来，各自完成课程的基础实验或综合实验。作为数字系统的两个重要核心部件，单片机与 FPGA 具有极强的系统互补性，CPU 和 FPGA 的联合设计也是实际工程设计中的一种经典模式，利用 FPGA 的高速性能完成单片机无法完成的高速采样、高速信号处理等，利用单片机完成 FPGA 不便于或不值得实现的灵活控制与计算，因此可以实现软硬件设计的互换，可以更好地平衡产品的性能与成本。本书旨在加强单片机与 FPGA 的实践训练，尤其是二者的联合设计的工程实践，以提升读者单片机和 FPGA 综合设计的实践能力。通过本书案例的实践训练，促进学生学习方式的转变，由被动接受式转换为主动探究式，提升学生综合实践应用能力，培养独立思考能力和创新精神，最终提高学生的工程素质。

传统实验实训教材往往以某种功能强大的实验平台为基础，然后在该平台上展开各种实践训练课题，但由于读者实践平台与教材实践平台的差异性，教材的实际指导效果受到了影响。本实训教程力求避免平台不同给读者带来的负面影响，尽可能以简单和通用的电路实现训练目标，并针对读者可能拥有的不同硬件平台进行了详细的实验移植指导，力求在不同的平台下能帮助读者成功完成实训任务。

本书共 6 章，从单片机到 FPGA 再到二者联合设计，通过大量案例，由基础至综合，循序渐进地引导学生开展设计实践。其中第 1 章和第 2 章为单片机实验部分，分别指导开展单片机的基础实训和常用接口实训，该部分可以作为单片机课程的同步实验指导。第 3 章和第 4 章为 FPGA 实验部分，其中第 3 章是基础实训，可以为 EDA 课程提供同步实验服务，本章前 4 个实验也可以作为数字电路的新型实验，采用现代电子设计的方法实现传统数字电路的实验内容。第 4 章为 FGPA 的综合实训，指导开展综合度较高的 FPGA 设计实践。第 5 章和第 6 章为单片机与 FPGA 联合设计实训部分。其中第 5 章指导进行传统工业标准单片机与 FPGA 的混合设计，第 6 章则采用 MC8051 IP 核实现基于单片机的 SOPC 混合设计。采用 MC8051 IP 核展开 SOPC 设计能与本科学生已有的知识和技能有效衔接，解决了传统 SOPC 设计的高门槛问题。

本书第1章和第2章由何巍编写，第3～6章由廖磊编写，廖磊、周晓林负责统稿。本书编写过程中获得了四川师范大学物理与电子工程学院的大力支持，同事梁文海老师和麦文老师对本书的出版给予了热情的帮助和支持，研究生罗宇翔为本书大量案例进行了验证，在此深表感谢。

现代电子技术日新月异，尤其是单片机技术和FPGA技术，软件与硬件的更新速度快，应用范围广，作者水平和知识面有限，书中难免存在诸多不足之处，还请各位同行专家和读者批评指正。

编　者

2015年9月

于四川师范大学

目　　录

第 1 章　单片机基础实训

本章重点为 MCS-51 单片机的基础性应用项目训练。从实际应用出发，通过常用的单片机内部资源训练项目案例，循序渐进地学习 MCS-51 单片机通用开发环境 Keil μVision4 的使用方法和调试技巧，训练项目主要涉及 MCS-51 单片机内部资源的工作原理，汇编语言编程、调试方法。

由于程序设计与硬件平台电路直接相关，为方便理解，本章对硬件系统进行模块化处理，在每个训练项目中，给出了相应模块的参考电路原理图及模块间连接关系，方便读者在学习时参考。

1.1　数据排序程序设计

1.1.1　实验目的

(1)熟悉 Keil μVision4 集成开发软件的工作环境和使用方法。

(2)掌握 Keil μVision4 项目建立和程序调试方法。

(3)掌握存储器观察和修改方法。

1.1.2　实验任务

利用汇编语言编写程序，将单片机内部 RAM 从 40H 单元开始的连续 16 个单字节无符号数按从小到大的顺序排列。

1.1.3　实验原理

数据排序的方法很多，在本训练项目中采用常用的冒泡法排序。其基本思想是：在 N 个单字节无符号数构成的序列中，将第 1 个和第 2 个数进行比较，按要求将两个数据排好顺序；再进行第 2 个和第 3 个数的比较，依此类推，直至第 $N-1$ 个和第 N 个进行比较，从而完成了第一轮的冒泡过程，将最大的数据排在 N 位；然后进行第二轮冒泡，将第 1 至第 $N-1$ 个数据进行与第一轮冒泡相同的操作，将前面 $N-1$ 个数作 $N-2$ 次比较后，其中最大的数冒泡至 $N-1$ 位；同理，直至第 $N-1$ 轮结束，N 个数据构成的序列已完成排序。

仔细分析可以发现：判别冒泡排序的结束条件不仅可以是 $N-1$ 轮冒泡过程是否完毕，还可依据“在一轮冒泡过程中是否发生过数据交换”来判断排序是否结束。只要在一轮冒泡过程中没有发生数据交换，则不必等到 $N-1$ 轮循环结束就已经完成了数据排序，从而提前结束循环，提高程序执行效率。

依据冒泡法排序原理，本项目程序流程图如图 1-1 所示。其中，在一轮冒泡过程中是否发生了数据交换是排序是否完成的关键，程序设置一个标志位来标识。当标志位为 1 时，表示本轮排序发生了数据交换，排序尚未完成；当标志位为 0 时，表示本轮排序未发生数据交换，排序完成，循环程序结束。

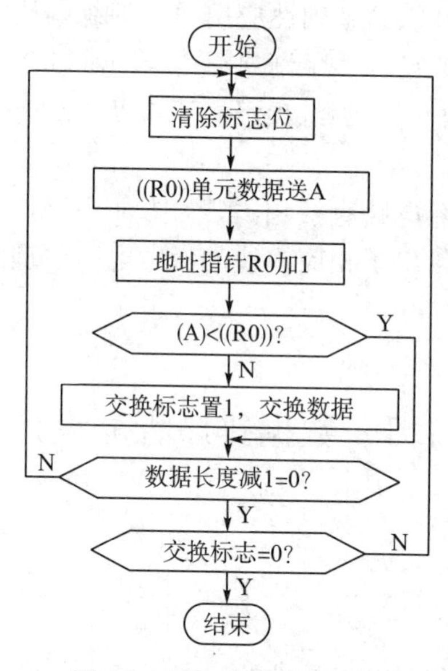

图 1-1　冒泡法排序流程图

1.1.4　实验步骤

1. 建立新项目

双击桌面 Keil μVision4 快捷方式，屏幕如图 1-2 所示，稍后会出现编辑界面，如图 1-3 所示。

图 1-2　启动 Keil μVision4 时的屏幕

图 1-3　进入 Keil μVision4 后的编辑界面

下面通过简单的编程、调试，带领大家学习 Keil μVision4 软件的基本使用方法、操作步骤、注意事项和基本的调试技巧。

1)建立一个新项目

单击“Project”菜单，在弹出的下拉菜单中选中“New μVision Project”选项，如图 1-4所示。

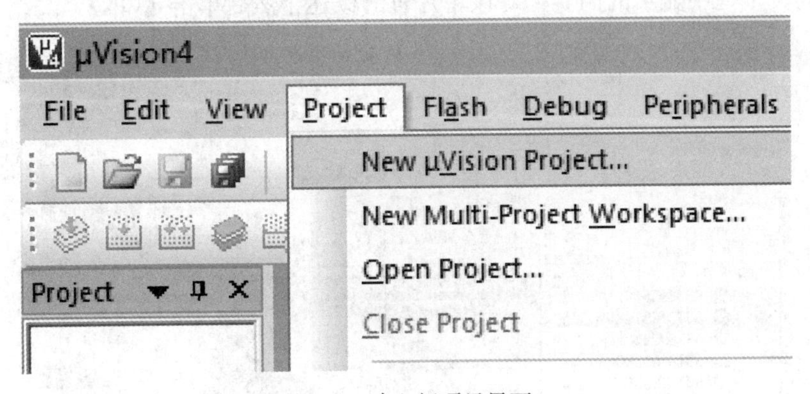

图 1-4　建立新项目界面

2)选择保存项目路径

为规范项目管理，一般将一个项目所涉及的所有文件都存放在同一个目录中，以利于项目文件归档操作。保存项目文件时，选择需要保存的路径，本项目的项目文件统一存放在“F:\McuLab\Lab01_Sort”文件夹中，在对话框中按“见名知义”的原则输入项目文件的名字，如图 1-5 所示，然后单击【保存】后自动进入仿真目标 CPU 芯片选择。

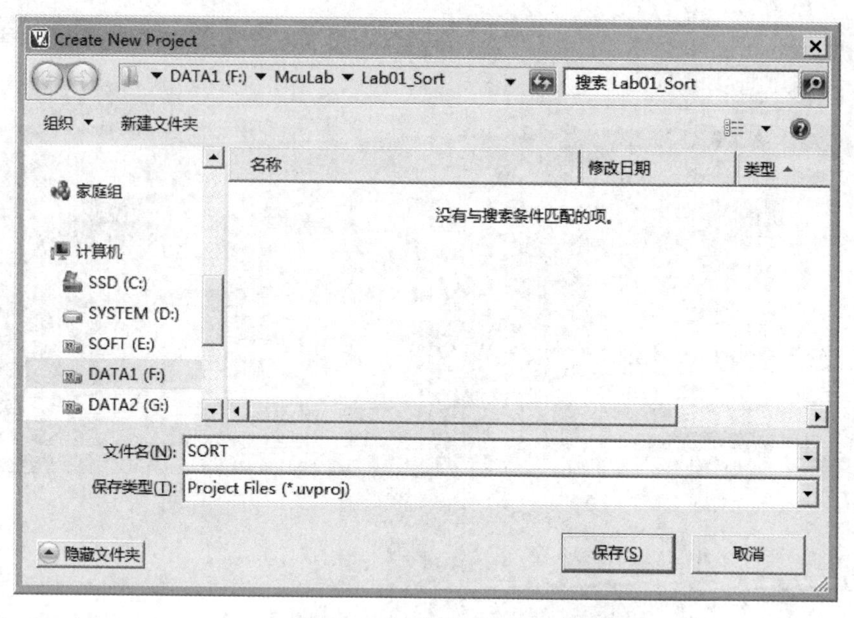

图 1-5 项目保存路径选择

3)单片机目标芯片选择

根据对话框的提示，选择单片机的型号。开发者可根据实际使用的单片机型号进行选择，Keil C51 几乎支持所有的 51 内核的单片机，先通过芯片所属生产厂家筛选，这里选择与 SST 仿真器芯片对应的单片机 SST89x516RD2(开发者若采用商用仿真器，则可根据实际系统采用的单片机型号选择仿真器及芯片)，如图 1-6 所示，选择单片机芯片后，右边的文本框中显示的内容是对该单片机的概述，然后单击【OK】。

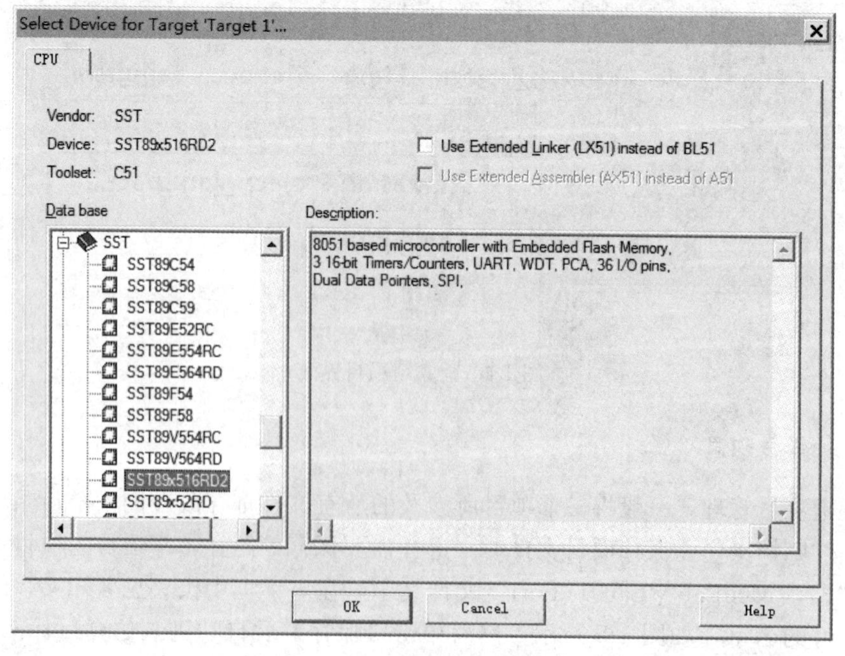

图 1-6 目标芯片选择界面

4)C51启动文件加载选择

STARTUP.A51文件为C51启动文件，在单片机启动时自动运行，实现对存储器内容的初始化功能。开发者可根据系统的需要修改其代码，以实现不同系统对存储器初始状态的要求，如图1-7所示，汇编语言源程序不需要该文件做初始化工作，因此，选择【否】。

图1-7　C51启动文件加载选择

5)项目建立完毕

完成上一步骤后，屏幕如图1-8所示。在窗口的标题栏，显示了项目的名称。在开发过程中，开发者应经常查看该标题内容是否与当前的实际工作情境一致，帮助开发者少犯错误，少走弯路，从而提高开发效率。

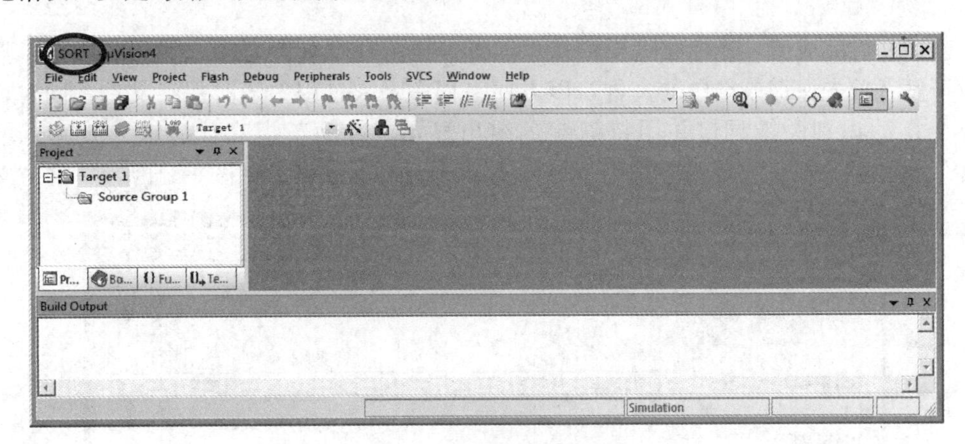

图1-8　项目建立完毕界面

至此，已经完成了项目建立的过程，即将进入源程序编辑环节。

2.编辑源程序文件

项目文件建成后，可以开始程序源代码文件的编辑工作。

1)新建源程序文件

单击“File”菜单，在下拉菜单中单击“New”选项，建立新文件，如图1-9所示，也可单击如图1-10所示快捷按钮，或使用快捷键Ctrl+N，实现快速操作。

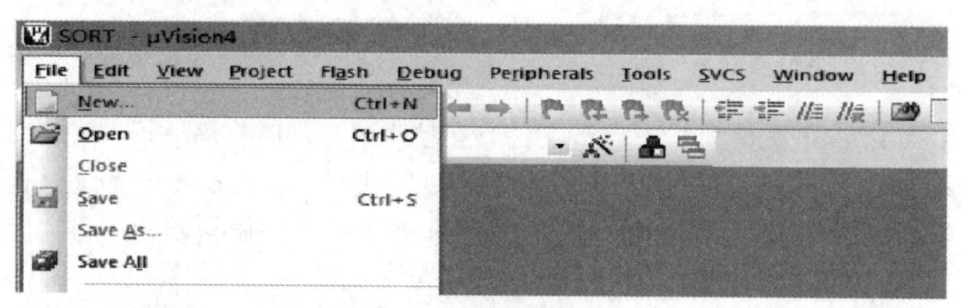

图 1-9　新建源文件界面

新建文件后，Keil μVision4 开发界面如图 1-10 所示。

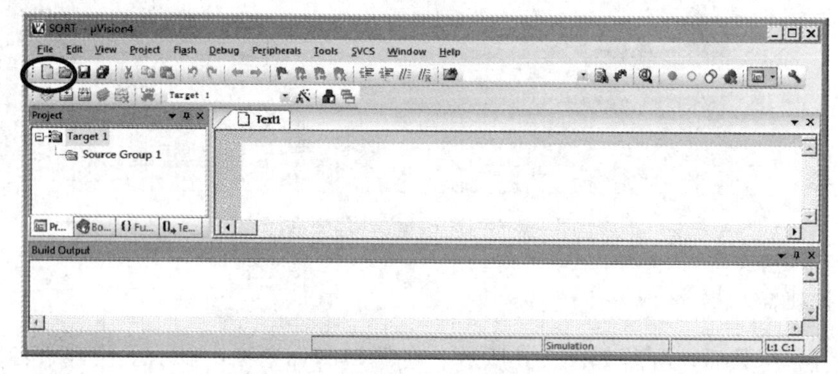

图 1-10　源程序文件编辑状态界面

2)保存文件

新建文件完成后，光标在编辑窗口里闪烁，提示开发者即可输入代码。但是，强烈建议开发者首先保存该空白的文件，以方便在程序录入过程中随时保存文件，同时，编译器会自动识别关键词，并用特殊颜色突出显示，有助于提高代码输入效率。单击“File”菜单项，在下拉菜单中选中“Save As”选项单击，屏幕如图 1-11 所示，在“文件

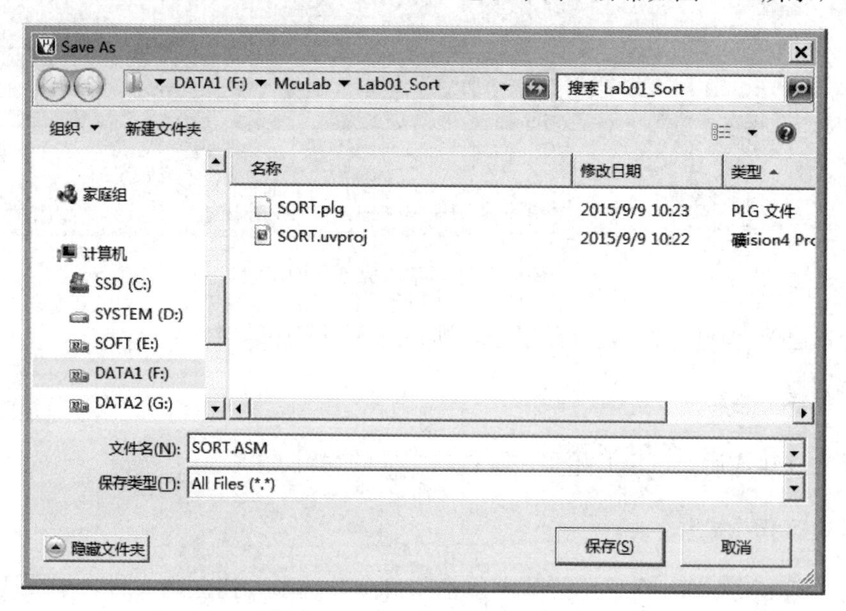

图 1-11　源程序文件保存界面

名”栏右侧的编辑框中，按“见名知义”的原则键入文件名和正确的扩展名。注意，如果编写的是C语言程序，则扩展名为“.c”；如果编写的是汇编语言程序，则扩展名必须为“.asm”；如果编写的是C语言的头文件，则扩展名为“.h”。然后，单击【保存】。

3)添加源程序文件到项目

在Keil μVision4开发过程中，所有文件按项目管理方式，属于该项目的文件必须添加到该项目下，包括库函数文件、头文件等。在项目管理窗口，单击“Target 1”前面的“+”号，然后在“Source Group 1”上单击右键，弹出菜单，如图1-12所示，然后单击“Add Files to Group ‘Source Group 1’”。

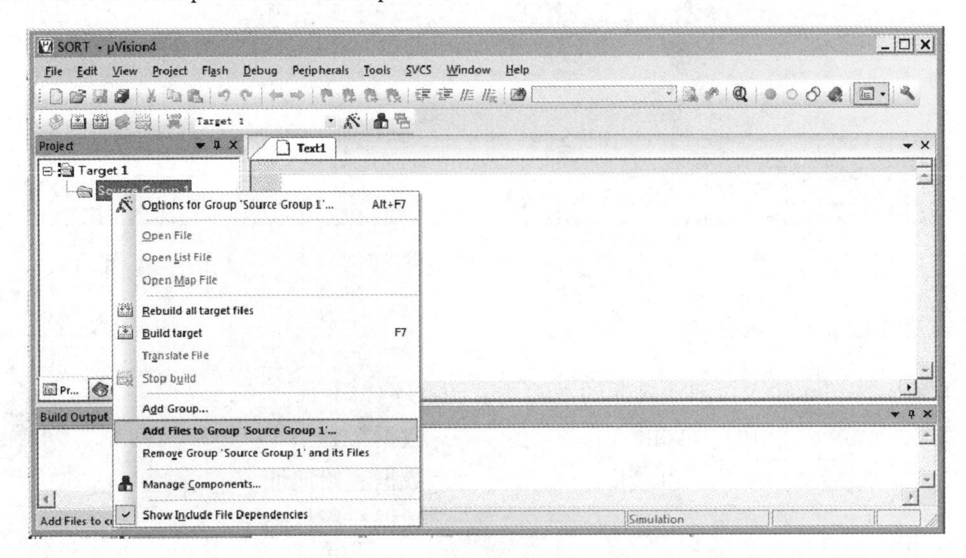

图1-12　添加源程序到项目界面

选中刚才保存的“SORT.ASM”，然后单击【Add】，如图1-13所示。

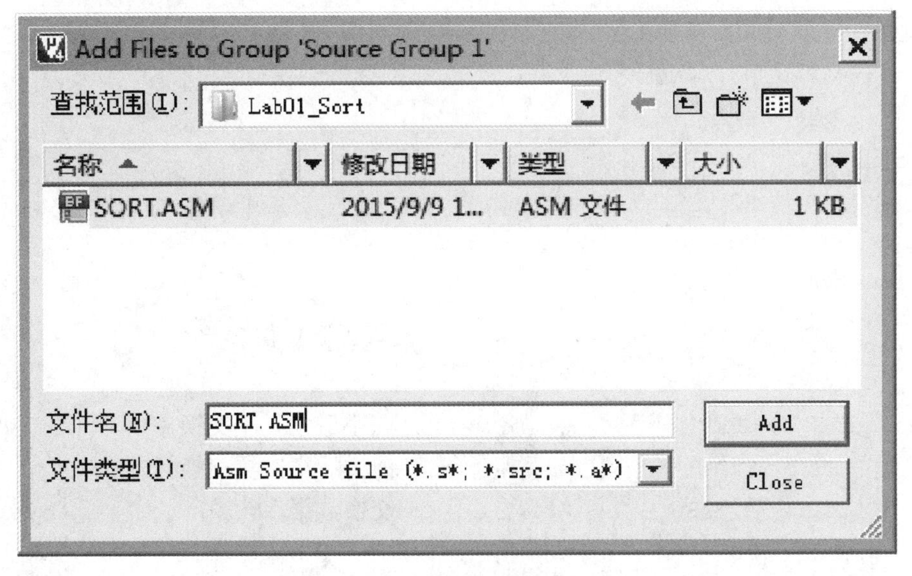

图1-13　选择添加源程序界面

“Source Group 1”文件夹中多了一个子项“SORT. ASM”，子项的内容为添加的源程序文件名称，如图 1-14 所示。

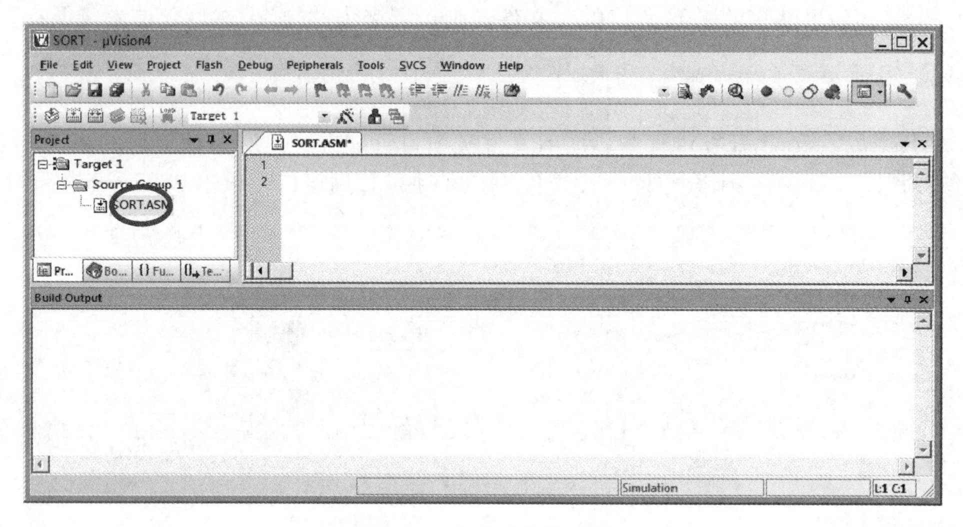

图 1-14 源程序编辑界面

4)编辑汇编语言源程序

在编辑环境，输入冒泡法排序的汇编语言源程序代码：

```
        NUM   EQU   10H              ; 数据个数
        ARRAY EQU   40H              ; 数据起始地址
        FLAG  EQU   00H              ; 数据交换标志
        ORG   0000H
        LJMP  SORT
        ORG   0100H
SORT:   MOV   R0, #ARRAY
        MOV   R7, #NUM-1
        CLR   FLAG
GoOn:   MOV   A, @R0
        MOV   R2,A
        INC   R0
        MOV   B, @R0
        CJNE  A, B,NoEqu             ; 设置断点位置
        SJMP  NEXT
NoEqu:  JC    NEXT                   ; 前小后大，不交换
        SETB  FLAG                   ; 前大后小，置交换标志
        XCH   A, @R0                 ; 交换数据
        DEC   R0
        XCH   A, @R0
```

```
        INC     R0
NEXT:   DJNZ    R7,GoOn                 ; 设置断点位置
        JB      FLAG,SORT               ; 交换标志为“0”，排序结束
        LJMP    $
        END
```

在输入上述程序过程中，开发者已经能体验到事先保存待编辑的文件的好处了，即 Keil C51 会自动识别关键字，并以不同的颜色标识，以引起开发者的注意，从而减少开发者犯错误的机会，有利于提高编程效率。

程序输入过程中，应严格按照程序书写规范，严格执行缩进原则，以使程序看起来层次清晰，结构明了，有助于提高调试效率。在代码输入过程中，正确使用 Tab 键，有助于快速实现代码的层次对齐。

另外，为方便程序的交流，建议在代码后面添加必要的注释。注释可用中文，也可用英文。

程序输入完毕后，如图 1-15 所示。

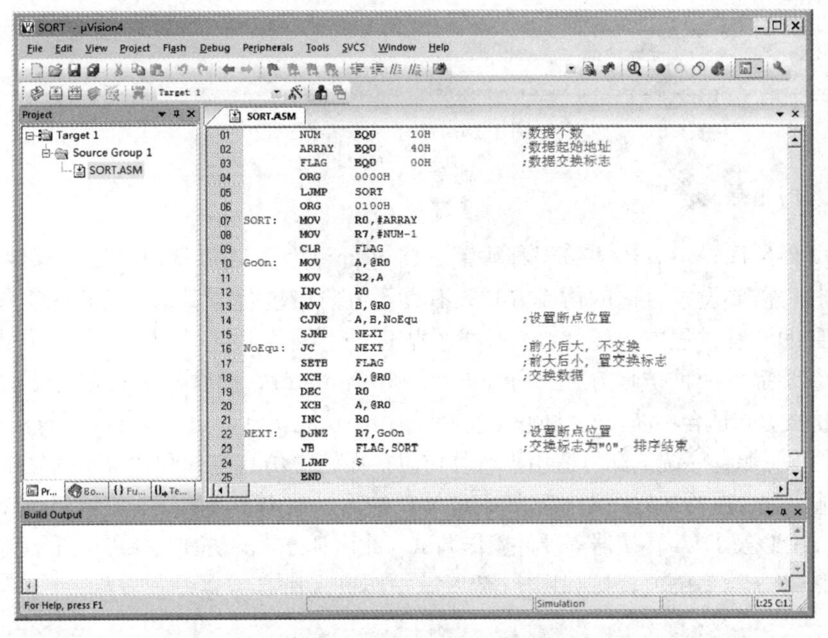

图 1-15　源程序编辑界面

3. 编译项目

编译是将源程序生成目标程序，由编译器自动完成，也可由开发者根据指令表人工编译。在编译的过程中，编译器会自动检查源程序中的语法错误，开发者应根据编译的结果报告，修改程序，直至没有语法错误。在编译的过程中，可能会有警告产生，开发者要认真分析警告的原因，对可能影响程序正常运行的警告加以处理，确保程序的可靠运行。编译器在编译过程中，不区分字母的大小写。

单击“Project”菜单，在下拉菜单中单击“Built Target”选项(快捷键 F7 或快捷按

钮)，编译项目，屏幕如图 1-16 所示。

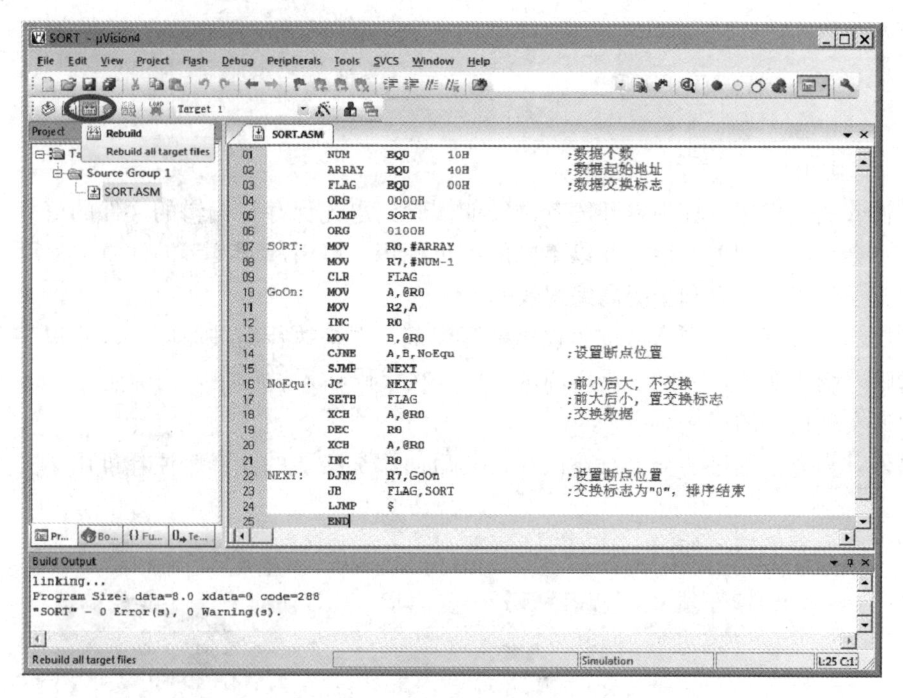

图 1-16　编译结果界面

4. 仿真方式的选择

项目文件编译，没有语法错误报告后，将进行程序调试阶段，以发现程序中的逻辑错误。这时，需要设置合适的仿真方式，有助于分阶段进行逻辑错误的排除工作。

在项目的开发过程中，经常会根据开发进度的不同，来选择相应的仿真方式。

Keil 系统提供两种仿真方式：Simulator 和 Emulator，即软件仿真和硬件仿真。

软件仿真方式适合不涉及硬件的、纯软件的程序功能调试，如数据排序等算法程序调试、定时器等硬件资源程序调试都可适用于软件仿真；而硬件仿真方式则适合于需硬件实现信号的输入和输出配合进行的程序调试，如 I/O 端口的输入输出、计数器、串行口、外部存储器读写操作、A/D 及 D/A 转换器等硬件操作调试，此仿真方式的仿真结果更接近于真实情况。

在“Project”菜单项，按如图 1-17 所示操作进入仿真方式设置界面。

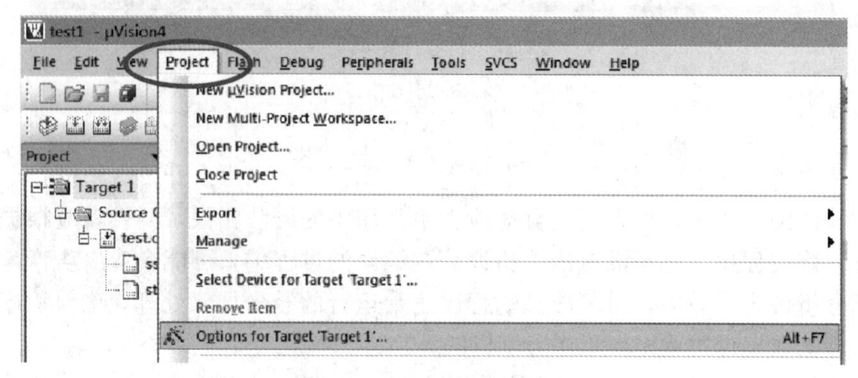

图 1-17　项目选项菜单界面

1)软件仿真方式

软件仿真方式(Simulator)选择如图 1-18 所示。

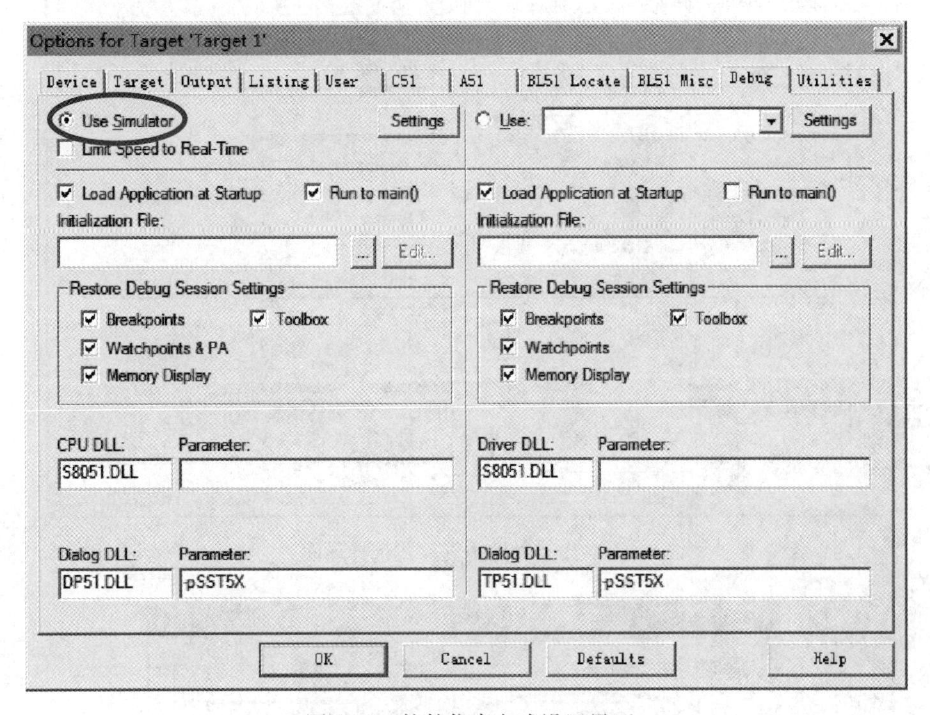

图 1-18　软件仿真方式设置界面

2)硬件仿真方式

硬件仿真方式(Emulator)选择如图 1-19 所示。

在硬件仿真方式下，计算机需要与仿真器之间不断地进行数据交换，发送开发者的调试命令或接收单片机仿真器执行结果的状态报告等，因此需要对通信端口进行正确配置。不同的仿真器，与计算机的接口方式不同，一般有 RS232 串行接口和 USB 虚拟串行接口两种方式。如图 1-20 所示，通过“Settings”设置与仿真器匹配的通信波特率，才能可靠通信。对于 USB 接口的仿真器，用户还需参考仿真器使用手册，正确安装相应的 USB 驱动程序和配置后，方可正常使用。

5. 调试程序

源程序编译成功(没有错误信息报告)且仿真器正确配置后，即可进入程序调试阶段，以发现并修正程序中的逻辑错误。

1)进入调试模式

由于本程序为纯软件编程，可在 Simulator 模式下进行程序调试。如图 1-21 所示，单击快捷按钮“Start/Stop Debug Session”或单击菜单“Debug | Start/Stop Debug Session”(或使用快捷键 Ctrl+F5)，进入调试模式。

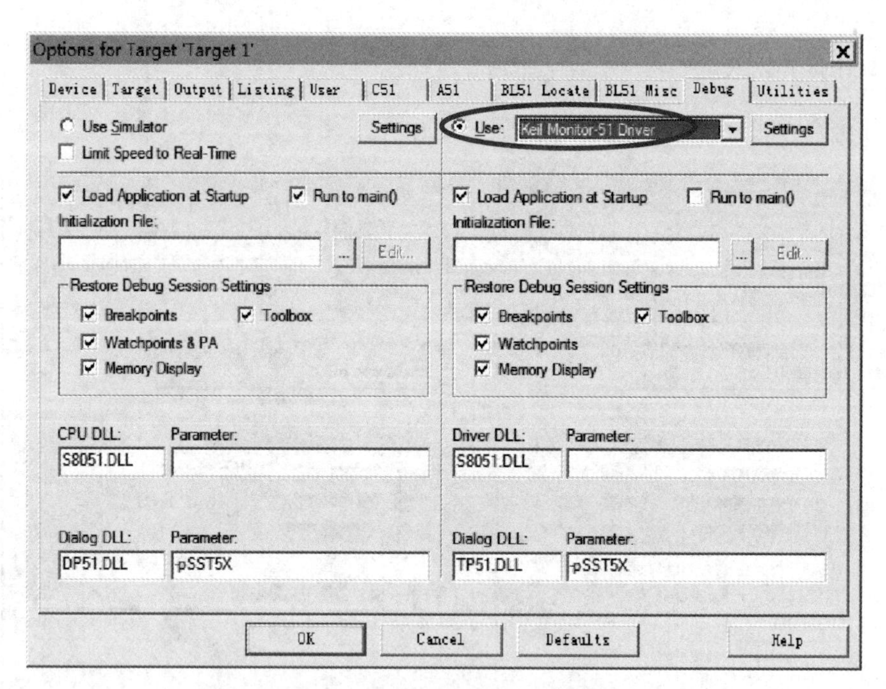

图 1-19 硬件仿真方式选择界面

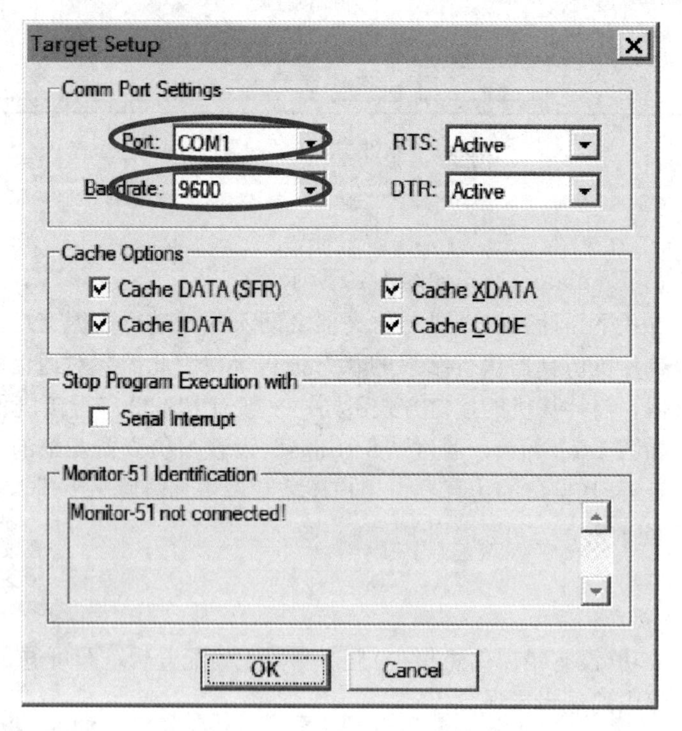

图 1-20 硬件仿真器参数设计界面

2)初始化数据序列

单击菜单项“View | Memory Windows | Memory 1”，可在右下角显示窗口看到“Memory 1”信息框，在“Address”中输入“D：0x40”，可观察到内部 RAM40H 开始

的连续单元中数据的变化情况，并可用鼠标指向相应地址单元并双击左键，直接输入十六进制数据，实现该存储单元存储内容的初始化。

单击“Project Workspace”窗口下方的“Registers”标签，观察工作寄存器和部分特殊功能寄存器中的数据变化情况，如图1-21所示。

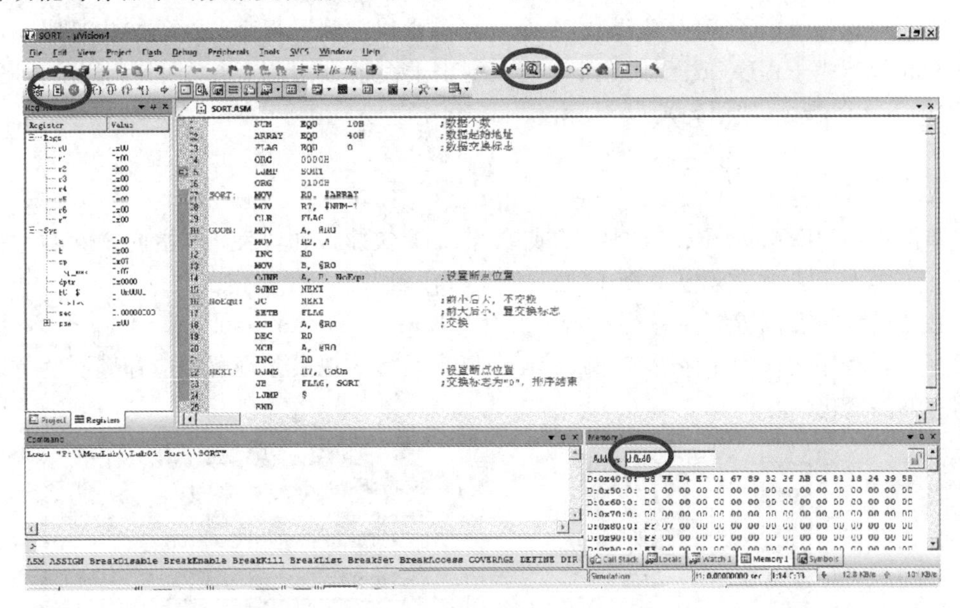

图1-21 程序调试界面

3)全速运行程序

单击“Debug | Run”菜单选项全速运行程序(或者使用快捷键F5或如图1-21所示的快捷按钮)，然后再单击“Debug”菜单，在下拉菜单中单击“Stop Running”选项中止程序运行(或者使用快捷键Esc或如图1-21所示的快捷按钮)。程序停止运行后，在项目管理窗口，单击“Registers”标签，可同步观察各寄存器的状态值，分析并理解寄存器的状态是否与预期一致，其结果如图1-21所示。

4)单步执行程序

单步执行可观察到每条指令语句执行前后单片机相关资源的变化情况，如存储器、寄存器、I/O端口的变化等。因此，单步运行方式在初学者或需要精确定位逻辑错误位置时经常大量使用。

单击菜单项“Debug | Step(Step Over/Step Out)”，或按F10键，也可单击如图1-22所示快捷按钮，逐条执行程序语句，同时观察寄存器或CPU内部存储器数据的变化。

请分别尝试Step、Step Over、Step Out三种单步执行方式，注意观察三种单步执行方式的区别，并认真体会，在实际调试中适时地选择合适的单步执行方式来调试程序，可帮助调试者快速、精准地定位错误位置。

Step是单步执行命令，也称跟踪型单步，单击一次Step单步执行一条汇编语言指令(或一条C语言语句)，但当遇到子程序调用(或函数调用)时，会跟踪进入子程序(或函数)内部，逐一执行子程序(或函数)的指令(或语句)；

Step Over 也称通过型单步，单击一次 Step Over 单步执行一条汇编语言指令(或一条 C 语言语句)，但当遇到子程序调用(或函数调用)时，会把调用指令(或语句)当成一条指令(或语句)全速执行完毕；

Step Out 是跳出子程序(或函数)命令，当单步执行到子程序(或函数)内部时，可用 Step Out 执行完子程序(或函数)余下部分，退出子程序(或函数)并返回到调用子程序(或函数)的下一条指令(或语句)。

5)连续运行至光标所在行

单击菜单“Debug | Reset CPU”或单击 RST 快捷按钮，使 PC 指向 0000H，完成 CPU 复位操作，程序重新从 0000H 处开始运行，相当于复位操作。

在“设置断点位置”注释行右击，选择“Run to Cursor line”或 Ctrl+F10，如图 1-22 所示，程序运行到光标所在行后，自动停止运行，观察并理解相应存储器及特殊功能寄存器的变化。

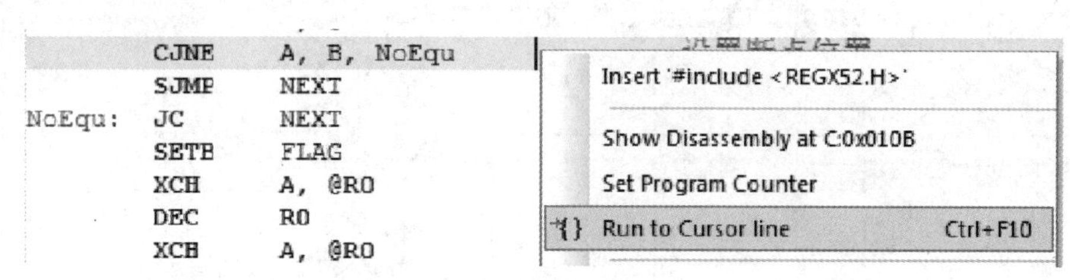

图 1-22 运行到光标所在行界面

6)断点运行

程序调试过程中，经常需要观察某段指令执行完毕后，相关寄存器、存储器等的状态，可通过设置断点全速运行来实现，在不同的程序行设置多个断点。程序运行到断点处，暂停下来，等待调试员的命令。如图 1-23 所示，将光标移到需设置断点所在语句行首的行编号处，双击鼠标左键或单击【Insert/Remove Breakpoint】，在该语句左边出现一个方形红点表示断点设置成功。如果想取消断点，将光标移到该语句行首行编号处，双击鼠标左键、单击【Insert/Remove Breakpoint】或通过菜单设置均可。断点设置成功后，单击菜单“Debug | Run”或单击【Run】，程序运行到断点处自动暂停，观察并理解相应存储器及特殊功能寄存器的变化。

连续运行至光标所在行与断点运行两种方式，都可实现像“Run”一样，全速运行某个程序段，在指定位置暂停下来，并更新相应存储器的状态。但断点可设置多个，而当前光标位置只有一个，故调试者可灵活运用这两种运行方式，快速定位逻辑错误所在大致区域，请注意体会。

根据实验任务要求和阴影所在程序行的注释要求，运用单步、运行到光标处及设置断点后连续运行等方法，观察存储器内容变化，调试程序，直到完全正确。

至此，在 Keil μVision4 上完成了项目建立、程序编辑及程序调试的全过程。但这只是仿真开发过程，还需要将程序下载到单片机中，并安放在硬件平台上实际运行，以验

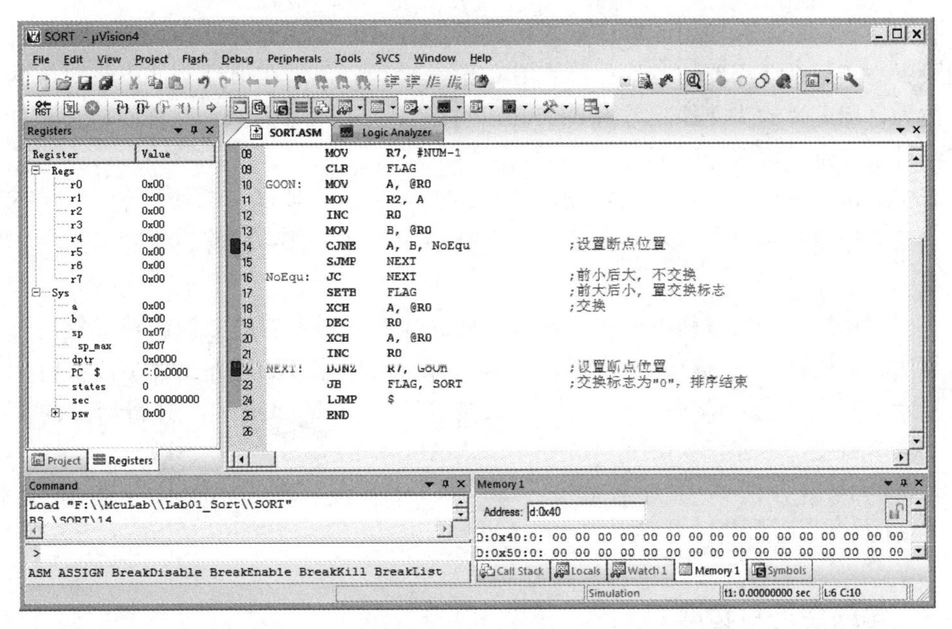

图 1-23　断点设置界面

证软硬件系统的正确性。

6. 生成目标文件

程序调试完毕后，需产生目标文件，将目标文件下载到相应型号单片机后，即可由单片机代替仿真器，在实际系统上运行程序并观察执行结果。

如图 1-24 所示，单击“Output”标签，进入输出选项设置，单击“Output”中“Create HEX File”选项，使程序编译后产生 HEX 目标代码，供编程器或下载器软件使用。

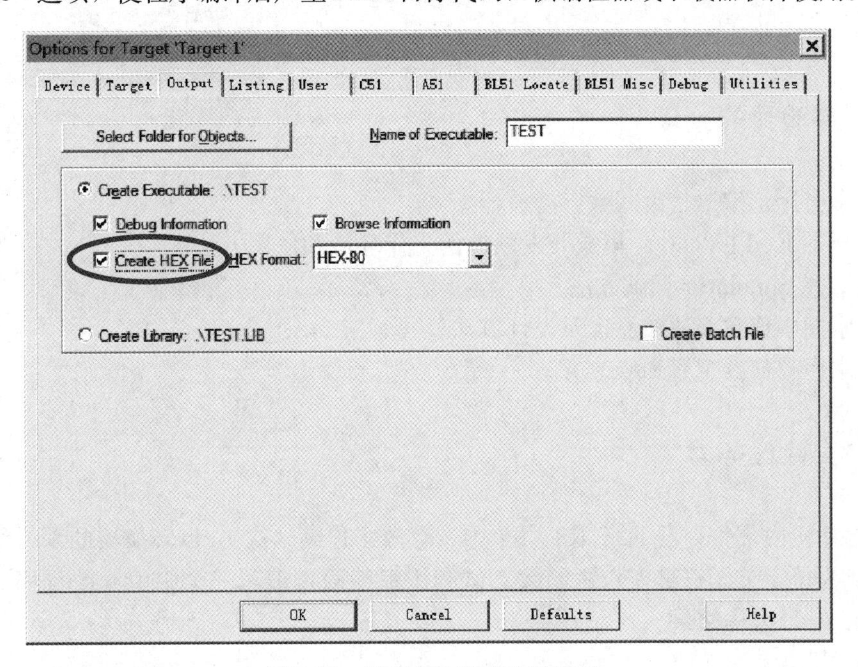

图 1-24　目标文件输出设置界面

特别注意：若实际使用的单片机与仿真器仿真时的单片机型号不一致，还需将目标芯片设置为实际系统需要的芯片；若使用C语言编程，还需在项目文件中将对应的头文件更改为目标芯片的头文件。单击“Device”标签，如图1-6所示，选择对应公司的相应产品型号，确定后再编译即可。

程序调试完毕后，可利用编程器或其他下载方式，将编译过程产生的“.HEX”文件下载到目标单片机上，再将单片机插入电路板。上电后，一般可观察到系统的正确运行结果。

在应用系统的开发过程中，开发者为了更好地保护开发者的知识产权或提高开发者核心算法的保密性，还可以选择将开发者自主开发的部分核心程序编译成库文件。如图1-24所示，只需单击“Creat Library”来代替“Creat Executable”，并将产生的LIB文件添加到项目文件中即可。

详细的使用方法请参阅Keil μVision4集成开发环境中μVision Help提供的“μVision4 User's Guide”。

1.1.5 实验思考与拓展

(1)在程序中尽量使用宏代换，以方便调整数据存储区域或常量定义。
(2)宏名及标号名称取名原则是什么?
(3)试修改程序，功能是将数据按由大到小的顺序排列。
(4)试修改程序，功能为找出数据序列中的最大值。

1.2 简易数字滤波器设计

1.2.1 实验目的

(1)学会用汇编语言编写数字滤波器。
(2)熟悉Keil μVision4集成开发软件的工作环境和使用方法。
(3)掌握Simulator调试方法。
(4)掌握中值数字滤波原理及设计方法。
(5)掌握存储器观察和修改方法。

1.2.2 实验任务

在单片机内部寄存器R2、R3、R4中，存放了连续3次A/D转换器的采样结果，其数据格式为单字节无符号十六进制数。试利用汇编语言编写一个中值滤波程序，选择中间值作为A/D采样结果。

1.2.3　实验原理

数字滤波具有精度高、可靠性高、稳定性高、可程控改变特性、方便集成等特点，广泛用于克服随机误差。数字滤波克服随机误差的优点如下：

(1)数字滤波由软件实现，与硬件相比，不存在阻抗匹配，可根据实际情况灵活配置。

(2)可用于多通道信号采集设备中，滤波器(即滤波程序)只需要一个，从而降低硬件成本。

(3)修改滤波器程序就能改变滤波特性，能有效降低低频脉冲干扰和随机噪声带来的干扰。

其缺点是滤波延迟受程序运行速度影响较大，即受限于处理器的工作速度。

在数据采集系统中，数据从外部A/D电路中经采样、保持、量化编码后获取。为保障数据的可靠性，减少因干扰等因素带来的偶然误差，常采用简易的数字滤波算法进行处理以减少干扰。中值滤波算法是常用的滤波算法之一，它是将某一参数连续采样 N 次(N 通常是奇数)，然后把 N 次采样值按大小顺序依次排列，再取中间值作为采样值。假设 $N=3$，即连续对该通道模拟信号采样3次，采样值已经存放在R2、R3、R4中。编写一个中值滤波程序，选择中间值作为采样值。

在单片机内部寄存器R2、R3、R4中，存放了连续3次A/D采样结果，其数据格式为单字节无符号十六进制数。通过编程，将R2、R3、R4中的数据按从小到大的顺序排列，排序完成后，R3中的数据即为中值滤波后的结果。

其程序流程如图1-25所示。

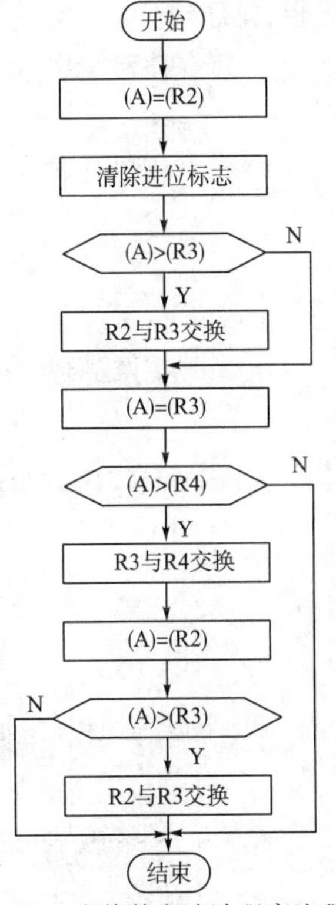

图1-25　中值数字滤波程序流程图

1.2.4 实验步骤

(1)双击桌面上 Keil μVision4，进入 μVision4 集成开发环境。

(2)新建工程。

参照 1.1 节，存储路径为“F：\ McuLab \ Lab02 _Filter”。单击“Project | New Project”选项，在“Save As”对话框中找到“Lab02 _Filter”文件夹，在文件名对话框中输入工程名，单击【保存】。然后在弹出的对话框左侧选择 ATMEL 公司的 AT89S51 芯片，单击【确定】。在弹出的对话框中单击【否】，不允许 8051 的启动配置代码文件 STARTUP. A51 自动加入新建工程。

(3)新建文件。

单击“File | New”，新建源程序文件，并进入编辑状态。

(4)保存文件。

单击“File | Save”或按 Ctrl+S 组合键，并输入文件名。如果要编写汇编程序则后缀为. asm。

(5)源文件追加到项目中。

右击 μVision 4 界面左侧“Project Workspace”中的“Source Group1”，选择“Add File to ‘Source Group1’”选项，选择刚才建立的源程序文件。

(6)编辑文件。

在文本编辑框中输入开发者编写的程序(这里只给出了滤波程序的关键代码，如果 $N>3$，可以采用 1.1 节中的冒泡法进行排序)：

```
FILTER: MOV     R2, # 3     ; 寄存器初始化
        MOV     R3, # 1
        MOV     R4, # 2     ; 可直接在寄存器中修改以完成初始化
START:  MOV     A, R2
        CLR     C
        SUBB    A, R3
        JC      LV1         ; C为1就跳转，说明(R2)<(R3)
        MOV     A, R2
        XCH     A, R3       ; R2与R3内容互换
        MOV     R2, A
LV1:    MOV     A, R3
        CLR     C
        SUBB    A, R4
        JC      LV2         ; C为1就跳转，说明(R3)<(R4)
        MOV     A, R4
        XCH     A, R3       ; R3与R4内容互换， R3中装的是较小的数
        XCH     A, R4
```

```
        CLR     C
        SUBB    A, R2       ；将原来 R4 中与 R2 内容进行比较
        JNC     LV2
        MOV     A, R2
        XCH     A, R3
        MOV     R2, A       ；存储结果
LV2:    RET
```

(7)文件编译、连接、装载。

单击“Project | Build All Target File”，系统自动编译，在“μVision4”编译输出窗口可看到编译信息。如果有语法错误，根据提示修正后再次执行刚才的步骤，直到没有错误，警告信息一般不需要处理。

(8)调试程序。

由于本程序为纯软件编程，可在 Simulator 状态下进行程序调试。单击“Debug | Start/Stop Debug Session”，系统进入调试模式。

(9)初始化数据序列。

①单击“Project Workspace”窗口下方的“Registers”标签，给 R2、R3、R4 赋初值，模拟 A/D 采样数据。

②在“Registers”标签窗口，观察工作寄存器 R2、R3、R4 和特殊功能寄存器 PSW 中 C、AC、P 的状态变化。

(10)单步执行程序。

按 F10 键逐条地执行程序语句，同时观察寄存区或 CPU 内部存储区数据的变化。

(11)连续运行。

单击“Debug | Reset CPU”或单击【RST】快捷按钮，使 PC 指向 0000H；单击【Run】，程序连续运行，单击【Stop】使程序停止运行。

(12)断点运行。

要使程序到某条指令处暂停，将光标移到该语句处用鼠标双击或单击【Insert/Remove Breakpoint】，在该语句左边出现一个方形红点表示设置成功。如果想取消则再次双击或者单击【Insert/Remove Breakpoint】。断点设置成功后，单击【Run】，程序执行到该行后暂停运行。

根据实验任务要求和阴影所在程序行的注释要求，运用单步、运行到光标处及设置断点后连续运行等方法，观察存储器内容变化，调试程序，直到完全正确。

1.2.5　实验思考与拓展

(1)中值滤波方法适用于去掉偶然因素引起的波动和采样器件不稳定引起的脉冲干扰。

(2)中值滤波可以应用在哪些场合？

(3)试举出其他可以在单片机上实现的数字滤波方法。

(4)用单片机实现滤波和用 RC 网络实现的滤波网络相比有什么优势？

1.3 基本输入与输出扩展模块设计

1.3.1 实验目的

(1)学会运用汇编语言编写延时程序和延时时间计算方法。
(2)熟悉 Keil μVision4 集成开发软件的工作环境和使用方法。
(3)掌握通用 I/O 口基本工作原理。
(4)掌握通用 I/O 接口电路设计方法。
(5)熟练运用汇编语言对 I/O 端口进行操作的方法。

1.3.2 实验任务

1. P1 口输出项目

单片机 P1 口工作在输出模式，驱动 8 个发光二极管，编写程序使二极管循环闪亮，每次只亮一个。完成后，修改程序实现其他闪烁方式。

2. P1 口输入项目

P1 口接 4 个按键，通过编写程序读取按键状态，并将按键的状态通过发光二极管显示出来。

1.3.3 实验原理

MCS-51 系列单片机有四个并行 I/O 口：P0、P1、P2、P3。其中 P0、P2 分别为 16 位地址总线的低 8 位和高 8 位，P0 口还可用作 8 位数据总线。P0、P1、P2、P3 还可以作为 I/O 口，作为 I/O 口使用时是准双向口，读数据之前要先向端口写“1”，即通过指令 MOV Px，#0FFH。P0 口作为 I/O 口使用时需要外接上拉电阻。P3 口除 I/O 口功能外，还有第二功能。

1. P1 口输出项目

单片机最小系统电路原理如图 1-26 所示，LED 显示模块电路如图 1-27 所示，将 P1.0～P1.7 分别接 LED0～LED7，P1 口输出由锁存器构成，具有自动锁存功能。通过编程，改变 P1 各锁存器的状态，从而改变发光二极管的显示状态。

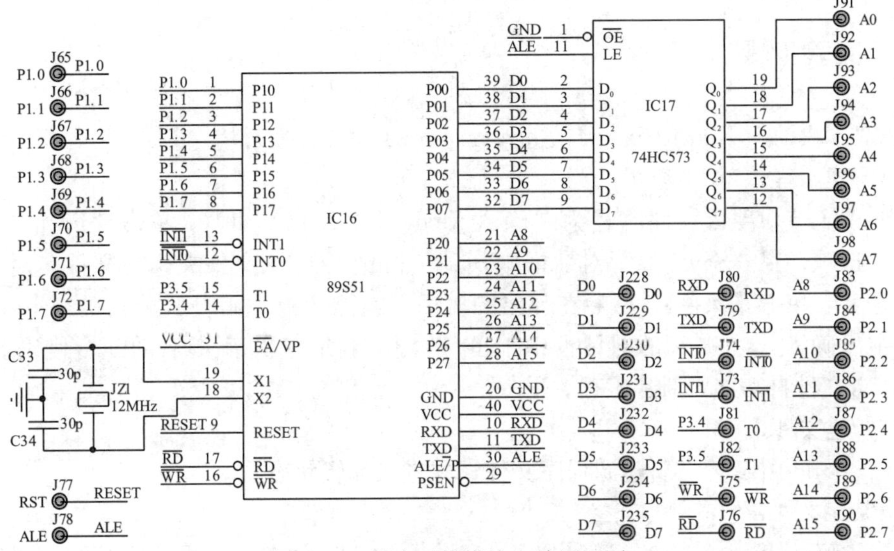

图 1-26　最小系统模块电路原理图

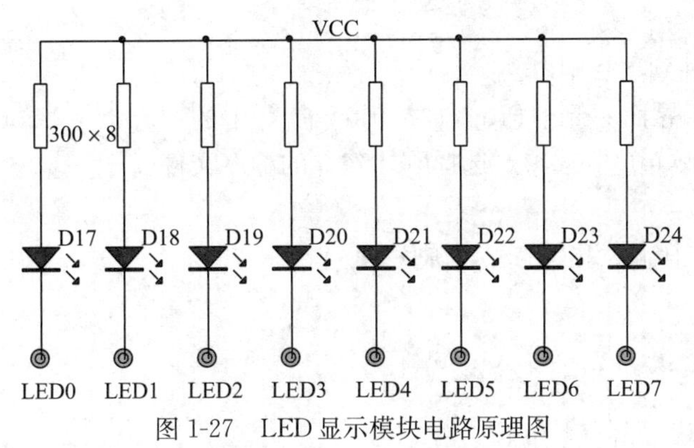

图 1-27　LED 显示模块电路原理图

2. P1 口输入项目

独立按键模块电路如图 1-28 所示，P1 口作为输入时，用跳线将 P1.0～P1.3 分别与 KEY1～KEY4 连接，将 P1.4～P1.7 与 LED0～LED3 连接，通过编程，由 LED0～LED3 的亮灭来指示 KEY1～KEY4 按键的状态。

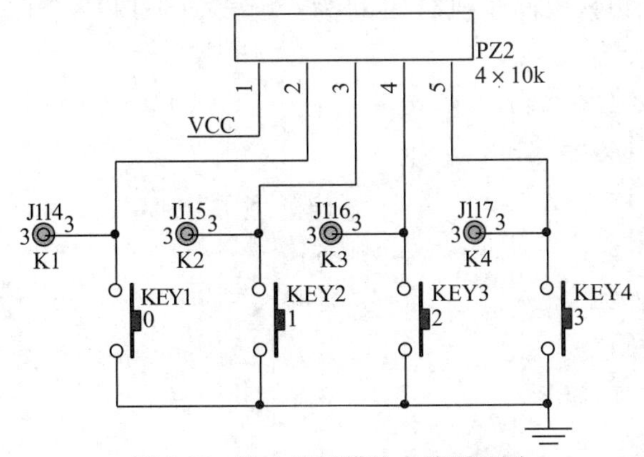

图 1-28　独立按键模块电路原理图

1.3.4 实验步骤

(1)双击桌面上 Keil μVision4，进入 μVision4 集成开发环境。

(2)新建工程。

参照 1.1 节，项目存储路径为“F：\ McuLab \ Lab03 _IO”。单击“Project | New Project”选项，在“Save As”对话框中找到“Lab03 _IO”文件夹，在文件名对话框中输入工程名，单击【保存】。然后在弹出的对话框左侧选择 ATMEL 公司的 AT89S51 芯片，单击【确定】。在弹出的对话框中单击【否】，不允许 8051 的启动配置代码 STARTUP. A51 文件自动加入新建工程。

(3)新建文件。

单击“File | New”，新建源程序文件，并进入编辑状态。

(4)保存文件。

单击“File | Save”或按 Ctrl+S 组合键，并输入文件名。如果要编写汇编程序则后缀为. asm。

(5)添加源文件到项目中。

右击 μVision4 界面左侧“Project Workspace”中的“Source Group1”，选择“Add File to ‘Source Group1’”选项，选择刚才建立的程序文件。

(6)编辑文件。

在文本编辑框中输入编写的程序源代码。

主要代码：

①延时子程序。

```
DELAY:  MOV    R7, #00H
DELAY1: MOV    R6, #0B3H
        DJNZ   R6, $              ; 单步或设置断点，观察 R6 的变化
        DJNZ   R7, DELAY1         ; 单步或设置断点，观察 R7 的变化
        RET
```

查指令表可知 MOV，DJNZ 指令均需用两个机器周期，而一个机器周期时间长度为 12/11.0592MHz，所以该段程序执行时间为：$(1+(1+179\times2+2)\times256+1)\times12\div11059200\approx100.280$ms。

②P1 口作为输出主要代码。

```
START: MOV    A, #01H
LIGHT: MOV    P1, A              ; 点亮一个 LED
       RR     A                  ; 右移
       LCALL  DELAY              ; 延时
       NOP
       SJMP   LIGHT
```

③P1 口作为输入主要代码。

```
READ: MOV    P1, #0FFH
AGIN: MOV    A, P1              ; 读取 P1 口状态
      SWAP   A
      ORL    A, #0FH
      MOVX   @DPTR, A
      AJMP   AGIN
```

(7)文件编译、连接、装载。

单击“Project | Build All Target File”，系统自动编译，在“μVision4”编译输出窗口可看到编译信息。如果有语法错误，根据提示修正后再次执行刚才的步骤，直到没有错误，警告信息一般不需要处理。

(8)调试程序。

由于本项目程序需要单片机的输入输出硬件资源支持，且程序执行将改变硬件状态，故调试模式应设置为硬件仿真模式，设置界面如图 1-29 所示。其中仿真器的选择可能与实际实验环境不一致，应根据实际情况确定。确定后，单击菜单“Debug | Start/Stop Debug Session”，系统进入调试模式。

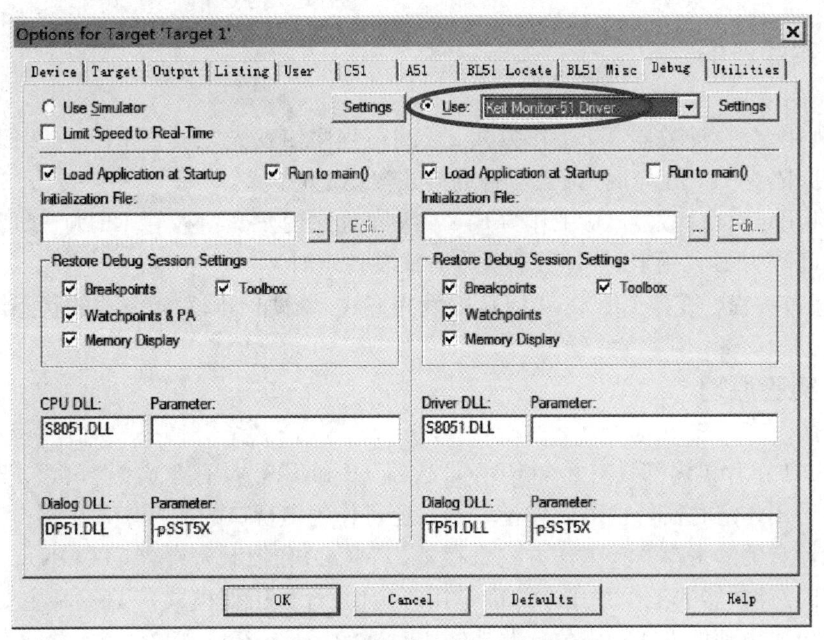

图 1-29　仿真器仿真模式选择界面

根据实验任务要求和阴影所在程序行的注释要求，运用单步、运行到光标处及设置断点后连续运行等方法，观察存储器内容变化及发光二极管的状态变化，调试程序，直到完全正确。

1.3.5　实验思考与拓展

(1)P0、P1、P2、P3 口都可以作为普通 I/O 口，为什么作为输入时要先向锁存器置 1?

(2)P2口可不可以同时作为地址总线和普通I/O口?

(3)对P1口进行访问时，读引脚和读锁存器有什么区别?

(4)试通过多种编程方法(如查表等)，使P1口驱动的发光二极管按开发者要求的方式进行切换，以增加LED的状态种类。

(5)试编程控制硬件平台上继电器的吸合与断开。

1.4 定时/计数器应用设计

1.4.1 实验目的

(1)熟悉Keil μVision4集成开发软件的工作环境和使用方法。

(2)掌握单片机定时/计数器结构及原理。

(3)掌握定时/计数器精确定时的编程方法。

(4)掌握定时/计数器的调试方法。

1.4.2 实验任务

(1)利用定时/计数器T0工作方式1，编写程序使发光二极管LED0～LED7轮流显示，时间间隔为1s，用定时/计数器查询方式实现定时。

(2)利用定时/计数器T0工作方式2，编写程序使发光二极管LED0～LED7轮流显示，时间间隔为1s，用定时/计数器查询方式实现定时。

(3)通过编程，变换LED0～LED7的发光方式，增加不同发光方式的状态组合。

1.4.3 实验原理

MCS-51单片机内部具有2个定时/计数器T0和T1，具有方式0、1、2、3四种工作方式，既可用作定时器，也可用作计数器，还可作为串行口的波特率发生器。

定时器有关的寄存器有工作方式寄存器(TMOD)和控制寄存器(TCON)。TMOD用于设置定时/计数器的工作方式，并确定用于定时/计数工作模式。TCON主要功能是定时器在溢出时由硬件设置标志位，并控制定时器的运行或停止等。

定时/计数器的四种工作方式各有特点，其中方式1的计数位数最大，而方式2因在溢出时能自动重装初值，故定时精度更高。

CPU可通过程序查询或中断方式来获知定时/计数器是否溢出。中断方式比查询方式的实时性高，在实际使用时可根据具体情况来确定采用中断或查询方式。

单片机最小系统的电路原理图如图1-30所示，LED发光二极管的显示电路如图1-31所示。

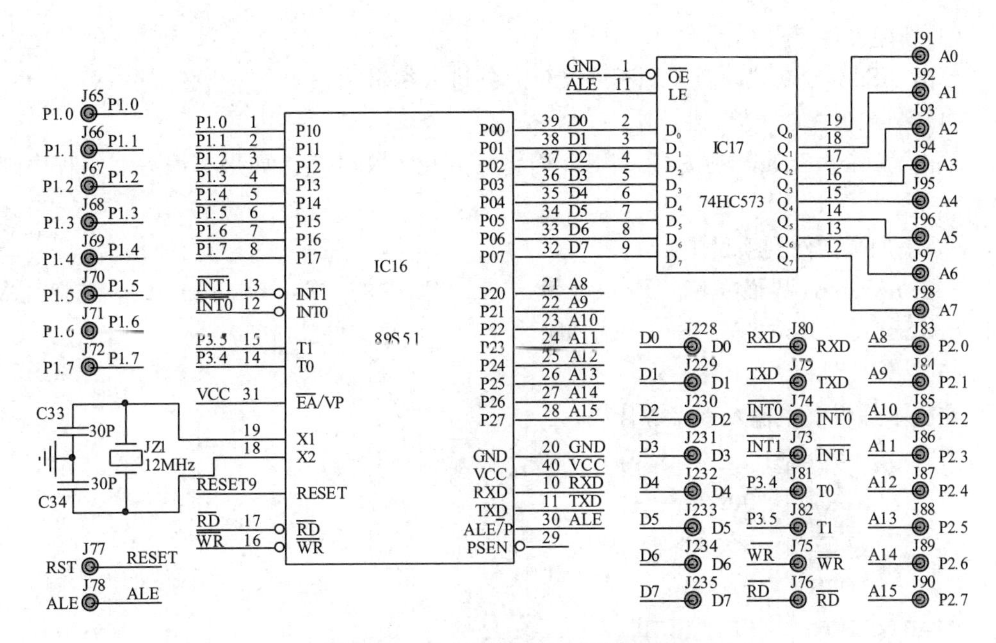

图 1-30　最小系统模块电路原理图

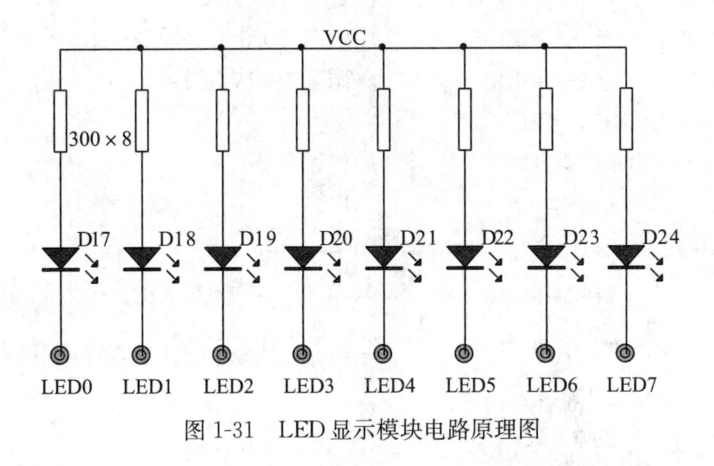

图 1-31　LED 显示模块电路原理图

根据系统电路图，将 LED0～LED7 连接至单片机 P1. 0～P1. 7，P1 口工作在输出状态，当输出低电平时，发光二极管点亮；反之，发光二极管熄灭。

1.4.4　实验步骤

(1)双击桌面上 Keil μVision4，进入 μVision4 集成开发环境。

(2)新建工程。

参照 1.1 节，项目存储路径为“F：\ McuLab \ Lab04 _Timer”。单击“Project | New Project”选项，在“Save As”对话框中找到“Lab04 _Timer”文件夹，在文件名对话框中输入工程名，单击【保存】。然后在弹出的对话框左侧选择 ATMEL 公司的 AT89S51 芯片，单击【确定】。在弹出的对话框中单击【否】，不允许 8051 的启动配置代码 STARTUP. A51 文件自动加入新建工程。

(3)新建文件。

单击“File | New”，新建源程序文件，并进入编辑状态。

(4)保存文件。

单击“File | Save”或按 Ctrl+S 组合键，并输入文件名。如果要编写汇编程序则后缀为. asm。

(5)添加源文件到项目中。

右击 μVision4 界面左侧“Project Workspace”中的“Source Group1”，选择“Add File to‘Source Group1’”选项，选择刚才建立的程序文件。

(6)编辑文件。

在文本编辑框中输入程序源代码。

方式 1 参考程序：

```
        ORG     0000H
        AJMP    START
        ORG     0100H
START:  MOV     SP, #5FH
        MOV     TMOD, #01H          ；置 T0 为方式 1
        MOV     TL0, #0B0H          ；延时 50ms 的时间常数
        MOV     TH0, #3CH           ；循环 20 次为 1s
        MOV     R7, #20
        MOV     A, #01H             ；初始状态
        MOV     P1, A
        SETB    TR0
REPEAT: JNB     TF0, $              ；单步运行观察 TH0，TL0 的变化
        MOV     TL0, #0B0H          ；此处设断点观察 TH0，TL0 的变化
        MOV     TH0, #3CH
        CLR     TF0
        DJNZ    R7, REPEAT          ；此处设断点观察 R7 的变化
        MOV     R7, #20             ；延时一秒的常数
        RL      A                   ；显示下一个
        MOV     P1, A               ；将值送出去
        AJMP    REPEAT
        END
```

(7)文件编译、连接、装载。

单击“Project | Build All Target File”，系统自动编译，在“μVision4”编译输出窗口可看到编译信息。如果有语法错误，根据提示修正后再次执行刚才的步骤，直到没有错误，警告信息一般不需要处理。

(8)调试程序。

由于本项目程序需要单片机的输入输出硬件资源支持，且程序执行将改变硬件状态，

故调试模式应设置为硬件仿真模式，设置界面如图1-32所示。其中仿真器的选择可能与实际实验环境不一致，应根据实际情况确定。确定后，单击菜单“Debug | Start/Stop Debug Session”，系统进入调试模式。

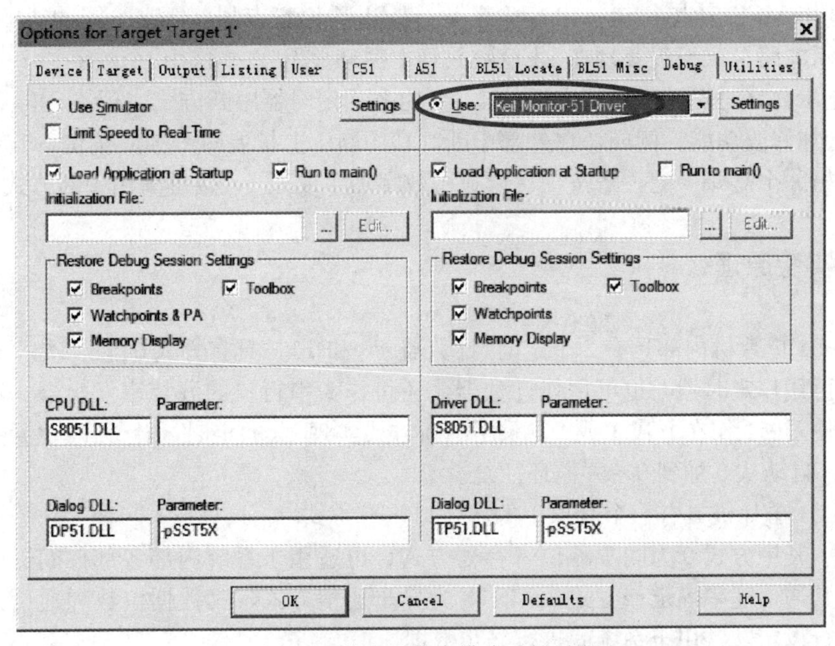

图1-32　仿真器仿真模式选择界面

根据实验任务要求和阴影所在程序行的注释要求，运用单步、运行到光标处及设置断点后连续运行等方法，观察存储器内容变化及发光二极管的状态变化，调试程序，直到完全正确。

1.4.5　实验思考与拓展

(1)通过程序调试，比较方式1、方式2定时的优缺点?

(2)定时/计数器的各种工作方式分别工作在什么场合？有什么异同?

(3)如何运用单片机定时/计数器测量外部脉冲的宽度?

1.5　中断综合应用设计

1.5.1　实验目的

(1)学习外部中断技术的基本使用方法。

(2)学习中断处理程序的编程方法。

(3)熟悉 Keil μVision4 集成开发软件的工作环境和使用方法。

(4)掌握中断程序的调试方法。

1.5.2 实验任务

(1)利用 MCS-51 串行口、串行输入并行输出移位寄存器 74HC164，扩展一位 LED 数码管显示电路。试编程实现在 LED 数码管上循环显示 0~9 这 10 个数字。

(2)显示数字每隔一定时间自动加 1，延时利用定时器中断方式实现。

(3)增加修改功能。例如，在外部中断 0 和中断 1 上扩展两个独立按键，其中一个是增加键，另一个是减少键，每按一次键显示数字加 1 或减 1，按键采用中断方式。

1.5.3 实验原理

MCS-51 单片机内部具有 2 个定时/计数器 T0 和 T1，具有方式 0、1、2、3 四种工作方式，既可用作定时器，也可用作计数器，还可作为串行口的波特率发生器。本项目通过编程，使 T0 工作在方式 1 或 2，采用中断方式实现 1s 的定时，让 30H 单元中的数值每秒加 1，自动从 0 加到 9，并循环往复。

MCS-51 单片机具有一个全双工的串行口，有方式 0、1、2、3 四种工作方式供用户选择使用。其中方式 0 为同步移位寄存器方式，可适用于系统内部各部件间进行同步数据通信，其通信速率固定；方式 1、2、3 为异步通信方式，其数据位数和通信速率可根据需要进行设定，常用于系统间进行异步数据通信。

MCS-51 单片机串行口内部结构较为复杂，在使用时可将其抽象为三个可供软件直接访问的特殊功能寄存器：PCON、SCON 和 SBUF。通过对它们的读写操作即可完全控制串行口的工作状态。

SCON 为串行口控制寄存器，用于设置串行口工作方式、标识接收和发送结束标志等。

PCON 的 D7 位为 SMOD，是串行口的波特率加倍位。

SBUF 是串行口的核心，其地址 99H，物理上对应两个寄存器，发送寄存器和接收寄存器。

如图 1-33 所示，本项目将 P3.0 连接至 DATA 端，P3.1 连接至 CLK 端，串行口的工作在方式 0；在串行口扩展一片同步移位寄存器 74HC164，工作在同步方式，串行口将 30H 单元中的数据输出，串行数据经 74HC164 串行移位锁存后，通过 Q0～Q7 输出(Q0 为高位)，输出端再经过限流电阻驱动共阳数码管。这样，串行口送出来的数据通过数码管显示出来。在程序中，须通过查表指令将 30H 中的数值经软件译码后送至串行口，字符方能在数码管上正确显示。

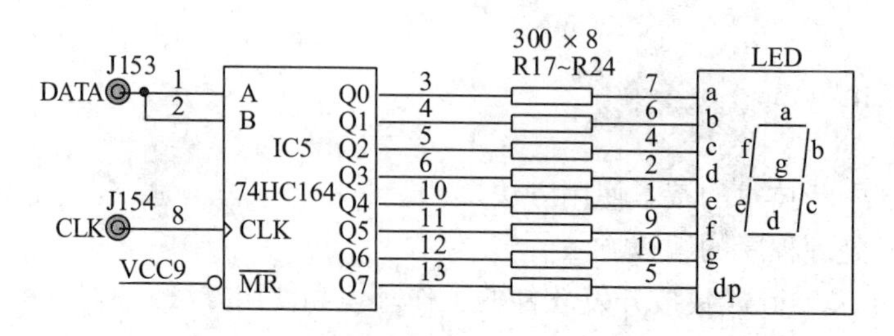

图 1-33 串行口扩展驱动 LED 数码管模块电路原理图

MCS-51 单片机具有 5 个中断源，其中 INT0 和 INT1 为外部中断源，可由下降沿或低电平触发，其相关特殊功能寄存器有 IE、IT、IP 和 TCON，通过对这些特殊功能寄存器的正确读写，来控制 2 个外部中断源的运行。

串行口扩展电路如图 1-33 所示，按键扩展电路如图 1-34 所示，本项目将 KEY1 连接至 INT0，KEY2 连接至 INT1，分别对应于加 1 和减 1 功能。利用外部中断编程技术，将外部按键中断进行延时消抖后，每按一次按键，30H 单元中的内容加 1 或减 1，配合串行口扩展电路，从而实现在数码管上显示的内容加 1 或减 1。

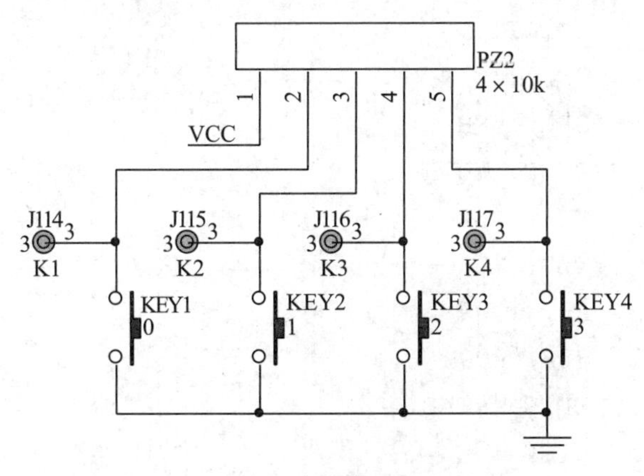

图 1-34　独立按键模块电路原理图

1.5.4　实验步骤

(1)双击桌面上 Keil μVision4，进入 μVision4 集成开发环境。

(2)新建工程。

参照 1.1 节，项目存储路径为“F：\ McuLab \ Lab05 _Int”。单击“Project | New Project”选项，在“Save As”对话框中找到“Lab05 _Int”文件夹，在文件名对话框中输入工程名，单击【保存】。然后在弹出的对话框左侧选择 ATMEL 公司的 AT89S51 芯片，单击【确定】。在弹出的对话框中单击【否】，不允许 8051 的启动配置代码 STARTUP. A51 文件自动加入新建工程。

(3)新建文件。

单击“File | New”，新建源程序文件，并进入编辑状态。

(4)保存文件。

单击“File | Save”或按 Ctrl+S 组合键，并输入文件名。如果要编写汇编程序则后缀为. asm。

(5)添加源文件到项目中。

右击 μVision4 界面左侧“Project Workspace”中的“Source Group1”，选择“Add File to ‘Source Group1’”选项，选择刚才建立的程序文件。

(6)编辑文件。

在文本编辑框中输入开发者编写的程序。

主要代码：

```
        ORG     0000H
        AJMP    START
        ORG     0003H
        LJMP    EXINT0
        ORG     000BH
        LJMP    TIMER0
        ORG     0013H
        LJMP    EXINT1
        ORG     0100H
START:  MOV     SP, #5FH
        MOV     TMOD, #01H
        MOV     TH0, #3CH
        MOV     TL0, #0B0H
        MOV     R7, #100
        MOV     30H, #00H
        MOV     DPTR, #TAB
        LCALL   DISP
        SETB    TR0              ；单步运行，观察TH0，TL0的变化
        SETB    ET0
        SETB    EX0
        SETB    EX1
        SETB    EA
        LJMP    $                ；全速运行，在中断入口断点处观察中断响应
                                 ；设置断点，观察并理解中断返回的位置
TIMER0: MOV     TL0, #0B0H       ；设置断点，观察堆栈指针和内容的变化
        MOV     TH0, #3CH
        DJNZ    R7, TFH
        MOV     R7, #100
        INC     30H
        MOV     A, 30H
        CJNE    A, #0AH, DISP1   ；观察30H的状态变化
        MOV     30H, #00H
DISP1:  LCALL   DISP
TFH:    RETI                     ；设置断点，观察堆栈指针和PC的变化

EXINT0: LCALL   DELAY            ；设置断点，观察中断响应情况
        JB      P3.2, INT0FH
```

```
        INC     30H
        MOV     A, 30H
        CJNE    A, #0AH, DISP2  ; 观察 30H 的状态变化
        MOV     30H, #00H
DISP2:  LCALL   DISP
INT0FH: RETI

EXINT1: LCALL   DELAY           ; 设置断点，观察中断响应情况
        JB      P3.3, INT1FH
        DEC     30H
        MOV     A, 30H
        CJNE    A, #0FFH, DISP3 ; 观察 30H 的状态变化
        MOV     30H, #09H
DISP3:  LCALL   DISP
INT1FH: RETI

DISP:   MOV     A, 30H          ; 单步运行，观察 30H 和数码管的变化
        MOVC    A, @A+ DPTR
        MOV     SBUF, A
        JNB     TI, $
        CLR     TI
        RET

DELAY:  MOV     R5, #1          ; 调整延时时间，体会按键灵敏度变化
DELAY2: MOV     R4, #0F0H
DELAY1: MOV     R6, #0F0H
        DJNZ    R6, $
        DJNZ    R4, DELAY1
        DJNZ    R5, DELAY2
        RET

TAB:    DB 03H , 9FH, 25H, 0DH, 99H, 49H
        DB 41H, 1bH, 01H, 09H   ; 增加 A~F 的显示代码，并在数码管上显示
END
```

(7)文件编译、连接、装载。

单击“Project | Build All Target File”，系统自动编译，在“μVision4”编译输出窗口可看到编译信息。如果有语法错误，根据提示修正后再次执行刚才的步骤，直到没有错误，警告信息一般不需要处理。

(8)调试程序。

由于本项目程序需要单片机的输入输出硬件资源支持，且程序执行将改变硬件状态，故调试模式应设置为硬件仿真模式，设置界面如图 1-35 所示。其中仿真器的选择可能与实际实验环境不一致，应根据实际情况确定。确定后，单击菜单“Debug | Start/Stop Debug Session”，系统进入调试模式。

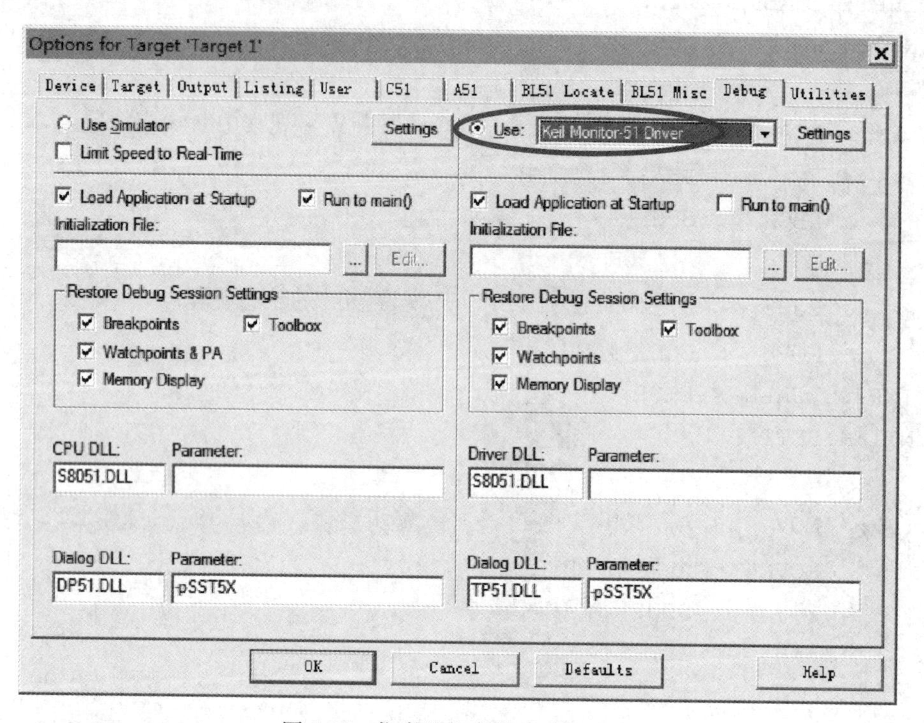

图 1-35 仿真器仿真模式选择界面

根据实验任务要求和阴影所在程序行的注释要求，运用单步、运行到光标处及设置断点后连续运行等方法，观察存储器内容变化及数码管的状态变化，调试程序，直到完全正确。

1.5.5 实验思考与拓展

(1)分析定时器 T0 工作方式 1 和工作方式 2 的异同。

(2)分析外部中断采用边沿触发和低电平触发的区别。

(3)外部中断为什么要采用延时消抖?

第2章　单片机接口与综合实训

本章重点为MCS-51单片机的综合性应用项目训练。从实际应用出发，通过常用的单片机接口技术训练项目案例，循序渐进地学习MCS-51单片机接口芯片的工作原理、接口时序，掌握并灵活应用接口方法、接口技术及接口电路程序设计方法。

由于类似的接口电路芯片种类众多，相应接口电路也不尽相同，在接口电路芯片选择时，本章综合考虑了芯片的时效性、实用性、使用范围等因素，构成了相应的接口电路模块，并提供了电路原理图和源程序主要代码，供读者在学习时参考。

2.1　简易交通红绿灯模块设计

2.1.1　实验目的

(1)掌握单片机的三总线接口扩展技术。

(2)掌握双色发光二极管的工作原理。

(3)掌握交通红绿灯的基本控制原理与编程方法。

2.1.2　实验任务

利用MCS-51单片机的数据总线、地址总线和控制总线，通过三总线接口扩展技术，扩展74HC573 8输入8输出锁存器作为扩展输出端口，控制4个双色发光二极管发出红、绿、黄三种色彩的光，模拟路口简易交通灯管理系统。

2.1.3　实验原理

MCS-51单片机的P0、P1、P2和P3口既可用作通用I/O口，也可用作各类总线的输入或输出功能，其中P0口可用于数据总线和低8位地址总线，P2口用作高8位地址总线，P3口用于控制总线。

本项目运用三总线扩展技术，通过数据总线、地址总线和控制总线，在P0口扩展一片8输入8输出的锁存器74HC573，用于锁存数据总线上输出的数据。74HC573的内部结构和真值表如图2-1和表2-1所示，单片机最小系统电路图如图2-2所示，74HC573接口电路如图2-3所示，地址译码电路如图2-4所示。特别注意：图2-2中的74HC573用作P0口低8位地址锁存器，而图2-3中的74HC573才是本项目研究的用于输出端口扩展的 P0 口数据锁存器。不同点在于：数据锁存器的锁存信号 LE 由单片机的$\overline{\mathrm{WR}}$与片选信号通过或非逻辑(由单片机时序和 74HC573 时序图可知)运算后提供，而地址锁存器的 LE 由单片机的 ALE 信号直接提供。片选信号可用线选法或地址译码法，线选法即由 P2 口地址线直接提供，地址译码法采用 P2 口的高位地址线经过译码后提供，以充分利用地址线和地址空间。本项目采用地址译码法。

图 2-3 中，T4、T5、T6、T7 为 4 个共阳连接的双色发光二极管，双色发光二极管是将一个红色和一个绿色发光二极管封装在一起，分别安置在电路板的东、南、西、北四个方位，1 脚为红色发光二极管的阴极，3 脚为绿色发光二极管的阴极，2 脚为公共阳极。当 1、3 脚加正向电压而 2、3 脚截止时，红灯亮；当 2、3 脚加正向电压而 1、3 脚截止时，绿灯亮；当 1、3 脚和 2、3 均加正向电压时，红、绿灯同时发光，故显示黄灯；当 1、3 脚和 2、3 均截止时，红、绿灯均熄灭，如表 2-2 所示。

根据电路原理图和安置方位，很容易推算出东、南、西、北四个灯在不同状态下的 74HC573 应该输出的逻辑状态，然后编程通过指令 MOVX @DPTR，A 锁存输出数据。

交通灯基本原理：假设一个走向为东南西北的十字路口，红绿灯将呈现以下 5 个状态。

状态 0：东西南北都为红灯，这是系统初始状态。

状态 1：南北亮绿灯，东西仍为红灯，允许南北方向车辆通过。

状态 2：南北绿灯闪烁几次转为黄灯，延迟几秒钟，东西红灯，允许南北方向已过停车线的车辆通行。

状态 3：东西绿灯，南北转为红灯，允许东西方向车辆通过。

状态 4：东西绿灯闪烁几次转为黄灯，延迟几秒，南北红灯，允许东西方向已过停车线的车辆通行。

状态 4 完毕后转回至状态 1。

初始状态后，交通灯将在状态 1～4 间循环反复，直至系统关闭。调整状态间的时间间隔，可调整各方向车辆通行时间。

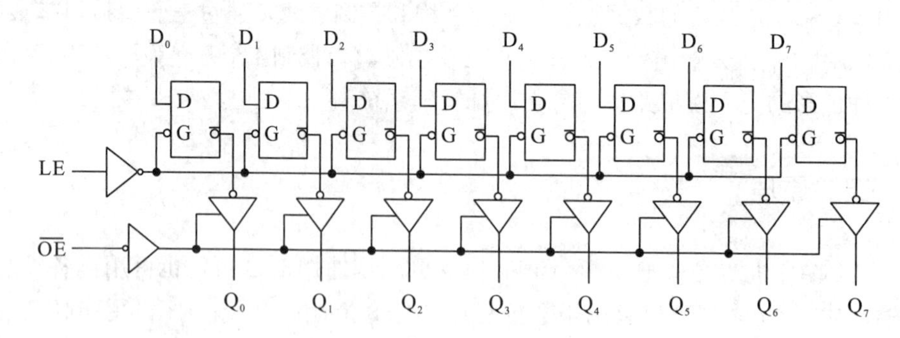

图 2-1 74HC573 内部结构框图

表 2-1　74HC573 功能表

输入信号			输出信号
$\overline{OE}$	LE	D	Q
H	×	×	高阻态
L	L	×	状态保持
L	H	L	L
L	H	H	H

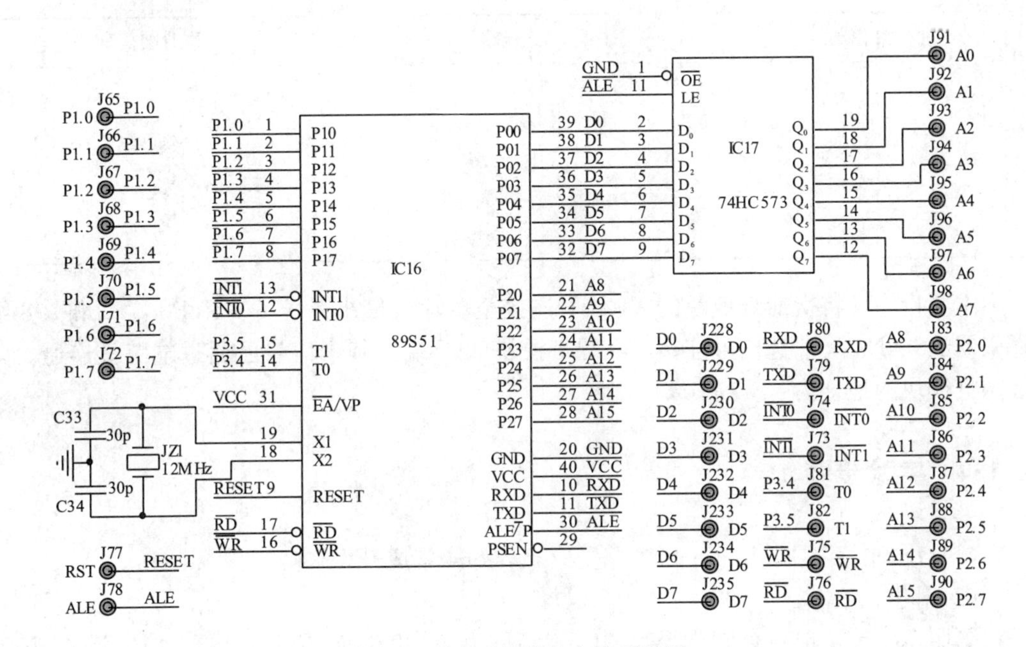

图 2-2　最小系统模块电路原理图

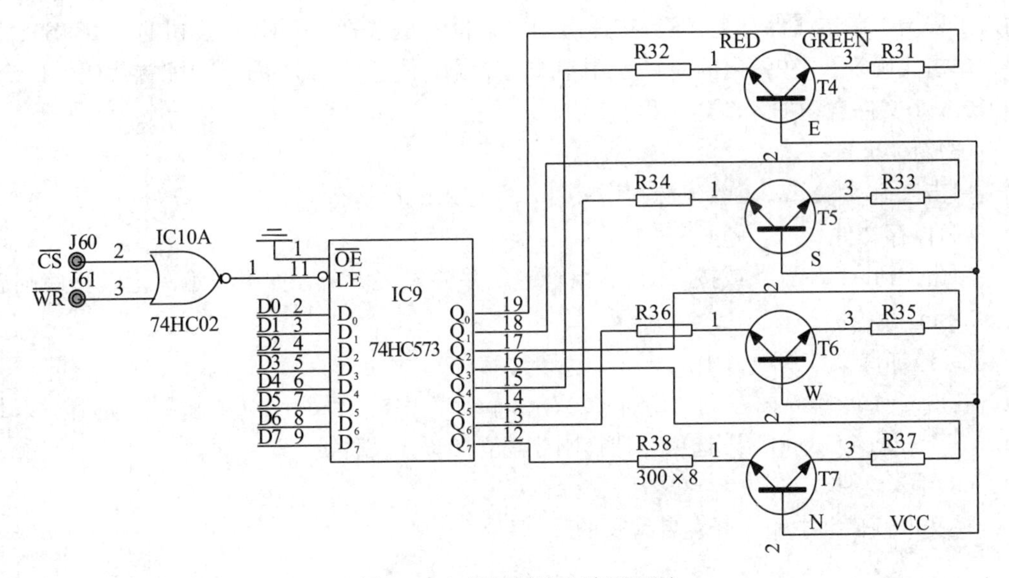

图 2-3　红绿灯模块电路原理图

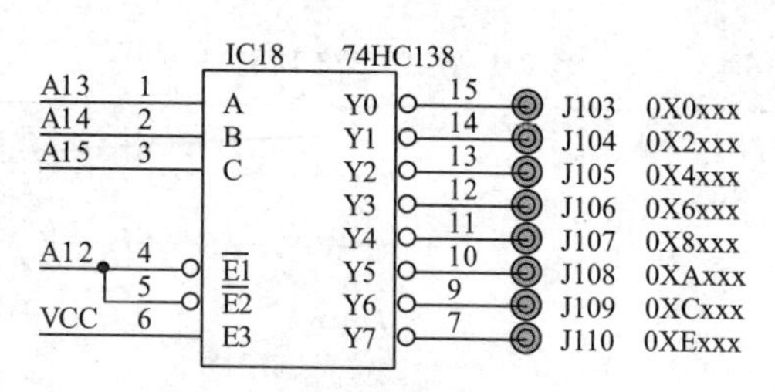

图 2-4　3-8 线译码器模块电路原理图

表 2-2　双色发光二极管状态表

红色端	绿色端	亮灯颜色
1	0	红色
0	1	绿色
1	1	黄色
0	0	灭

本项目中，将交通灯模块的$\overline{WR}$信号连接至单片机最小系统的$\overline{WR}$(P3.6)，将 3-8 线译码器的 0XDxxx 片选信号连接至红绿灯模块的$\overline{CS}$端，其余信号已通过电路板连通。则红绿灯模块的地址为：0D000H。

2.1.4　实验步骤

(1)双击桌面上 Keil μVision4，进入 μVision4 集成开发环境。

(2)新建工程。

参照 1.1 节，项目存储路径为“F：\ McuLab \ Lab06 _RG”。单击“Project | New Project”选项，在“Save As”对话框中找到“Lab06 _RG”文件夹，在文件名对话框中输入工程名，单击【保存】。然后在弹出的对话框左侧选择 ATMEL 公司的 AT89S51 芯片，单击【确定】。在弹出的对话框中单击【否】，不允许 8051 的启动配置代码 STARTUP. A51 文件自动加入新建工程。

(3)新建文件。

单击“File | New”，新建源程序文件，并进入编辑状态。

(4)保存文件。

单击“File | Save”或按 Ctrl+S 组合键，并输入文件名。如果要编写汇编程序则后缀为. asm。

(5)添加源文件到项目中。

右击 μVision4 界面左侧“Project Workspace”中的“Source Group1”，选择“Add File to ‘Source Group1’”选项，选择刚才建立的程序文件。

(6)编辑文件。

在文本编辑框中输入开发者编写的程序。

参考程序：

```
        ORG     0000H
        LJMP    START
        ORG     0100H
START:  MOV     SP, #5FH
        MOV     DPTR, #0D000H
        LCALL   ST0              ；初始状态，东西南北都为红灯
CIRCLE: LCALL   ST1              ；南北亮绿灯，东西亮红灯
        LCALL   ST2              ；南北绿灯闪烁并转黄灯，东西仍为红灯
        LCALL   ST3              ；南北亮红灯，东西亮绿灯
        LCALL   ST4              ；南北亮红灯，东西绿灯闪转黄灯
        LJMP    CIRCLE
    ；东西南北都亮红灯
ST0:    MOV     A, #0FH
        MOVX    @DPTR, A
        MOV     R7, #10          ；延时 1s
        LCALL   DELAY
        RET
    ；南北亮绿灯，东西亮红灯
ST1:    MOV     A, #96H          ；南北绿灯，东西红灯
        MOVX    @DPTR, A
        MOV     R7, #200         ；延时 20s
        LCALL   DELAY
        RET
    ；南北绿灯闪烁并转黄灯，东西仍为红灯
ST2:    MOV     R3, #03H                   ；绿灯闪 3 次
FLASH:  MOV     A, #9FH
        MOVX    @DPTR, A
        MOV     R7, #03H
        LCALL   DELAY
        MOV     A, #96H
        MOVX    @DPTR, A
        MOV     R7, #03H
        LCALL   DELAY
        DJNZ    R3, FLASH
        MOV     A, #06H          ；南北黄灯，东西红灯
        MOVX    @DPTR, A
        MOV     R7, #10          ；延时 1s
        LCALL   DELAY
```

```
        RET
    ; 南北亮红灯，东西亮绿灯
ST3:    MOV     A, #69H
        MOVX    @DPTR, A
        MOV     R7, #200        ; 延时 20s
        LCALL   DELAY
        RET
    ; 南北亮红灯，东西绿灯闪转黄灯
ST4:    MOV     R3, #03H        ; 绿灯闪 3 次
FLASH1: MOV     A, #6FH
        MOVX    @DPTR, A
        MOV     R7, #03H
        LCALL   DELAY
        MOV     A, #69H
        MOVX    @DPTR, A
        MOV     R7, #03H
        LCALL   DELAY
        DJNZ    R3, FLASH1
        MOV     A, #09H         ; 南北红灯，东西黄灯
        MOVX    @DPTR, A
        MOV     R7, #10         ; 延时 1s
        LCALL   DELAY
        NOP
        RET
    ; 延时子程序
DELAY:  MOV     R6, #00H        ; 延时子程序
DELAY1: MOV     R5, #0B2H
        DJNZ    R5, $
        DJNZ    R6, DELAY1
        DJNZ    R7, DELAY
        RET
END
```

(7)文件编译、连接、装载。

单击“Project | Build All Target File”，系统自动编译，在“μVision4”编译输出窗口可看到编译信息。如果有语法错误，根据提示修正后再次执行刚才的步骤，直到没有错误，警告信息一般不需要处理。

(8)调试程序。

由于本项目程序需要单片机的输入输出硬件资源支持，且程序执行将改变硬件状态，故调试模式应设置为硬件仿真模式，设置界面如图 1-32 所示。其中仿真器的选择可能与

实际实验环境不一致，应根据实际情况确定。确定后，单击菜单“Debug | Start/Stop Debug Session”，系统进入调试模式。

根据实验任务要求和程序行的注释要求，运用单步、运行到光标处及设置断点后连续运行等方法，观察存储器内容变化及红绿灯的状态切换，调试程序，直到完全正确。

2.1.5　实验思考与拓展

(1)常用的 I/O 口扩展方法有哪些?

(2)MCS-51 系列单片机的四组端口，作为通用的 I/O 口使用时有什么要求?

(3)试用查表方式修改程序，将交通灯的状态存储在表格中，查表实现交通红绿灯的功能。

2.2　串行口扩展模块设计

2.2.1　实验目的

(1)学会串行口扩展 I/O 端口的接口技术。

(2)掌握单片机串行口的工作原理。

(3)掌握单片机串行口的编程方法。

2.2.2　实验任务

(1)利用单片机的串行口方式 0 和串行移位寄存器逻辑芯片 74HC164，扩展 I/O 口并用以驱动发光二极管(LED)数码管，在数码管上循环显示 0~F。

(2)数码管显示间隔时间采用定时/计数器 T0 方式 1，工作在中断模式。

(3)间隔时间采用定时/计数器 T0 方式 2，工作在中断模式。

(4)根据原理图，写出符合本项目情况的 0~F 的显示代码。

2.2.3　实验原理

MCS-51 单片机内部具有 2 个定时/计数器 T0 和 T1，具有方式 0、1、2、3 四种工作方式，既可用作定时器，也可用作计数器，还可作为串行口的波特率发生器。本项目通过编程，使 T0 工作在方式 1 或方式 2，采用中断方式产生 1s 的信号，让 30H 单元中的数值自动从 0 加到 F，并循环往复。

MCS-51 单片机具有一个全双工的串行口，有方式 0、1、2 和 3 四种工作方式供用户选择使用。其中方式 0 为同步移位寄存器方式，可适用于系统内部各部件间进行同步数据通信，其通信速率固定；方式 1、2、3 为异步通信方式，其数据位数和通信速率可根据需要进行设定，常用于系统间进行异步数据通信。

MCS-51 单片机串行口内部结构较为复杂，在使用时可将其抽象为三个可供软件直接访问的特殊功能寄存器：PCON、SCON 和 SBUF。通过对它们的读写操作即可完全控制串行口。

SCON 为串行口控制寄存器，用于设置串行口工作方式、标识接收和发送结束标志等。

PCON 的 D7 位为 SMOD，是串行口的波特率加倍位。

SBUF 是串行口的核心，其地址 99H，物理上对应两个寄存器，发送寄存器和接收寄存器。

如图 2-5 所示，本项目将单片机 P3.0 连接至串并转换模块 DATA 端，将单片机 P3.1 连接至串并转换模块 CLK 端，利用串行口的工作方式 0，在串行口扩展一片同步移位寄存器逻辑芯片 74HC164，其内部结构框图见图 2-6，功能表见表 2-3。74HC164 工作在同步方式，通过串行口将 30H 单元中的数据译码后按低位在前的顺序输出，串行数据经 74HC164 串行移位锁存后，通过 Q0～Q7 输出(Q0 为高位)，输出端再经过限流电阻驱动共阳数码管。这样，串行口送出来的 30H 中经译码后的数据通过数码管显示出来。在程序中，须通过查表指令将需要 30H 中的数值经软件译码后送至串行口，字符方能在数码管上正确显示。

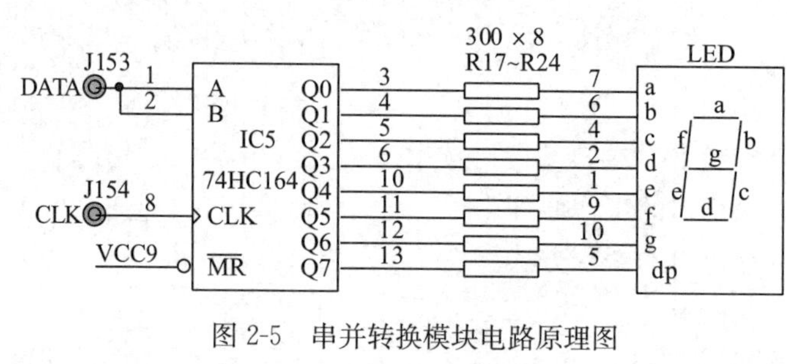

图 2-5 串并转换模块电路原理图

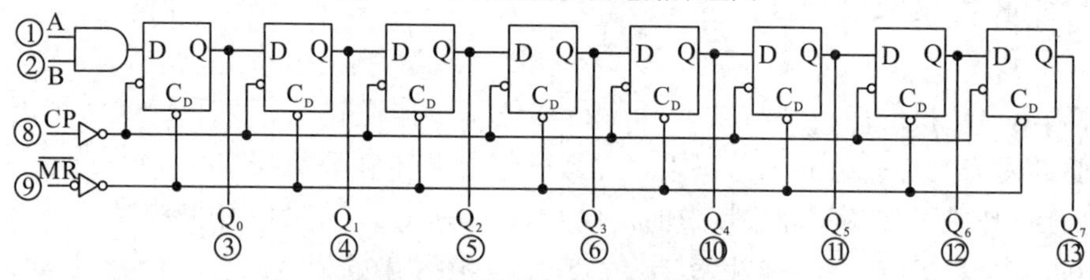

图 2-6 74HC164 内部结构框图

表 2-3 74HC164 功能表

操作模式	输入				输出	
	$\overline{MR}$	CP	A	B	Q0	Q1～Q7
复位	L	×	×	×	L	L～L
移位	H	↑	L	L	L	q0～q6
	H	↑	L	H	L	q0～q6
	H	↑	H	L	L	q0～q6
	H	↑	H	H	H	q0～q6

表中 H：高电平；L：低电平；↑：上升沿

单片机串行口工作在方式 0 时，作为同步移位寄存器输入/输出方式，可以实现输入串并转换或输出并串转换。此时数据位为 8 位，RXD 输入/输出数据，TXD 输出移位同步时钟信号；比特率固定为 $f_{osc}/12$。串行接收数据时，通过对 REN 置 1 启动串行口接收，TXD 端输出移位同步脉冲，数据从 RXD 端串行输入，经串并转换后存储在 SBUF 寄存器中，接收完一帧数据后，RI 置 1；发送数据时，CPU 将数据写入 SBUF 后，TXD 端输出移位同步脉冲，RXD 端输出串行数据，发送完一帧数据后，TI 置 1。

程序流程图见图 2-7。

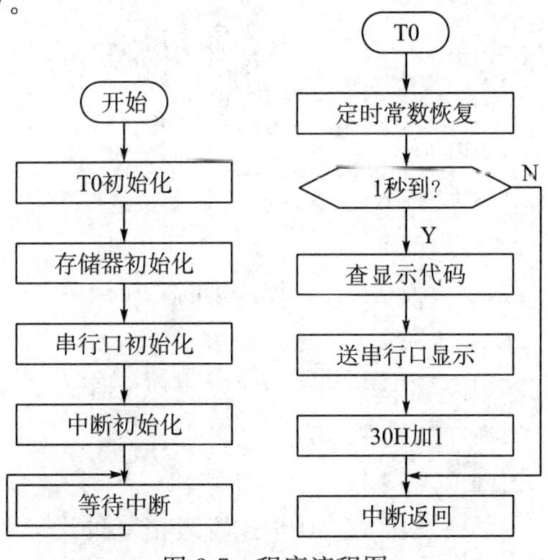

图 2-7　程序流程图

根据串行口低位在前的输出规则、74HC164 的内部结构和数码管的连接关系，可以推算出数码管的显示代码。

2.2.4　实验步骤

(1)双击桌面上 Keil μVision4，进入 μVision4 集成开发环境。

(2)新建工程。

参照 1.1 节，项目存储路径为“F：\ McuLab \ Lab07 _Uart”。单击“Project | New Project”选项，在“Save As”对话框中找到“Lab07 _Uart”文件夹，在文件名对话框中输入工程名，单击【保存】。然后在弹出的对话框左侧选择 ATMEL 公司的 AT89S51 芯片，单击【确定】。在弹出的对话框中单击【否】，不允许 8051 的启动配置代码 STARTUP. A51 文件自动加入新建工程。

(3)新建文件。

单击“File | New”，新建源程序文件，并进入编辑状态。

(4)保存文件。

单击“File | Save”或按 Ctrl+S 组合键，并输入文件名。如果要编写汇编程序则后缀为. asm。

(5)添加源文件到项目中。

右击 μVision4 界面左侧“Project Workspace”中的“Source Group1”，选择“Add File to ‘Source Group1’”选项，选择刚才建立的程序文件。

(6)编辑文件。

在文本编辑框中输入开发者编写的程序。

参考程序：

```
TIMER       EQU   31H
COUNTER     EQU   30H
            ORG   0000H
            AJMP  START
            ORG   000BH            ; T0 中断程序入口地址
            AJMP  T0SRV
            ORG   0100H
START:      MOV   SP, #5FH
            MOV   TMOD, #01H       ; T0 方式 1
            MOV   TL0, #0B0H       ; 延时 50ms
            MOV   TH0, #3CH
            MOV   SCON, #00H       ; 置串口工作方式 0
            MOV   COUNTER, #00H
            MOV   TIMER, #20
            MOV   DPTR, #DATATAB   ; 置表格基址
            MOV   A, COUNTER       ; 置表格偏移量
            MOVC  A, @A+ DPTR      ; 读表格数据
            MOV   SBUF, A          ; 串行发送数据
            JNB   TI, $
            CLR   TI
            SETB  TR0
            SETB  ET0
            SETB  EA               ; 开中断
            SJMP  $                ; 此处设置断点，单步运行，观察 TH0,
                                   ; TL0 的变化，观察清楚后取消断点并
                                   ; 连续运行等待进入中断
T0SRV:      MOV   TL0, #0B0H       ; 此处设置断点,观察 TH0, TL0 的变化、PC 的
                                   ; 值及堆栈值，观察清楚后取消断点并连续运行
            MOV   TH0, #3CH
            DJNZ  TIMER, EXIT
            MOV   TIMER, #20       ; 延时一秒的常数
            MOV   A, COUNTER       ; 置表格偏移量
            MOVC  A, @A+ DPTR      ; 读表格数据
            MOV   SBUF, A          ; 串行发送数据
            JNB   TI, $            ; 此处设置断点，单步运行程序，观察串
                                   ; 行口的变化，然后取消断点并连续运行
```

```
            CLR   TI
            INC   COUNTER
            MOV   A, COUNTER
            CJNE  A, #0AH, EXIT     ; 此处设置断点，观察存储器 COUNTER 的
                                    ; 变化，观察清楚后取消断点并连续运行
            MOV   COUNTER, #00H    ; 调整表格偏移量
EXIT:       RETI
; 数码管显示代码表
DATATAB:
            DB 0FCH, 60H, 0DAH, 0F2H, 66H    ; 0 1 2 3 4 显示代码
            DB 0B6H, 0BEH, 0E0H, 0FEH, 0F6H  ; 5 6 7 8 9 显示代码
; 请自主增加 A~F 字符的显示代码
END
```

(7)文件编译、连接、装载。

单击“Project | Build All Target File”，系统自动完全编译，在“μVision4”编译输出窗口可看到编译信息。如果有语法错误，根据提示修正后再次执行刚才的步骤，直到没有错误，警告信息一般不需要处理。

(8)调试程序。

由于本项目程序需要单片机的输入输出硬件资源支持，且程序执行将改变硬件状态，故调试模式应设置为硬件仿真模式。其中仿真器的设置可能与实际实验环境不一致，应根据实际情况确定。确定后，单击菜单“Debug | Start/Stop Debug Session”，系统进入调试模式。

根据实验任务要求和阴影所在程序行的注释要求，运用单步、运行到光标处及设置断点后连续运行等方法，观察存储器内容及数码管显示内容的变化，调试程序，直到完全正确。

2.2.5　实验思考与拓展

(1)单片机串行口的四种工作方式各有什么特点？

(2)每种工作方式下串行口的比特率分别为多少？

(3)两个单片机的串行口可以直接连接，进行数据通信吗？

2.3　外部存储器扩展接口模块设计

2.3.1　实验目的

(1)学会对外部 RAM 的访问，掌握对外部 RAM 任意地址单元进行读/写的编程方法。

(2)掌握外部数据存储器扩展的原理及方法。

(3)掌握数据存储器的各种寻址方式。

2.3.2 实验任务

(1)向外部 RAM 的 3000H～300FH 存储单元依次填充 00H～0FH。

(2)将外部 RAM 的 3000H～300FH 处的数据复制到内部 RAM 以 30H 为首地址的存储单元中。

2.3.3 实验原理

MCS-51 单片机内部具有 128B 的静态 RAM，在数据采集系统中，存储器的需求量较大时，可能出现内部 RAM 不够分配的情况。为此，单片机提供了三总线扩展技术，设计人员可通过外部总线扩展 SRAM，以弥补内部 RAM 的不足。

HM6264 是 8K×8bit 的静态 RAM，其功能表如表 2-4 所示，根据功能表与单片机的工作时序，其与单片机的接口电路如图 2-8 所示。其中 P0 口作为低 8 位地址和数据复用的总线、P2 口作为高 8 位地址总线；由于其 8KB 容量需要 13 位地址线，故与低 13 位地址总线直接连接，其中低 8 位地址总线由 P0 口经地址锁存器 74HC573 锁存后提供，高 5 位地址线由 P2 口低 5 位地址线提供，8 位数据总线由 P0 口直接提供，HM6264 的 $\overline{CS1}$ 可由 P2 口剩余地址线用线选法选择，也可用 P2 口高位地址线经地址译码器 74HC138 译码后提供，HM6264 的 CS2 直接接高电平，$\overline{OE}$ 与单片机的 $\overline{RD}$ 直接相连，$\overline{WE}$ 信号直接与单片机 $\overline{WR}$ 相连即可。

表 2-4 HM6264 功能表

输入信号				工作模式	I/O 引脚
$\overline{WR}$	$\overline{CS1}$	CS2	$\overline{OE}$		
×	H	×	×	未工作	高阻态
×	×	L	×	未工作	高阻态
H	L	H	H	禁止输出	高阻态
H	L	H	L	读	数据输出
L	L	H	H	写	数据输入
L	L	H	L	写	数据输入

表中 H：高电平；L：低电平

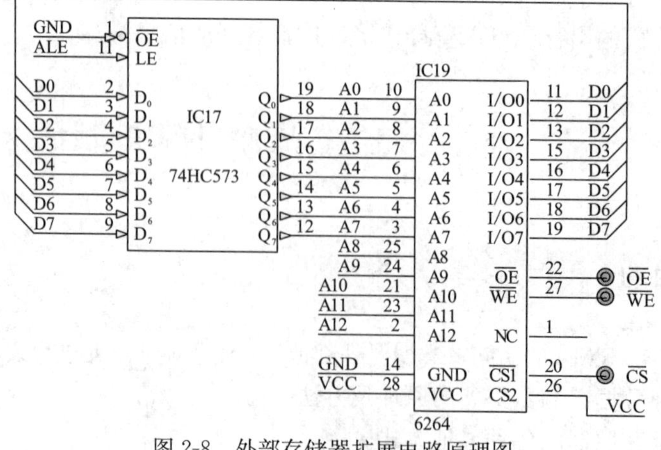

图 2-8 外部存储器扩展电路原理图

本项目中，将译码器 74HC138 译码输出 0X3xxx 连接至 HM6264 的 RAM _CS，将 HM6264 的 RAM _WE 信号连接至单片机的 $\overline{WR}$(P3.6)，将 RAM _OE 连接至单片机的 $\overline{RD}$信号(P3.7)，其余信号已经通过电路板直接连接。

2.3.4　实验步骤

(1)双击桌面上 Keil μVision4，进入 μVision4 集成开发环境。

(2)新建工程。

参照 1.1 节，项目存储路径为“F: \ McuLab \ Lab08 _Mem”。单击“Project | New Project”选项，在“Save As”对话框中找到“Lab08 _Mem”文件夹，在文件名对话框中输入工程名，单击【保存】。然后在弹出的对话框左侧选择 ATMEL 公司的 AT89S51 芯片，单击【确定】。在弹出的对话框中单击【否】，不允许 8051 的启动配置代码 STARTUP.A51 文件自动加入新建工程。

(3)新建文件。

单击“File | New”，新建源程序文件，并进入编辑状态。

(4)保存文件。

单击“File | Save”或按 Ctrl+S 组合键，并输入文件名。如果要编写汇编程序则后缀为.asm。

(5)添加源文件到项目中。

右击 μVision4 界面左侧“Project Workspace”中的“Source Group1”，选择“Add File to ‘Source Group1’”选项，选择刚才建立的程序文件。

(6)编辑文件。

在文本编辑框中输入开发者编写的程序。

主要参考程序：

①向外部 RAM 写数据。

```
FILLRAM:    MOV     DPTR, #3000H        ; 将首地址赋给指针 DPTR
            MOV     A, #00H             ; 要传送的数据，从 0 开始
            MOV     R7, #10H            ; 循环指针
   LOOP:    MOVX    @DPTR, A            ; 观察外部 RAM 状态变化
            INC     A                   ; 数据加 1
            INC     DPTR                ; 指针加 1
            DJNZ    R7, LOOP       ; 写完则结束，否则跳转到 LOOP
            RET
```

②从外部 RAM 读数据。

```
COPYRAM:    MOV     DPTR, #3000H        ; 将首地址赋给指针 DPTR
            MOV     R0, #30H            ; 指向内部 RAM30H
            MOV     R7, #10H            ; 循环计数器
   LOOP:    MOVX    A, @DPTR            ; 从外部 RAM 读数据
```

```
        MOV      @R0, A              ; 存入内部 RAM
        INC      R0                  ; 内部指针加 1
        INC      DPTR                ; 外部指针加 1
        DJNZ     R7, LOOP            ; 写完则结束，否则跳转到 LOOP
    RET
```

(7)文件编译、连接、装载。

单击“Project | Build All Target File”，系统自动编译，在“μVision4”编译输出窗口可看到编译信息。如果有语法错误，根据提示修正后再次执行刚才的步骤，直到没有错误，警告信息一般不需要处理。

(8)调试程序。

由于本项目程序需要单片机的输入输出硬件资源支持，且程序执行将改变硬件状态，故调试模式应设置为硬件仿真模式。其中仿真器的选择可能与实际实验环境不一致，应根据实际情况确定。确定后，单击菜单“Debug | Start/Stop Debug Session”，系统进入调试模式，如图 2-9 所示。

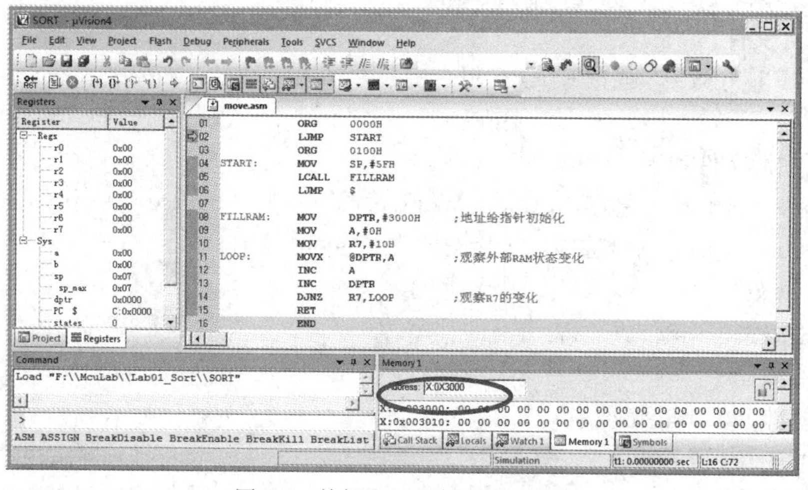

图 2-9 外部 RAM 读写调试界面

在“Memory1”窗口，“Address”文本框中输入待观察的 RAM 单元地址“X：0X3000”，并适当调整“Memory1”窗口的宽度，一行显示 8 个单元或 16 个单元，以便更加直观地观察存储器的内容。若需要对外部 RAM 的内容进行初始化，可直接用鼠标指向需要修改内容的存储单元，双击鼠标左键，存储器内容处于编辑状态，可直接输入十六进制数据，回车后，存储器内容便修改完成。

根据实验任务要求和阴影所在程序行的注释要求，运用单步、运行到光标处及设置断点后连续运行等方法，观察存储器内容变化，调试程序，直到完全正确。

2.3.5 实验思考与拓展

(1)外部 ROM 和外部 RAM 使用相同的地址，会不会在数据总线上出现竞争？

(2)外部 ROM 和外部 RAM 的接口方法有何异同？

2.4 D/A 转换接口模块设计

2.4.1 实验目的

(1)掌握 D/A 转换器基本工作原理。
(2)掌握 TLC7524 的性能及编程方法。
(3)掌握单片机与 D/A 转换器的接口技术。

2.4.2 实验任务

(1)编写程序通过 D/A 转换器产生两路独立的三角波、方波。
(2)用示波器观察波形，读出频率、幅度等参数，与理论值进行对比。
(3)编写程序，使两路 D/A 输出同步的锯齿波和三角波。

2.4.3 实验原理

数字模拟转换器简称 DAC(Digital to Analog Converter)，是一种将二进制数字量形式的离散信号转换成以标准量(或参考量)为基准的模拟量的器件，又称 D/A 转换器。

常见的 DAC 芯片是将并行的二进制数字量转换为模拟直流电压或直流电流，其电路抗干扰性较好，常用作过程控制计算机系统的输出通道，与执行器相连，实现对生产过程的自动控制。

TLC7524 是 8 位并行输入电流输出型 DAC 芯片，建立时间为 0.1μs，内部具有输入锁存器，其结构框图如图 2-10 所示。与单片机接口电路如图 2-11 所示，本项目电路中，TLC7524 的数据输入端连接一个 8 位 D 锁存器，通过总线方式与单片机连接，用于锁存数据总线上输出的数据，形成双缓冲 D/A 转换电路结构。因此，DAC 芯片既可工作在单缓冲模式，又可以工作在双缓冲模式；同时，由两片 TLC7524 构成了两路独立的 DAC 转换电路，其两级缓冲电路相互独立，两路 DAC 既可以工作在独立输出模式，也可以工作在同步输出模式。

单缓冲工作方式：将 DA_CS_A1 与 DA_CS_A2 并接至同一个片选，DA_CS_B1 与 DA_CS_B2 并接至另一个片选，则两路 D/A 均工作在单缓冲方式。此时，74HC573 构成的缓冲器处于直通状态。编程时，使用 MOVX @DPTR，A 指令，地址信号选中芯片，将数据总线上的数据锁存至 D/A 转换器的锁存器，直接进行 D/A 转换。

双缓冲工作方式：将 DA_CS_A1 与 DA_CS_A2 独立连接至两个片选，DA_CS_B1 与 DA_CS_B2 独立连接至另两个片选，则两路 D/A 均工作在双缓冲方式，共使用 4 个地址。此时，74HC573 构成的缓冲器为第一级缓冲，D/A 内部的锁存器为第二级缓冲，编程时，两次使用 MOVX @DPTR，A 指令，两个地址分别选中第一级、第二级缓冲，

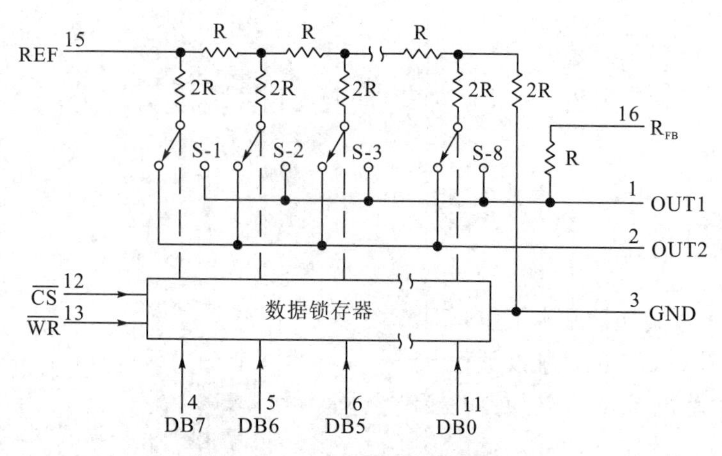

图 2-10 TLC7524 内部结构框图

将数据依次锁存至两级缓冲器，第二级缓冲器直接进行 D/A 转换。

同步输出方式：将 DA_CS_A1 与 DA_CS_B1 独立连接至两个片选，DA_CS_A2 与 DA_CS_B2 并接至同一个片选，共使用 3 个地址，双通道 D/A 工作在同步输出方式。编程时，先利用 MOVX @DPTR，A 将数据锁存至 IC21，然后用 MOVX @DPTR，A 将数据锁存至 IC22，再同时选中 IC23 和 IC24，将前级锁存器数据送至两路 D/A 转换芯片，两路 D/A 转换同步输出。

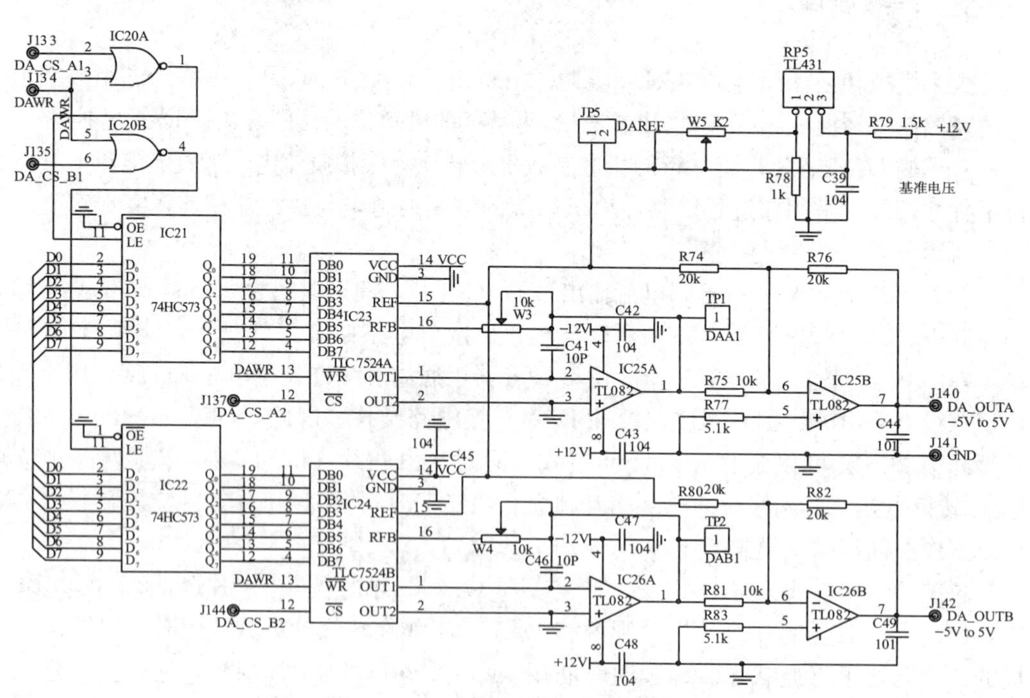

图 2-11 D/A 转换模块电路原理图

DAC 的输出电路由两级运算放大器构成，第一级将电流转换成电压，反相输出负电压，测试点分别为 DAA1 和 DAB1；第二级与 V_{ref} 反相相加，输出双极性电压，分别为 DA_OUTA 和 DA_OUTB。

如图 2-11 所示，电路由两路 D/A 电路，单路输出时选择 A 路。将 D/A 转换模块 DAWR 脚接单片机的 $\overline{WR}$(P3. 6)，D/A 转换模块 DA _CS _A1 和 DA _CS _A2 连接到 74HC138 译码输出的 0X5xxx，故 D/A 的地址即为 5000H，并用跳线帽将 DAREF 短接，以便为 D/A 转换芯片提供参考电压。D/A 转换是把数字量转化成模拟量的过程，本项目输出为模拟电压信号，本次生成的波形较为简单，有兴趣者可编写程序生成各种波形，如方波、正弦波等，也可与键盘显示模块结合起来，构成一个简单的波形发生器，通过键盘输入各种参数如频率、振幅(小于+5V)、方波的占空比等。根据不同的波形数据，间隔固定的时间依次输出波形数据，即可用示波器在输出端观测到对应模拟波形，改变相邻数据的间隔时间，即可改变输出波形的频率；将输入数据按比例放大，即可改变波形的幅度。

DAA1 处输出电压为 $V_0 = -D \times V_{ref}/256$

DA _OUTA 处输出电压为 $V_0 = (D - 128)V_{ref}/128$

式中，D 为 D/A 转换器输入的二进制数值。

2. 4. 4　实验步骤

(1)双击桌面上 Keil μVision4，进入 μVision4 集成开发环境。

(2)新建工程。

参照 1. 1 节，项目存储路径为“F：\ McuLab \ Lab09 _DA”。单击“Project | New Project”选项，在“Save As”对话框中找到“Lab09 _DA”文件夹，在文件名对话框中输入工程名，单击【保存】。然后在弹出的对话框左侧选择 ATMEL 公司的 AT89S51 芯片，单击【确定】。在弹出的对话框中单击【否】，不允许 8051 的启动配置代码 STARTUP. A51 文件自动加入新建工程。

(3)新建文件。

单击“File | New”，新建源程序文件，并进入编辑状态。

(4)保存文件。

单击“File | Save”或按 Ctrl+S 组合键，并输入文件名。如果要编写汇编程序则后缀为. asm。

(5)添加源文件到项目中。

右击 μVision4 界面左侧“Project Workspace”中的“Source Group1”，选择“Add File to‘Source Group1’”选项，选择刚才建立的程序文件。

(6)编辑文件。

在文本编辑框中输入开发者编写的程序。

部分参考代码：

```
; 三角波输出程序
START:   MOV    DPTR, #5000H        ; TLC7524 地址初始化
D_A:     MOV    R7, #80H            ; D/A 初始值
UP:      MOV    A, R7
         MOVX   @DPTR, A            ; D/A 输出
```

```
        INC     R7              ; 输出值加 1
        NOP                     ; 延时
        NOP                     ; 延时
        CJNE    R7, #00H, UP    ; 输出未到最大值则继续增加
        DEC     R7
DOWN:   DEC     R7              ; 输出值减 1
        MOV     A, R7           ; 输出值入 A
        MOVX    @DPTR, A        ; D/A 输出
        NOP                     ; 延时 1ms
        NOP                     ; 延时 1ms
        CJNE    R7, #80H, DOWN  ; 输出未到 0v 则转继续减小
        DEC     R7
        AJMP    D_A             ; 一个周期结束进入下一个周期
; 方波输出程序
START1: MOV     DPTR, #5000H    ; TLC7524 地址初始化
D_A1:   MOV     R7, #00H        ; D/A 初始值
        MOV     A, #80H
UP1:    MOVX    @DPTR, A        ; D/A 低电平输出
        INC     R7              ; 输出计数加 1
        NOP                     ; 延时
        NOP                     ; 延时
        CJNE    R7, #80H, UP1   ; 未到半个周期则继续输出
        MOV     R7, #00H
DOWN1:  MOV     A, #0FFH
        MOVX    @DPTR, A        ; D/A 高电平输出
        DEC     R7              ; 输出计数减 1
        NOP                     ; 延时
        NOP                     ; 延时
        CJNE    R7, #80H, DOWN1 ; 未到半个周期则继续输出
        AJMP    D_A1            ; 一个周期结束进入下一个周期
```

(7)文件编译、连接、装载。

单击“Project | Build All Target File”，系统自动编译，在“μVision4”编译输出窗口可看到编译信息。如果有语法错误，根据提示修正后再次执行刚才的步骤，直到没有错误，警告信息一般不需要处理。

(8)调试程序。

由于本项目程序需要单片机的输入输出硬件资源支持，且程序执行将改变硬件状态，故调试模式应设置为硬件仿真模式。其中仿真器的选择可能与实际实验环境不一致，应根据实际情况确定。确定后，单击菜单“Debug | Start/Stop Debug Session”，系统进入调试模式。

根据实验任务要求和阴影所在程序行的注释要求，运用单步、运行到光标处及设置断点后连续运行等方法，观察存储器内容变化及示波器上的波形变化，调试程序，直到完全正确。

2.4.5　实验思考与拓展

(1)试修改程序，使 D/A 输出双极性三角波和方波。
(2)试修改程序，使 D/A 输出双极性正弦波。
(3)如何使 D/A 输出的正弦波更加平滑?

2.5　A/D 转换模块设计

2.5.1　实验目的

(1)熟悉 A/D 采样数据的处理方法。
(2)掌握 A/D 芯片 TLC0820 的转换性能及编程方法。
(3)掌握 A/D 转换器与单片机接口方法。

2.5.2　实验任务

(1)编写程序，读取 TLC0820 模拟电压输入端输入模拟电压的采样值，采样频率为 10kHz，并记录模拟电压值和数字值，画出 A/D 转换曲线。
(2)编写程序，改变模拟开关，切换输入通道，然后读取 TLC0820 采样数值，采样频率为 10kHz，并记录模拟电压值和数字值，画出 A/D 转换曲线。

2.5.3　实验原理

在单片机构成的系统中，经常需要进行模拟量的采集、处理与控制，A/D 转换器是将模拟量转变为数字量的器件。

TLC0820 是 8 位单通道并行输出 A/D 转换芯片，其采样频率为 392kHz，片内带跟踪与保持电路，单极性模拟电压输入。TLC0820 与单片机采用总线方式连接，其内部框图如图 2-12 所示，与单片机的接口电路如图 2-13 所示。

由于 TLC0820 的采样速率高，与单片机连接时无须查询或中断，单片机可根据程序需要直接读 A/D 转换结果。为保证转换精度，A/D 转换的参考电压由专门的基准电压源提供，为扩展模拟输入通道，加入 HCF4051 模拟电子开关，允许对 8 路输入模拟信号进行数据采集。

在图 2-13 中，将 TLC0820 的$\overline{CS}$接经 74HC138 译码后的 0x7xxx，将 TLC0820 的$\overline{WR}$接单片机$\overline{WR}$(P3.6)，$\overline{RD}$接单片机$\overline{RD}$(P3.7)，其余信号与单片机通过电路板连接，

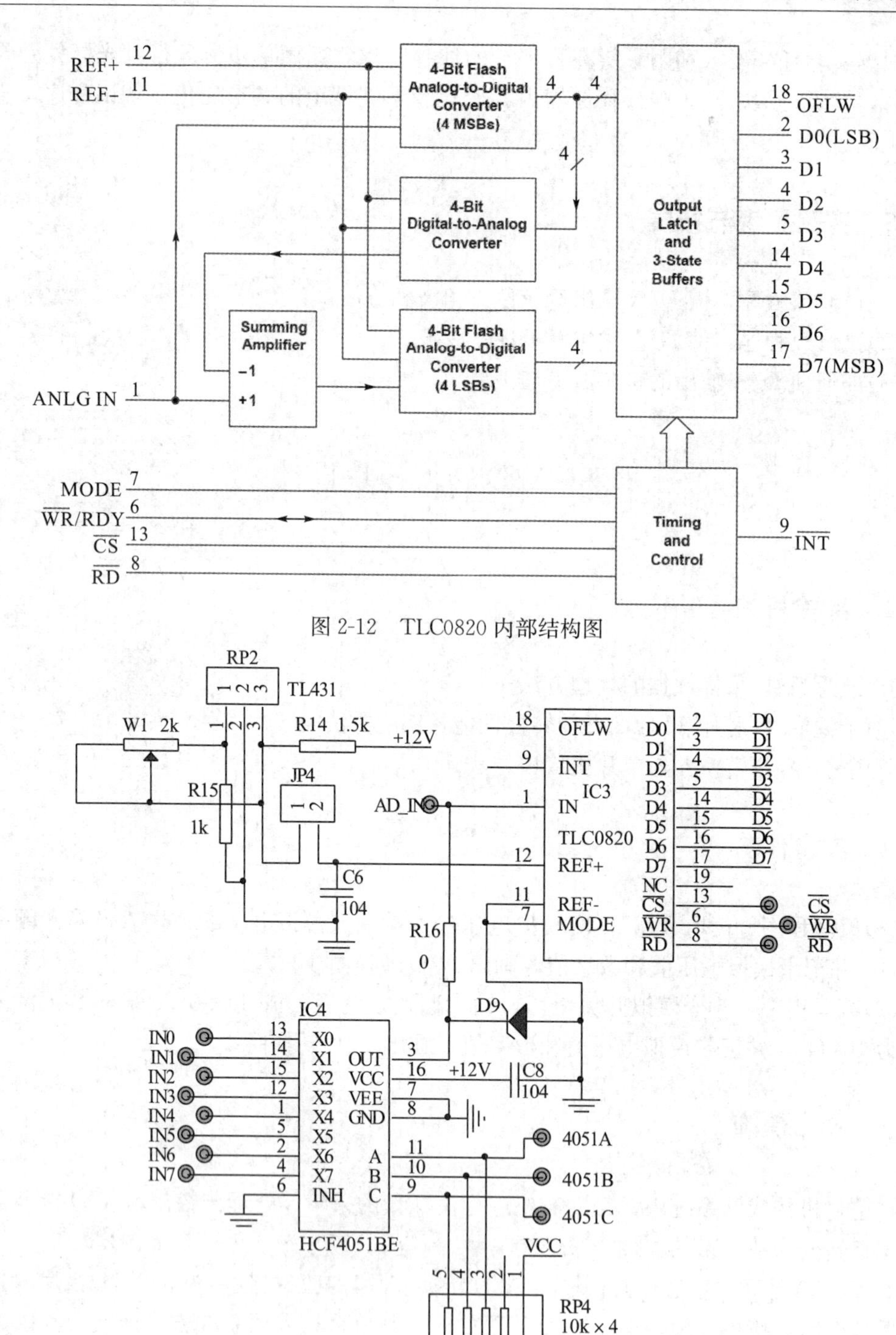

图 2-12　TLC0820 内部结构图

图 2-13　A/D 转换模块电路原理图

并用跳线帽将 JP4 短接，以便为 A/D 转换芯片提供参考电压。HCF4051 电子开关的通道选择信号 4051A、4051B、4051C 分别接单片机地址线 A0、A1、A2，调节 W1，使基准电压为 5.00V。将 R16 用短路块连接，将电子开关输出的模拟电压连接至 TLC0820 模拟电压输入端。

将参考电压模块中 NORMAL 电压信号连接至 A/D 转换模块 AD _IN 或 IN0～IN7 的一个通道，调节 W1 变阻器，改变 A/D 输入电压，用万用表测量并记录模拟电压值和 A/D 转换结果。

2.5.4　实验步骤

(1)双击桌面上 Keil μVision4，进入 μVision4 集成开发环境。

(2)新建工程。

参照 1.1 节，项目存储路径为“F：\ McuLab \ Lab10 _AD”。单击“Project | New Project”选项，在“Save As”对话框中找到“Lab10 _AD”文件夹，在文件名对话框中输入工程名，单击【保存】。然后在弹出的对话框左侧选择 ATMEL 公司的 AT89S51 芯片，单击【确定】。在弹出的对话框中单击【否】，不允许 8051 的启动配置代码 STARTUP. A51 文件自动加入新建工程。

(3)新建文件。

单击“File | New”，新建源程序文件，并进入编辑状态。

(4)保存文件。

单击“File | Save”或按 Ctrl+S 组合键，并输入文件名。如果要编写汇编程序则后缀为. asm。

(5)添加源文件到项目中。

右击 μVision4 界面左侧“Project Workspace”中的“Source Group1”，选择“Add File to ‘Source Group1’”选项，选择刚才建立的程序文件。

(6)编辑文件。

在文本编辑框中输入开发者编写的程序。

主要参考代码：

```
        ORG   0000H
        LJMP  START
        ORG   000BH
        LJMP  T0_SRV
START:  MOV   SP, #5FH
        MOV   TMOD, #02H
        MOV   TH0, #9CH          ; 采样频率为 10kHz，定时 0.1ms
        MOV   TL0, #9CH
        SETB  TR0
        SETB  ET0
        SETB  EA
        MOV   R0, #50H           ; 50H～57H 为 A/D 数据缓冲区
        MOV   R7, #08H
        MOV   DPTR, #5000H
        MOVX  @DPTR, A
```

```
        AJMP  $

T0_SRV: PUSH  ACC           ; 保护现场
        MOVX  A, @DPTR      ; 读取 A/D 转换结果
        MOV   @R0, A        ; 保存 A/D 转换结果
        INC   R0
        DJNZ  R7, TOFH      ; 设置断点，并记录观察缓冲区数据
        MOV   R7, #08H
        MOV   R0, #50H
TOFH:   POP   ACC           ; 恢复现场
RETI
```

(7)文件编译、连接、装载。

单击“Project | Build All Target File”，系统自动编译，在“μVision4”编译输出窗口可看到编译信息。如果有语法错误，根据提示修正后再次执行刚才的步骤，直到没有错误，警告信息一般不需要处理。

(8)调试程序。

由于本项目程序需要单片机的输入输出硬件资源支持，且程序执行将改变硬件状态，故调试模式应设置为硬件仿真模式。其中仿真器的选择可能与实际实验环境不一致，应根据实际情况确定。确定后，单击菜单“Debug | Start/Stop Debug Session”，系统进入调试模式。

根据实验任务要求和阴影所在程序行的注释要求，运用单步、运行到光标处及设置断点后连续运行等方法，观察存储器内容变化，用数字万用表测量电压，并记录 A/D 转换结果，调试程序，直到完全正确。

(9)根据数据记录，描绘 A/D 数据曲线，分析 A/D 转换芯片的线性。

2.5.5 实验思考与拓展

(1)A/D 转换器的主要技术指标有哪些?

(2)如何提高 A/D 采样数据的可靠性?

(3)试修改程序，将采样频率调整为 8kHz。

2.6 数码管动态扫描显示系统设计

2.6.1 实验目的

(1)掌握数码管动态扫描、动态显示原理。

(2)掌握单片机与数码管驱动电路的接口方法。

(3)掌握用汇编语言编写数码管驱动程序的方法。

2.6.2　实验任务

(1)利用定时器中断技术，编写具有时、分、秒、百分秒的时钟程序，以压缩 BCD 码的形式在内部 RAM 中存储。

(2)编写 LED 数据管显示代码译码程序。

(3)编写动态显示程序，将时、分、秒、百分秒的数值在 8 位 LED 数码管上动态显示。

(4)在$\overline{INT0}$、$\overline{INT1}$上扩展两个独立按键，实现校时功能。

2.6.3　实验原理

根据动态扫描原理，8 位数码管动态扫描电路需要 8 位输出端口作为段代码输出端和 8 位输出端口作为位扫描驱动端口。利用单片机总线扩展技术，在数据总线上扩展两片 8 位具有锁存功能的输出端口 74HC573，如图 2-14 所示，一片负责锁存段代码，另一片负责锁存位选码，其扩展原理参见项目 1.6，因位选需承担较大电流，故将其输出增加 ULN2803 作为位驱动。

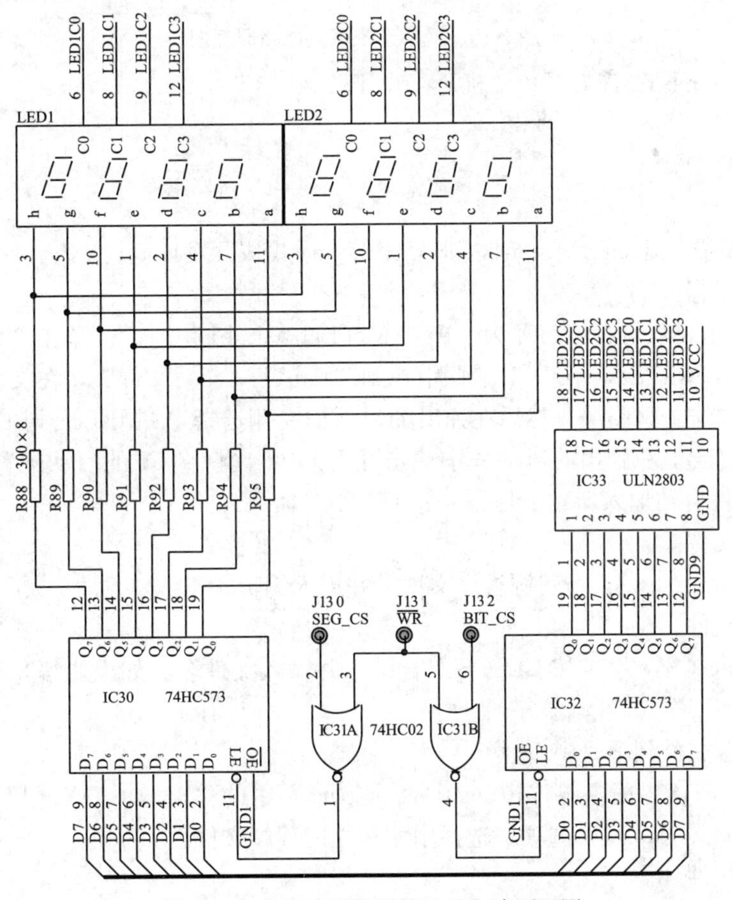

图 2-14　动态扫描数码管显示电路原理图

单片机最小系统电路原理图如图 2-15 所示，将段选信号 SEG_CS 连接至 0XDxxx，将位选信号 BIT_CS 连接至 0XBxxx，$\overline{\text{WR}}$信号连接至单片机 P3.6($\overline{\text{WR}}$)，因此段选地址为：0X0D000，位选地址为：0X0B000。

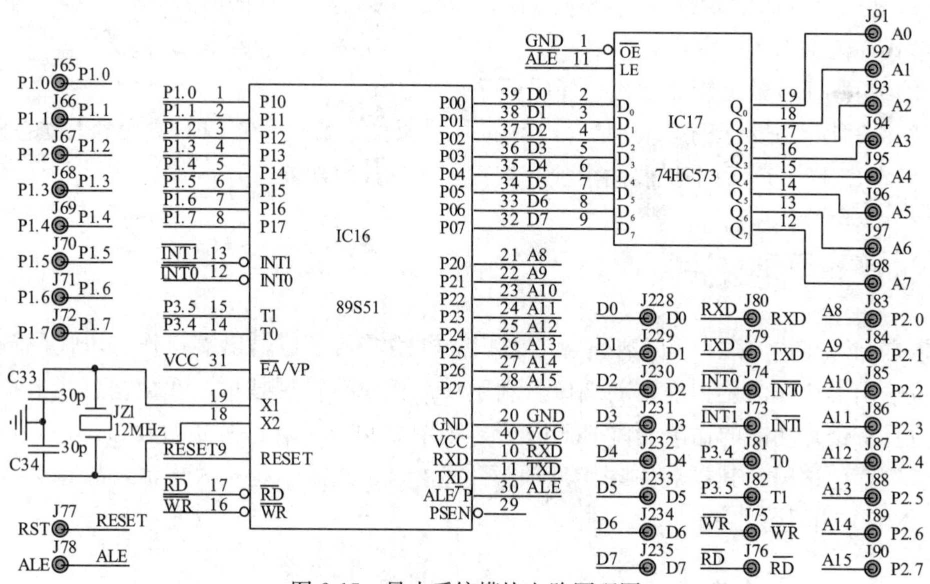

图 2-15 最小系统模块电路原理图

将 KEY1、KEY2 连接至单片机$\overline{\text{INT0}}$、$\overline{\text{INT1}}$。

2.6.4 实验步骤

(1)双击桌面上 Keil μVision4，进入 μVision4 集成开发环境。

(2)新建工程。

参照 1.1 节，项目存储路径为“F:\McuLab\Lab11_Led”。单击“Project | New Project”选项，在“Save As”对话框中找到“Lab11_Led”文件夹，在文件名对话框中输入工程名，单击【保存】。然后在弹出的对话框左侧选择 ATMEL 公司的 AT89S51 芯片，单击【确定】。在弹出的对话框中单击【否】，不允许 8051 的启动配置代码 STARTUP.A51 文件自动加入新建工程。

(3)新建文件。

单击“File | New”，新建源程序文件，并进入编辑状态。

(4)保存文件。

单击“File | Save”或按 Ctrl+S 组合键，并输入文件名。如果要编写汇编程序则后缀为.asm。

(5)添加源文件到项目中

右击 μVision4 界面左侧“Project Workspace”中的“Source Group1”，选择“Add File to ‘Source Group1’”选项，选择刚才建立的程序文件。

(6)编辑文件。

在文本编辑框中输入开发者编写的程序。

部分代码：

①显示代码译码参考子程序。

```
; R0 指向时钟存储单元首地址，R1 指向显示缓冲区首地址
DISPCD:     MOV    DPTR, #DISPTBL
            MOV    R7, #04H
CODEAGN:    MOV    A, #0FH
            ANL    A, @R0
            MOVC   A, @A+ DPTR          ; 观察显示缓冲区的变化
            MOV    @R1, A
            INC    R1
            MOV    A, #0F0H
            ANL    A, @R0
            SWAP   A
            MOVC   A, @A+ DPTR          ; 观察显示缓冲区的变化
            MOV    @R1, A
            INC    R0
            INC    R1
            DJNZ   R7, CODEAGN
            RET
DISPTBL:    DB 3FH, 06H, 5BH, 4FH, 66H, 6DH, 7DH, 07H, 7FH, 6FH
```

②动态扫描显示子程序。

```
; R0 指向显示缓冲区首地址
DISPLAY:    MOV    R7, #08H
            MOV    R6, #01H             ; 理解 R6 在本项目子程序中的作用
            MOV    R0, #50H             ; 显示缓冲区从 50H 开始
DISPAGN:    MOV    A, @R0
            MOV    DPTR, #0D000H
            MOVX   @DPTR, A
            INC    R0                   ; 此处设断点观察显示状态
            MOV    A, R6
            MOV    DPTR, #0B000H
            MOVX   @DPTR, A
            RL     A                    ; 此处设断点观察显示状态
            MOV    R6, A
            LCALL  DELAY
            DJNZ   R7, DISPAGN
            RET
; 位间隔延时子程序
```

```
DELAY:      MOV    R4, #10                ; 修改 R4 的初值观察显示状态
DELAY1:     MOV    R5, #00H
            DJNZ   R5, $
            DJNZ   R4, DELAY1
            RET
```

(7)文件编译、连接、装载。

单击“Project | Build All Target File”，系统自动编译，在“μVision4”编译输出窗口可看到编译信息。如果有语法错误，根据提示修正后再次执行刚才的步骤，直到没有错误，警告信息一般不需要处理。

(8)调试程序。

由于本项目程序需要单片机的输入输出硬件资源支持，且程序执行将改变硬件状态，故调试模式应设置为硬件仿真模式。其中仿真器的选择可能与实际实验环境不一致，应根据实际情况确定。确定后，单击菜单“Debug | Start/Stop Debug Session”，系统进入调试模式。

根据实验任务要求和阴影所在程序行的注释要求，运用单步、运行到光标处及设置断点后连续运行等方法，观察存储器内容及数码管显示内容的变化，调试程序，直到完全正确。

2.6.5 实验思考与拓展

(1)共阴极和共阳极数码管显示代码有什么区别?

(2)动态扫描显示和静态显示有什么区别?

(3)修改程序，将数码管位扫描延时改为定时器中断方式实现。

2.7 液晶显示模块接口系统设计

2.7.1 实验目的

(1)了解液晶显示模块的基础知识和基本工作原理。

(2)掌握液晶显示模块与单片机的接口技术。

(3)掌握液晶显示模块的编程方法。

2.7.2 实验任务

(1)编写在液晶屏幕上指定位置(行、列坐标)显示一个ASCⅡ字符的子程序。

(2)编写在液晶屏幕上指定位置(行、列坐标)显示一个汉字的子程序。

(3)在液晶屏幕上显示实验者的姓名、学号、专业名称等信息。

(4)以适当的方式让上述信息动态显示(如反色、闪烁等)，以示强调。

2.7.3　实验原理

FYD12864-0402B 是一种具有 4 位/8 位并行、2 线或 3 线串行等多种接口方式的图形点阵液晶显示模块。其显示分辨率为 128×64，内置国标一级、二级简体，包含 8192 个 16×16 点阵中文字库和 128 个 16×8 点 ASCⅡ字符集，可以显示 8×4 行 16×16 点阵的汉字，也可完成图形显示。内置负电压产生电路，模块工作电压可在 3.0～5.5V。

有关该液晶显示模块的详细资料，请阅读 FYD12864-0402B 液晶显示模块使用手册(FYD12864-0402B.pdf)。

并行接口方式引脚功能表如表 2-5 所示，其电平配合见表 2-6 和表 2-7，对应位置行列地址表见表 2-8，模块控制基本指令集(RE=0)见表 2-9。

表 2-5　FYD12864-0402B 并行接口模式引脚功能表

引脚号	引脚名称	电平	引脚功能描述
1	VSS	0V	电源地
2	VCC	3.0～5.5V	电源正
3	V0	—	对比度调整
4	RS	H/L	RS="H"，表示 D7～D0 为数据 RS="L"，表示 D7～D0 为指令
5	R/W	H/L	R/W="H"，E="H"，读数据到 D7～D0 R/W="L"，E="H→L"，写 D7～D0 数据到 IR 或 DR
6	E	H/L	使能信号，功能见表 2.7
14～7	D7～D0	H/L	8 位三态数据线
15	PSB	H/L	H：8 位或 4 位并口方式；L：串口方式
16	NC	—	空脚
17	RE/SET	H/L	复位端，低电平有效
18	VOUT	—	LCD 驱动负压输出端
19	A	VDD	背光源正极(可接 VCC)
20	K	VSS	背光源负极(可接 GND)

表 2-6　RS 和 R/W 的配合选择决定控制界面的 4 种模式

RS	R/W	功能说明
L	L	MPU 写指令到指令暂存器(IR)
L	H	读出忙标志(BF)及地址计数器(AC)的状态
H	L	MPU 写入数据到数据暂存器(DR)
H	H	MPU 从数据暂存器(DR)中读出数据

表 2-7　E 信号功能表

E 状态	执行动作	结果
↓	写数据或指令	配合 R/W 进行写数据或指令
H	读数据或指令	配合 R 进行读数据或指令
L	无动作	无结果
↑	无动作	无结果

表 2-8 FYD12864-0402B 行列对应位置行列地址表

	第一列地址	第二列地址	第三列地址	第四列地址	第五列地址	第六列地址	第七列地址	第八列地址
第一行	80H	81H	82H	83H	84H	85H	86H	87H
第二行	90H	91H	92H	93H	94H	95H	96H	97H
第三行	88H	89H	8AH	8BH	8CH	8DH	8EH	8FH
第四行	98H	99H	9AH	9BH	9CH	9DH	9EH	9FH

表 2-9 模块控制基本指令集(RE=0)

指 令	指令码										功能
	RS	R/W	D7	D6	D5	D4	D3	D2	D1	D0	
清除显示	0	0	0	0	0	0	0	0	0	1	将DDRAM填满“20H”，并且设定DDRAM的地址计数器（AC）到“00H”
地址归位	0	0	0	0	0	0	0	0	1	×	设定DDRAM的地址计数器(AC)到“00H”，并且将游标移到开头原点位置；这个指令不改变DDRAM的内容
显示状态开/关	0	0	0	0	0	0	1	D	C	B	D=1：整体显示ON C=1：游标ON B=1：游标位置反白允许
进入点设定	0	0	0	0	0	0	0	1	I/D	S	指定在数据的读取与写入时，设定游标的移动方向及指定显示的移位
游标或显示移位控制	0	0	0	0	0	1	S/C	R/L	×	×	设定游标的移动与显示的移位控制位；这个指令不改变DDRAM的内容
功能设定	0	0	0	0	1	DL	×	RE	×	×	DL=0/1：4/8位数据 RE=1：扩充指令操作 RE=0：基本指令操作
设定CGRAM地址	0	0	0	1	AC5	AC4	AC3	AC2	AC1	AC0	设定CGRAM地址
设定DDRAM地址	0	0	1	0	AC5	AC4	AC3	AC2	AC1	AC0	设定DDRAM地址(显示位址) 第一行：80H～87H 第二行：90H～97H 第三行：88H～8FH 第四行：98H～9FH
读取忙标志和地址	0	1	BF	AC6	AC5	AC4	AC3	AC2	AC1	AC0	读取忙标志(BF)和地址计数器(AC)
写RAM	1	0	数据								将数据D7～D0写入内部的RAM(DDRAM/CGRAM/IRAM/GRAM)
读RAM	1	1	数据								从内部RAM读取数据D7～D0(DDRAM/CGRAM/IRAM/GRAM)

单片机最小系统电路原理如图2-16所示，液晶显示模块与单片机的接口电路如图2-17所示，本项目电路采用8位并行总线接口方式，与单片机的接口采用总线接口技术，直接通过数据总线、控制总线和地址总线与单片机连接，根据FYD12864-0402B引脚功能说明和时序要求以及单片机的时序，接口电路如图2-17所示，具有编程简单、访问速度快等优点。调节W2可改变液晶模块的背光亮度，以达到最佳视觉效果。

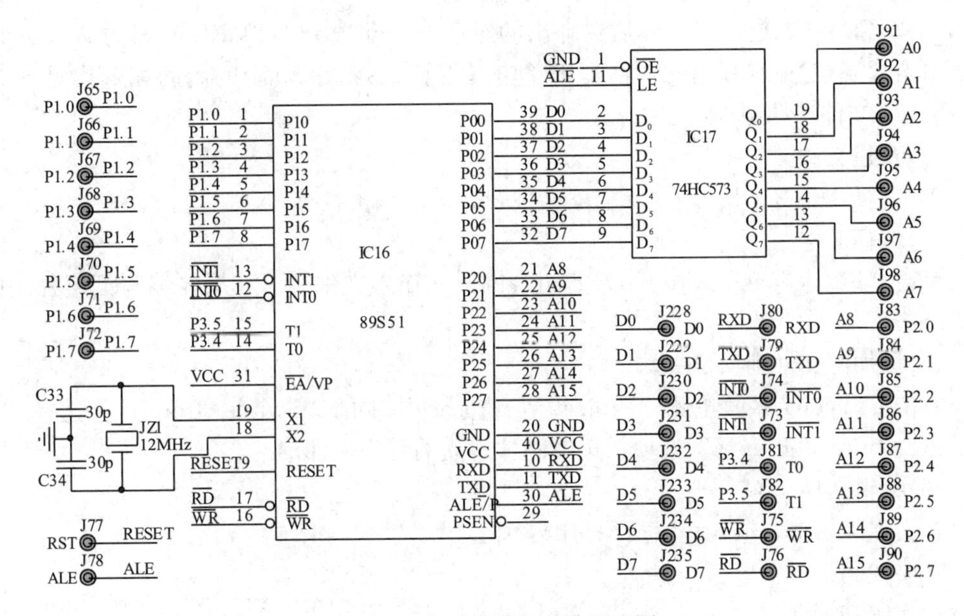

图 2-16　最小系统模块电路原理图

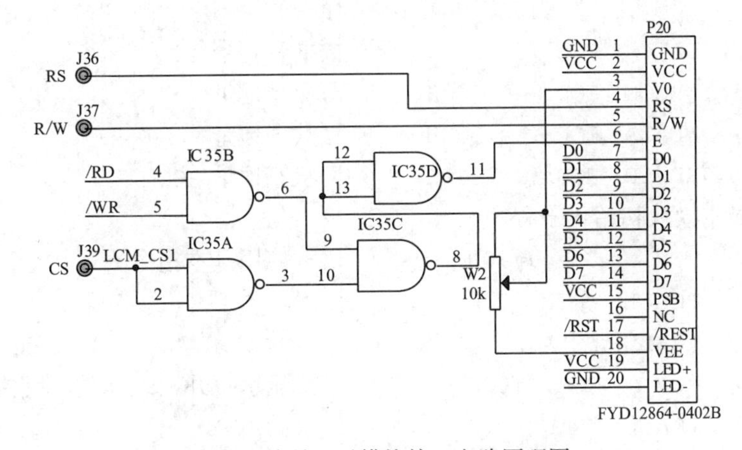

图 2-17　液晶显示模块接口电路原理图

本项目中，液晶显示模块与单片机接口采用总线接口方式，通过 MOVX A，@DPTR和 MOVX @DPTR，A 对液晶显示模块进行读写操作。将液晶显示模块的 RS 连接到单片机的 P2.0，将液晶显示模块的 R/W 连接到单片机的 P2.1，将液晶显示模块的 LCMCS 连接到经 74HC138 译码后的 0x7xxx，则液晶显示模块的写命令寄存器的地址为 7C00H，写数据缓冲器的地址为 7D00H，读状态寄存器的地址为 7E00H。

2.7.4　实验步骤

(1)双击桌面上 Keil μVision4，进入 μVision4 集成开发环境。

(2)新建工程。

参照 1.1 节，项目存储路径为“F：\ McuLab \ Lab12 _Lcm”。单击“Project | New Project”选项，在“Save As”对话框中找到“Lab12 _Lcm”文件夹，在文件名对话框中

输入工程名，单击【保存】。然后在弹出的对话框左侧选择 ATMEL 公司的 AT89S51 芯片，单击【确定】。在弹出的对话框中单击【否】，不允许 8051 的启动配置代码 STARTUP. A51 文件自动加入新建工程。

(3)新建文件。

单击“File | New”，新建源程序文件，并进入编辑状态。

(4)保存文件。

单击“File | Save”或按 Ctrl+S 组合键，并输入文件名。如果要编写汇编程序则后缀为. asm。

(5)添加源文件到项目中。

右击 μVision4 界面左侧“Project Workspace”中的“Source Group1”，选择“Add File to ‘Source Group1’”选项，选择刚才建立的程序文件。

(6)编辑文件。

在文本编辑框中输入程序员编写的程序。

主要代码：

```
; 宏定义
          COM     EQU    20H        ; 命令暂存器
          DAT     EQU    21H        ; 数据暂存器
          WRCOM   EQU    7C00H      ; 写命令地址
          WDATA   EQU    7D00H      ; 写数据地址
          RDSTU   EQU    7E00H      ; 读状态地址 RCOM
; 液晶显示模块初始化子程序
INIT:     MOV     COM, #30H              ; 使用基本指令集
          LCALL   WRIN
          LCALL   DELAY
          MOV     COM, #0CH              ; 显示打开，光标关，反白显示关
          LCALL   WRIN
          LCALL   DELAY
          MOV     COM, #01H              ; 清除屏幕显示，AC 归零
          LCALL   WRIN
          LCALL   DELAY
          MOV     COM, #06H              ; 进入点设置 I/D= 1, S= 0, AC 自动加 1
          LCALL   WRIN
          LCALL   DELAY
          RET
; 显示一个 ASCⅡ字符子程序
DISPASC:  MOV     COM, #80H
          LCALL   WRIN
          MOV     DAT, #4FH              ; 在屏幕左上角显示 " O"
          LCALL   WRDT
```

```
        MOV    DAT, #4BH           ; 继续显示 "K"
        LCALL  WRDT
        LCALL  DELAY               ; 观察显示内容
        RET
; 显示一个中文字符子程序
DISPCHN: MOV   COM, #88H
        LCALL  WRIN
        MOV    DAT, #0D6H          ; 0D6D0H 是"中" 的编码
        LCALL  WRDT
        MOV    DAT, #0D0H
        LCALL  WRDT
        LCALL  DELAY               ; 观察显示内容
        RET
; 写指令子程序
WRIN:   MOV    DPTR, #RDSTU
BUSY:   MOVX   A, @DPTR
        JB     ACC.7, BUSY         ; 模块状态判忙
        MOV    DPTR, #WRCOM
        MOV    A, COM
        MOVX   @DPTR, A
        RET
; 写数据子程序
WRDT:   MOV    DPTR, #RDSTU
BUSY1:  MOVX   A, @DPTR
        JB     ACC.7, BUSY1        ; 模块状态判忙
        MOV    DPTR, #WDATA
        MOV    A, DAT
        MOVX   @DPTR, A
        RET
; 延时子程序
DELAY:  MOV    R7, #0FH
DELAY1: MOV    R6, #00H
        DJNZ   R6, $
        DJNZ   R7, DELAY1
        RET
```

(7)文件编译、连接、装载。

单击“Project | Build All Target File”，系统自动编译，在“μVision4”编译输出窗口可看到编译信息。如果有语法错误，根据提示修正后再次执行刚才的步骤，直到没有

错误，警告信息一般不需要处理。

(8)调试程序。

由于本项目程序需要单片机的输入输出硬件资源支持，且程序执行将改变硬件状态，故调试模式应设置为硬件仿真模式。其中仿真器的选择可能与实际实验环境不一致，应根据实际情况确定。确定后，单击菜单“Debug | Start/Stop Debug Session”，系统进入调试模式。

根据实验任务要求，运用单步、运行到光标处及设置断点后连续运行等方法，观察存储器内容变化及液晶显示模块上显示内容的变化，调试程序，直到完全正确。

2.7.5 实验思考与拓展

(1)试修改程序，将光标显示和部分信息反白显示，以示强调。

(2)试编程，在屏幕上显示点阵图形。

2.8 步进电机控制系统设计

2.8.1 实验目的

(1)了解步进电机基本原理及驱动电路原理。

(2)学会使用单片机控制步进电机编程方法。

2.8.2 实验任务

(1)编写步进电机的顺时针旋转子程序。

(2)编写步进电机的逆时针旋转子程序。

(3)通过按键控制步进电机旋转方向。

2.8.3 实验原理

本项目的步进电机驱动采用四相四拍方式，直流电压为12V，电机线圈由A、B、C、D四相组成。各线圈通电顺序如表2-10所示。

表2-10 四相四拍供电相序表

相 / 通电顺序	A	B	C	D
1	1	0	0	0
2	0	1	0	0
3	0	0	1	0
4	0	0	0	1

驱动方式为四相四拍方式，若首先向A相线圈输入驱动电流，接着向B、C、D相线

圈通电，最后回到 A 相线圈驱动，依次通电顺序为：A-B-C-D-A，则电机旋转方向为正。若反方向通电，即 A-D-C-B-A，则电机旋转方向相反。

步进电机驱动电路如图 2-18 所示，步进电机模块的 A、B、C、D 连接点分别代表驱动线圈 A、B、C、D，将其依次连接至单片机 P1.0～P1.3，将该模块电源供应端“STEP_POWER”用短路帽连接，以给模块提供电源。

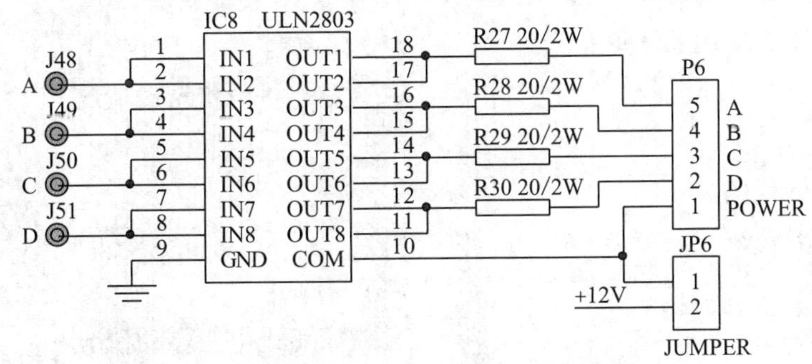

图 2-18　步进电机控制模块电路原理图

两个相邻控制字赋值时间间隔要相同，本项目中时间间隔取 500ms。

2.8.4　实验步骤

(1)双击桌面上 Keil μVision4，进入 μVision4 集成开发环境。

(2)新建工程。

参照 1.1 节，项目存储路径为“F：\ McuLab \ Lab13 _Step”。单击“Project | New Project”选项，在“Save As”对话框中找到“Lab13 _Step”文件夹，在文件名对话框中输入工程名，单击【保存】。然后在弹出的对话框左侧选择 ATMEL 公司的 AT89S51 芯片，单击【确定】。在弹出的对话框中单击【否】，不允许 8051 的启动配置代码 STARTUP. A51 文件自动加入新建工程。

(3)新建文件。

单击“File | New”，新建源程序文件，并进入编辑状态。

(4)保存文件。

单击“File | Save”或按 Ctrl+S 组合键，并输入文件名。如果要编写汇编程序则后缀为. asm。

(5)添加源文件到项目中。

右击 μVision4 界面左侧“Project Workspace”中的“Source Group1”，选择“Add File to ‘Source Group1’”选项，选择刚才建立的程序文件。

(6)编辑文件。

在文本编辑框中输入开发者编写的程序。

主要代码如下：

①正向旋转代码。

```
；正向旋转，A-B-C-D-A
ZHEN: MOV    P1, #01H              ；A相通电
```

```
        LCALL  DELAY                    ; 观察步进电机转动情况
        MOV    P1, #02H                 ; B 相通电
        LCALL  DELAY                    ; 观察步进电机转动情况
        MOV    P1, #04H                 ; C 相通电
        LCALL  DELAY                    ; 观察步进电机转动情况
        MOV    P1, #08H                 ; D 相通电
        LCALL  DELAY                    ; 观察步进电机转动情况
        RET
```

②反向旋转代码。

```
; 反向旋转，A-B-C-D-A
FAN:    MOV    P1, #01H                 ; A 相通电
        LCALL  DELAY                    ; 观察步进电机转动情况
        MOV    P1, #08H                 ; D 相通电
        LCALL  DELAY                    ; 观察步进电机转动情况
        MOV    P1, #04H                 ; C 相通电
        LCALL  DELAY                    ; 观察步进电机转动情况
        MOV    P1, #02H                 ; B 相通电
        LCALL  DELAY                    ; 观察步进电机转动情况
        RET
```

③延时代码，延时 500μs。

```
; 延时子程序
DELAY:  MOV    R7, #32H
DELAY1: NOP
        NOP
        NOP
        DJNZ   R7, DELAY1
        RET
```

(7)文件编译、连接、装载。

单击“Project | Build All Target File”，系统自动编译，在“μVision4”编译输出窗口可看到编译信息。如果有语法错误，根据提示修正后再次执行刚才的步骤，直到没有错误，警告信息一般不需要处理。

(8)调试程序。

由于本项目程序需要单片机的输入输出硬件资源支持，且程序执行将改变硬件状态，故调试模式应设置为硬件仿真模式。其中仿真器的选择可能与实际实验环境不一致，应根据实际情况确定。确定后，单击菜单“Debug | Start/Stop Debug Session”，系统进入调试模式。

根据实验任务要求和阴影所在程序行的注释要求，运用单步、运行到光标处及设置断点后连续运行等方法，观察存储器内容变化及步进电机运转情况，调试程序，直到完全正确。

2.8.5 实验思考与拓展

(1)步进电机可以以固定角度旋转吗?如果可以，如何计算?

(2)如何提高步进电机的控制精度?

2.9 多功能时钟打点系统设计

2.9.1 设计任务

设计并实现一个多功能时钟打点系统，能实现多个时刻的打点功能。该系统具备以下功能：利用单片机内部定时/计数器编程，实现时钟和日历功能；并在LCD显示日历和时钟；系统具有校时功能，可通过键盘修正时钟和日历；可设置至少5组以上打点时刻，当设置时刻到达时，通过蜂鸣器提示，实现打点功能；打点时刻需进行掉电保护，并能通过键盘修改；日历能自动判断闰年；时钟具有整点报时功能等。

2.9.2 任务分析与范例

1. 任务分析

多功能时钟打点系统的核心部分是时钟系统，时钟系统可利用单片机内容的定时/计数器编程实现，也可通过在单片机外部扩展时钟芯片实现。本设计基本功能通过对单片机内部定时/计数器编程实现，增强功能部分则可通过在外部扩展时钟芯片实现。

利用单片机内部定时/计数器，其工作方式设置为8位能自动重装初值的方式2，以提高定时精度。若振荡频率为12MHz，定时器每250个机器周期溢出一次，即产生250μs定时时基，经过双重循环产生4000次溢出计数，从而产生1s定时，并在此基础上形成1分钟、1小时、1天、1月乃至1年，并在内部RAM的连续存储区域内存储并更新，置入闰年算法，实现时钟和日历基本功能。

运用项目2.7中液晶接口电路和程序设计方法，将产生的时钟和日历数据从存储器中读出并在LCD指定位置显示。

实现打点时刻的设置、时钟日历的校正等功能，均需要有人机交互接口，其中LCD实现信息的输出显示，需要扩展键盘以完成相应数据的输入功能。可采用复杂键盘方案和简易键盘方案，采用复杂键盘方案时，按键的数量较多，可包含0~9的10个数字键和功能键，其操作简单，一般选用中断和扫描相结合的矩阵式键盘扩展电路，通过行列反转法快速扫描键值；采用简易键盘方案时，按键数量较少，操作过程相对复杂，可由三个或四个键实现相应功能，一般选用中断和查询相结合的独立式键盘扩展电路。

由于打点时刻需要进行掉电保护，故系统中需要配置E^2PROM来存储打点时刻，以实现掉电后打点时刻数据不丢失，重新上电后，恢复打点时刻数据的功能；若选用的单片机内部不具有 E²PROM，需要外部扩展 E²PROM 以存储重要数据。外部扩展的 E²PROM 有两大类接口方式，即串行接口芯片和并行接口芯片。并行接口通过数据总线、地址总线和控制总线与单片机连接，其访问速度快、效率高，一般适合于大容量、高速度、高频次的访问场合；串行接口芯片一般通过 I²C 总线或 SPI 总线与单片机接口，由于采用串行访问方式，故访问速度慢、效率低，适合于小容量、低速度、低频次的访问场合。

打点时刻到达时及整点时，需要产生声音提示信息，故需要扩展蜂鸣器，以实现简单提示功能。

系统功能要求能修改打点时刻，校正系统时钟、日历等功能，以上功能可通过键盘输入实现，也可通过扩展 RS485 或 USB 接口，并与计算机连接，制定相应通信协议，在计算机上运用串口调试助手或编写专用软件，以完成以上功能。多功能时钟打点系统结构框图如图 2-19 所示。

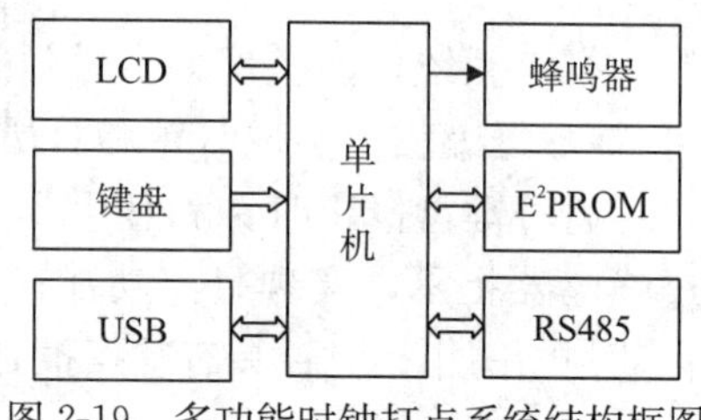

图 2-19　多功能时钟打点系统结构框图

2. 设计范例

根据系统功能要求与系统任务分析，在多功能时钟打点系统结构框图的基础上，分别选用相应电路模块，对单片机资源进行综合分配，构成系统电路。

其中，最小系统电路如图 2-20 所示，单片机的数据总线、地址总线和控制总线通过标准总线接口方式连接，通用 I/O 接口可与相应电路连接，P2 口高 3 位地址通过 74HC138 进行地址译码，以方便对外围接口芯片提供片选。

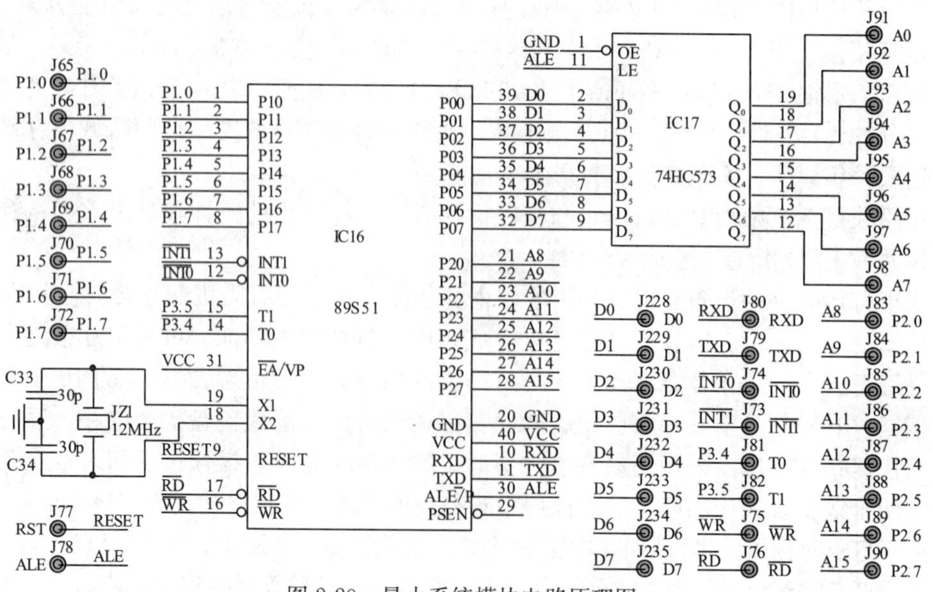

图 2-20　最小系统模块电路原理图

液晶显示模块与单片机接口采用总线接口方式，液晶显示模块接口电路原理如图 2-21 所示，将液晶显示模块的 RS 连接到单片机的 P2.0，液晶显示模块的 $\overline{RW}$ 连接到单片机的 P2.1，液晶显示模块的 LCMCS 连接到译码后的 0x7xxx，液晶显示模块的 $\overline{RD}$ 和 $\overline{WR}$ 分别与单片机的 $\overline{RD}$(P3.7)、$\overline{WR}$(P3.6)连接。因此，写命令寄存器的地址为 7C00H，写数据缓冲器的地址为 7D00H，读状态寄存器的地址为 7E00H。通过 MOVX A，@DPTR和 MOVX　@DPTR，A 对液晶显示模块进行读写操作。液晶显示模块编程方法参见项目 2.7 中参考程序，并依据本项目的具体情况，对单片机内部数据存储器进行统一分配。

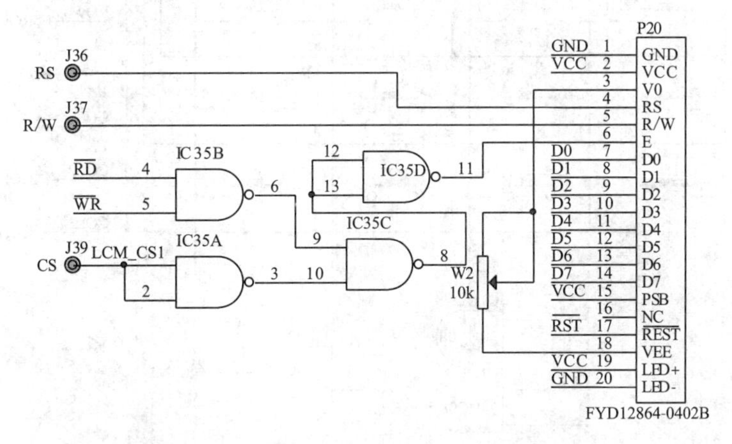

图 2-21　液晶显示模块接口电路原理图

键盘采用 4×4 矩阵键盘，其电路如图 2-22 所示，将列线 ROW0～ROW3、行线 COL0～COL3 依次连接至单片机 P1.0～P1.7，$\overline{INT}$ 连接至单片机 $\overline{INT0}$(P3.2)，通过对 P1 口编程使列线 ROW0～ROW3 为低电平，当没有键按下时，行线 COL0～COL3 和 $\overline{INT}$ 为高电平，不产生中断请求；当有键按下时，行线 COL0～COL3 中有键按下的行为低电平，$\overline{INT}$ 为低电平，产生中断请求。在中断服务程序中，通过行列反转扫描法快速确定按下键的键值，实现按键扫描与键值识别功能，再通过相应的散转程序实现设定功能。

蜂鸣器模块电路如图 2-23 所示，采用 8550 晶体管进行驱动，其输入端 BEEP 与单片机 P2.3 连接，当 BEEP 为低电平时，蜂鸣器鸣响；当其为高电平时，蜂鸣器静默。

串行接口 E^2PROM 芯片采用 SPI 接口的 X5045 芯片，其内部除具有串行 512 字节的 E^2PROM 外，还具有上电复位电路、电源监控电路和看门狗定时器电路，其复位输出端直接与单片机复位引脚相连，可控制单片机复位。其内部 E^2PROM 采用 SPI 总线接口方式，模块电路如图 2-24 所示，将 SCK 与单片机 P3.5 连接，CS 与单片机 P3.4 连接，SO 与单片机 P3.3 连接，SI 与单片机 P2.4 连接，单片机通过模拟 SPI 时序方式，访问 X5045。

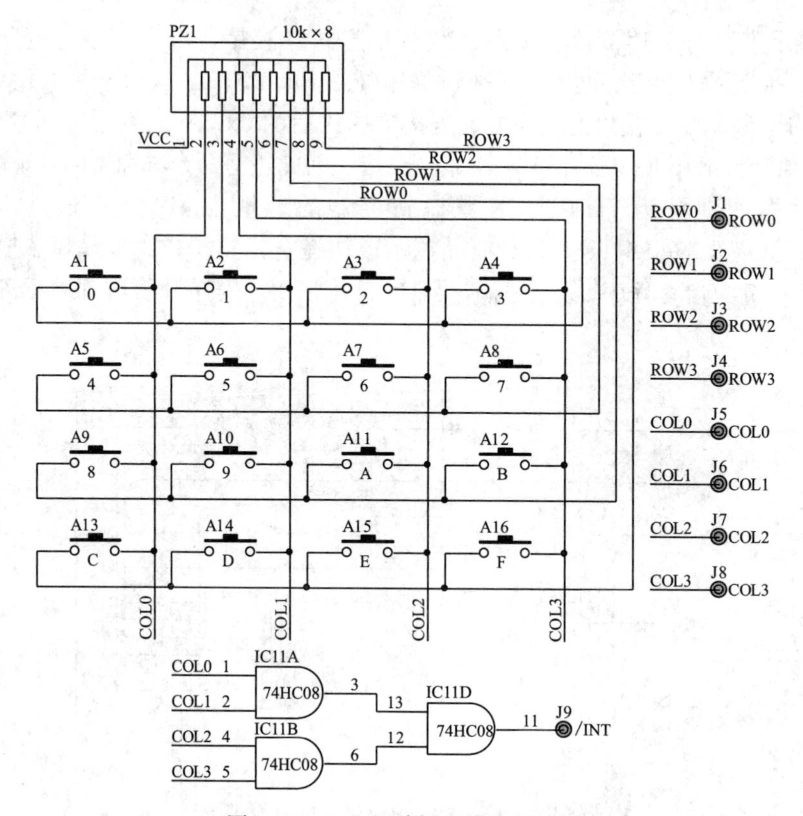

图 2-22 4×4 矩阵键盘模块电路图

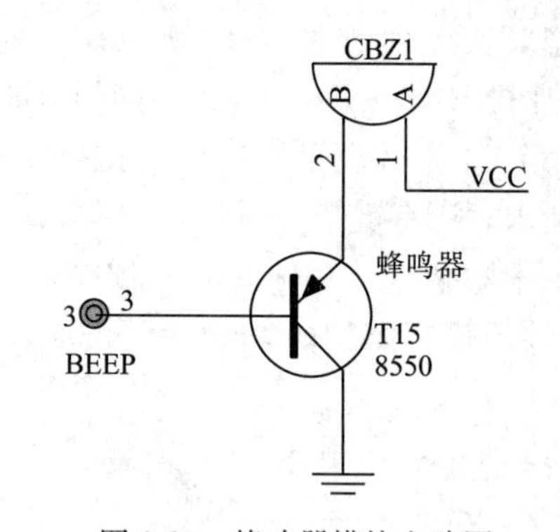

图 2-23 蜂鸣器模块电路图

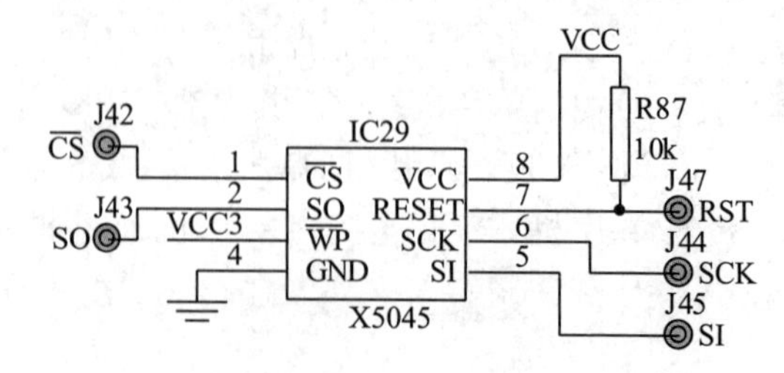

图 2-24 SPI 接口 E^2PROM 模块电路图

X5045 访问子程序参考示例如下：

```
    UPCS    BIT     P3.4        ; 片选信号
    SCK     BIT     P3.5        ; 串行时钟信号
    SO      BIT     P3.3        ; 串行数据输出端
    SI      BIT     P2.4        ; 串行数据输入端
    WREN    EQU     06H         ; 允许写命令
    WRDI    EQU     04H         ; 禁止写命令
    RSDR    EQU     05H         ; 读状态寄存器指令
    WRSR    EQU     01H         ; 写状态寄存器指令
    READH   EQU     0BH         ; 读高 128 字节
    READL   EQU     03H         ; 读低 128 字节
    WRITEH  EQU     0AH         ; 写高 128 字节
    WRITEL  EQU     02H         ; 写低 128 字节
; 待写 RAM 地址存储在 R7 中，待写内容在 ACC 中
WRMEM:      PUSH    ACC
            CLR     UPCS
            MOV     A, #WREN
            ACALL   WRBYT
            SETB    UPCS
            CLR     UPCS
            MOV     A, #WRITEL
            ACALL   WRBYT
            MOV     A, R7
            ACALL   WRBYT
            POP     ACC
            ACALL   WRBYT
            SETB    UPCS
            RET
; 待读 RAM 地址存储在 R7 中，读出内容在 ACC 中
RDMEM:      CLR     UPCS
            MOV     A, #WREN
            ACALL   WRBYT
            SETB    UPCS
            CLR     UPCS
            MOV     A, #READL
            ACALL   WRBYT
            MOV     A, R7
            ACALL   WRBYT
            ACALL   RDBYT
```

```
            SETB    UPCS
            RET
;写一个字节，入口参数在 ACC 中
;为提高程序执行效率，采用直接寻址，未采用循环移位程序
WRBYT:      CLR     SCK
            MOV     C, ACC.7
            MOV     SI, C
            SETB    SCK
            CLR     SCK
            MOV     C, ACC.6
            MOV     SI, C
            SETB    SCK
            CLR     SCK
            MOV     C, ACC.5
            MOV     SI, C
            SETB    SCK
            CLR     SCK
            MOV     C, ACC.4
            MOV     SI, C
            SETB    SCK
            CLR     SCK
            MOV     C, ACC.3
            MOV     SI, C
            SETB    SCK
            CLR     SCK
            MOV     C, ACC.2
            MOV     SI, C
            SETB    SCK
            CLR     SCK
            MOV     C, ACC.1
            MOV     SI, C
            SETB    SCK
            CLR     SCK
            MOV     C, ACC.0
            MOV     SI, C
            SETB    SCK
            RET
;读一个字节，出口参数在 ACC 中
;为提高程序执行效率，采用直接寻址，未采用循环移位程序
```

```
RDBYT:    SETB    SCK
          CLR     SCK
          MOV     C, SO
          MOV     ACC.7, C
          SETB    SCK
          CLR     SCK
          MOV     C, SO
          MOV     ACC.6, C
          SETB    SCK
          CLR     SCK
          MOV     C, SO
          MOV     ACC.5, C
          SETB    SCK
          CLR     SCK
          MOV     C, SO
          MOV     ACC.4, C
          SETB    SCK
          CLR     SCK
          MOV     C, SO
          MOV     ACC.3, C
          SETB    SCK
          CLR     SCK
          MOV     C, SO
          MOV     ACC.2, C
          SETB    SCK
          CLR     SCK
          MOV     C, SO
          MOV     ACC.1, C
          SETB    SCK
          CLR     SCK
          MOV     C, SO
          MOV     ACC.0, C
          SETB    SCK
          RET
```

USB 接口采用 FT232RL 芯片，实现 USB 与串行口的转换，其电路如图 2-25 所示，将 TXD 连接至单片机 RXD 端，将 RXD 连接至单片机 TXD 端。FT232RL 芯片在计算机端，将 USB 虚拟成串口，当成一个标准串行口访问。单片机通过自身的串行口与计算机进行数据通信，通过制定相应的通信协议，实现计算机与单片机间的全双工数据交换。

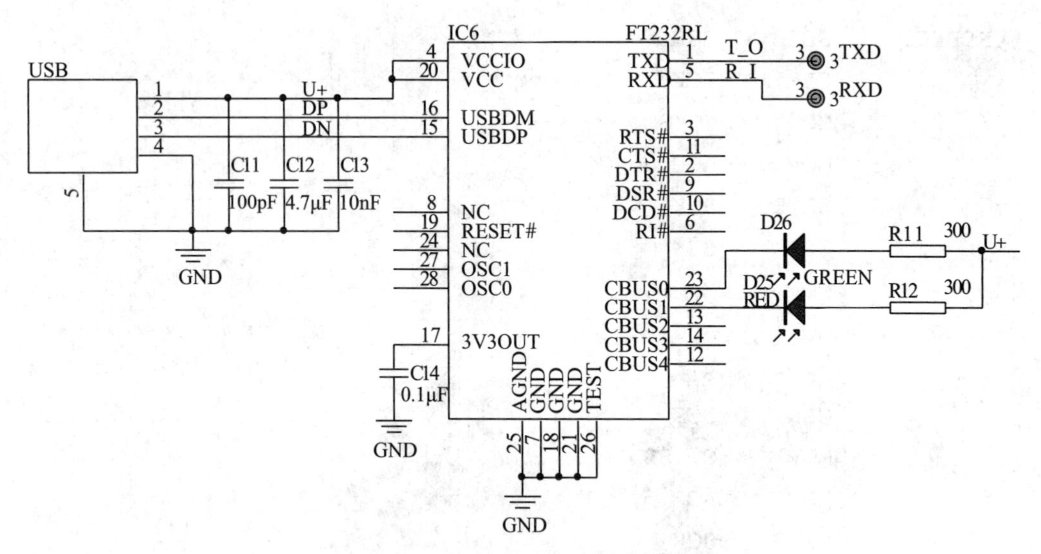

图 2-25 USB 虚拟串行口模块电路图

单片机与计算机除了可通过 USB 虚拟串口通信外，还可通过工业总线 RS485 通信，其电平转换模块电路如图 2-26 所示，将 TXD 连接至单片机 RXD 端，将 RXD 连接至单片机 TXD 端，将 DE/$\overline{RE}$连接至 P2.2，当 DE/$\overline{RE}$为高时，发送数据，实现 RS485 发送数据与接收数据的切换，从而使计算机与单片机通过 RS485 总线实现半双工数据通信。

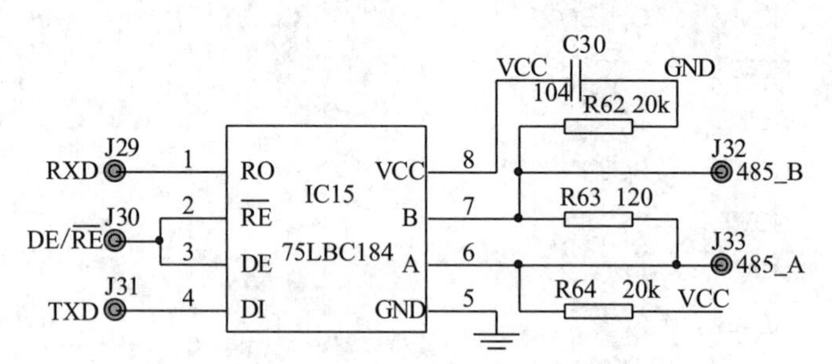

图 2-26 RS485 电平转换模块电路图

USB 和 RS485 两种通信方式，可以选用其中的任意一种，若选用 RS485，还需要在计算机端增加 RS485 的转换模块，将 USB 或 RS232 转换为 RS485。

单片机定时器 T0 产生时、分、秒，分别存储在 44H、43H 和 42H 中，其参考程序如下：

```
HOUR  EQU   44H                ; 小时存储单元
MIN   EQU   43H                ; 分存储单元
SEC   EQU   42H                ; 秒存储单元
MSEC  EQU   41H                ; 产生百分秒循环计数器
MMSEC EQU   40H                ; 百分秒计数器
      ORG   0000H
      LJMP  MAIN
      ORG   000BH
```

```
        LJMP    T0SRV
        ORG     0100H
MAIN:   MOV     SP, #5FH
        MOV     TMOD, #02H
        MOV     TH0, #06H
        MOV     TL0, #06H
        MOV     MMSEC, #40
        MOV     MSEC, #00H
        MOV     SEC, #56H
        MOV     MIN, #34H
        MOV     HOUR, #12H
        SETB    ET0
        SETB    TR0
        SETB    EA
        AJMP    $
T0SRV:PUSH      ACC
        DJNZ    MMSEC, T0FH         ; 百分秒到否
        MOV     MMSEC, #40
        MOV     A, MSEC
        ADD     A, #01H
        DA      A
        MOV     MSEC, A
        CJNE    A, #00H, T0FH       ; 1秒到否
        MOV     MSEC, #00H
        MOV     A, SEC
        ADD     A, #01H
        DA      A
        MOV     SEC, A
        CJNE    A, #60H, T0FH       ; 1分到否
        MOV     SEC, #00H
        MOV     A, MIN
        ADD     A, #01H
        DA      A
        MOV     MIN, A
        CJNE    A, #60H, T0FH       ; 1小时到否
        MOV     MIN, #00H
        MOV     A, HOUR
        ADD     A, #01H
        DA      A
```

```
        MOV     HOUR, A
        CJNE    A, #24H, T0FH      ; 1天到否
        MOV     HOUR, #00H
T0FH:   POP     ACC
        RETI
```

2.9.3 实训内容与步骤

1. 软、硬件功能分工

结合任务要求和任务分析，进行软件、硬件功能分工。

2. 构建硬件电路

根据任务分析，搭建硬件电路，注意硬件资源统一分配，避免资源冲突，尤其是地址空间的冲突和 I/O 端口分配的冲突。

3. 画出程序流程图

根据系统资源分配、存储器空间分配，按照内部资源的工作原理和接口芯片的工作原理及程序的逻辑结构，画出程序流程图。注意存储空间的统一分配，有些存储空间如时钟和日历最好用连续地址空间存储，便于编程时用间接寻址批量处理。

4. 编写模块程序，调试模块电路

编写各模块的子程序，并结合硬件模块电路，逐一调试软件和硬件，使各模块能独立、正确工作。结合前面的调试方法，灵活运用单步、断点运行等调试方法，注意观察存储器内容和硬件状态显示，敏锐地判断出故障位置，直至各模块完全正确工作。

5. 系统调试

在前面模块电路和子程序的基础上，进行系统综合调试，处理好各部分间的逻辑关系，注意中断程序运行的随机性和配置好中断的优先级别，合理、正确地使用现场保护，直至系统完全正确。

2.9.4 设计思考与拓展

(1)扩展时钟芯片 DS1302，增加后备电池，保证本系统在掉电后时钟仍能正常运行。

(2)通过 RS485 或 USB 接口与计算机连接，制定相关通信协议，利用串口调试助手等软件，校正系统日历和时钟，设置闹钟，并通过 LCD 显示备忘录等功能。

2.10　简易数字存储示波器设计

2.10.1　设计任务

设计一个基于单片机控制的简易数字存储示波器，能同时采集两路模拟信号并存储，所存储波形可通过点阵 LCD 或普通双踪示波器进行显示。其功能和技术指标要求如下。

(1)触发方式：具有连续触发和单次触发两种存储显示方式。

在连续触发存储显示方式中，仪器能连续对信号进行采集、存储并实时显示，且具有锁存功能，通过单击【锁存】即可存储当前波形。

在单次触发存储显示方式下，每按动一次【单次触发】，仪器在满足触发条件时，能对被测周期信号或单次非周期信号进行一次采集与存储，然后连续显示采集的波形。

(2)通道数量：双踪示波功能，能同时测量并显示两路被测信号波形，且能实现两路同步输出。

(3)分辨率：示波器垂直分辨率为 32 级/div，水平分辨率为 20 点/div，输入阻抗 >100kΩ。

(4)频率范围：输入信号频率范围为 DC～10kHz，最少设置 20ms /div、2ms/div、0.2 ms/div 三挡扫描速度，其误差≤5%；设置 1V/div 垂直灵敏度，其误差≤5%。

(5)仪器触发电路采用内触发方式，采用上升沿触发、触发电平可调。

(6)具有水平移动扩展显示功能，要求将存储深度增加十倍，并且能通过操作【移动】键，显示被存储信号波形的任意部分；或通过操作【缩放】功能键，显示被存储信号波形的任意部分或全部。

(7)显示方式：能通过点阵 LCD 或普通双踪示波器对存储波形进行重现。

2.10.2　任务分析与范例

1. 任务分析

简易数字存储示波器由硬件系统和软件系统构成。按信号处理流程，硬件系统包括信号调理电路、A/D 转换电路、单片机、D/A 转换电路及存储器、键盘、LCD 显示电路等；软件包括定时器、中断、A/D 转换控制、D/A 转换控制、数据存储、触发条件检测等程序模块。其框图如图 2-27 所示。

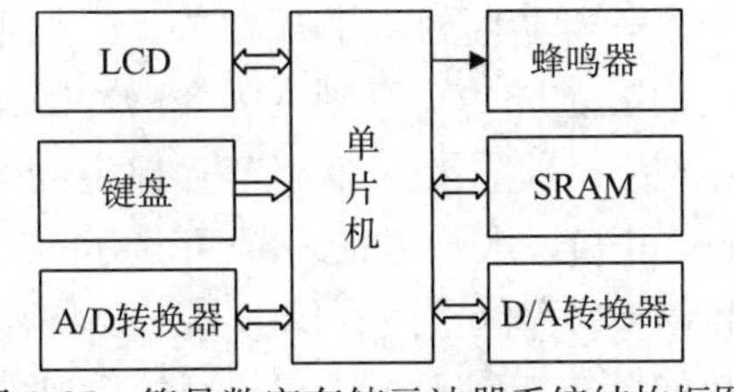

图 2-27　简易数字存储示波器系统结构框图

1)A/D 转换器选择

在A/D转换电路设计中，有两种基本的数字化采样方式：实时采样与等效采样。根据奈奎斯特采样定理，实时采样是采样信号对被测信号进行逐点采集，然后量化编码，故可以实时采样并显示输入信号的波形；因此实时采样适用于任何形式的信号波形，周期或者非周期的，单次的或者连续的。所采集的样点是按时间顺序的，因而易于实现波形的显示功能；但实时采样的主要缺点是时间分辨率较差，高频采样困难。等效采样通过多次触发，多次采样而获得并重建信号波形。由于是多次采样重建的，故等效采样仅能对周期性信号进行采样。等效采样通过多次采样，把在信号的不同周期中采样得到的数据进行重组，从而能够重建原始的信号波形。本项目采用实时采样方式。

通过键盘预置的采样时间，对定时器编程实现采样时间的设定，满足采样条件后，连续实时采样输入信号。

A/D转换器的位数由垂直分辨率确定。示波器垂直分辨率要求为32级/div，而显示屏的垂直刻度为8div，因而要求A/D转换器能分辨32×8=256级，故应选择≥8位的A/D转换器。

A/D转换器的最高转换速率由示波器的最快扫描速度确定。示波器要求的最快扫描速度为0.2ms/div，水平分辨率为20点/div，因而单路采样时，A/D转换器的转换速率应≥100kHz。又因为示波器需要对两路信号进行采样，故A/D转换器最高转换速率应≥200kHz。本项目选择TLC0820A/D转换芯片，它是8位单通道并行输出，采样频率为392kHz，片内带跟踪与保持电路，单极性模拟电压输入。

2)D/A 转换器选择

D/A转换电路用于将A/D转换电路获得的数据重现，将数据还原成模拟电压并通过普通示波器显示出来。由于波形是存储后重现，故输出波形的刷新频率与输入信号无关，即使再低的频率也可在普通示波器上得到稳定的显示波形。由水平分辨率为20点/div，水平方向共10div可知，水平方向共有200个点，若要在示波器上得到稳定的波形，刷新频率应≥50Hz，从而可知D/A的建立时间应≤0.1ms，且与输入信号的频率无关。本项目选择TLC7524作为D/A转换器，它是8位并行输入电流输出型DAC芯片，建立时间为0.1μs，符合实际需要。

D/A转换器的参考电压决定输出电压范围，因此D/A转换电路器输出电压范围是固定的，故示波器的量程选好后，无须再进行任何调整。

3)存储器选择

存储器的容量与水平分辨率和垂直分辨率都相关。根据前面的计算可知：示波器垂直分辨率要求为32级/div，而显示屏的垂直刻度为8div，因而选择8位的A/D转换器即可，故一个采样点的数据为8位，即需要一个字节存储空间来存储；而由水平分辨率为20点/div，水平方向共10div可知，水平方向一屏可显示200个点，与垂直分辨率相结合，一屏的数据需要200个字节的存储空间存储，其需要将存储深度扩大10倍，即需要2000个字节的存储空间。存储器有双口RAM和普通的单口RAM可供选择，双口RAM

一般用于需要高速吞吐数据的场合，由于本例的采样频率要求不高，故单口 RAM 也能满足要求，选择 HM6264 8KB SRAM 作为波形数据存储器。

4)人机交互方案选择

在人机交互中，选用 LCD 液晶显示电路，它既可用于显示简易示波器的工作状态，也可显示采样波形，使得人机交互更加友好、直观。显示系统的工作状态时，既可显示中文，也可显示 ASCⅡ字符；显示波形时，可将波形数据直接转换成显示数据并在 LCD 上显示。因此，应选用带汉字字库的图形点阵液晶显示模块，本项目选用 FYD12864 作为显示模块。

同时，系统功能要求具有修改采样频率、调整触发电压、移动或缩放波形等功能，以上功能需要通过键盘输入来实现，可选用独立式按键键盘或矩阵式键盘。本项目中选用矩阵式键盘。

另外，本项目还扩展了蜂鸣器，用于在系统状态切换时，用蜂鸣声提示操作人员或用作其他状态提示。

2. 设计范例

根据系统功能要求与系统任务分析，在简易数字存储示波器系统结构框图的基础上，分别选用相应电路模块，对单片机资源进行综合分配，构成简易数字存储示波器系统电路。

其中，最小系统电路如图 2-28 所示，单片机的数据总线、地址总线和控制总线通过标准总线接口方式连接，通用 I/O 接口可与相应电路连接，P2 口高 3 位地址通过 74HC138 进行地址译码，以方便对外围接口芯片提供片选。

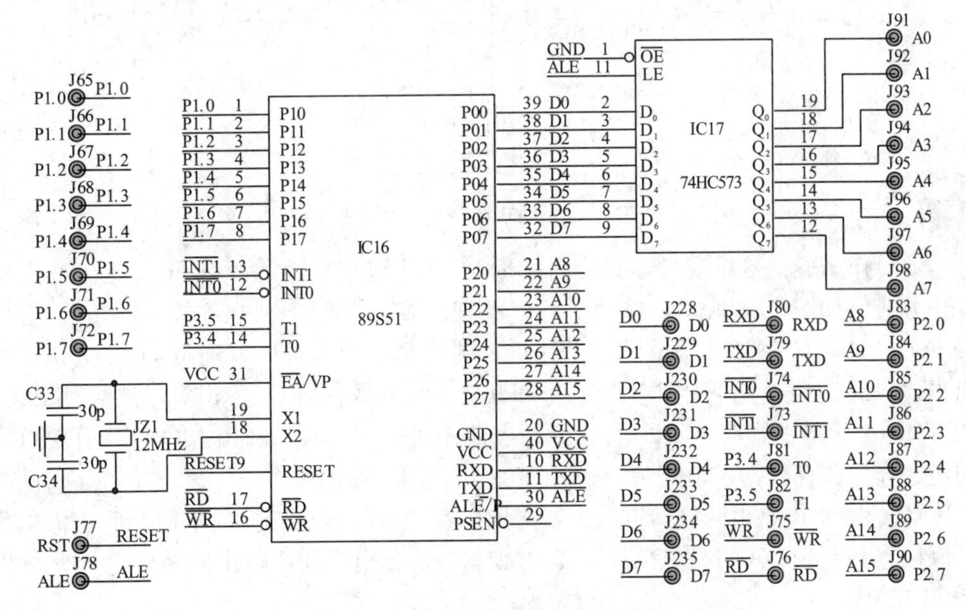

图 2-28　最小系统模块电路原理图

如图 2-29 所示，TLC0820 的$\overline{CS}$接译码后的 0x9xxx，$\overline{WR}$接单片机$\overline{WR}$(P3.6)，$\overline{RD}$

接单片机$\overline{RD}$(P3.7)，其余信号与单片机通过电路板连接，并用跳线帽将 JP4 短接，以便为 A/D 转换芯片提供参考电压。HCF4051 电子开关的通道选择信号 4051A、4051B、4051C 分别接单片机地址线 A0、A1、A2，调节 W1，使基准电压为 5.000V。将 R16 用短路块连接，将电子开关输出的模拟电压连接至 TLC0820 模拟电压输入端。IN0、IN1 的访问地址分别为 9000H 和 9001H。

将待测单极性模拟电压信号连接至 A/D 转换模块 AD_IN 或 IN0、IN1 两个通道，通过围绕汇编指令 MOVX A，@DPTR 编程直接读取 A/D 转换结果，供后续处理。

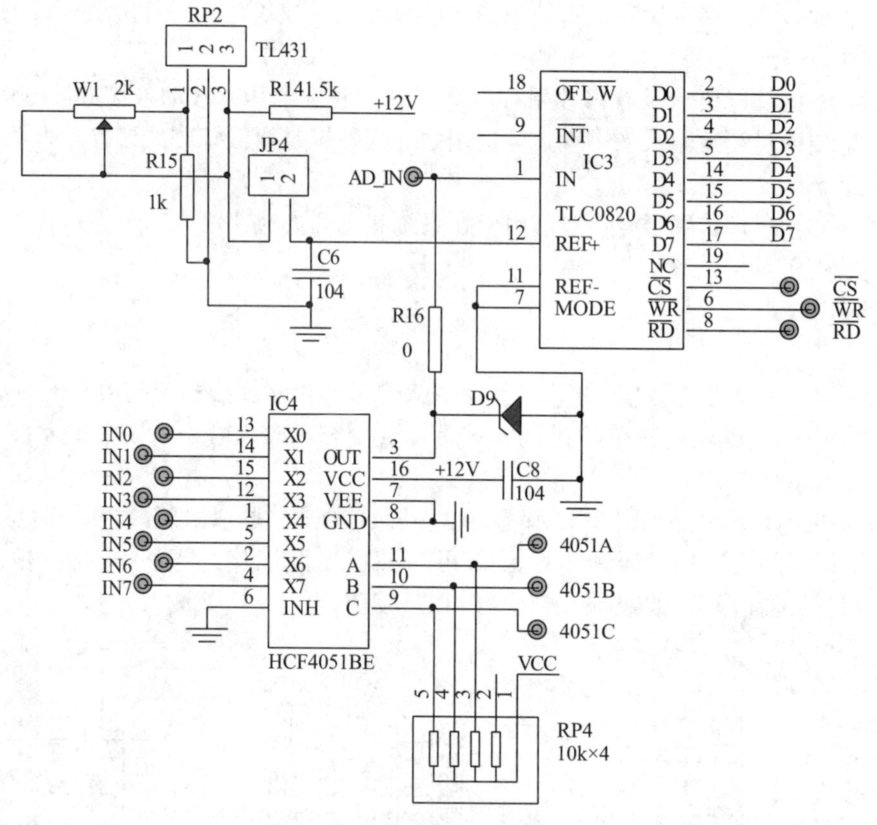

图 2-29 A/D 转换模块电路原理图

本项目作采样信号重现时，需要两路 D/A 同步输出，因此两路 D/A 应工作在双缓冲工作方式。如图 2-30 所示，将 DA_CS_A1 与 DA_CS_B1 独立连接至两个片选，DA_CS_A2 与 DA_CS_B2 并接至同一个片选，共使用 3 个地址，双通道 D/A 工作在同步输出方式。编程时，先利用 MOVX @DPTR，A 将数据锁存至 IC21，然后用 MOVX @DPTR，A 将数据锁存至 IC22，再同时选中 IC23 和 IC24，利用 MOVX @DPTR，A 将前级锁存器锁存数据送至两路 D/A 转换芯片，同步输出。

DAC 的输出电路由两级运算放大器构成，第一级将电流转换成电压，反相输出负电压，测试点分别为 DAA1 和 DAB1；第二级与 V_{ref} 反相相加，输出双极性电压，分别为 DA_OUTA 和 DA_OUTB。

如图 2-30 所示，将 DAWR 脚接单片机$\overline{WR}$(P3.6)，用跳线帽将 DAREF 短接，以便为 D/A 转换芯片提供参考电压，将 DA_CS_A1 连接到 74HC138 译码输出 0XBxxx，将

DA _CS _B1 连接到 74HC138 译码输出 0XDxxx，将 DA _CS _A2、DA _CS _B2 连接到 74HC138 译码输出 0XFxxx，故 D/A 转换电路的第一级缓冲地址分别是 0B000H 和 0D000H，第二级缓冲地址为 0F000H。D/A 转换是把数字量转化成模拟量的过程，根据存储器中的波形数据，以固定的时间间隔依次输出波形数据并循环往复，即可用示波器在输出端观测到对应的采样波形，改变相邻数据的间隔时间，即可改变输出波形的刷新频率。

DAA1 处输出电压为 $V_0 = -D \times V_{ref}/256$

DA _OUTA 处输出电压为 $V_0 = (D \quad 128)V_{ref}/128$

式中，D 为 D/A 转换器输入的二进制数值，即存储器中存储的模拟量采样数据。

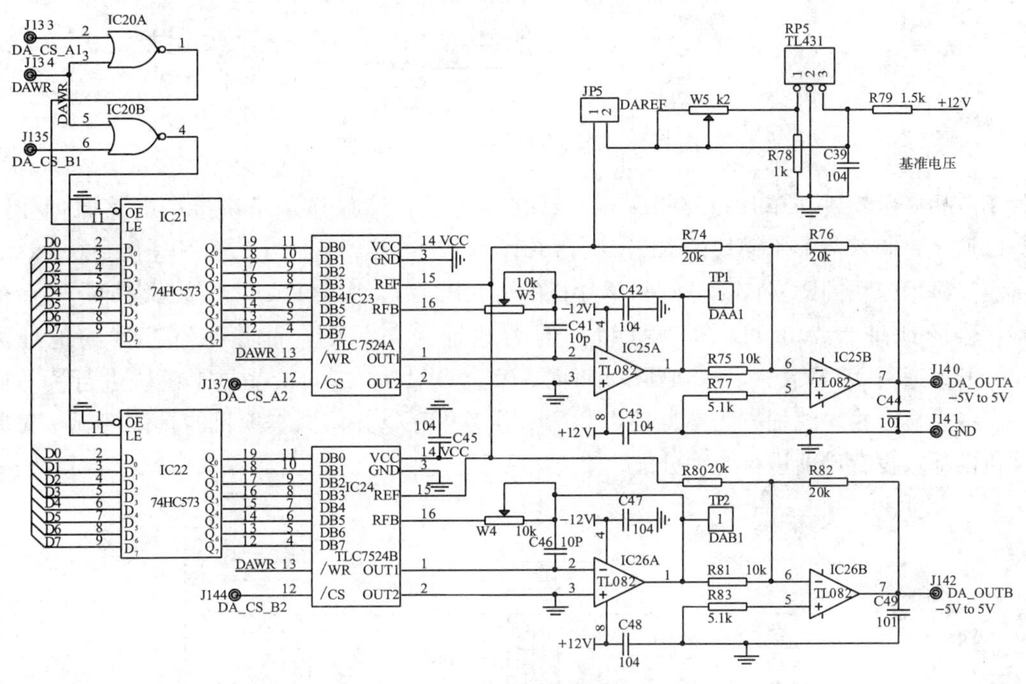

图 2-30　D/A 转换模块电路原理图

HM6264 是 8K×8bit 的静态 RAM，根据功能表与单片机的工作时序，其与单片机的接口电路如图 2-31 所示。其中 P0 口作为地址的低 8 位地址和数据复用的总线、P2 口作为高 8 位地址总线；由于其 8K 容量需要 13 位地址线，故与低 13 位地址总线直接连接，其中低 8 位地址总线由 P0 口经地址锁存器 74HC573 锁存后提供，高 5 位由 P2 口低 5 位直接提供；8 位数据总线由 P0 口直接提供，HM6264 的片选信号$\overline{\text{CS1}}$由 P2 口高 3 位地址线经地址译码器 74HC138 译码后提供，CS2 直接接高电平，HM6264 的$\overline{\text{OE}}$与单片机$\overline{\text{RD}}$直接相连，HM6264 的$\overline{\text{WE}}$信号直接与单片机$\overline{\text{WR}}$相连即可。

本项目中，将译码器 74HC138 译码输出 0x5xxx 连接至 RAM _CS，将 RAM _WE 信号连接至单片机的$\overline{\text{WR}}$(P3.6)，将 RAM _OE 连接至单片机的$\overline{\text{RD}}$信号(P3.7)，其余信号已经通过电路板直接连接。因此，HM6264 的地址范围为 4000H～5FFFH。通过汇编指令 MOVX A，@DPTR 和 MOVX @DPTR，A 对存储器进行读写操作。

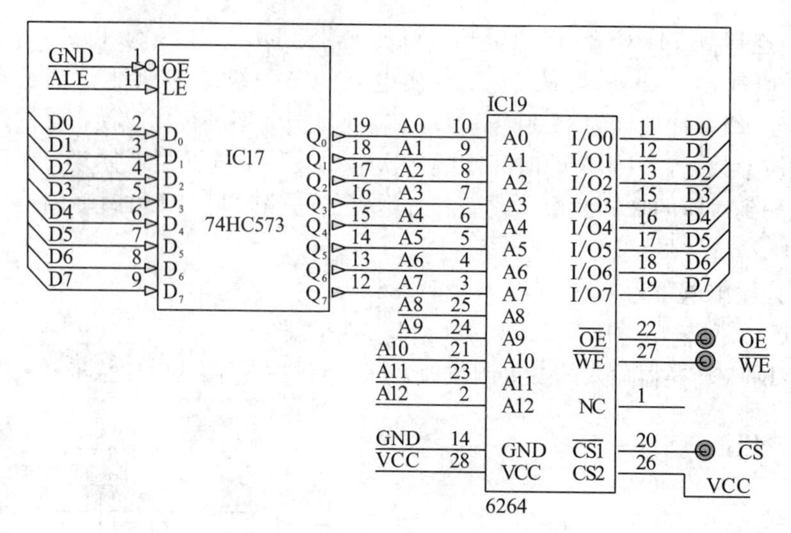

图 2-31 外部存储器扩展电路原理图

液晶显示模块与单片机接口采用总线接口方式，液晶显示模块接口电路原理如图 2-32 所示，将液晶显示模块的 RS 连接到 A0，R/W 连接到 A1，LCMCS 连接到 0x7xxx，将液晶显示模块的$\overline{RD}$和$\overline{WR}$分别与单片机的$\overline{RD}$(P3.7)、$\overline{WR}$(P3.6)连接。因此，写命令寄存器的地址为 700CH，写数据缓冲器的地址为 700DH，读状态寄存器的地址为 700EH。通过 MOVX A，@DPTR 和 MOVX @DPTR，A 对液晶显示模块进行读写操作。液晶显示模块编程方法参见项目 2.7 中参考程序，并依据本项目的具体情况，对单片机内部数据存储器进行统一分配。

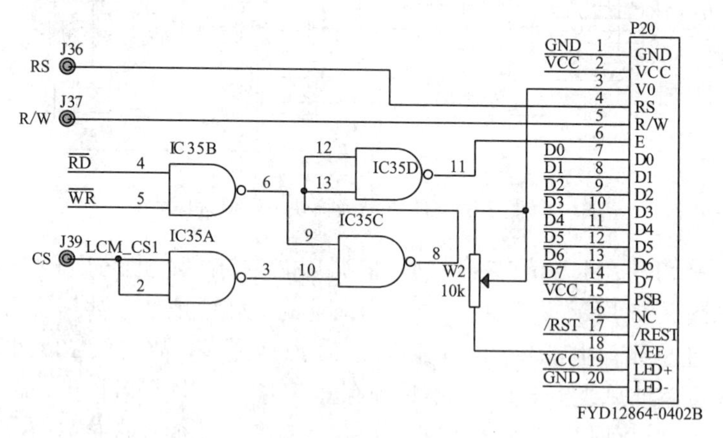

图 2-32 液晶显示模块接口电路原理图

键盘采用 4×4 矩阵键盘，其电路如图 2-33 所示，将列线 ROW0～ROW3、行线 COL0～COL3 依次连接至单片机 P1.0～P1.7，$\overline{INT}$连接至单片机$\overline{INT0}$(P3.2)，通过对 P1 口编程使列线 ROW0～ROW3 为低电平，当没有键按下时，行线 COL0～COL3 和$\overline{INT}$均为高电平，不产生中断请求；当有键按下时，行线 COL0～COL3 中有键按下的行为低电平，$\overline{INT}$为低电平，产生中断请求。在中断服务程序中，通过行列反转扫描法快速确定按下键的键值，实现按键扫描与键值识别功能，再通过相应的散转程序实现设定功能。

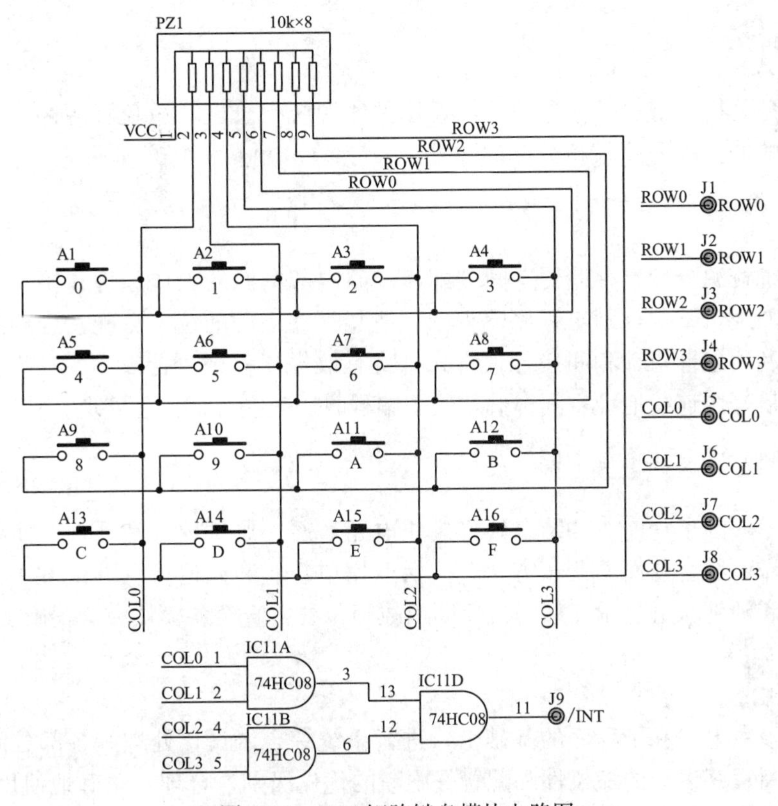

图 2-33　4×4 矩阵键盘模块电路图

蜂鸣器模块电路如图 2-34 所示，采用 8550 晶体管进行驱动，其输入端 BEEP 与单片机 P3.3 连接。当 BEEP 为低电平时，蜂鸣器鸣响；当 BEEP 为高电平时，蜂鸣器静默。

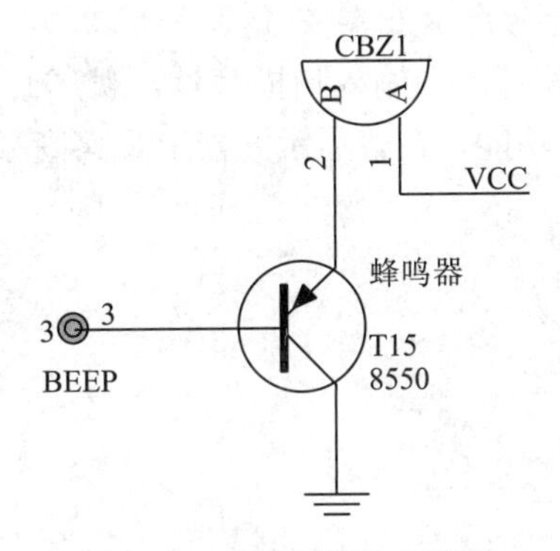

图 2-34　蜂鸣器模块电路图

2.10.3　实训内容与步骤

1. 软、硬件功能分工

结合任务要求和任务分析，进行软件、硬件功能分工。

2. 构建硬件电路

根据任务分析，搭建硬件电路，注意硬件资源统一分配，避免资源冲突，尤其要注意地址空间的冲突和 I/O 端口分配的冲突。

3. 画出程序流程图

根据系统资源分配、存储器空间分配，按照内部资源的工作原理和接口芯片的工作原理及程序的逻辑结构，画出程序流程图。注意存储空间的统一分配，合理配置数据缓冲区，充分利用地址指针和间接寻址方式，将有效提高程序执行效率。有些存储空间如时钟和日历最好用连续地址空间存储，便于编程时用间接寻址批量处理。

4. 编写模块程序，调试模块电路

编写各模块的子程序，并结合硬件模块电路，逐一调试软件和硬件，使各模块能独立、正确工作。结合前面的调试方法，灵活运用单步、断点运行等调试方法，注意观察存储器内容和硬件状态显示，敏锐地判断出故障位置，直至各模块完全正确工作。

5. 系统调试

在前面模块电路和子程序的基础上，进行系统综合调试，处理好各部分间的逻辑关系，注意中断程序运行的随机性和配置好中断的优先级别，合理、正确地使用现场保护，直至系统完全正确。

2.10.4 设计思考与拓展

(1)试编程实现如下功能：将示波器置于 X-Y 输入方式，在 Y 通道显示通道转换 IN0 输入信号重现信号，在 X 通道上输入扫描信号，观察 IN0 通道输入信号波形。

(2)试编程实现等效采样功能，在普通示波器上观察高频周期信号。

第 3 章　FPGA 基础实训

本章将介绍几个 FPGA 的基本实训课题，这些实训课题采用循序渐进的方式，由简单到复杂。通过这些实训课题，让读者迅速了解基于 FPGA 的开发流程，掌握 QuartusⅡ软件的基本使用方法，包括设计的输入、综合、仿真、下载配置、硬件验证等。通过掌握实训课题中的基本模块，储备应用开发的素材，也为第 4 章打下基础。

考虑到读者所拥有的硬件平台各不相同，为扩大本书的适用范围，本章的实验都在如图 3-1 所示的简单电路上完成。根据该原理图，读者可以很轻松地修改引脚映射关系，并移植到自己的硬件平台上进行硬件验证。该实验原理图中有 8 个按键开关 K1～K8，按键释放为高电平；8 位拨码开关 S1～S8，可以拨动开关输入 8 位二进制数；8 个发光二极管 D1～D8，FPGA 输出低电平时，LED 发光；8 位共阳数码管组成的动态扫描电路，数码管位选信号 W1～W8 为高电平选通，段码输出为低电平有效；还有用 LM386 组成的音频功率放大电路，系统时钟采用 20MHz 有源晶振提供。

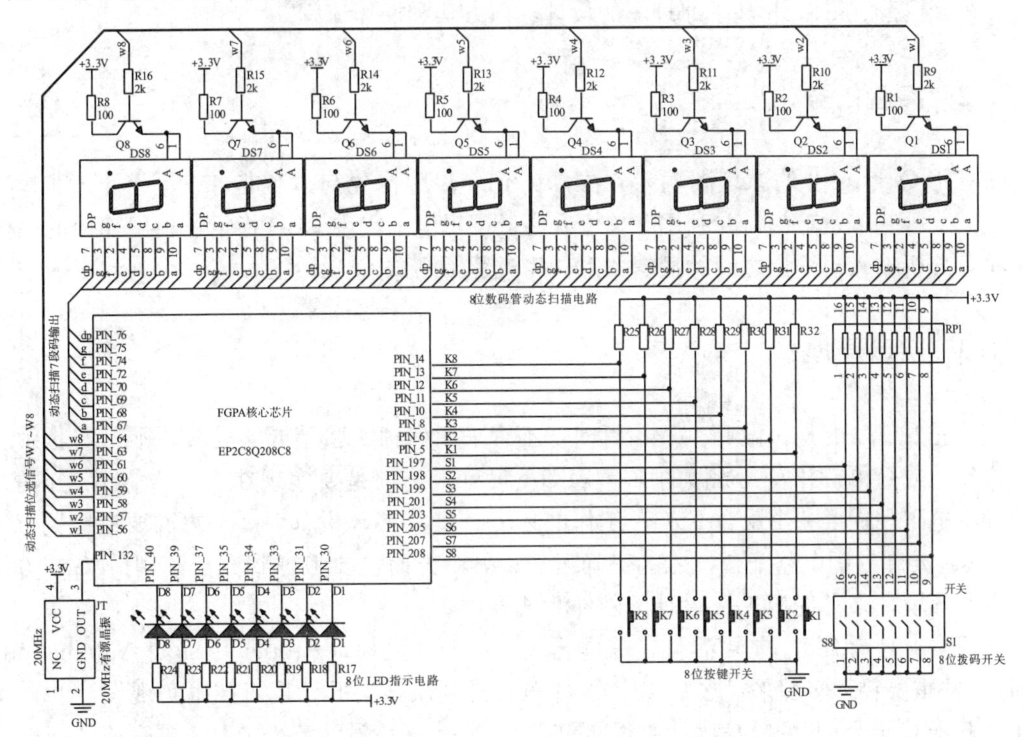

图 3-1　实验原理图

作为 EDA 入门实验，本章实验力求简洁易学，因此本章实验的软件版本采用了 Altera 公司内嵌仿真器的最高软件版本 QuartusⅡ 9.1。更高版本的软件则需要同步使用 Modelsim 等仿真软件，这将增加初学者的学习难度。

QuartusⅡ具有强大、直观和便捷的原理图输入设计功能，提供了丰富的适用于各种需要的元件库。首先是功能强大的“megafunctions”，提供了大量参数可设置的各类宏功能块。其次是简单元件库“primitives”，其中包括各类逻辑门、触发器、缓冲器、I/O引脚等。最后还有“others”，主要包括早期 Maxplus2 软件中具有的几乎所有 74 系列的器件和基本门电路等。QuartusⅡ提供基于原理图输入、硬件描述语言(HDL)文本输入以及二者混合的多层次设计输入功能，使用户能更方便地设计更大规模的电路系统。在未掌握硬件描述语言之前，利用原理图完成设计是进入 EDA 设计领域的可行方法。本章前两个实验采用了原理图设计输入方法，后 5 个实验则主要采用了 HDL 的文本输入方法。本章实验也可以作为数字电路课程的同步课程实验。

3.1 逻辑门设计与测试

3.1.1 实验目的

(1)初步了解基于 FPGA 的 EDA 设计流程。

(2)掌握 QuartusⅡ基于原理图的设计输入方法和操作流程。

3.1.2 实验任务

利用 QuartusⅡ的原理图输入方法，在 FPGA 中构建与、与非、或、或非、非、异或、同或等基本逻辑门，并利用开关输入高低逻辑电平，用 LED 指示逻辑门输出的高低电平，分析输入与输出之间的逻辑关系，完成逻辑测试。

3.1.3 实验原理

首先要清楚的是，做 FPGA 设计时，不管采用何种实验箱或实验板，不管实验系统多么复杂或简单，开发人员做的所有 FPGA 设计最终都是要实现在 FPGA 芯片之内的，而外围电路则提供一个配合 FPGA 工作的环境。在 FPGA 设计时，一方面要考虑到 FPGA 芯片要和外围电路配合，才能正确工作；另一方面也要考虑到充分利用 FPGA 的外围电路环境，来实现 FPGA 设计的硬件测试。

FPGA 具有高度的灵活性，是电子设计自动化(Electronic Design Automation, EDA)的重要物理实现平台之一。EDA 的核心是利用强大的计算机技术实现设计的自动化。基于 QuartusⅡ的简易设计流程如图 3-2 所示。在该设计流程中，人要完成的工作主要有三个：①设计输入。即采用一种计算机能识别的合适的方式，提出电路要实现的功能要求，如采用各类 HDL 文本或原理图、状态图等输入方式。②仿真验证。在计算机上完成设计编译后，利用计算机检验设计的正确性。即将所做的设计看作一个黑匣子，在其输入端构建恰当的激励信号，由计算机仿真得到该激励下的输出，再人工分析输入与输出信号的逻辑关系，判断计算机自动设计的结果是否正确。③物理测试。即将设计结果编程配置到目标芯片，在物理平台上完成最后的测试。

本次实验要在FPGA中构建基本的与、与非、或、或非、非、异或、同或7种逻辑门，并利用外围开关提供两路逻辑输入，利用7只LED指示输出逻辑的电平即可检验设计的逻辑。以如图3-1所示硬件电路上的开关为例，当开关按下则给FPGA输入低电平，释放则输入高电平；如果逻辑门输出高电平，则LED熄灭，如果逻辑门输出低电平，则LED发光。根据开关状态和LED的亮灭即可分析验证FPGA中设计的逻辑电路是否正确。

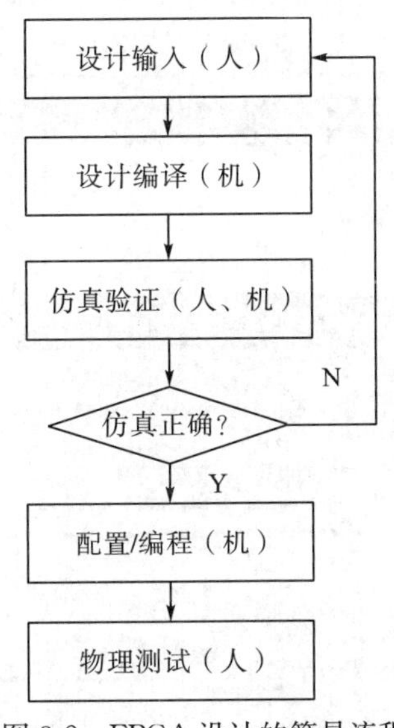

图3-2　FPGA设计的简易流程

3.1.4　实验步骤

1. 设计输入

(1)创建工程文件夹。QuartusⅡ的工程文件是不允许直接存储于任何盘的根目录下的，因此，必须创建一个工程文件夹，且文件夹的命名建议采用字母、数字和下划线构成，不要使用中文字符。此处创建“E：\ Logic”为工程存储路径。

(2)创建设计文件。打开QuartusⅡ，单击菜单“File | New”，在“New”对话框的“Design Files”栏中可以选择输入设计文件的类型，如图3-3所示。本实验拟采用原理图设计，因此选择了“Block Diagram/Schematic File”。

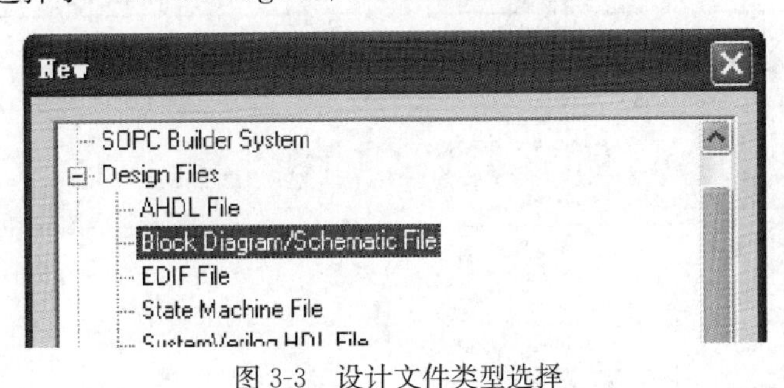

图3-3　设计文件类型选择

(3)文件存盘。对于基于原理图的设计，尤其是层次化的设计，建议先存盘，创建工程，再设计。对于基于 HDL 文本的设计，则建议先输入再存盘，并创建工程。这样可以减少初学者由工程路径问题而产生的错误。

单击菜单“File | Save As”存盘。注意存盘路径要为前面建立的工程文件夹路径，如“E:\ Logic”。此处文件名取名为“Logic”，原理图默认文件后缀为. bdf。单击【保存】后，会弹出对话框，询问是否基于该文件创建一个新工程，单击【是】，开始利用工程向导创建工程，如图 3-4 所示。

Block1.bdf
另存为
保存在(I):
Logic
Logic.bdf
我最近的文档
桌面
我的文档
我的电脑
网上邻居
Quartus II
Do you want to create a new project with this file?
是(Y)
否(N)
取消
文件名(N):
Logic.bdf
保存(S)
保存类型(T):
Block Diagram/Schematic File (*.bdf)
取消
Create new project based on this file

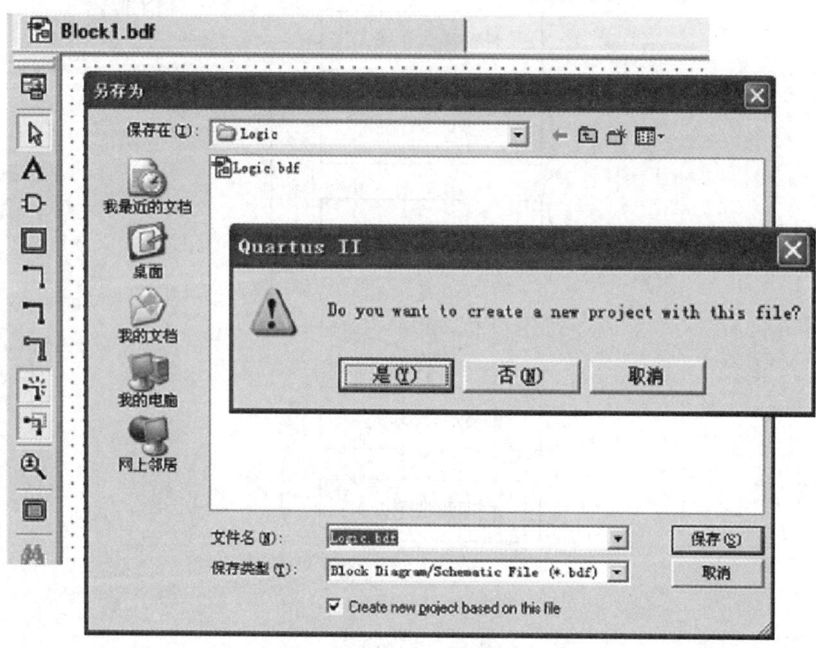

图 3-4　文件存盘

(4)创建工程。新工程向导首先弹出的为工程创建的流程介绍窗口，后续设置窗口共有 5 页。单击【Next】进入第 1 标签页向导窗，如图 3-5 所示。第一栏设置工程路径，工程路径要与前面创建的路径一致。第二栏设置工程名，可以任意取名，系统默认与顶层实体同名。第三栏设置顶层实体名，即默认编译的对象名称，必须和后面要编译的原理图文件名相同，此处即为“Logic”。

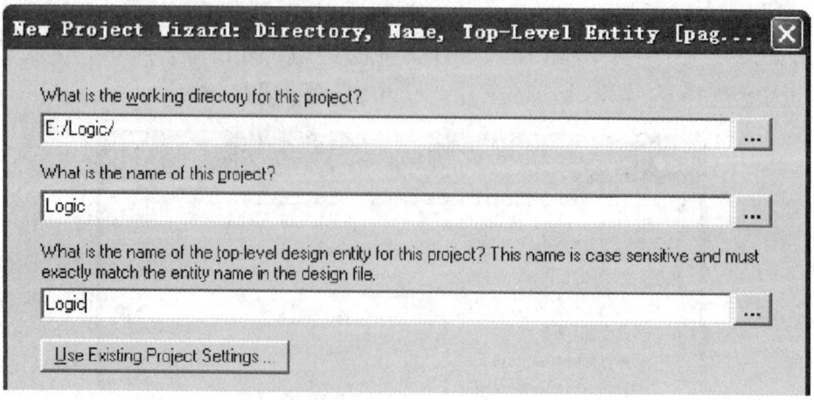

New Project Wizard: Directory, Name, Top-Level Entity [pag...
What is the working directory for this project?
E:/Logic/
What is the name of this project?
Logic
What is the name of the top-level design entity for this project? This name is case sensitive and must exactly match the entity name in the design file.
Logic
Use Existing Project Settings ...

图 3-5　设置工程路径、工程名、顶层实体名称

单击【Next】，进入第 2 标签页向导窗，添加工程文件和库文件，如图 3-6 所示。可以单击“File”栏后的按钮，将与工程相关的设计文件加入此工程。如果有用户库也可以单击【User Libraries】加入。本例中系统会默认加入工程文件，可以直接单击【Next】进入第 3 标签页向导窗。

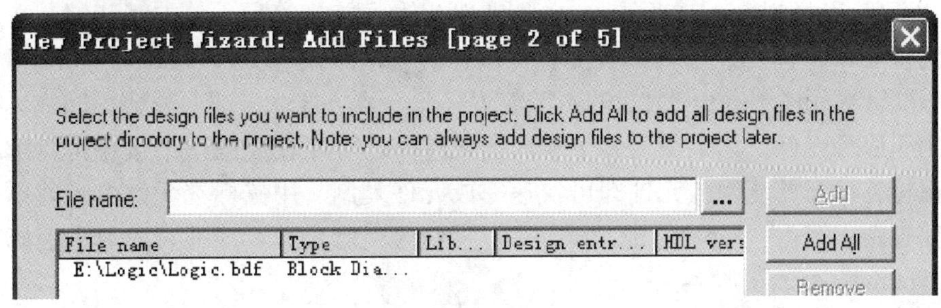

图 3-6　添加设计文件和库

第 3 标签页向导为设置目标器件，如图 3-7 所示。单击“Device family”下拉列表框，选择最终物理实现的芯片系列，此处选择“CycloneⅡ”，在“Available devices”栏选择芯片的具体型号，此处选择“EP2C8Q208C8”。可以通过设置“Package”“Pin count”“Speed grade”的数据来加速器件的筛选过程。

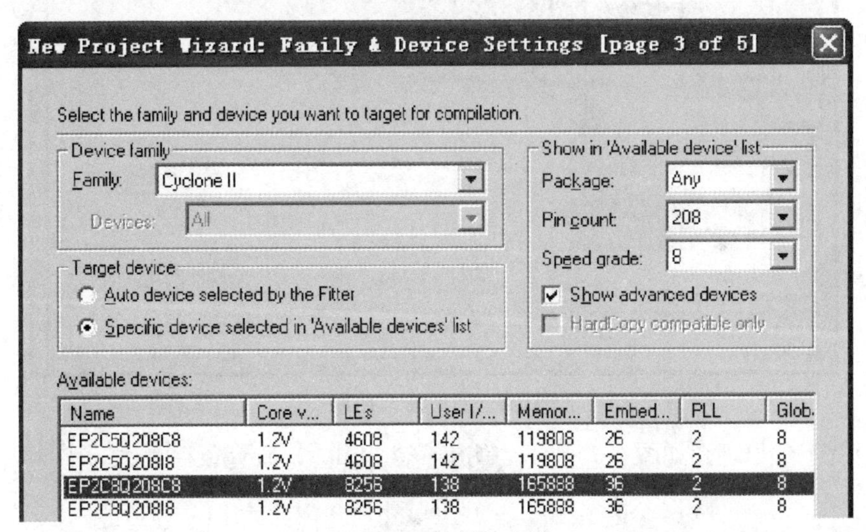

图 3-7　目标器件选择

单击【Next】进入向导第 4 标签页，进行第三方 EDA 工具的设置。从上到下，依次可以设置第三方的综合工具、仿真工具、时序分析工具。本章实验全部采用 QuartusⅡ自带的综合、仿真、时序分析等工具，无须第三方工具，因此直接单击【Next】进入向导的最后一页。

最后一页是对创建工程的汇总信息，可以检查创建的工程信息是否正确，如果正确无误即可单击【Finish】完成工程创建。

(5)基于原理图的设计输入。

单击菜单“Edit ｜ Insert Symbol…”打开元件输入对话框，如图 3-8 所示。也可以在原理图编辑窗口的空白区域中双击鼠标左键打开该对话框。对话框左侧“Libraries”栏提供了可供设计使用的各类元器件，可在其中选取需要的元件进行设计。其中“megafunctions”提供了许多参数可设置的各类宏功能块；“primitives”提供了各类简单逻辑门、触发器、缓冲器、I/O 引脚等；“others”则提供了 MaxplusⅡ软件中原有的几乎所有 74 系列的器件和基本门电路。如果已知元件的名称，也可以通过在左侧“Name”栏中直接输入元件名字快速调出所需元件。

在“Name”栏中输入“and2”，右侧出现 2 输入与门符号，单击【OK】，在原理图中合适的位置单击鼠标左键，放置元件。同样的方法依次输入“nand2”“or2”“nor2”“not”“xor”“xnor”“input”“output”放置与非、或、或非、非、异或、同或、输入引脚和输出引脚等元件。如果需要多个相同的元件，还可以在原理图中按住键盘上的 Ctrl 键，用鼠标拖动需要复制的元件即可快速完成元件复制。用鼠标在元件引脚处单击拖动完成线路连接。双击“input”或“output”可修改引脚名称，或通过先单击引脚，再双击“pin _name”修改引脚名。

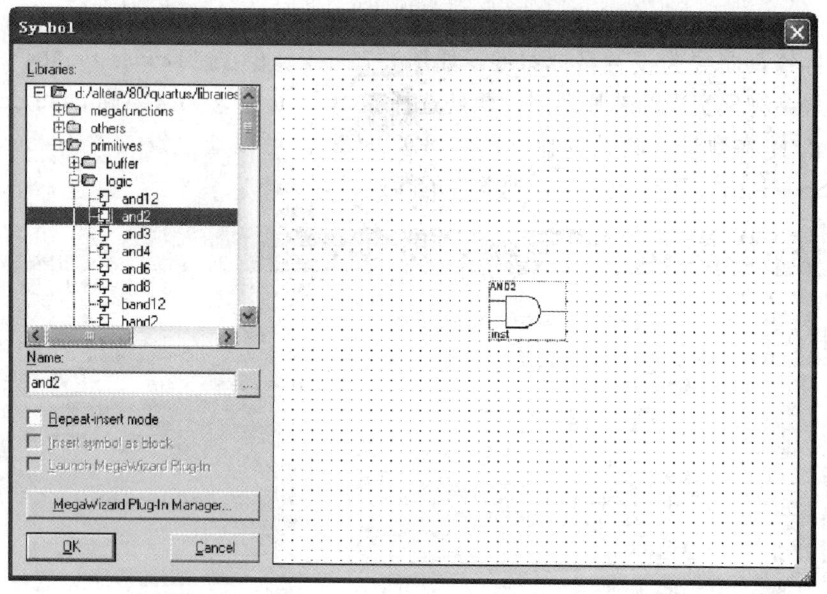

图 3-8 元件输入对话框

设计完成的原理图如图 3-9 所示，单击菜单“File | Save”存盘。

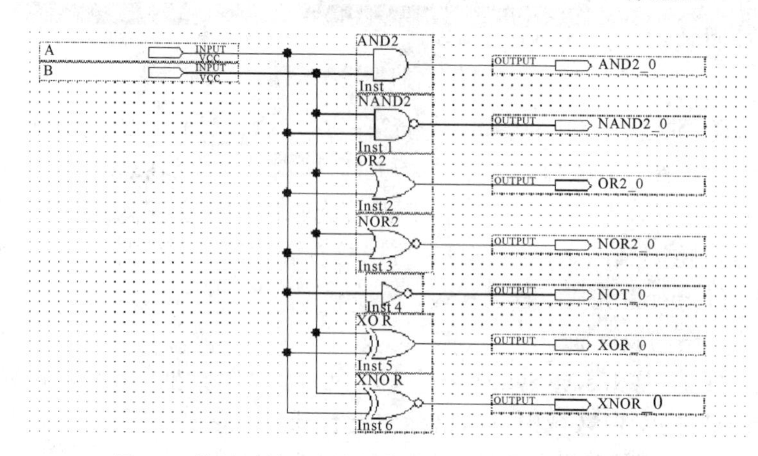

图 3-9 放置元件、连线、修改引脚名后的最终原理图

2. 设计编译

1)编译前检查

单击菜单“Assignments | Settings”，打开“Settings”对话框，如图 3-10 所示。在“Category”栏中单击“General”选项，并在展开的“General”选项中检查“Top-level entity”设置是否为即将编译的原理图文件名(不含后缀)，此例中为“Logic”，如果不是则修改。

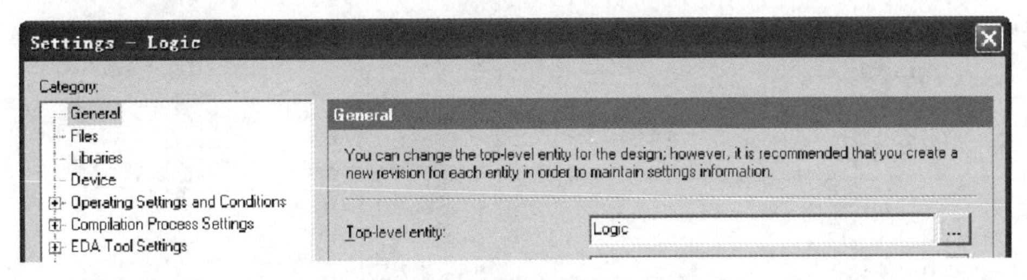

图 3-10　编译前检查顶层设计实体名称

在“Category”栏中单击“Files”选项，在右侧栏中检查设计所需要的文件是否都包含在内。此例中只有一个设计文件即“Logic. bdf”。

在“Category”栏中单击“Device”选项，在右侧栏检查指定的器件与目标板上的可编程逻辑器件(Programable Logic Devices，PLD)的型号是否一致，如图 3-11 所示。此范例中采用的芯片为“EP2C8Q208C8”。检查完毕后单击【OK】退出设置界面。

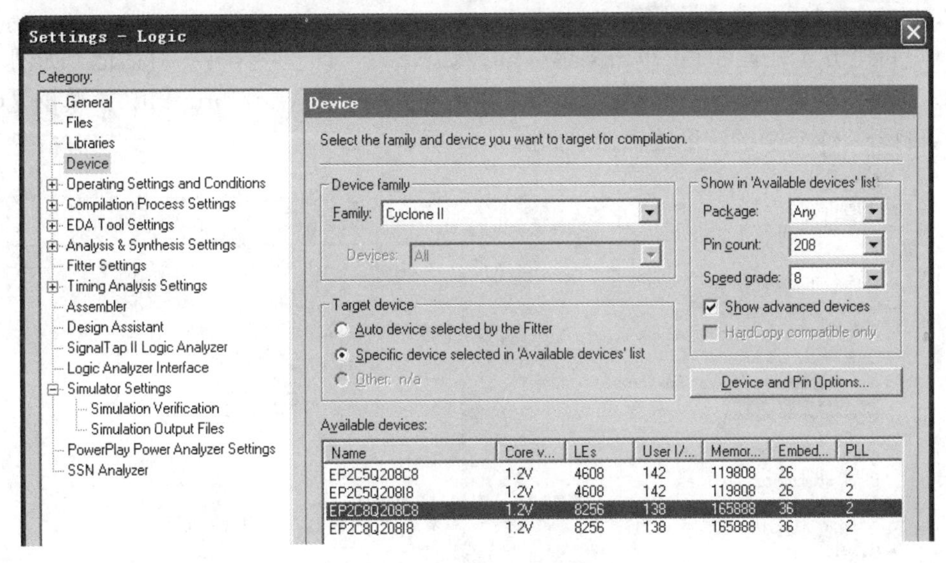

图 3-11　编译前检查目标器件

2)启动编译

单击菜单“Processing | Start Compilation”，启动编译。如果编译出错，则可以在位于底部的“Messages”窗口中查看错误提示，建议从上到下逐一检查并修改错误。改

错后重新编译，直到成功。编译成功后会在主窗口的右侧给出编译的汇总信息，其中包括流程状态、软件版本、编译的实体名、所用器件、时序模型以及各类资源占用率等信息，如图 3-12 所示。

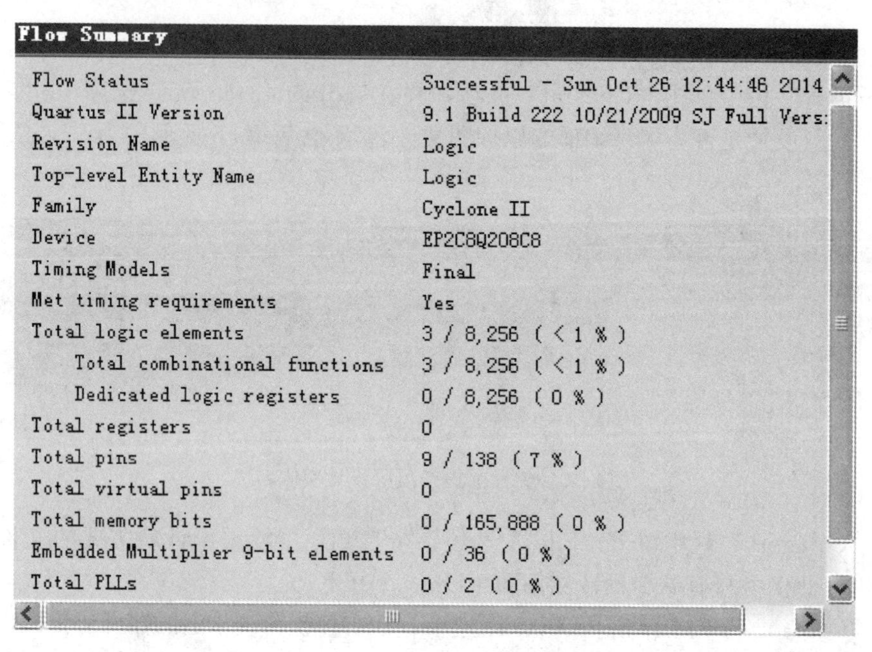

图 3-12 编译成功后的汇总信息

3. 仿真验证

(1)新建仿真测试文件。单击菜单“File | New”，打开“New”对话框，如图 3-13 所示。选择“Verification/Debugging Files”下的“Vector Waveform File”，单击【OK】确认，打开一个空白的波形编辑器，如图 3-14 所示。

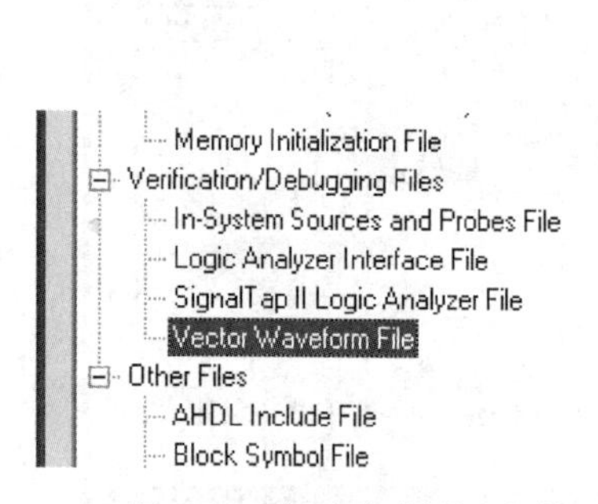

图 3-13 新建仿真测试文件

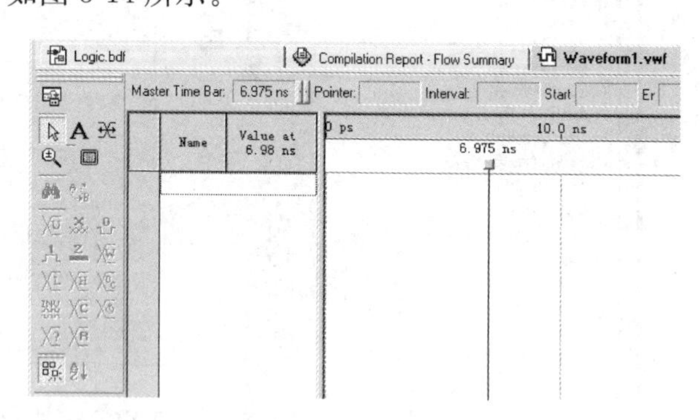

图 3-14 波形编辑器

(2)单击菜单“Edit | Insert | Insert Nodes or Bus”，或双击波形编辑器左侧窗口中的空白区域，打开如图 3-15 所示的节点或总线插入对话框。单击【Node Finder】打开“Node Finder”对话框，如图 3-16 所示。

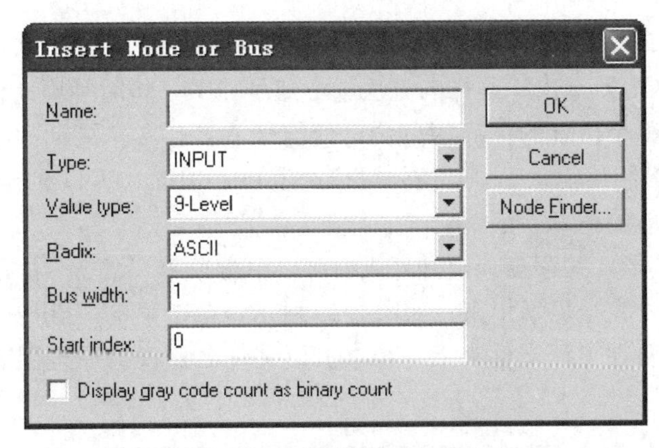

图 3-15　节点插入对话框

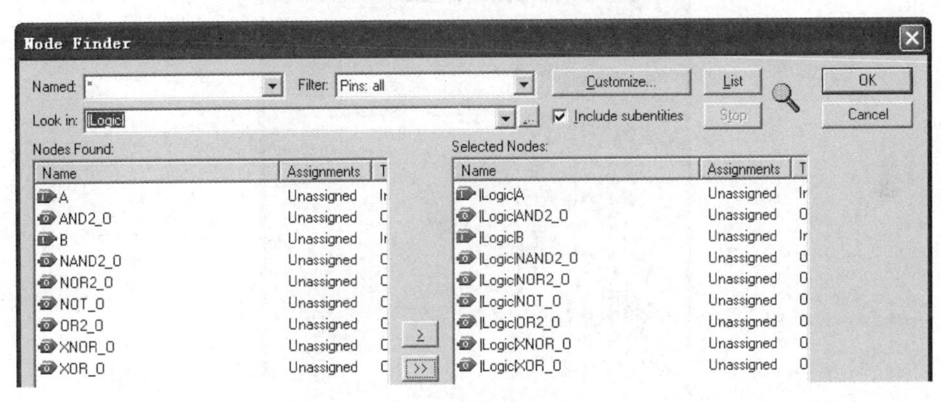

图 3-16　节点查找

在“Filter”栏中选择“Pins：all”，依次单击【List】、【>>】和【OK】，回到如图 3-15 所示的节点插入对话框后，再单击【OK】，就可以将工程中的所有端口加入波形编辑器，如图 3-17 所示。

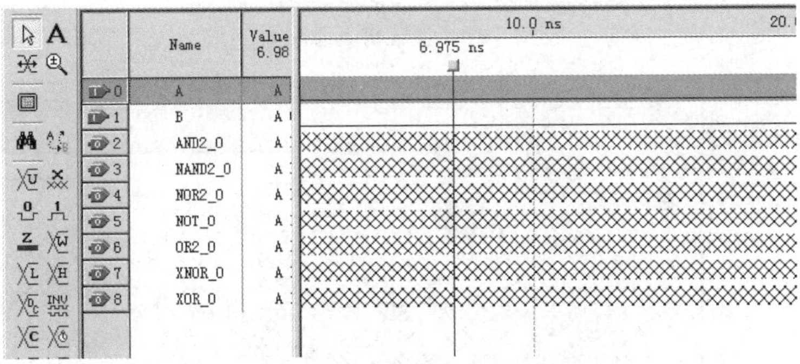

图 3-17　加入节点信号后的波形编辑器

(3)设置仿真时间。QuartusⅡ 9.1 版本默认仿真时间仅为 1μs，一般需要适当增加仿真总时间。单击菜单“Edit | End Time”，在“End Time”对话框中将“Time”栏后的时间修改为 1ms，单击【OK】退出。

(4)设置输入信号的激励波形。选中信号“A”，单击菜单“Edit | Value | Clock”

或单击编辑器左侧按钮进入“Clock”对话框，如图3-18所示。将时钟“Period”设置为1ms，单击【OK】退出。同样的方法选中信号“B”，将时钟周期设置为0.5ms。这样设置的目的是在整个仿真的1ms时间内，使信号A产生1个周期的波形，信号B产生2个周期的波形，最终使输入A，B信号可以产生00、01、10、11的全部四种逻辑组合，实现对全部逻辑可能的仿真验证。

(5)观察仿真波形，并存盘。设置完成后可以单击菜单“View | Fit in window”将波形在有限的窗口中完全显示出来，如图3-19所示。单击菜单“File | Save”存盘，注意文件保存的路径要在工程文件夹下，仿真波形文件名建议与原理图名称一致，这里取名为“Logic.vwf”。

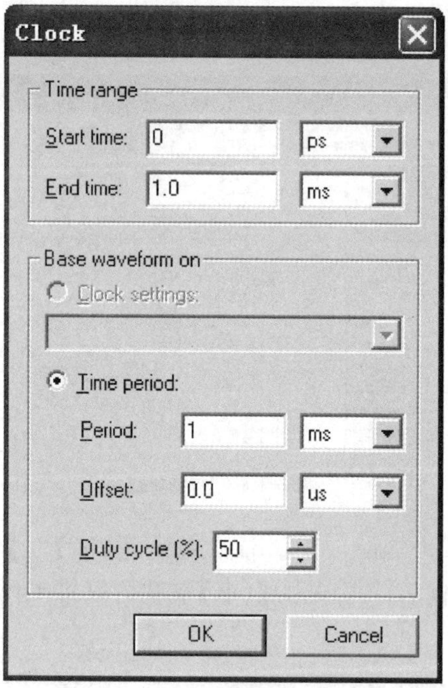

图3-18 设置仿真总时间

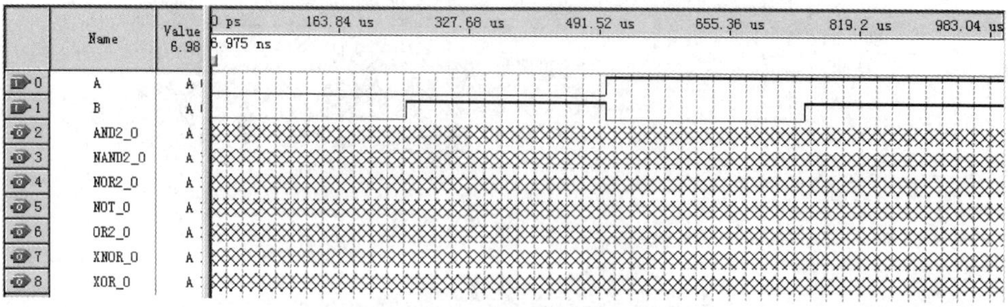

图3-19 编辑完成后的仿真激励

(6)仿真前检查。单击菜单“Assignments | Settings”，打开“Settings”对话框。在“Category”栏中单击“Simulator Settings”选项，并在右边窗口中检查“Simulation input”是否为刚刚存盘的文件“Logic.vwf”，如果不是则修改，如图3-20所示。最后单击【OK】退出。

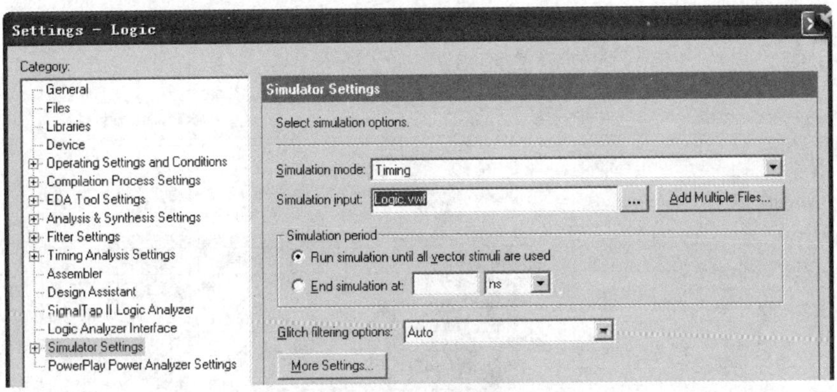

图 3-20　仿真前检查

(7)仿真与分析。单击菜单“Processing | Start Simulation”，启动仿真。仿真成功后将给出仿真结果。单击菜单“View | Fit in Window”或“Zoom In”“Zoom out”，使波形处于便于观察和分析的状态，然后分析仿真结果，判断是否正确，如图 3-21 所示。如果仿真结果正确则进入下一步，否则修改设计重复前面的过程。

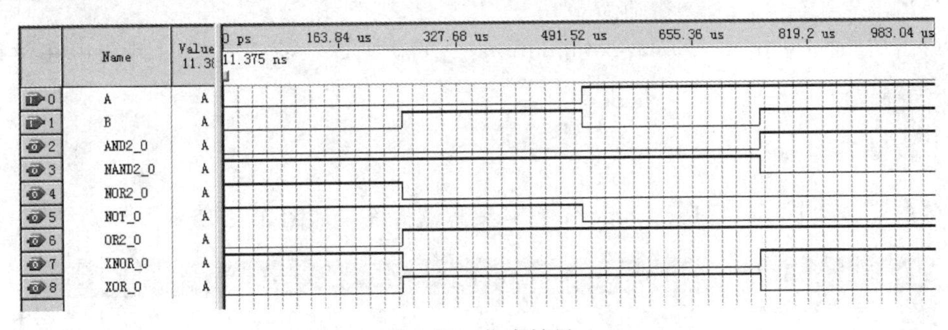

图 3-21　仿真结果

4. 编程与配置

1)引脚锁定

编程与配置就是将计算机综合的结果下载到 PLD 芯片，配合外围电路实现设计的实物化。为了在实际的物理平台验证设计，下载到 PLD 中的设计必须和用到的具体硬件相配合。引脚的锁定则是实现设计与具体硬件对应的重要保证。锁定引脚的方法有很多，可通过编辑约束文件. qsf 或 Assignment Editor、Pin Planner 等工具完成。

单击菜单“Assignments | Assignment Editor”，打开指配编辑器，如图 3-22 所示。在“Category”中选择“Pin”，单击菜单“View | Show all Known Pin Names”，显示出全部已知引脚名。

根据实验平台的具体结构确定各引脚的分配关系。本例将在如图 3-1 所示的硬件上验证，因此根据如图 3-1 所示的原理图，本例中可以利用图中开关 K1 作为输入 A，图 3-1 中可见 K1 连接 FPGA 芯片的 5 脚，因此 A 应锁定在 5 脚上。在“Location”栏，信号 A 后输入 5 回车即可。同理可以利用 K2 作为输入 B，发光二极管 D1 作为 AND2 _O，D2 作为 NAND2 _O，D3 作为 OR2 _O，D4 作为 NOR2 _O，D5 作为 NOT _O，D6 作为

XOR_O，D7 作为 XNOR_O 输出。从原理图中可以查到其对应的引脚，按照同样的方法锁定其余引脚。最终各信号的锁定关系如图 3-22 所示。

	To	Location	I/O Bank	I/O Standard	General Func
1	A	PIN_5	1	3.3-V LVTTL	Row I/O
2	AND2_O	PIN_30	1	3.3-V LVTTL	Row I/O
3	B	PIN_6	1	3.3-V LVTTL	Row I/O
4	NAND2_O	PIN_31	1	3.3-V LVTTL	Row I/O
5	NOR2_O	PIN_34	1	3.3-V LVTTL	Row I/O
6	NOT_O	PIN_35	1	3.3-V LVTTL	Row I/O
7	OR2_O	PIN_33	1	3.3-V LVTTL	Row I/O
8	XNOR_O	PIN_39	1	3.3-V LVTTL	Row I/O
9	XOR_O	PIN_37	1	3.3-V LVTTL	Row I/O
10	<<new>>	<<new>>			

图 3-22 引脚锁定

2)存盘并重新编译

单击菜单“File | Save”存盘。

单击“Processing | Start Compilation”，重新编译，使建立的引脚约束在设计中生效。

3)数据下载

单击菜单“Tools | Programer”打开编程器界面，如图 3-23 所示。

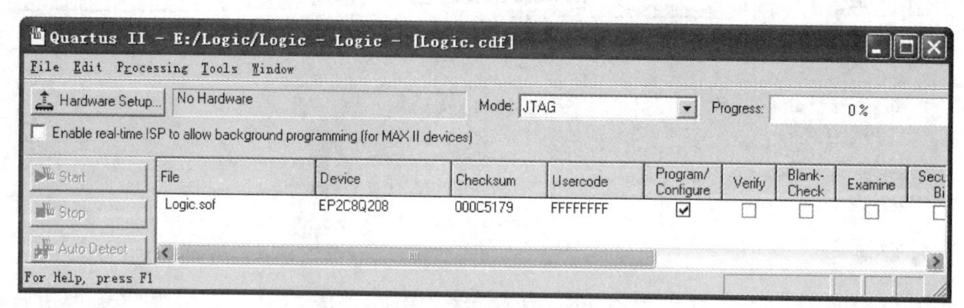

图 3-23 器件编程器界面

单击【Hardware Setup】，进入硬件设置对话框，如图 3-24 所示。选择所用的下载电缆型号，这里采用 USB 下载器，因此选择 USB-Blaster。需要注意的是 USB 下载器必须要先连接到计算机上，并正确安装驱动。单击【Close】返回“Programmer”主界面。

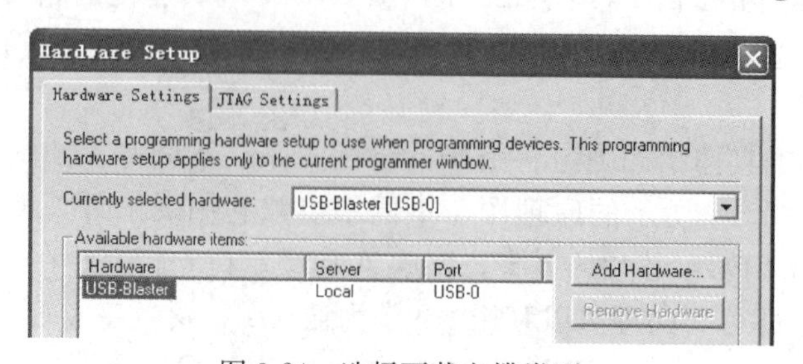

图 3-24 选择下载电缆类型

检查“Mode”是否为“JTAG”，检查 USB 下载电缆是否连接到实验板的 JTAG 端口。确认无误后，打开实验板电源，单击“Programer”中的【Start】开始下载，如图 3-25 所示。如果下载失败，则重点检查三个方面：①目标板电源供电否；②电缆连接正确否；③芯片型号是否一致。

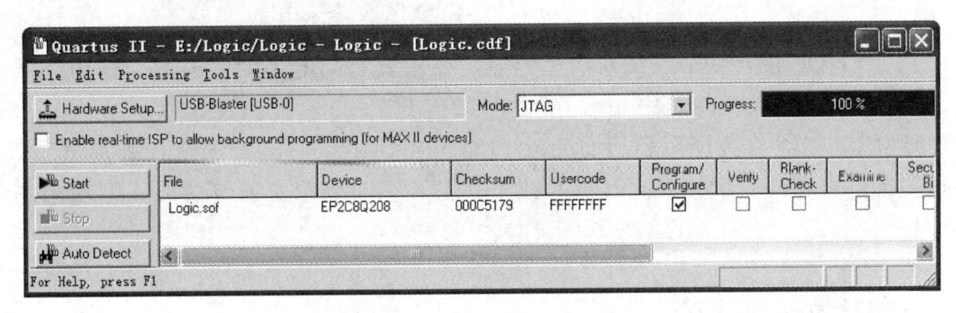

图 3-25　编程下载

5. 物理测试

在实验板上按动键 K1 和键 K2，观察 LED 灯的亮灭状态，并将输入输出的逻辑记录在表 3-1 中。

注：在如图 3-1 所示的硬件中，按键释放为输入高电平，按下为输入低电平；LED 灯灭表示逻辑门输出高电平，LED 灯亮表示逻辑门输出低电平。

表 3-1　逻辑门实验测试记录表

K1	K2	D1	D2	D3	D4	D5	D6	D7
0	0							
0	1							
1	0							
1	1							

3.1.5　实验思考与拓展

(1)引脚锁定的依据是什么？能够随便分配引脚吗？
(2)为什么引脚锁定后还需要重新编译？
(3)参照本实验的方法，采用原理图方式设计一个三人表决电路，并完成硬件验证。

3.2　简单组合逻辑电路设计

3.2.1　实验目的

(1)掌握 QuartusⅡ基于 HDL 的设计方法。
(2)掌握 QuartusⅡ的层次化设计方法及原理图与 HDL 的混合设计。

(3)回顾数字电路中，用中规模集成电路(Medium Scale Integration，MSI)设计组合逻辑电路的方法。

3.2.2 实验任务

(1)采用 HDL 设计一个三线八线译码器，要求具有高电平使能控制，输出为低电平有效。

(2)利用该三线八线译码器设计一个逻辑电路，用以监测交通灯工作状态。当红、黄、绿三种灯中有两只或三只同时亮，或三只都不亮时表示交通灯故障，则输出高电平告警信号。

3.2.3 实验原理与范例

三线八线译码器(简称 3-8 线译码器)是数字电路课程中学习过的一个重要且常用的 MSI 器件。因其具有三条逻辑输入线、八条译码输出线而得名。3-8 线译码器是一种唯一地址译码器，其输入为 3 位二进制数，根据 3 位二进制数的不同，在八个输出线上译码产生一个与该二进制数对应的唯一有效选通输出，一般为低电平输出有效。

3-8 线译码器不仅可以实现唯一地址译码，还可以实现数据分配器功能，配合少量外围逻辑还可以实现任意三变量的组合逻辑函数。

图 3-26 给出了用 MSI 器件设计组合电路的一般步骤。首先将实际问题用真值表或卡诺图描述出来，即建模；然后根据所选的 MSI 器件进行相应的逻辑变换，进而得出逻辑电路；最后搭建电路进行测试。与采用小规模逻辑门设计组合逻辑电路相比，采用中规模器件设计组合逻辑电路时一般不需要进行太多的化简，电路所用器件也较少，设计过程也更为简单。

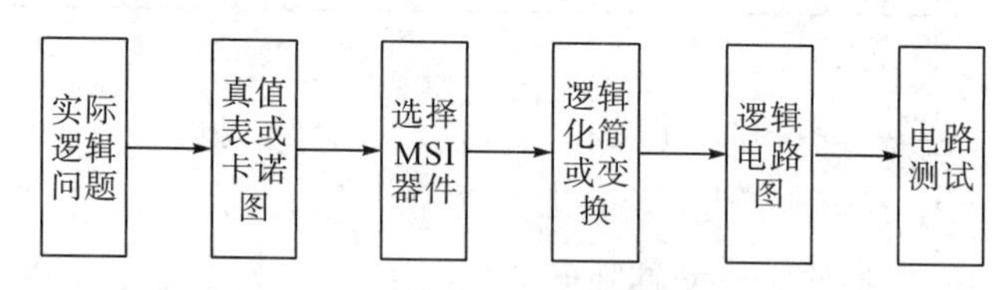

图 3-26 MSI 电路设计步骤

3.2.4 实验步骤

实验任务 1：根据题意，设计一个具有使能控制输出低电平有效的 3-8 线译码器，并验证其逻辑功能。

1. 设计输入与工程创建

(1)创建工程文件夹“E：\ comb_logic”。

(2)创建设计文件。打开 QuartusⅡ软件，单击菜单“File | New”打开“New”对话框，选择“Design Files”下的“VHDL File”，打开 VHDL 文本编辑器，如图 3-27 所

示。如果用 Verilog HDL 设计则选择“Verilog HDL File”。

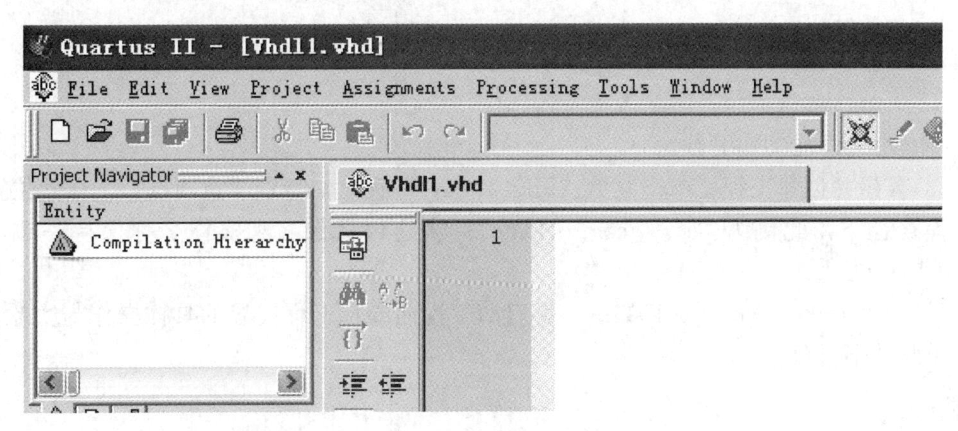

图 3-27　打开 VHDL 文本编辑器

对于 HDL 文本输入的方式，建议先输入再存盘。存盘文件名建议与 VHDL 实体名或 Verilog HDL 的模块名一致。

参照例 3.2.1，在文本编辑器中输入 3-8 线译码器的 VHDL 代码。在书写代码时要特别注意，除注释外，代码中的符号均为半角符号，不允许使用任何中文字符。

【例 3.2.1】

```
ENTITY SN74138 IS   --实体
PORT (A, B, C, EN: IN BIT;    --EN 为使能，A, B, C 为地址输入，C 为高位
    Y: OUT BIT_VECTOR(7 DOWNTO 0));      --8 位选通数据输出
END ENTITY SN74138;
ARCHITECTURE DEMO OF SN74138 IS
    SIGNAL ADR: BIT_VECTOR(2 DOWNTO 0);    --定义 ADR 信号
BEGIN
    ADR<= C & B & A;             --将 C, B, A 并置为 3 位 BIT 矢量
    PROCESS(ADR, EN)             --进程对输入量敏感
    BEGIN
    IF EN= '0' THEN              --使能信号为低电平时，不工作，输出全为高电平
      Y< = (OTHERS=> '1');
    ELSE                         --使能信号为高电平时，根据 C, B, A 译码输出
      CASE ADR IS
         WHEN " 000" => Y< = "11111110";
         WHEN " 001" => Y< = "11111101";
         WHEN " 010" => Y< = "11111011";
         WHEN " 011" => Y< = "11110111";
         WHEN " 100" => Y< = "11101111";
         WHEN " 101" => Y< = "11011111";
         WHEN " 110" => Y< = "10111111";
```

```
            WHEN " 111" => Y< = "01111111";
         END CASE;
      END IF;
      END PROCESS;
END ARCHITECTURE DEMO;
```

(3)存盘并创建工程。单击菜单“File | Save”存盘，特别注意两点：①存储位置应在工程路径下，此例为“E：\ comb _logic”；②建议文件名和实体名称保持一致，即“SN74138. vhd”。

(4)工程创建。单击【保存】后，将启动工程向导，工程向导的具体操作与实验 3. 1 一致，此处不再赘述。

2. 设计编译

从本步骤开始，基于 HDL 的设计与基于原理图的设计步骤完全一致，因此下面只给出设计操作的简略描述，具体细节可参考实验 3. 1。

(1)编译前检查。单击菜单“Assignments | Settings”，在“General”选项中检查“Top-level entity”是否为“SN74138”。在“Files”选项中检查“SN74138. vhd”是否包含在工程文件中。在“Device”选项中检查指定的芯片是否为“EP2C8Q208C8”。检查完毕后单击【OK】退出。

(2)启动编译。单击菜单“Processing | Start Compilation”，启动编译。

3. 仿真验证

(1)新建仿真测试文件。单击“File | New”，选择“Verification/Debugging Files”下的“Vector Waveform File”，单击【OK】确认，打开一个空白的波形编辑器。

(2)单击菜单“Edit | Insert | Insert Nodes or Bus”，通过“Node Finder”加入仿真需要的所有信号。

(3)单击菜单“Edit | End Time”，将仿真总时间修改为 1ms。

(4)将使能信号 EN、C、B、A 分别设置成周期为 1ms、500μs、250μs、125μs 的时钟信号。设置的具体方法参见实验 3. 1。

(5)在编辑器中选中输出信号 Y，右击，选择“Properties”打开信号 Y 的节点属性对话框，将“Radix”修改为“Binary”，使仿真后的信号 Y 采用二进制方式显示。

(6)仿真波形存盘。要注意存盘路径为工程路径，即“E：\ comb _logic”，文件名建议为“SN74138. vwf”。

(7)仿真前检查。单击菜单“Assignments | Settings”，打开“Settings”对话框检查“Simulation input”是否为“SN74138. vwf”。

(8)启动仿真，仿真结果如图 3-28 所示，分析仿真结果。

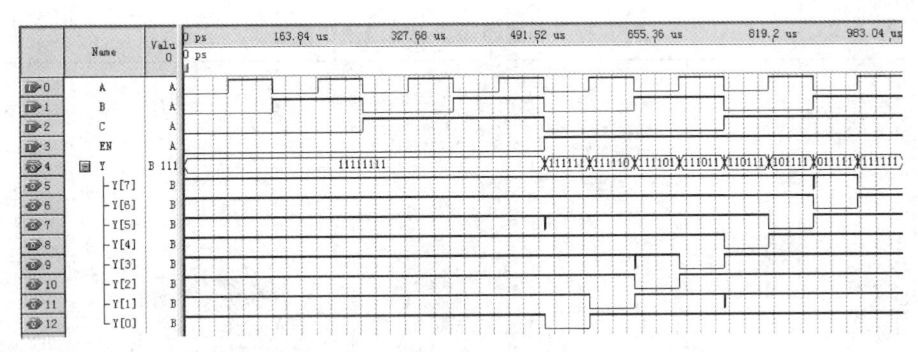

图 3-28　3-8 线译码器仿真结果

4. 编程与配置

1) 引脚锁定

为了在如图 3-1 所示的硬件上验证该译码器，可以选用图中的拨码开关 S1 作为信号 A，S2 作为信号 B，S3 作为信号 C，S4 作为 EN，发光二极管 D1～D8 分别作为译码器 Y0～Y7 的输出。由此可确定每个信号需要分配的引脚。

单击菜单"Assignments | Assignment Editor"，在指配编辑器完成引脚的锁定。锁定后的情况如图 3-29 所示。

	To	Location	I/O Bank	I/O Standard	General Function	Special Function	Reserved	Enabled
1	A	PIN_197	2	3.3-V LVTTL	Column I/O	LVDS21n		Yes
2	B	PIN_198	2	3.3-V LVTTL	Column I/O	LVDS21p		Yes
3	C	PIN_199	2	3.3-V LVTTL	Column I/O	LVDS19n		Yes
4	EN	PIN_201	2	3.3-V LVTTL	Column I/O	LVDS18n		Yes
5	Y			3.3-V LVTTL				Yes
6	Y[0]	PIN_30	1	3.3-V LVTTL	Row I/O	LVDS7p, DPCLK1/DQ...		Yes
7	Y[1]	PIN_31	1	3.3-V LVTTL	Row I/O	LVDS7n		Yes
8	Y[2]	PIN_33	1	3.3-V LVTTL	Row I/O	LVDS6n		Yes
9	Y[3]	PIN_34	1	3.3-V LVTTL	Row I/O			Yes
10	Y[4]	PIN_35	1	3.3-V LVTTL	Row I/O	LVDS5p		Yes
11	Y[5]	PIN_37	1	3.3-V LVTTL	Row I/O	VREFB1N1		Yes
12	Y[6]	PIN_39	1	3.3-V LVTTL	Row I/O	LVDS3n		Yes
13	Y[7]	PIN_40	1	3.3-V LVTTL	Row I/O	LVDS2p		Yes

图 3-29　引脚锁定

2) 存盘并重新编译

单击菜单"File | Save"存盘。

单击"Processing | Start Compilation"，重新编译，使建立的引脚约束在设计中生效。

3) 数据下载

单击菜单"Tools | Programer"打开编程器，按照实验 3.1 的方法完成器件编程。

5. 物理测试

根据如表 3-2 所示的测试表，依次拨动拨码开关进行测试，并将测试结果填写在表 3-2 中。需要注意的是，拨码开关拨向标示有 ON 的一侧表示开关闭合，给 FPGA 的输入为低电平；拨向另一侧则表示开关断开，给 FPGA 输入为高电平。LED 灯灭表示 FPGA 端口输出为高电平，灯亮表示 FPGA 端口输出为低电平。

表 3-2 3-8 线译码器逻辑测试记录表

EN	C	B	A	Y0	Y1	Y2	Y3	Y4	Y5	Y6	Y7
0	x	x	x								
1	0	0	0								
1	0	0	1								
1	0	1	0								
1	0	1	1								
1	1	0	0								
1	1	0	1								
1	1	1	0								
1	1	1	1								

实验任务 2：试用前面设计的 3-8 线译码器和适当的逻辑门设计一个监视交通信号灯工作状态的逻辑电路。正常情况下，红、黄、绿灯只有一个亮，否则视为故障，此时输出高电平报警信号，提醒有关人员修理。

本实验任务采用 HDL 设计是非常简单的，但为了演示 HDL 和原理图的混合设计方法以及层次化设计方法，下面采用原理图方法来完成。

(1)列真值表。根据设计任务，进行逻辑抽象，用 R、Y、G 分别代表红灯、黄灯、绿灯，灯亮为 1，灭为 0；L 表示告警输出，告警为 1，正常为 0，由此得到如表 3-3 所示的真值表。

表 3-3 交通灯故障监测真值表

R	Y	G	L
0	0	0	1
0	0	1	0
0	1	0	0
0	1	1	1
1	0	0	0
1	0	1	1
1	1	0	1
1	1	1	1

(2)逻辑变换。已经明确要使用 3-8 线译码器来实现，因此根据真值表写出函数的最小项表达式，并将最小项表达式变换为与非－与非表达式。

$$L = m_0 + m_3 + m_5 + m_6 + m_7$$

$$L = \overline{\overline{m}_0 \cdot \overline{m}_3 \cdot \overline{m}_5 \cdot \overline{m}_6 \cdot \overline{m}_7}$$

由表达式可知，可以在 3-8 线译码器的输出端利用 5 输入与非门实现该逻辑。

(3)创建符号文件。为了在原理图中调用 VHDL 设计的 3-8 线译码器，就需要为该 VHDL 程序创建一个原理图符号文件。在前面的工程中打开文件“SN74138. vhd”，单击菜单“File | Create/Update | Create Symbol Files for Current File”，为“SN74138.

vhd”创建一个符号文件。创建成功后单击【确定】，此时在工程文件夹下将增加一个原理图符号文件“SN74138. bsf”。

(4)创建顶层设计原理图。单击菜单“File | New”，在“New”对话框中单击“Block Diagram/Schematic File”新建原理图编辑器。

(5)原理图设计输入。单击“Edit | Insert Symbol…”打开元件输入对话框，在对话框的“Libraries”栏中会多出一个“Project”项，展开“Project”，里面会出现刚创建的元件 sn74138，如图 3-30 所示。利用和实验 3.1 相同的方法，将该元件放置在原理图中，接着放置 6 输入与非门 NAND6、高电平常量 VCC 以及 INPUT、OUTPUT 引脚。连接线路并命名引脚名称，完成后的原理图如图 3-31 所示。需要注意的是，3-8 线译码器的输出与与非门之间的连接采用了网络标号连接，而非直接连接。网络标号的标注方法是首先选择导线，然后再输入导线名称，对于总线则采用 N［I.. J］方式表示，其中 N 为总线名称，I 和 J 为数字，分别表示总线的终止位数和起始位数。总线中的某一位如 N［I］表示总线 N 的第 I 位。网络标号的颜色和导线应该是相同的，如果不同，则为未选中导线的情况下输入的，这只是普通文本，无法表示连接关系。原理图输入完成后需要存入工程文件夹下，即“E:\ comb _logic”，文件名建议修改为有意义的名字，而非毫无意义的默认的 BLOCK1 等名字，此处取名为“TOP. bdf”。一般系统会默认自动加入当前工程中。

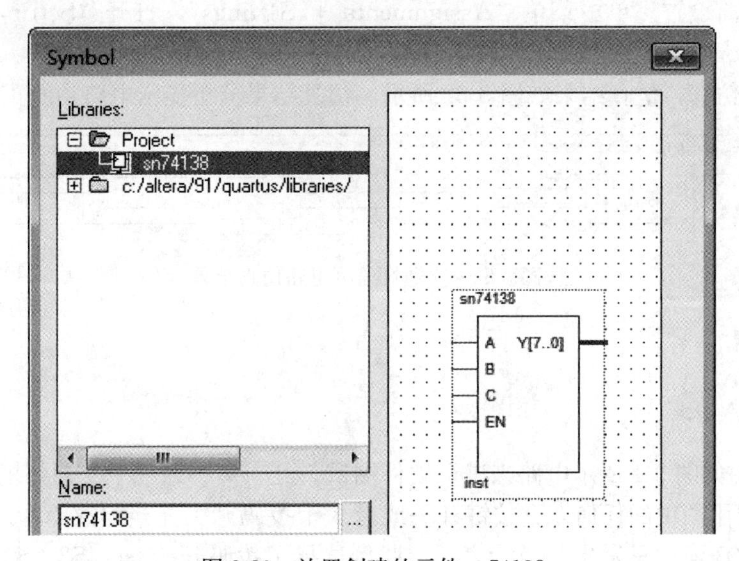

图 3-30 放置创建的元件 sn74138

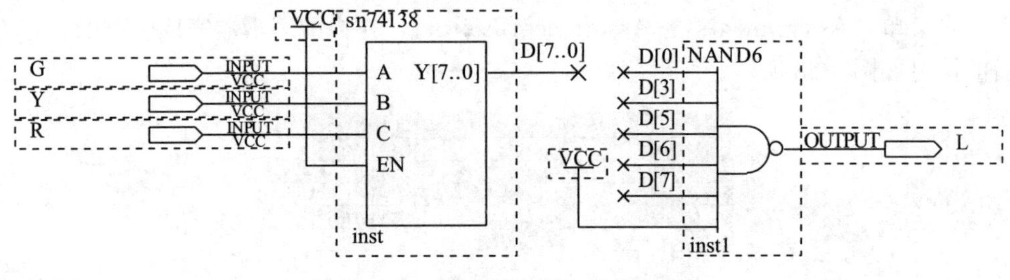

图 3-31 交通灯监测电路原理图

6. 设计编译

(1)编译前检查。单击菜单“Assignments | Settings”，在“Settings”对话框中检查“Top-level entity”是否为即将编译的原理图名称，如果不是则修改，此例中应为“Top”。检查“Files”中是否包含了“Top. bdf”文件和“SN74138. vhd”。检查“Device”选项的芯片是否为“EP2C8Q208C8”。

(2)单击菜单“Processing | Start Compilation”启动编译。

7. 仿真验证

(1)新建仿真测试文件。单击“File | New”，选择“Verification/Debugging Files”下的“Vector Waveform File”，单击【OK】确认，打开一个空白的波形编辑器。

(2)单击菜单“Edit | Insert | Insert Nodes or Bus”，通过“Node Finder”加入仿真需要的所有信号。

(3)单击菜单“Edit | End Time”，将仿真总时间修改为1ms。

(4)将使能信号R、Y、G分别设置成周期为1ms、500μs、250μs的时钟信号。

(5)仿真波形存盘。要注意存盘路径为工程路径，即“E：\ comb _logic”，文件名建议为“top. vwf”。

(7)仿真前检查。单击菜单“Assignments | Settings”，打开“Settings”对话框检查“Simulation input”是否为“top. vwf”。

(8)启动仿真，仿真结果如图3-32所示。仿真结果分析显示电路功能正常。

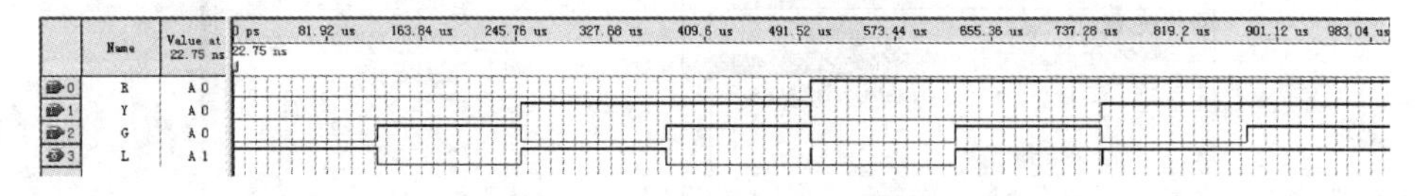

图3-32　交通灯监测电路仿真结果

8. 编程与配置

1)引脚锁定

假设选用如图3-1所示电路来进行硬件测试。红、黄、绿三个交通灯的检测信号R、Y、G可以选用图中的任何3个按键开关或者3个拨码开关充当，故障指示灯L可以选用D1~D8的任何一只发光二极管表示。此例选择了拨码开关S1、S2、S3分别表示R、Y、G，用D1表示故障指示灯。

单击菜单“Assignments | Assignment Editor”，在指配编辑器完成引脚的锁定。锁定后的情况如图3-33所示。

	To	Location	I/O Bank	I/O Standard
1	R	PIN_197	2	3.3-V LVTTL
2	Y	PIN_198	2	3.3-V LVTTL
3	G	PIN_199	2	3.3-V LVTTL
4	L	PIN_30	1	3.3-V LVTTL
5	<<new>>	<<new>>		

图3-33　引脚锁定

2)存盘并重新编译

单击菜单“File | Save”存盘。

单击“Processing | Start Compilation”，重新编译，使建立的引脚约束在设计中生效。

3)数据下载

单击菜单“Tools | Programer”打开编程器，完成器件编程。

9. 物理测试

通过拨码开关S1~S3依次输入000到111的八种取值组合，观察每种输入情况下的逻辑输出，并填写在自行设计的测试表格中。注意，拨码开关拨向ON一侧表示给FPGA输入低电平，LED灯亮表示FPGA输出低电平。

3.2.5　实验思考与拓展

(1)参照以上实验步骤，尝试采用硬件描述语言设计类似74HC151功能的八选一数据选择器，并测试，然后利用该八选一数据选择器实现同样的交通灯故障检测电路。

(2)采用层次化设计方法设计一位全加器，先设计半加器，再用半加器构建全加器。

(3)尝试采用硬件描述语言直接实现本例的交通灯检测器电路。

3.3　锁存器、触发器与寄存器设计

3.3.1　实验目的

(1)学习嵌入式逻辑分析仪SignalTapⅡ的基本使用。

(2)掌握锁存器、触发器和寄存器的设计方法。

(3)掌握同步、异步信号的描述方法。

(4)掌握寄存器的工作原理和设计思路。

3.3.2　实验任务

(1)查阅74HC112数据手册，设计一个功能相同的JK触发器，并测试。

(2)设计一个8位寄存器，并利用嵌入式逻辑分析仪SignalTapⅡ进行基本测试。

3.3.3 实验原理与范例

1. 锁存器、触发器与寄存器

锁存器(Latch)和触发器(Flip-Flop)都是用来存储二进制数据的基本逻辑单元。锁存器是电平触发的，在有效电平期间，输入信号可以一直作用于输出。触发器为边沿有效的，只有在有效沿到达时，才将有效沿到达前最后一刻的数据寄存起来。寄存器则是由若干触发器组成的可以存储若干位二进制数据的存储器件。

在用 HDL 设计锁存器、触发器及寄存器时，一般要注意以下三点：①要处理好电平敏感和边沿敏感的描述；②要处理好同步与异步信号的描述；③要注意数据寄存的产生一般离不开不完整的条件表达。下面给出几种典型存储器件的 HDL 描述。

1)锁存器设计

74373 是具有三态输出的 8 位 D 型锁存器，其功能表如表 3-4 所示。例 3.3.1 给出了 D 锁存器的 VHDL 代码范例。其中进程 PA 实现了 D 锁存器的功能，进程敏感量 LE 和 D 的变化将触发进程执行，进程内 IF 语句的不完整条件表达实现了寄存，只有当 LE=高电平时才能将输入数据寄存至信号 DATA，LE 不等于高电平时不作任何处理，因此产生记忆单元保留原值不变。进程 PB 实现了三态控制功能，进程内是完整的条件表达，因此只产生了组合逻辑电路。为了在 nOE 为 1 时 Q 输出高阻态，端口 Q 必须为 STD_LOGIC 数据类型。

表 3-4 74373 8 位 D 锁存器功能表

输入			输出
nOE	LE	D	Q
1	X	X	Z
0	0	X	保持
0	1	0	0
0	1	1	1

【例 3.3.1】

```
LIBRARY IEEE;
USE IEEE.STD_LOGIC_1164.ALL;
ENTITY MY74373 IS
PORT(NOE, LE: IN STD_LOGIC;
    D: IN STD_LOGIC_VECTOR(7 DOWNTO 0);
    Q: OUT STD_LOGIC_VECTOR(7 DOWNTO 0));
END MY74373;
ARCHITECTURE DEMO OF MY74373 IS
    SIGNAL DATA: STD_LOGIC_VECTOR(7 DOWNTO 0);
BEGIN
```

```
PA: PROCESS(LE, D)
   BEGIN
       IF LE= '1' THEN
           DATA<= D;
       END IF;
   END PROCESS;
PB: PROCESS(NOE, DATA)
   BEGIN
       IF NOE= '0' THEN
           Q<= (OTHERS=> 'Z');
       ELSE
           Q<= DATA;
       END IF;
   END PROCESS;
END DEMO;
```

仿真波形如图 3-34 所示。图中，当 nOE 为低电平时，三态门打开，在 LE 的高电平期间，数据锁存，输出随输入变化而变化；低电平时，数据保持不变。当 nOE 为高电平时，输出高阻态。

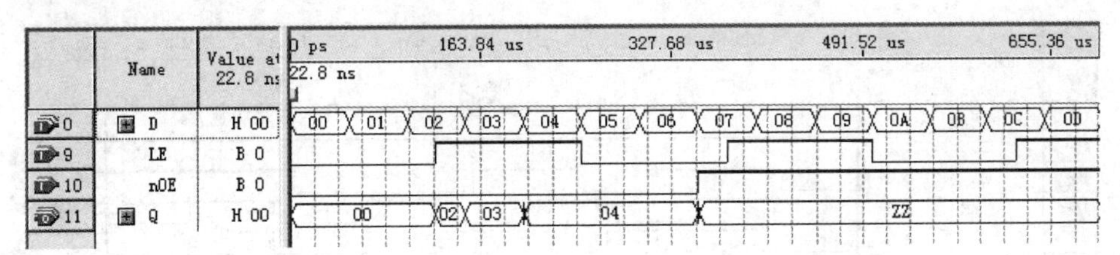

图 3-34　带三态的 8 位 D 锁存器 74373 仿真波形

2)触发器设计

7474 是带有异步置 1 和异步清零功能的双 D 触发器。例 3.3.2 实现了 7474 中的一个 D 触发器。为了实现异步置 1 和异步清零功能，就必须在描述中体现出“异步优先”的规则。这在代码中需要注意两点：①在进程的敏感量中必须包含异步信号，当然时钟也必须包含在内；②在进程中必须要先处理异步信号，只要异步信号有效，则需要立刻对输出做出修改，异步信号处理完成后再判别时钟边沿，有效沿到达才根据逻辑输入确定输出。

【例 3.3.2】

```
LIBRARY IEEE;
USE IEEE.STD_LOGIC_1164.ALL;
ENTITY MY7474 IS
PORT(RD, SD, CLK, D: IN STD_LOGIC;
    Q, NQ: OUT STD_LOGIC);
END MY7474;
ARCHITECTURE DEMO OF MY7474 IS
```

```
    SIGNAL DQ: STD_LOGIC;
BEGIN
    PROCESS(RD, SD, CLK, D)
    BEGIN
        IF RD= '0' THEN
            DQ<= '0';
        ELSIF SD= '0' THEN
            DQ<= '1';
        ELSIF CLK'EVENT AND CLK= '1' THEN
            DQ<= D;
        END IF;
    END PROCESS;
    Q<= DQ;
    NQ<= NOT DQ;
END DEMO;
```

仿真波形如图 3-35 所示。图中可见，只要异步 RD 或 SD 有效，则输出会立刻发生变化，而无须等待时钟有效沿到达。异步信号无效时，只有在上升沿时刻才能将输入逻辑 D 的值锁存至输出。

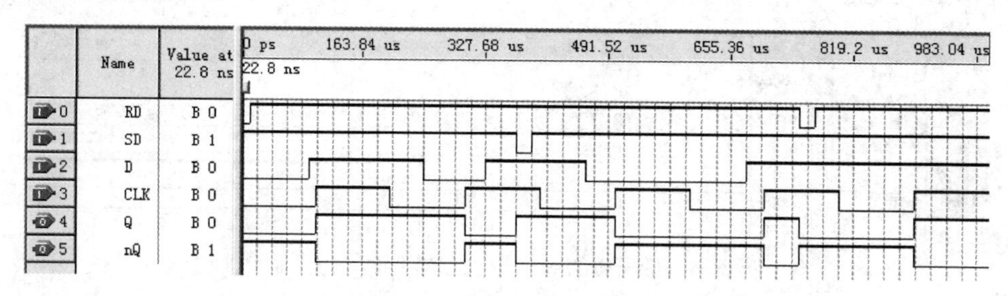

图 3-35 异步置 1 异步清零 D 触发器 7474 仿真波形

3)8 位寄存器设计

74374 是一片由 D 触发器构成的带三态输出 8 位寄存器芯片，其功能如表 3-5 所示。例 3.3.3 给出了该芯片的逻辑描述。与例 3.3.1 相比较，二者主要的不同在于进程 PA，进程 PA 中数据锁存的条件改为了上升沿，产生寄存的方式与 D 触发器的描述完全一致，只是数据宽度变为了 8 位而已。

表 3-5 74374 功能表

输入			内部触发器	输出
nOE	CLK	D	Q_N^{n+1}	Q
0	↑	0	0	0
0	↑	1	1	1
1	↑	0	0	Z
1	↑	1	1	Z

【例 3.3.3】

```
LIBRARY IEEE;
USE IEEE.STD_LOGIC_1164.ALL;
ENTITY MY74374 IS
PORT(NOE, CLK: IN STD_LOGIC;
    D: IN STD_LOGIC_VECTOR(7 DOWNTO 0);
    Q: OUT STD_LOGIC_VECTOR(7 DOWNTO 0));
END MY74374;
ARCHITECTURE DEMO OF MY74374 IS
    SIGNAL DATA: STD_LOGIC_VECTOR(7 DOWNTO 0);
BEGIN
 PA: PROCESS(CLK, D)
    BEGIN
        IF CLK'EVENT AND CLK= '1' THEN  --时钟上升沿到达
            DATA<= D;
        END IF;
    END PROCESS;
 PB: PROCESS(NOE, DATA)
    BEGIN
        IF NOE= '1' THEN
            Q<= (OTHERS=> 'Z');
        ELSE
            Q<= DATA;
        END IF;
    END PROCESS;
END DEMO;
```

图 3-36 给出了该例的仿真波形。图中可以看出在 CLK 上升沿将锁存数据，在 nOE 为低电平时，锁存的数据可以输出，而 nOE 为高电平时则输出高阻态。

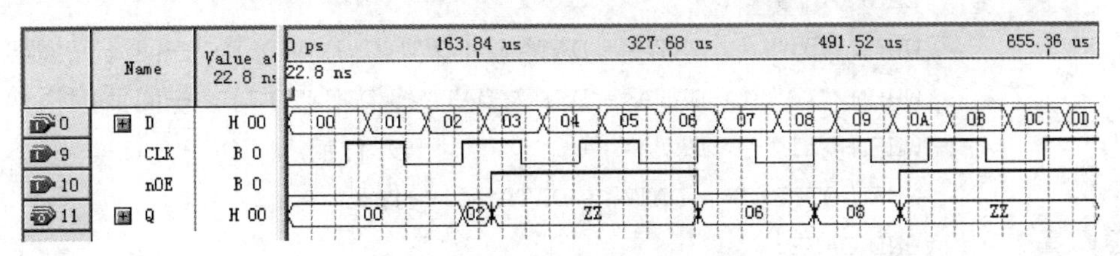

图 3-36　8 位寄存器 74374 仿真波形

4）双向移位寄存器设计

74194 是一块 4 位双向移位寄存器芯片，其功能如表 3-6 所示。例 3.3.4 的 VHDL 代码实现了该逻辑功能。

表 3-6 74194 功能表

输入							输出	功能
清零	控制信号		串行输入		时钟	并行输入		
nCR	S_1	S_0	右移 D_{SR}	左移 D_{SL}	CLK	D_0 D_1 D_2 D_3	Q_0 Q_1 Q_2 Q_3	
0	x	x	x	x	x	x x x x	0 0 0 0	清零
1	0	0	x	x	x	x x x x	Q_0 Q_1 Q_2 Q_3	保持
1	0	1	D_{SR}	x	↑	x x x x	D_{SR} Q_0 Q_1 Q_2	向高位移动
1	1	0	x	D_{SL}	↑	x x x x	Q_1 Q_2 Q_3 D_{SL}	向低位移动
1	1	1	x	x	↑	D_0 D_1 D_2 D_3	D_0 D_1 D_2 D_3	并入并出

【例 3.3.4】

```
LIBRARY IEEE;
USE IEEE.STD_LOGIC_1164.ALL;
ENTITY MY74194 IS
PORT(NCR, CLK, DSR, DSL: IN STD_LOGIC;
    S: IN STD_LOGIC_VECTOR(1 DOWNTO 0);
    D: IN STD_LOGIC_VECTOR(3 DOWNTO 0);
    Q: OUT STD_LOGIC_VECTOR(3 DOWNTO 0));
END MY74194;
ARCHITECTURE DEMO OF MY74194 IS
    SIGNAL DATA: STD_LOGIC_VECTOR(3 DOWNTO 0);
BEGIN
    Q<= DATA;
 PA: PROCESS(CLK, NCR, S, DSR, DSL, D)
    BEGIN
        IF NCR= '0' THEN
            DATA<= (OTHERS=> '0');          --异步清零
        ELSIF CLK'EVENT AND CLK= '1' THEN
            CASE S IS
            WHEN "01" => DATA<= DATA(2 DOWNTO 0) & DSR; --向高位移动
            WHEN "10" => DATA<= DSL & DATA(3 DOWNTO 1); --向低位移动
            WHEN "11" => DATA<= D;             --并行输入
            WHEN OTHERS=> DATA<= DATA;     --保持
            END CASE;
        END IF;
    END PROCESS;
END DEMO;
```

图 3-37 是 74194 的仿真波形。从该波形可以看到，当 S=11 时为并行数据输入功能，每个 CLK 的上升沿将 D 端数据锁存输出，其中 nCR=0 期间输出被立即清零，体现出异

步特性。S=00 期间输出保持不变。S=01 期间，每一个 CLK 的上升沿都将 D_{SR} 移入寄存器最低位，原来的 Q_0～Q_2 依次向高位移动，原来的 Q_3 被丢弃。S=10 期间，CLK 的上升沿到达时将 D_{SL} 移入寄存器最高位，原来的 Q_3～Q_1 依次向低位移动，原来的 Q_0 被丢弃。

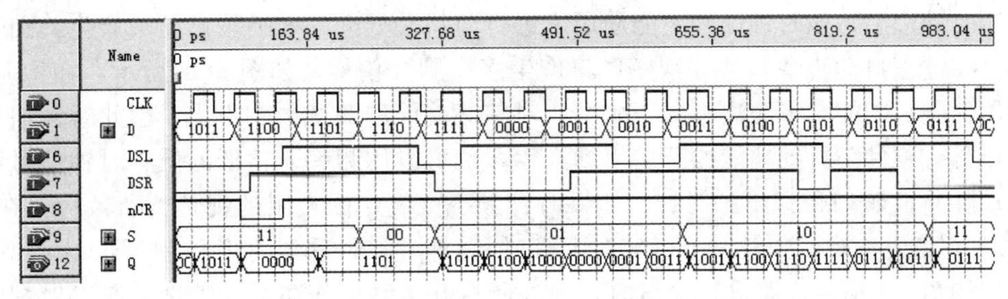

图 3-37　双向移位寄存器 74194 仿真波形

2. 嵌入式逻辑分析仪 SignalTap Ⅱ

SignalTap Ⅱ 是 Quartus Ⅱ 中集成的嵌入式逻辑分析仪。通过在设计中加入 SignalTap Ⅱ 逻辑分析仪就可在线观察 FPGA 片内的信号变化，它是功能非常强大的硬件调试工具。SignalTap Ⅱ 与仿真有着本质的区别，仿真是计算机根据逻辑问题在假设的情况下模拟的，是虚拟的结果，而 SignalTap Ⅱ 则是硬件实际运行中利用定时采样检测到的真实信号，和实物逻辑分析仪一样，是直接测量的结果。与实物逻辑分析不同的地方在于，SignalTap Ⅱ 集成在 Quartus Ⅱ 软件中，无须额外付费，使用时，只需要占用 FPGA 的部分空间，用逻辑探针探查 FPGA 内部信号状态，帮助设计者调试 FPGA 设计，使用非常方便。

SignalTap Ⅱ 的工作原理是通过逻辑探针，把要观察的信号预先保存在 FPGA 的片内 RAM 中，然后再通过下载电缆(如 USB-Blaster)传输到计算机，供使用者观察与分析。SignalTap Ⅱ 可观察信号的数量和信号存储的深度与 FPGA 片内剩余 RAM 的多少有关，剩余 RAM 越多，就可以设置更多的观测信号和更深的存储深度。

3.3.4　实验步骤

实验任务 1：查阅 74HC112 数据手册，设计一个功能相同的 JK 触发器。

(1)查阅 74HC112 数据手册，明确其功能。74HC112 功能表如表 3-7 所示。

表 3-7　74HC112 功能表

输入	输出	输入	输出
nSD nRD CLK J K	Q nQ	nSD nRD CLK J K	Q nQ
0 1 x x x	1 0	1 1 ↓ 0 0	保持
1 0 x x x	0 1	1 1 ↓ 0 1	0 1
0 0 x x x	1 1	1 1 ↓ 1 0	1 0
		1 1 ↓ 1 1	翻转

(2)模仿例3.3.1和例3.3.2书写HDL代码实现74HC112的功能。JK触发器功能的实现建议使用CASE语句。

(3)建立QuartusⅡ工程，完成JK触发器的仿真。

(4)根据硬件的具体情况，锁定引脚并完成硬件测试。需要注意的是，本实验测试需要使用时钟边沿，该时钟信号不能使用未进行防抖动处理的普通按键开关产生，因普通按键存在键盘抖动现象，按一次键，将产生多个脉冲信号，如图3-38所示，在检验JK触发器的翻转功能时将无法判断正确性，对其他功能的测试影响不大。因此时钟信号最好使用具有硬件防抖动功能的开关手动产生，也可以用频率非常低的低频时钟信号源替代手动脉冲，如2Hz以下的时钟。如果时钟频率太高，因人眼的视觉暂留效应，在J=K=1时，将无法观察到触发器翻转时LED的闪烁现象，看到的将会是LED常亮现象。在采用如图3-1所示电路进行测试时，因为所有开关均未作防抖动处理，所以做翻转功能测试时，建议使用低频时钟来替代开关脉冲。

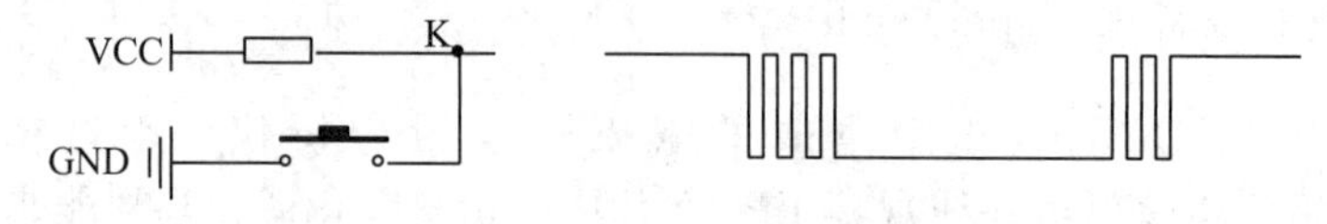

图3-38 机械开关的抖动现象

实验任务2：8位寄存器的设计及SignalTapⅡ的基本使用。

(1)新建文件夹“E：\register”，打开QuartusⅡ，选择“File | New”，在“New”对话框“Device Design Files”下选择“VHDL File”，单击【OK】，新建VHDL设计文件。根据例3.3.3所示的8位寄存器代码，设计一个不支持三态，但具有异步清零功能的8位寄存器。参考代码如下：

```
LIBRARY IEEE;
USE IEEE.STD_LOGIC_1164.ALL;
ENTITY MYREG8 IS
PORT(NCR, CLK: IN STD_LOGIC;
    D: IN STD_LOGIC_VECTOR(7 DOWNTO 0);
    Q: OUT STD_LOGIC_VECTOR(7 DOWNTO 0));
END MYREG8;
ARCHITECTURE DEMO OF MYREG8 IS
BEGIN
 PA: PROCESS(CLK, NCR, D)
   BEGIN
      IF NCR= '0' THEN                          --异步清零
         Q<= (OTHERS=> '0');
      ELSIF CLK'EVENT AND CLK= '1' THEN   --时钟上升沿到达
         Q<= D;
      END IF;
   END PROCESS;
```

```
END DEMO;
```

(2)存盘并创建工程，存盘时注意工程路径，工程名称此处修改为“register”。如图 3-39 所示。芯片型号和验证平台 FPGA 型号一致。

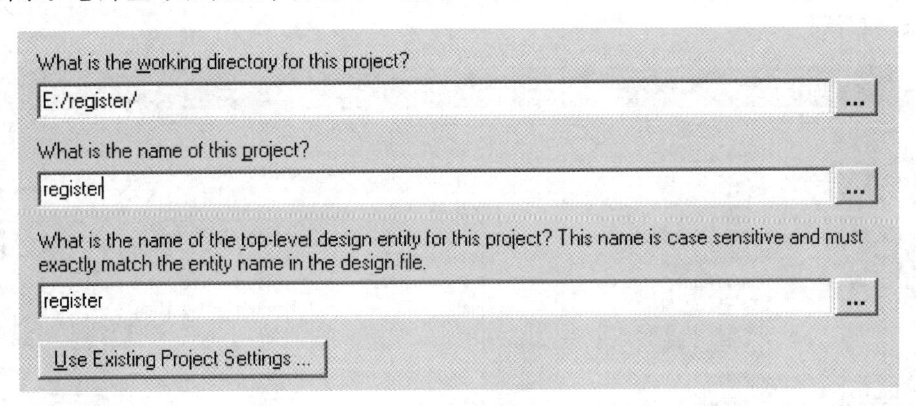

图 3-39　创建工程

(3)进行编译和仿真，排查错误。

(4)新建一个 SignalTapⅡ文件。单击菜单“File | new”，选择“Verification/Debugging Files”下的“SignalTapⅡ Logic Analyzer File”，打开 SignalTapⅡ的设置界面，如图 3-40 所示。也可以通过单击菜单“Tools | SignalTapⅡ Logic Analyzer”打开该窗口。

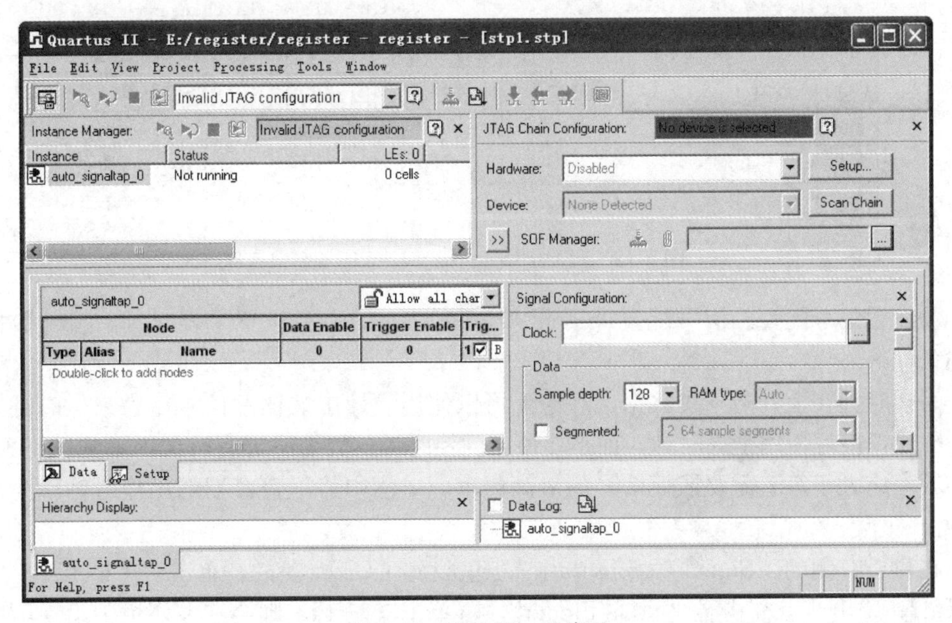

图 3-40　SignalTapⅡ窗口

①添加信号节点，即把工程中想要观察的信号节点添加进来。在 SignalTapⅡ窗口中间区域的“Setup”标签页中，双击灰色字体，标记为“Double-click to add nodes”的区域，就会打开“Node Finder”窗口，如图 3-41 所示。在 Filter 区域中，选择“SignalTapⅡ：pre-synthesis”，再单击【List】，在“Nodes Found”区域中将会显示在工程中

能被观察到的节点列表。选中其中需要观察的信号，包括“D”“nCR”“Q”，然后单击【>】选择出来，单击【OK】，把要观察的节点添加到 SignalTap Ⅱ 中。添加完成后的界面如图 3-42 所示，其中每个信号还可以单独设置数据使能、触发使能和触发条件，此处全部采用默认。

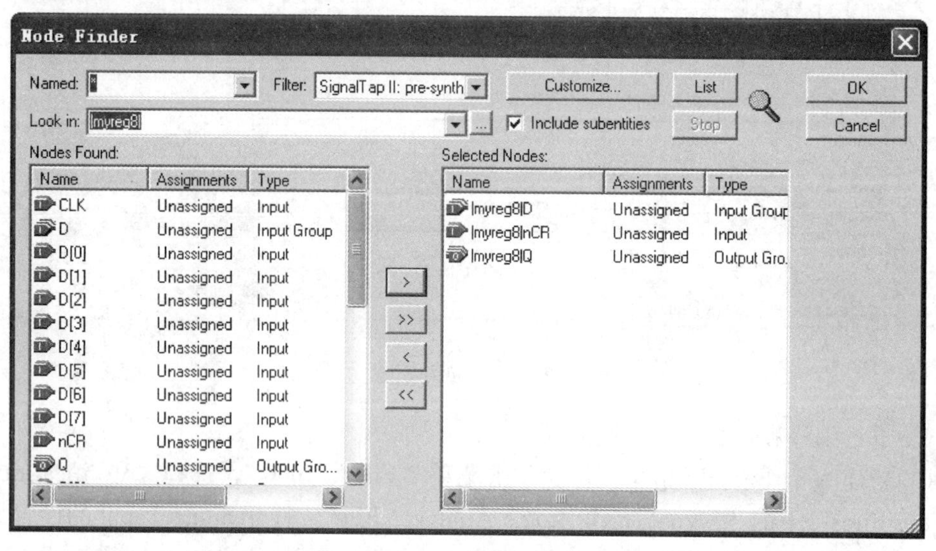

图 3-41 添加信号节点

auto_signaltap_0 　 Allow all changes

Node			Data Enable	Trigger Enable	Trigger Con...
Type	Alias	Name	17	17	1 ☑ Basic
		⊞ D	☑	☑	XXh
		nCR	☑	☑	
		⊞ Q	☑	☑	XXh

图 3-42 添加完数据节点 Setup 标签窗口

②设置信号配置。信号配置(Signal Configuration)主要设置采样时钟、采样数据和触发条件等。

采样时钟在上升沿采集数据，理论上可以使用设计中的任意信号作为采样时钟，但 Altera 建议最好使用全局时钟，而不要使用门控时钟，门控时钟有时会得不到准确数据。时钟频率应大于等于需要捕捉信号的最高频率。本例中将以寄存器的工作时钟作为采样时钟。

在窗口右侧的“Signal Configuration”里找到“Clock”栏，单击“ Clock”栏后面的【...】，弹出节点查找器“Node Finder”，再单击【List】，则会在左侧栏中出现所有可用引脚和信号，选中“CLK”，单击【>】，添加到右侧，单击【OK】返回，在“Clock”栏会出现刚添加的 CLK 信号。

采样数据的设置包括采样深度和数据的存储限定。采样深度(Sample Depth)确定了每个信号存储的数据长度，采样深度设置大可以看到该信号更长时间的数据变化，但需要消耗更多的 FPGA 存储资源。

采样深度的设置是在“Signal Configuration”的“Data”栏中，此处设置为 256。

“Data”栏中的存储限定器(Storage Qualifier)可以让设计者有选择地存储某些或者某段信号的内容，使 SignalTap Ⅱ在有限的 Memory 里更有效、更好地展现信号全部特征。存储限定共有 6 种模式：

Continuous，默认设置，即所有选取信号被连续采样存储。

Input Port，选择信号作为写使能信号，当使能信号为高时存储。

Transitional，采样信号只在被选择信号发生变化的时候存储。

Conditional，采样信号只在被选择信号定义的逻辑为真的时候才被存储。

Start/Stop，基于一个开始一个停止两个条件，满足开始条件就开始存储，满足停止条件就结束存储。

State-based，基于状态机触发流程，利用状态机控制采样信号的存储。

此处选择默认的 Continuous(连续模式)。

在“Trigger”栏可以设置触发相关的参数。包括触发流控制(Trigger flow control)、触发位置、触发条件、触发输入和触发输出等。此处将触发位置设置于数据点中间，勾选“Trigger in”，设置“Source”为清零信号“nCR”，“Pattern”设置为上升沿，如图 3-43 所示。即设置 nCR 上升沿时获取一次数据，且触发点位于 256 个数据点的中间位置。

在 nCR 上升沿触发数据的条件也可以在图 3-42 中 nCR 信号后“Trigger Conditions”栏，用右键设置为上升沿触发。

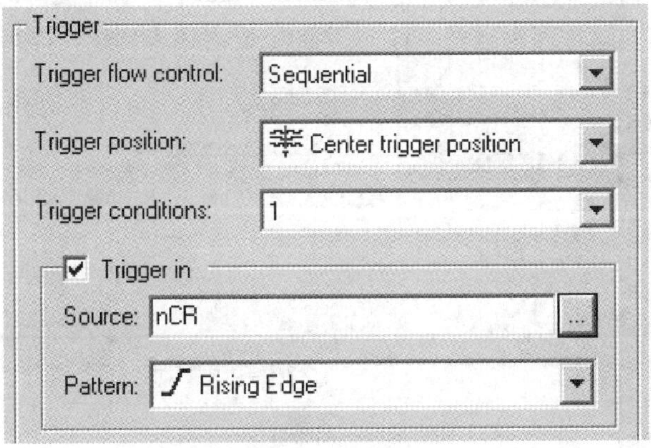

图 3-43　触发设置

③保存 SignalTapⅡ文件。在 SignalTapⅡ窗口中单击菜单“File | Save”，并允许将该文件加入工程。

(5)重新编译工程。回到 QuartusⅡ中，根据硬件平台的具体条件锁定引脚。建议将时钟信号锁定在硬件板的一个时钟源上，nCR 锁定在拨码开关或按键开关上，数据输入 D 锁定在拨码开关上，Q 锁定在 8 只发光二极管上。重新编译工程，将新建的 SignalTapⅡ逻辑分析仪与 8 位存储器的设计一起重新编译。

(6)下载。连接好下载电缆，如 USB-Blaster，实验台供电。单击“Programmer”将生成的. sof 文件配置至目标器件。现在 FPGA 芯片中已经成功嵌入了 SignalTapⅡ逻辑分析仪和寄存器的工程设计。下面就可以像使用外部的逻辑分析仪一样使用 SignalTap Ⅱ 逻辑分析仪来观察信号。

(7)设置 SignalTap Ⅱ 硬件参数。回到 SignalTap Ⅱ 窗口，如果已经关闭，可以单击 “Tools | SignalTap Ⅱ Logic Analyzer” 或通过 “File | Open” 打开工程中存储的. STP 文件的方式打开该窗口。确保实验板与计算机可靠连接，并保持开机，然后在 SignalTap Ⅱ 窗口右上方中的 “Hardware” 栏，单击【Setup】，打开硬件设置对话框，在 “Available Hardware Items” 菜单中双击 “USB-Blaster”，最后单击【Close】。设置完成后如图 3-44 所示。

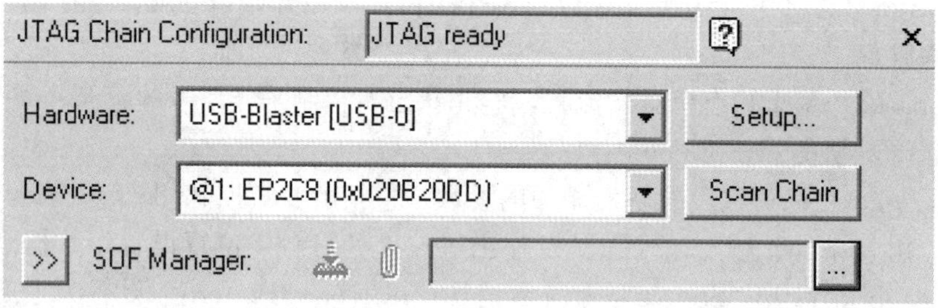

图 3-44 设置 SignalTap Ⅱ 硬件参数

(8)SignalTapⅡ数据采集。在 SignalTapⅡ窗口，选择 “Processing | Run Analysis” 或者单击图标。接着，单击 SignalTapⅡ窗口中的 “Data” 标签页。这时，可以得到和图 3-45 相似的界面。注意到这时 SignalTap Ⅱ “Instance Manager” 面板中状态 “Status” 显示 “Waiting for trigger”，这是因为触发条件 nCR 的上升沿还未到达，等待触发。

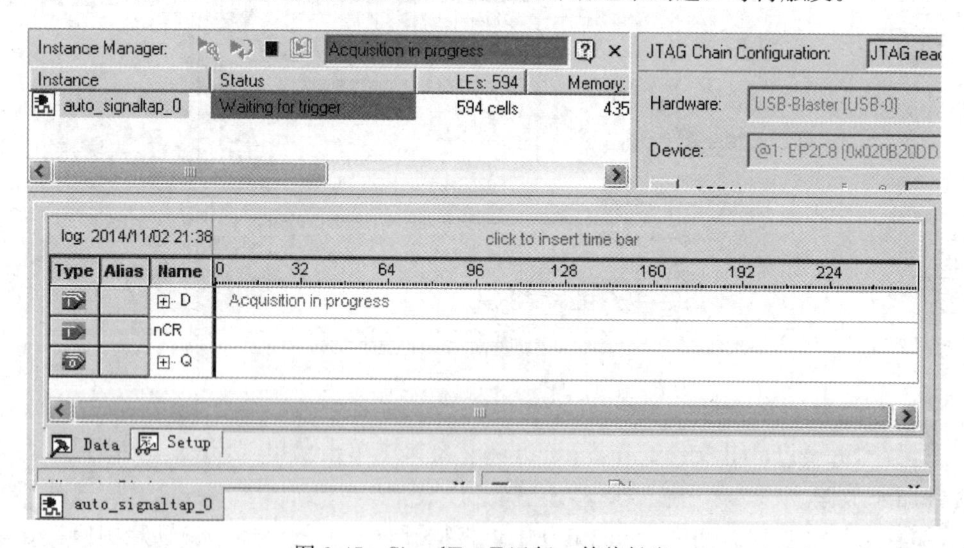

图 3-45 SignalTap Ⅱ 运行，等待触发

按动 nCR 对应的开关键产生一个上升沿。此时触发条件满足，将得到如图 3-46 所示的数据波形图。开关设置从 D 输入数据为 A3，在满足采样条件后采样到的输出数据也更新为 A3 说明工作正确。因为前面将 “Trigger position” 设置为了 “Center trigger position”，因此 nCR 上升沿前后的数据量大致相当。

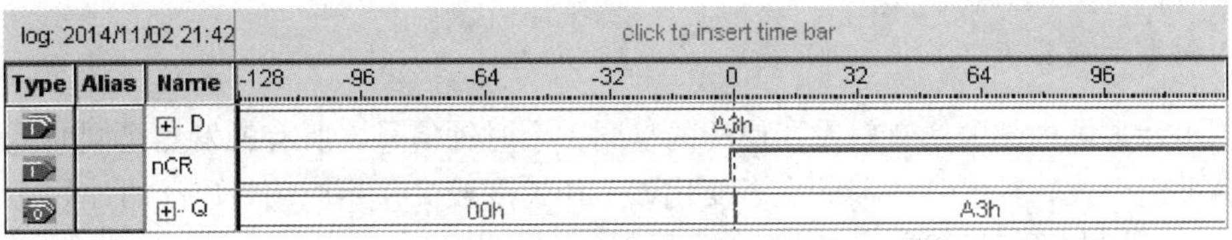

图 3-46　触发条件满足时捕捉的数据波形

需要继续捕捉可以重新单击“Processing | Run Analysis”或单击“Processing | Autorun Analysis”，自动捕捉分析。

3.3.5　实验思考与拓展

查阅 74HC595 芯片的数据手册，采用 HDL 设计实现，并利用 SignalTapⅡ逻辑分析仪分析验证。

3.4　计数器与键盘防抖动设计

3.4.1　实验目的

(1)理解键盘防抖动的基本思想，学会键盘防抖动的处理。
(2)掌握各类计数器的 HDL 设计与调试技巧。

3.4.2　实验任务

(1)掌握各类计数器的设计方法，然后设计一个六十进制计数器并测试，要求计数器具有计数使能和同步清零的功能，计数器编码采用 8421BCD 码。

(2)设计键盘防抖动模块，并利用该模块实现对实验任务(1)中六十进制计数器的测试。

3.4.3　实验原理与范例

1. 计数器

计数器是数字系统中最常见的重要时序电路之一，可广泛用于对脉冲的计数、分频、节拍产生、定时等。根据触发器动作特定的不同可以分为同步计数器和异步计数器。根据编码体制的不同可以分为二进制计数器和非二进制计数器。还可以根据计数容量、计数数值增减等方式来分类。

1)同步计数器

同步计数器内部的所有触发器使用的是同一个时钟信号，所有触发器是同时动作的，通过辅助组合逻辑控制计数器的次态变化，工作速度较高，是应用最广泛的计数器。

(1)二进制编码计数器。

例3.4.1给出了一个具有进位输出的4位二进制加计数器的VHDL代码，计数容量为16。代码中最重要的是加1计数操作，由于未对加1计数的方式进行控制，系统自动采用二进制计数。该“+”函数使用了ieee库中unsigned包集合中的重载“+”运算函数：

function "+"（L：STD_LOGIC_VECTOR；R：INTEGER）return STD_LOGIC_VECTOR；

加1计数也可以写成count<=count+‘1’；此时则调用unsigned包集合中的另一个“+”函数：

function "+"（L：STD_LOGIC_VECTOR；R：STD_LOGIC）return STD_LOGIC_VECTOR；

具体可以查阅“X：\altera\91\quartus\libraries\vhdl\synopsys\ieee\syn_unsi.vhd”，其中“X”为QuartusⅡ的安装盘符。

代码中的清零信号CLR为异步控制信号，使能EN为同步控制信号。异步与同步信号的处理与触发器的同步和异步信号处理方式一致。

【例3.4.1】

```
LIBRARY IEEE;
USE IEEE.STD_LOGIC_1164.ALL;
USE IEEE.STD_LOGIC_UNSIGNED.ALL;
ENTITY CNT16 IS
PORT(CLK, CLR, EN: IN STD_LOGIC;
    Q: OUT STD_LOGIC_VECTOR(3 DOWNTO 0));
END CNT16;
ARCHITECTURE DEMO OF CNT16 IS
    SIGNAL COUNT: STD_LOGIC_VECTOR(3 DOWNTO 0);
BEGIN
    Q<= COUNT;
    PROCESS(CLK, CLR)
    BEGIN
        IF CLR= '0' THEN                          --CLR低电平异步清零
            COUNT<= (OTHERS=> '0');
        ELSIF CLK'EVENT AND CLK= '1' THEN         --CLK上升沿计数
            IF EN= '1' THEN                       --EN高电平计数使能
                --加1计数，使用了UNSIGNED包中的“+”重载函数
                COUNT<= COUNT+ 1;
```

```
            END IF;
        END IF;
    END PROCESS;
    COUT<= '1' WHEN COUNT= "1111" ELSE   --产生进位信号
            '0';
END DEMO;
```

仿真波形如图 3-47 所示。图中可见当 EN=1 时，计数器加 1 计数，EN=0 时计数器停止工作，保持原值不变。计数器从 0 开始对 CLK 脉冲计数，当计数到 F 时，即二进制数 1111 之后回到 0 重新开始，并且在计数至 1111 时产生进位脉冲 COUT。当 CLR=0 时，即使时钟未到达，也立即实现了清零，体现出了异步特性。

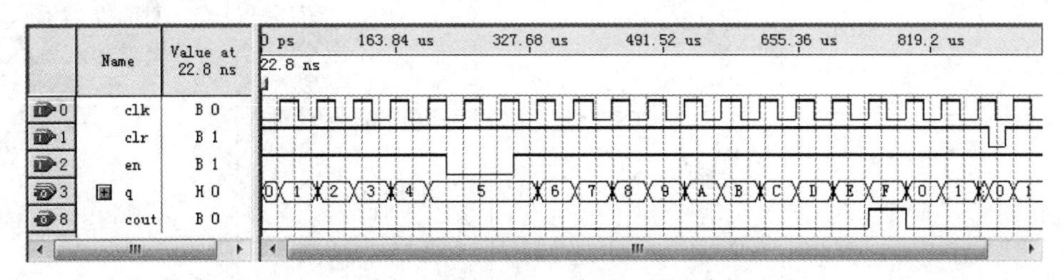

图 3-47　4 位二进制计数器仿真波形

例 3.4.2 给出了一个采用二进制编码的十二进制计数器的设计。该例只需修改计数限定值即可以实现其他计数容量的计数器，因此可以作为二进制编码的任意计数器的通用设计方案。与例 3.4.1 相比，二者都具有异步清零和计数使能控制，最大的不同在于本例通过“IF COUNT<11 THEN”语句对计数的容量作了限制，当容量小于 11 时才能加 1，否则清零，从而控制计数值只能在 0~11 循环计数，使计数容量限定为 12。需要注意的是“COUNT<11”中的“<”函数使用的是 UNSIGNED 包集合中的重载函数：

FUNCTION "<"（L：STD _LOGIC _VECTOR；R：INTEGER）RETURN BOOLEAN；

也可以写成 COUNT<“1011”等其他形式。具体可查阅“SYN _UNSI. VHD”文件。

此外，与例 3.4.1 相比，该例中的计数是通过变量 COUNT 来完成的，也可以修改为信号实现。该例仿真波形如图 3-48 所示。

【例 3.4.2】

```
LIBRARY IEEE;
USE IEEE.STD_LOGIC_1164.ALL;
USE IEEE.STD_LOGIC_UNSIGNED.ALL;
ENTITY CNT12 IS
PORT(CLK, CLR, EN: IN STD_LOGIC;
    COUT: OUT STD_LOGIC;
    Q: OUT STD_LOGIC_VECTOR(3 DOWNTO 0));
END CNT12;
ARCHITECTURE DEMO OF CNT12 IS
```

```
BEGIN
    PROCESS(CLK, CLR)
    VARIABLE COUNT: STD_LOGIC_VECTOR(3 DOWNTO 0); --定义计数变量
    BEGIN
        IF CLR= '0' THEN COUNT := (OTHERS=> '0');    --异步清零
        ELSIF CLK'EVENT AND CLK= '1' THEN              --CLK 上升沿检测
            IF EN= '1' THEN                            --计数使能判别
                IF COUNT<11 THEN COUNT:= COUNT+ 1;   --计数容量限定
                ELSE COUNT:= (OTHERS=> '0');
                END IF;
            END IF;
        END IF;
        IF COUNT= 11 THEN COUT<= '1'; --进位信号产生
        ELSE COUT<= '0';
        END IF;
        Q<= COUNT;                          --计数值输出
    END PROCESS;
END DEMO;
```

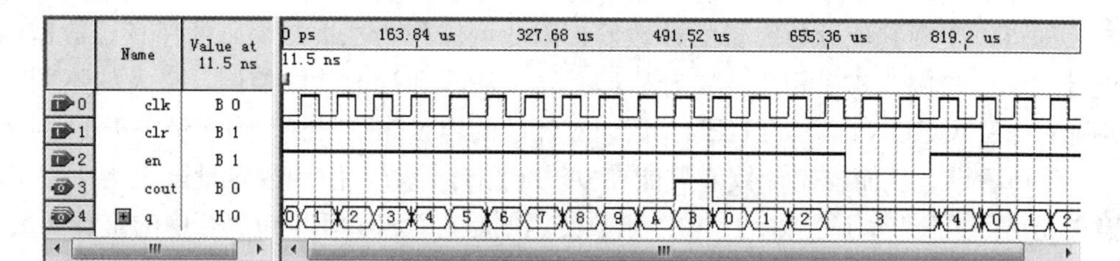

图 3-48　二进制编码的十二进制计数器仿真波形

(2)BCD 编码计数器。

例 3.4.3 给出了一个采用 8421BCD 编码的二十四进制计数器。因为要采用 8421BCD 编码，二十四进制计数器的十位和个位各需要 4 位信号才能编码表达，所以输出端口应设置为 8 位。代码首先采用 IF COUNT=" 00100011" THEN 语句来判别是否达到计数最大值 23，否则清零，限定计数器的模为 24。8421BCD 编码二十四进制计数器的个位的最大值不应超过 9，十位不超过 2，因此采用了 ELSIF COUNT(3 DOWNTO 0)<9 THEN 语句来限制个位计数的最大值不超过 9，采用 ELSIF COUNT(7 DOWNTO 4)<2 THEN 语句来限定十位计数最大值不超过 2。仿真波形如图 3-49 所示，图中可见，计数器实现了 8421BCD 编码的二十四进制计数，从 00 计数至 23，并在 23 时产生进位脉冲。同时，计数过程也受使能信号的影响，当 EN=0 时，计数器停止计数并保持原值不变。

【例 3.4.3】

```
LIBRARY IEEE;
USE IEEE.STD_LOGIC_1164.ALL;
USE IEEE.STD_LOGIC_UNSIGNED.ALL;
```

```
ENTITY BCD_CNT24 IS
PORT(CLK, CLR, EN: IN STD_LOGIC;
    COUT: OUT STD_LOGIC;
    Q: OUT STD_LOGIC_VECTOR(7 DOWNTO 0));
    --8 位位宽，用以表达十位和个位的 BCD 编码
END BCD_CNT24;
ARCHITECTURE DEMO OF BCD_CNT24 IS
BEGIN
    PROCESS(CLK, CLR)
        --BCD 编码计数存储
        VARIABLE COUNT: STD_LOGIC_VECTOR(7 DOWNTO 0);
    BEGIN
        IF CLR= '0' THEN COUNT := (OTHERS=> '0'); --异步清零
        ELSIF CLK'EVENT AND CLK= '1' THEN                --上升沿计数
            IF EN= '1' THEN                              --高电平使能
                --限定计数最大值
                IF COUNT= "00100011" THEN  COUNT:= (OTHERS=> '0');
                ELSIF COUNT(3 DOWNTO 0)<9 THEN
                    --个位小于 9 则个位加 1，否则进位
                    COUNT(3 DOWNTO 0):= COUNT(3 DOWNTO 0)+ 1;
                ELSIF COUNT(7 DOWNTO 4)<2 THEN                --十位小于 2
                    COUNT(7 DOWNTO 4):= COUNT(7 DOWNTO 4)+ 1; --十位加 1
                    COUNT(3 DOWNTO 0):= (OTHERS=> '0'); --个位清零。
                END IF;
            END IF;
        END IF;
        IF COUNT= " 00100011" THEN COUT<= '1'; --计数值= 23 产生进位信号
        ELSE COUT<= '0';
        END IF;
        Q<= COUNT;
    END PROCESS;
END DEMO;
```

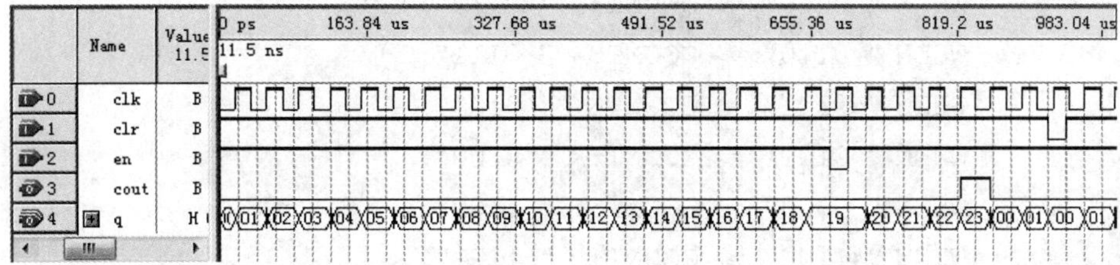

图 3-49　8421BCD 编码的二十四进制计数器仿真波形

(3)其他编码计数器。

要设计其他编码的计数器通常有两种方法：

①采用状态机的方法，以状态位直接编码的方式实现，该方法简便易行，容易理解，但代码较长，尤其在计数容量较大时。因此该方法通常适用于计数容量较小的情况。

②采用普通二进制或十进制计数器，再通过二进制或十进制编码与目标编码方案之间的转换算法完成编码变换，这种方法适应性强，特别适合大容量计数器的设计，但该方法需要设计代码转换的算法，有时候这是比较困难的。下面以4位格雷码计数器的设计为例。

例3.4.4采用单进程状态机的方法实现了4位格雷码计数器。其中最关键的地方有两个，①当上升沿到达，且使能有效时，利用了CASE语句完成状态的直接转换，且状态直接采用了格雷码表示；②将格雷码表示的状态直接输出至端口。其仿真波形如图3-50所示。

【例3.4.4】

```
LIBRARY IEEE;
USE IEEE.STD_LOGIC_1164.ALL;
ENTITY GRAY_CNT4 IS
PORT(CLK, CLR, EN: IN STD_LOGIC;
    Q: OUT STD_LOGIC_VECTOR(3 DOWNTO 0));
END GRAY_CNT4;
ARCHITECTURE DEMO OF GRAY_CNT4 IS
BEGIN
    PROCESS(CLK, CLR)
    --定义计数存储器变量
    VARIABLE COUNT: STD_LOGIC_VECTOR(3 DOWNTO 0);
    BEGIN
    IF CLR= '0' THEN COUNT:= "0000"; --异步清零
    ELSIF CLK'EVENT AND CLK= '1' THEN --上升沿计数
      IF EN= '1' THEN                  --高电平计数使能
        CASE COUNT IS                  --按格雷码编码转换状态
          WHEN "0000" => COUNT:= "0001";
          WHEN "0001" => COUNT:= "0011";
          WHEN "0011" => COUNT:= "0010";
          WHEN "0010" => COUNT:= "0110";
          WHEN "0110" => COUNT:= "0111";
          WHEN "0111" => COUNT:= "0101";
          WHEN "0101" => COUNT:= "0100";
          WHEN "0100" => COUNT:= "1100";
          WHEN "1100" => COUNT:= "1101";
          WHEN "1101" => COUNT:= "1111";
```

```
          WHEN " 1111" => COUNT:= " 1110";
          WHEN " 1110" => COUNT:= " 1010";
          WHEN " 1010" => COUNT:= " 1011";
          WHEN " 1011" => COUNT:= " 1001";
          WHEN " 1001" => COUNT:= " 1000";
          WHEN " 1000" => COUNT:= " 0000";
          WHEN OTHERS=> COUNT:= " 0000";
        END CASE;
      END IF;
    END IF;
    Q<= COUNT; --状态位直接输出
    END PROCESS;
END DEMO;
```

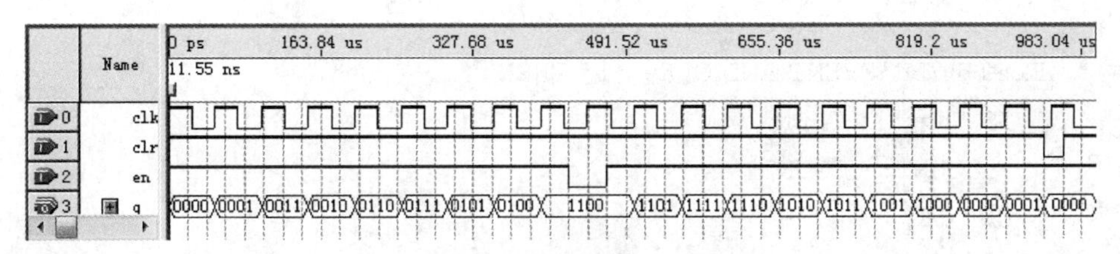

图 3-50　4 位格雷码计数器仿真波形

例 3.4.5 是采用第二种方法设计的 4 位格雷码计数器。例中先设计了一个普通的 4 位二进制计数器，以变量 COUNT 进行计数。之后利用了二进制与格雷码之间的转换关系进行编码变换，并输出。二进制码转为格雷码的算法较简单，只需将需转换的二进制码右移一位，移空的位填 0，再将得到的新数与原二进制数相异或即可。例如，求取 9 的格雷码：

	1	0	0	1	9 的二进制数
⊕	0	1	0	0	9 的二进制数右移 1 位后的结果
	1	1	0	1	9 的格雷码

代码中 Q<=COUNT XOR ('0' & COUNT(3 DOWNTO 1))；语句就是依据该算法实现了二进制码向格雷码的转换。该语句也可以用逻辑移位运算符实现移位和补零操作，语句如下：

Q<=COUNT XOR TO_STDLOGICVECTOR(TO_BITVECTOR(COUNT) SRL 1);

需要注意的是，VHDL'93 标准规定移位操作符作用的数据类型必须是 BIT 或 BIT_VECTOR，如果不采用 EDA 工具所附包集合是无法支持 STD_LOGIC_VECTOR 数据类型的，因此该语句首先利用 TO_BITVECTOR 转换函数将 COUNT 转换为 BIT_VECTOR，完成逻辑右移后，再利用 TO_STDLOGICVECTOR 转换函数将其转换为 STD_LOGIC_VECTOR 数据类型以实现与 COUNT 的异或运算。例 3.4.5 的仿真结果与例 3.4.4 完全一致。

【例 3.4.5】

```
LIBRARY IEEE;
USE IEEE.STD_LOGIC_1164.ALL;
USE IEEE.STD_LOGIC_UNSIGNED.ALL;
ENTITY GRAY_CNT4B IS
PORT(CLK, CLR, EN: IN STD_LOGIC;
    Q: OUT STD_LOGIC_VECTOR(3 DOWNTO 0));
END GRAY_CNT4B;
ARCHITECTURE DEMO OF GRAY_CNT4B IS
BEGIN
    PROCESS(CLK, CLR)
    VARIABLE COUNT: STD_LOGIC_VECTOR(3 DOWNTO 0):= " 0000";
    BEGIN
    IF CLR= '0' THEN COUNT:= " 0000";
    ELSIF CLK'EVENT AND CLK= '1' THEN
      IF EN= '1' THEN
        COUNT:= COUNT+ 1;
      END IF;
    END IF;
    Q<= COUNT XOR ('0' & COUNT(3 DOWNTO 1));
    END PROCESS;
END DEMO;
```

2)异步计数器

异步计数器也称为行波计数器或纹波计数器，其内部触发器不使用同一时钟源，往往前一个触发器的输出作为后一个触发器时钟，因此各触发器的翻转不是同时发生的，工作速度较慢，且计数状态变化时可能会产生大量过渡状态。

异步计数器中各触发器的时钟信号各不相同，而 VHDL 中一个 PROCESS 进程又只能描述一个时钟信号，因此异步计数器的设计主要采用层次化设计，通常先设计一个构成异步计数器的触发器，然后再通过元件例化方式组装起来。图 3-51 给出了一个 4 位二进制编码的异步加计数器结构框图，例 3.4.6 则是根据该框图设计的 VHDL 代码。

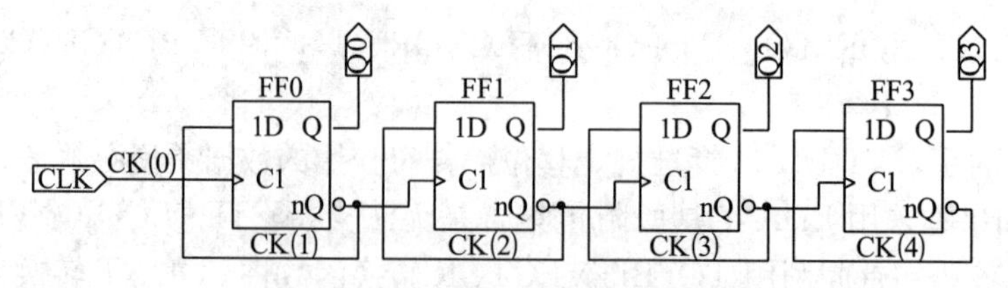

图 3-51　4 位异步加计数器结构框图

例 3.4.6 中有两个 ENTITY：ENTITY MDFF 设计了一个 D 触发器，ENTITY RIPPLE_CNT4B 则调用该 D 触发器，并按照如图 3-51 所示结构搭建顶层设计。首先将每个 D 触发器 Q 端口与 D 端连接起来，构成 T′触发器，用前级 NQ 端的输出作为后一个触发器的时钟，最后级联成 4 位异步计数器。其仿真波形如图 3-52 所示。图 3-53 则给出了波形放大后，状态 F(1111)转变为 0(0000)中出现过渡状态的情况。其中可以清楚地看到 1111 要变为 0000，触发器翻转的先后关系，首先是最低位(第 0 位)的触发器翻转为 0，即 1111->1110，稍后才是第 1 位触发器的 1 也翻转为 0，即 1110->1100，再后才是第 2 位触发器翻转，1100->1000，最后第 3 位触发器翻转为 0，即 1000->0000。因此从状态 1111 翻转为 0000 经过了 3 个过渡状态：1110、1100 和 1000。异步计数器状态翻转中存在多个过渡状态，因此工作频率一般都比较低。

【例 3.4.6】

```
LIBRARY IEEE;
USE IEEE.STD_LOGIC_1164.ALL;
ENTITY MDFF IS
PORT(CLK, D: IN STD_LOGIC;
    Q, NQ: OUT STD_LOGIC);
END MDFF;
ARCHITECTURE DEMO OF MDFF IS
BEGIN
    PROCESS(CLK)                                --D 触发器功能描述
    VARIABLE QB: STD_LOGIC;
    BEGIN
    IF CLK'EVENT AND CLK= '1' THEN QB: = D; END IF;
    Q<= QB;    NQ<= NOT QB;
    END PROCESS;
END DEMO;

L IBRARY IEEE;
USE IEEE.STD_LOGIC_1164.ALL;
ENTITY RIPPLE_CNT4B IS
PORT(CLK, CLR: IN STD_LOGIC;
    Q: OUT STD_LOGIC_VECTOR(3 DOWNTO 0));
END RIPPLE_CNT4B;
ARCHITECTURE DEMO OF RIPPLE_CNT4B IS
COMPONENT MDFF IS      --元件调用声明
PORT(CLK, CLR, D: IN STD_LOGIC;
    Q, NQ: OUT STD_LOGIC);
END COMPONENT;
SIGNAL CK: STD_LOGIC_VECTOR(4 DOWNTO 0);        --4 个 D 触发器之间的连接信号
BEGIN
    CK(0)<= CLK;
```

```
    G1: FOR I IN 0 TO 3 GENERATE
    U1: MDFF PORT MAP(CK(I), CLR, CK(I+ 1), Q(I), CK(I+ 1));
    END GENERATE;
END DEMO;
```

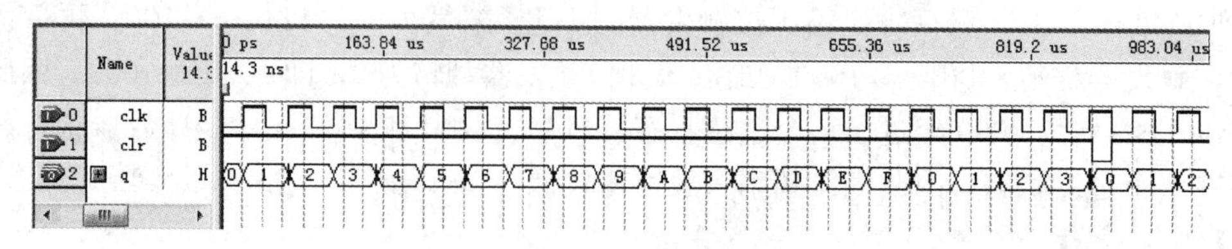

图 3-52　4 位异步计数器仿真波形

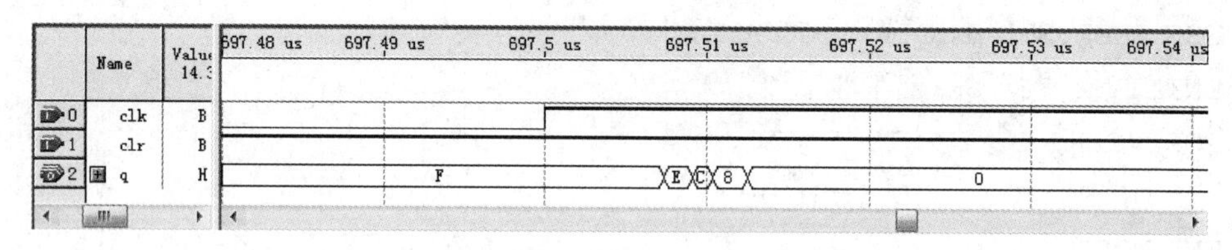

图 3-53　异步计数器状态变换中出现的过渡态

2. 键盘防抖动

机械键盘的抖动是键盘客观存在固有现象，如图 3-38 所示的开关，未按键时输出高电平，按下键时，将经过多次抖动才能稳定为低电平输出，释放按键时也要经过多次抖动才能恢复稳定的高电平输出。这样的开关信号如果施加在后续时序逻辑电路上往往会使后续时序电路工作错误。因此，无论独立键盘还是矩阵键盘都必须对按键进行防抖动设计。

键盘的防抖动设计方案非常多，但其最基本的思想都是利用了抖动持续时间较短、脉冲较窄的特点。在微处理器系统中经常采用的方法是：检测到开关信号变低时，延时一段时间后再检测开关信号是否还是低，如果是低电平，则可以认为是可靠的按键信号，等待按键释放后即可以执行对应的按键处理程序。在数字系统中，键盘的防抖动处理的方法主要有 RS 触发器方案、D 触发器延时方案、计数器方案、移位寄存器方案和防抖动微分电路等几种。这里重点介绍一下计数器方案。这种方案的基本思路是：当开关信号上出现稳定了一定时间的高电平或低电平时，才将该高电平或低电平送给后续电路。如果电平稳定持续的时间不够则作为开关噪声滤掉，而保持输出电平不变。

例 3.4.7 使用了计数器方式进行开关防抖。代码中 CLK 为延时时钟，KEYIN 为按键输入，KEYOUT 为按键输出信号。另外还定义了 CNTA 和 CNTB 两个矢量信号，分别对 KEYIN 的高电平和低电平的持续时间进行计数，当电平持续时间达到一定值时，才最终输出。延时时间的大小应根据键盘击键速度的要求调整，延迟时间太长会导致键盘输入速度太慢；时间太短，又可能降低防抖动效果，根据一般人击键的速度，延时时间一般控制在 5～20ms 即可。本例中的延时时间 $T_D = T_{CLK} \times N$，其中 T_{CLK} 为时钟 CLK 的周期，N 为计数的判别值，即此例中的 5。如果 CLK 的时钟频率为 610Hz，则本例中的延时时间约为 8.2ms。图 3-54 给出了该例的仿真波形。

【例 3.4.7】

```
LIBRARY IEEE;
USE IEEE.STD_LOGIC_1164.ALL;
USE IEEE.STD_LOGIC_UNSIGNED.ALL;
ENTITY DEBOUNCE IS
PORT(CLK, KEYIN: IN STD_LOGIC;    --CLK 系统时钟 610Hz，KEYIN 机械按键输入
    KEYOUT: OUT STD_LOGIC);    --按键输出
END DEBOUNCE;
ARCHITECTURE DEMO OF DEBOUNCE IS
    --高电平和低电平持续时间计数器
    SIGNAL CNTA, CNTB: STD_LOGIC_VECTOR(3 DOWNTO 0);
BEGIN
    PROCESS(CLK)
    BEGIN
    IF CLK'EVENT AND CLK= '1' THEN
        IF KEYIN= '0' THEN
            CNTB<= (OTHERS=> '0');
            IF CNTA>= 5 THEN
                CNTA<= CNTA; KEYOUT<= '0';    --低电平持续时间 5×T_CLK
            ELSE CNTA<= CNTA+ '1';
            END IF;
        ELSE
            CNTA<= (OTHERS=> '0');
            IF CNTB>= 5 THEN
                CNTB<= CNTB; KEYOUT<= '1';    --高电平持续时间 5×T_CLK
            ELSE CNTB<= CNTB+ '1';
            END IF;
        END IF;
    END IF;
    END PROCESS;
END DEMO;
```

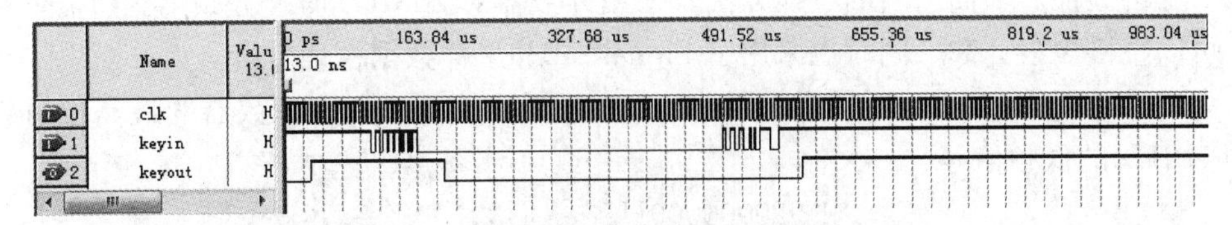

图 3-54　通过计数器延时实现的键盘防抖动仿真波形

3.4.4 实验步骤

实验任务 1：设计一个六十进制计数器并测试，要求计数器具有计数使能和同步清零的功能，计数器编码采用 8421BCD 码。设计实体外观如图 3-55 所示。

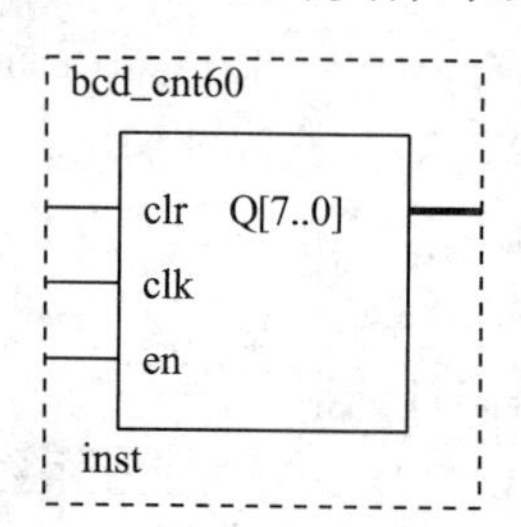

图 3-55 8421BCD 编码的六十进制计数器

(1)创建工程文件夹，打开 QuartusⅡ，新建 VHDL 设计文件，完成代码编制，最后存盘并创建工程。

(2)检查编译参数后，启动编译。

(3)新建波形文件，编辑激励波形并存盘，检查仿真设置后，启动仿真。

(4)物理验证。

首先锁定引脚。将使能 en、清零 clr 各自锁定至按键开关或拨码开关上，如在如图 3-1 所示的硬件中，可将 en 锁定至 S1 上，clr 锁定至 K1 上。将计数器时钟 clk 锁定至一个极低频率的时钟上，或具备防抖功能的开关上。输出端口 Q 锁定在 LED 发光二极管上或数码管上指示。然后重新编译，完成下载配置。最后，按动相应开关，观察计数数据的变化情况，验证设计的正确性。

需要注意的是，本实验的时钟信号在硬件验证时是非常重要的。与实验 3.3 中验证 JK 触发器翻转功能时一样，时钟信号不能用未进行防抖动处理的普通机械开关产生，因为机械开关的抖动会在按键时输出大量脉冲，使计数错误。如果使用时钟源，为了便于肉眼观察输出信号的变化情况，也要求时钟源的频率必须要足够低，一般控制在 2Hz 以下。如果实验板上没有符合要求的时钟信号，如图 3-1 所示的实验板，则可以利用计数器分频产生所需要的极低频时钟信号，提供给计数器作为计数时钟。此外，如果有逻辑分析仪之类的测量仪器直接测量输出结果，也可以直接利用高频时钟源输入计数器实现验证。如果没有逻辑分析仪也可以采用在 FPGA 中构建 SignalTapⅡ逻辑分析仪来捕获数据，分析验证。下面给出的具体方法是采用计数器对 20MHz 时钟分频得到所需低频信号，可以直接观察计数，同时也采用了 SignalTapⅡ采样数据精确分析。

由于时钟源为 20MHz，如果采用 24 位二进制计数器，则该计数器的最高位可以获得约 1.2Hz 的低频信号：

$$\frac{20000000\text{Hz}}{2^{24}} \approx 1.2\text{Hz}$$

利用该信号作为六十进制计数器时钟即可清晰观察到输出数据的变化情况。

(5)利用计数器分频时钟。新建 VHDL 文件，输入如下 24 位二进制计数器代码。

```
LIBRARY IEEE;
    USE IEEE.STD_LOGIC_1164.ALL;
    USE IEEE.STD_LOGIC_UNSIGNED.ALL;
    ENTITY CNT24B IS
    PORT(CKIN: IN STD_LOGIC;
        CKOUT: OUT STD_LOGIC_VECTOR(23 DOWNTO 0));
    END CNT24B;
    ARCHITECTURE DEMO OF CNT24B IS
        SIGNAL COUNT: STD_LOGIC_VECTOR(23 DOWNTO 0);
    BEGIN
        CKOUT<= COUNT;
        PROCESS(CKIN)
        BEGIN
            IF CKIN'EVENT AND CKIN= '1' THEN
                COUNT<= COUNT+ 1;
            END IF;
        END PROCESS;
    END DEMO;
```

(6)单击菜单“File | Create/Update | Create Symbol Files for Current File”。为该计数器创建一个符号文件，供原理图调用。

(7)打开六十进制BCD码计数器文件“bcd_cnt60.vhd”，重复步骤(6)。

(8)新建原理图编辑器，并调入24位计数器、BCD码的六十进制和输入输出引脚连线，设计完成的原理图如图3-56所示。

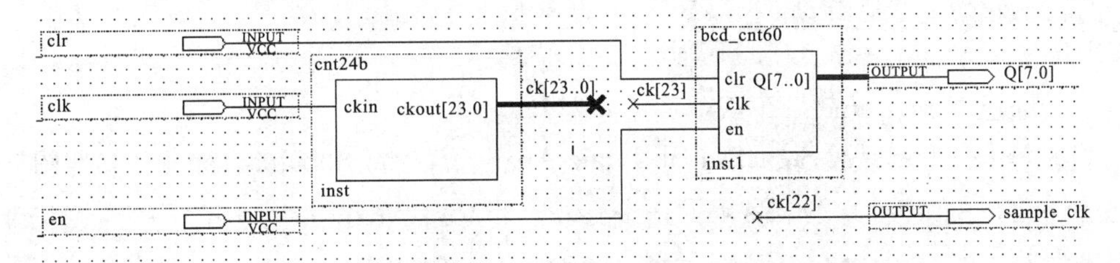

图3-56 加入分频单元的六十进制计数器原理图

图中bcd_cnt60模块为BCD码六十进制计数器，cnt24b模块为VHDL代码实现的24bit二进制计数器，cnt24b模块也可以直接使用Quartus Ⅱ中的宏功能块LPM_COUNTER来实现，具体操作可以自行参看其他资料。bcd_cnt60的时钟连接cnt24b计数器的最高位ck(23)，在clk信号为20MHz的情况下，其频率约为1.2Hz。另外，希望在下面SignalTap Ⅱ逻辑分析中利用一个略高于计数时钟的信号作为采样时钟，因此这里采用了计数器的次高位ck(22)来充当，其频率约为2.4Hz。为了在“Node Finder”中方便查找该信号，增加了一个测试信号输出端sample_clk，并将ck(22)连接至该信号。

(9)编译该原理图，并锁定引脚。

(10)编辑设置 SignalTapⅡ。

①单击“File | new”，选择“Verification/Debugging Files”下的“SignalTapⅡ Logic Analyzer File”，打开 SignalTapⅡ的设置界面，如图 3-40 所示。

②添加信号节点。在 SignalTapⅡ窗口中间区域的“Setup”标签页中，双击灰色字体记号“Double-click to add nodes”的区域，打开“Node Finder”窗口。在“Filter”区域中，选择“Pins：all & Registers：Post-fitting”，再单击【List】，在“Nodes Found”区域中找到需要观察的“clr”“en”“Q”以及 BCD 码计数器的时钟“cnt24b：inst | count [23]”，然后单击【>】选择出来，单击【OK】，把节点添加到 SignalTapⅡ中。添加完成后的界面如图 3-57 所示。

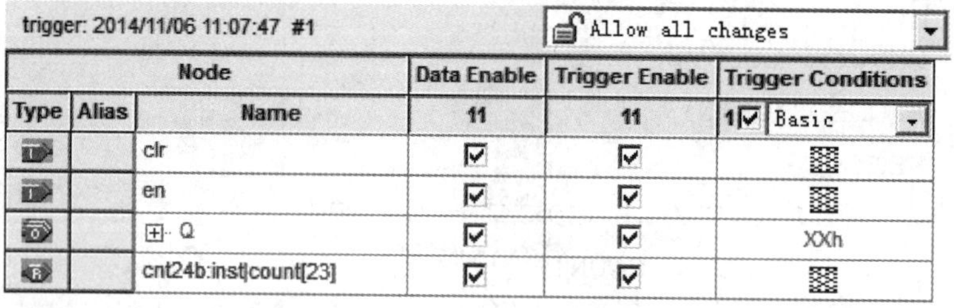

trigger: 2014/11/06 11:07:47 #1 　　Allow all changes

Node			Data Enable	Trigger Enable	Trigger Conditions
Type	Alias	Name	11	11	1☑ Basic
		clr	☑	☑	
		en	☑	☑	
		⊞ Q	☑	☑	XXh
		cnt24b:inst|count[23]	☑	☑	

图 3-57 添加需要观察的数据节点

③设置信号配置。将采样时钟设置为“sample _clk”，采样时钟频率为六十进制计数器频率的 2 倍，可保证每个周期采样到 2 次数据。“Sample Depth”设置为“256”，因采样时钟为计数时钟的 2 倍，深度 256 是为了保证在一次触发后所采集的数据中能够观察到完整 60 个计数状态。“Trigger in”的“Source”设置为“clr”，“pattern”设置为“Rising Edge”，这样只需 clr 产生一个上升沿即可触发一次。其余参数的设置都采用默认值。

④参数设置完成后存盘。

(11)重新编译工程。

(12)通过“programer”下载配置。

(13)单击“Tools | SignalTapⅡ Logic Analyzer”，打开 SignalTapⅡ。参照图 3-44 设置 SignalTapⅡ硬件参数。选择“Processing | Run Analysis”或者单击图标。在“SignalTapⅡ Instance Manager”面板中状态“Status”显示“Acquiring pre-trigger data”，表示逻辑分析仪正在进行预触发数据采集。这一过程需要持续的时间大约为 $N \times T_s$，其中 N 为采样点数，T_s为采样时钟周期，对本例来说大约为 107 秒。当“Status”显示“Waiting for trigger”时，就可以按动键盘上的 clr 键，然后释放产生上升沿触发采样。采样频率约为 2.4Hz，因此 clr 按键的时间不应太短，至少持续 0.4 秒以上，才可能被检测到。按键松开以后，“Status”将显示“Acquiring post-trigger data”，表示正在进行触发后的数据采样。这些状态的变换如图 3-58 所示。采样完成后，逻辑分析仪自动停止运行，显示出如图 3-59 所示的采样结果，放大采样波形可以分析判断计数器的工作情况。图 3-60 为放大后的波形，其中可以清晰地看到 BCD 码的计数过程和计数到 59 再回到 00 的过程。

预触发数据采集

等待触发

触发后的数据采集

数据采样完成后停止

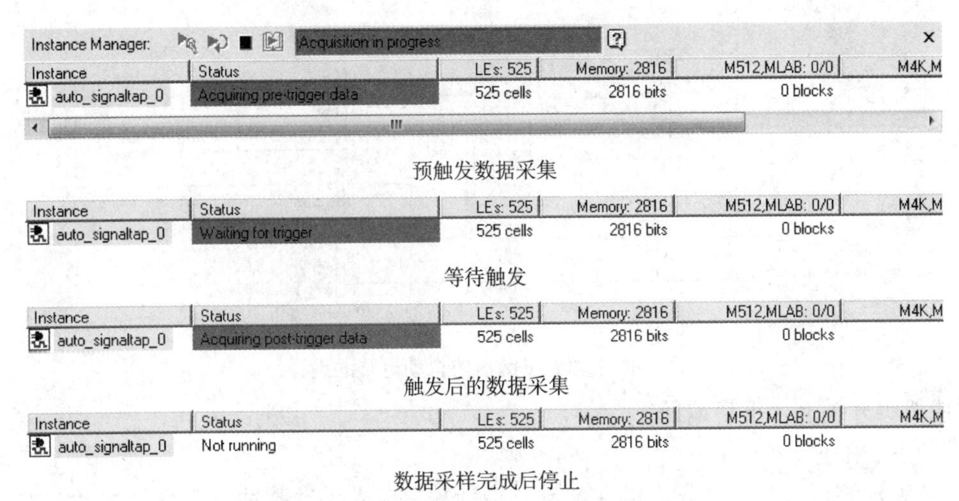

图 3-58　逻辑分析仪运行中的状态提示信息

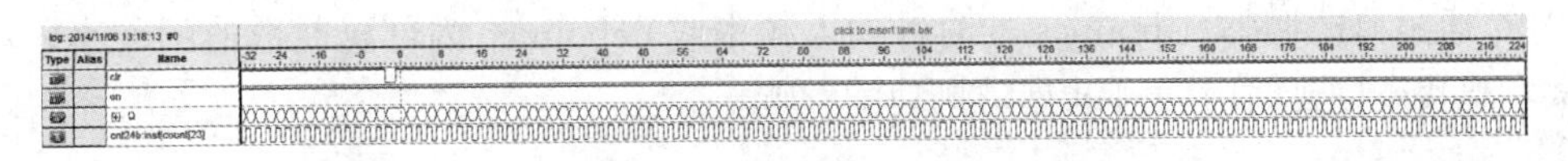

图 3-59　逻辑分析仪数据采集波形

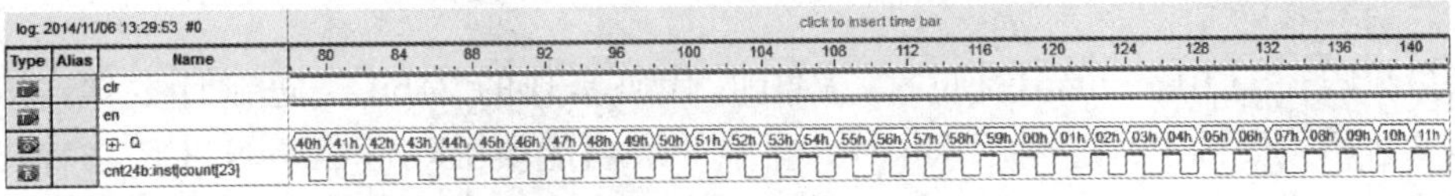

图 3-60　放大后的部分采集波形

如果需要逻辑分析仪自动不停地循环采样，只需单击“Processing | Autorun Analysis”，或图标即可。另外，如果采用的是其他频率的时钟源，大家可以参考以上设置过程做出相应调整。

实验任务 2：将键盘防抖动模块加入六十进制计数器的测试。

(1)新建 VHDL 文件，将例 3.4.7 加入工程中，并创建符号文件。

(2)打开原理图文件，设计电路如图 3-61 所示，其中防抖动模块 debounce 的时钟连接 24 位分频计数器的 ck［15］输出端。根据图 3-1，clk 输入时钟频率为 20MHz，ck［15］输出频率为$\frac{20000000}{2^{16}}=305(\text{Hz})$，debounce 内部计时常数设置为 5，即防抖动延时约$\frac{5}{305}=16.4(\text{ms})$。图中只对 bcd_cnt60 计数器模块的时钟信号进行了防抖动，如果需要也可以增加 debounce 模块，对 clr 和 en 信号加入键盘防抖动处理。

(3)存盘，将该文件设置为顶层编译实体，编译该设计。由于该电路存在巨大的分频比，时钟频率差异巨大，如果要仿真，需要的时钟周期数将非常巨大，仿真时间会非常长。本电路较简单，每个模块均已独立仿真，因此可以不再做整体仿真。如有必要，可以模仿前例利用 SignalTap Ⅱ 逻辑分析仪分析会更加高效。

(4)锁定引脚，将 clk 锁定至系统 20MHz 信号源，key、clr、en 均锁定在普通机械

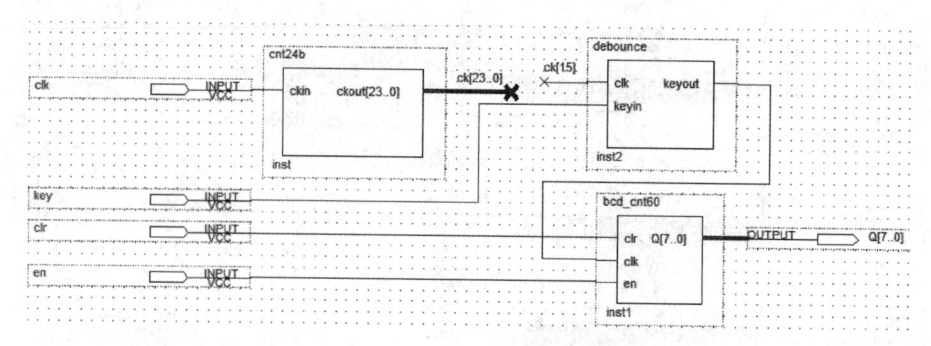

图 3-61　加入了键盘防抖动电路的设计

开关或拨码开关上，重新编译。

(5)下载配置。

(6)硬件测试。按动键盘上的 key 键，给计数器输入手动脉冲，观察每按动 1 次，计数数据是否变化，是否只加 1，是否存在按动 1 次，数据增加几个的现象。

(7)通过修改调整 debounce 的时钟输入频率或 debounce 内部延时数值的大小，重新测试，观察不同延时时间对键盘防抖动的影响。

3.4.5　实验思考与拓展

(1)在图 3-55 中，cnt24b 模块为 VHDL 代码实现的 24bit 二进制计数器，请查阅 QuartusⅡ相关资料，通过调用 QuartusⅡ中的宏功能块 LPM _COUNTER 来替代该模块，并重新进行验证。

(2)设计一个 5 位扭环形计数器(也称为约翰逊(Johnson)计数器)，并进行硬件测试。

3.5　分频器设计

3.5.1　实验目的

掌握各类分频器的分频原理与设计实现方法。

3.5.2　实验任务

(1)利用简单分频器的设计原理，设计一个分频器，将 20MHz 时钟分频输出 1.53846MHz 的时钟信号，要求输出信号占空比为 0.5。

(2)利用数控分频器原理，通过 7 个按键产生中音 DO、RE、MI、FA、SO、LA、SI 7 个音阶。

3.5.3 实验原理与范例

1. 简单分频器

1) 2^n 分频

2^n 分频是最简单的一种分频方式，基本原理是利用二进制计数时，任意相邻两位之间的频率为 2 倍的关系实现的。2^n 分频器本质上就是二进制计数器，如图 3-62 所示的 4 位二进制计数器可以将时钟信号按照 2^n 权值分频，随着位数的增加频率降低。在实验 3.4 中就利用了 24 位二进制计数器实现将 20MHz 时钟分频 2^{24}，输出约 1.2Hz 信号。

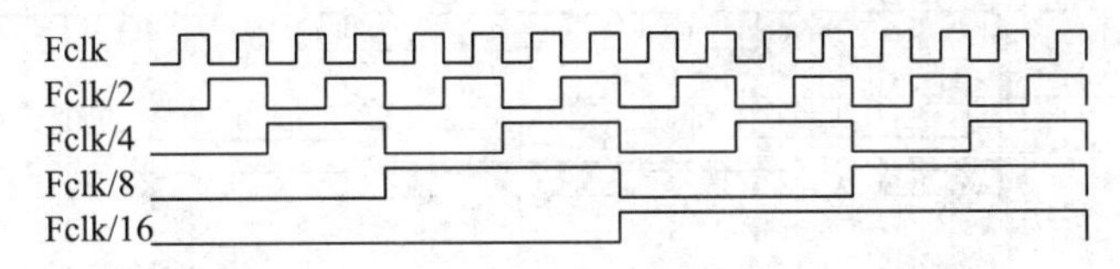

图 3-62 二进制计数实现的 2^n 分频示意图

2) 任意整数分频

任意整数分频可以利用任意进制计数器来实现，并在计数值的前一半时间内输出一个电平，后一半时间内输出相反的电平即可实现。例 3.5.1 给出了该方案的一个通用范例。首先在进程中实现了一个 n 进制的计数器，然后利用条件信号赋值语句 WHEN ELSE 实现分频输出。修改 GENERIC 语句中 N 的数值即可修改分频数，当然计数信号 CNT 的位宽 M 需要根据分频值进行调整。该例仿真波形如图 3-63 所示。通过修改 WHEN ELSE 语句中对 CNT 计数值的判别标准还可以粗略调整占空比，能满足一般设计要求。但当计数值为奇数时，占空比无法做到精确的 0.5。

【例 3.5.1】

```
LIBRARY IEEE;
USE IEEE.STD_LOGIC_1164.ALL;
USE IEEE.STD_LOGIC_UNSIGNED.ALL;
ENTITY DIVN IS
GENERIC(N: INTEGER:= 7;          --类属参数定义，修改N值可控制分频比
        M: INTEGER:= 3);         --M分频计数器位宽，需满足N≤2^M
PORT(CLKIN: IN STD_LOGIC;
    CLKOUT: OUT STD_LOGIC);
END DIVN;
ARCHITECTURE DEMO OF DIVN IS
BEGIN
    PROCESS(CLKIN)
    --需要根据分频比调整计数器容量。
    VARIABLE CNT: STD_LOGIC_VECTOR(M DOWNTO 0);
```

```
    BEGIN
    IF CLKIN'EVENT AND CLKIN= '1' THEN      --上升沿计数
        IF CNT>= N- 1 THEN CNT: = (OTHERS=> '0');      --控制计数容量为N
        ELSE CNT:= CNT+ '1';
        END IF;
        IF CNT<N/2 THEN CLKOUT<= '1';       --产生占空比约0.5的分频输出
        ELSE CLKOUT<= '0'; END IF;
    END IF;
    END PROCESS;
END DEMO;
```

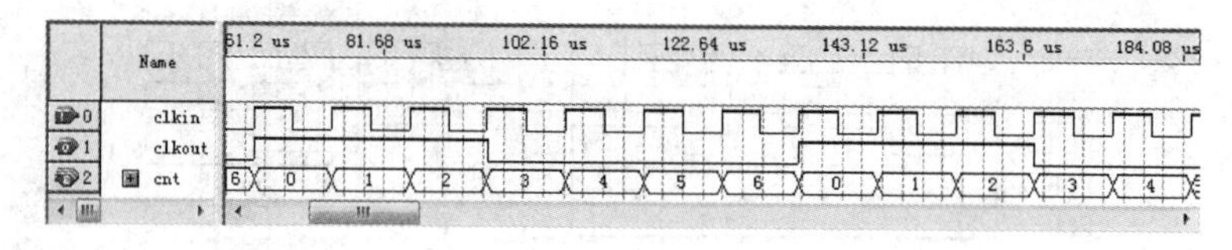

图3-63 任意整数分频器仿真波形(N=7)

3)占空比为0.5的奇数分频

例3.5.1实现的奇数分频器无法做到精确的0.5占空比，至少相差半个时钟周期，要精确实现0.5占空比的奇数分频器就需要对时钟的上升沿和下降沿分别进行计数和判别处理，具体方法有很多种。例3.5.2给出了一种比较容易理解的方法，该方法是利用例3.5.1的分频器对时钟的上升沿和下降沿分别计数，各自产生分频输出信号，这两个信号刚好相位相差半个时钟周期，将这两个输出信号进行或运算即可以得到0.5占空比的任意信号，仿真波形如图3-64所示。需要注意的是，该例只可用于0.5占空比的任意奇数分频，不能用于偶数分频。

【例3.5.2】

```
LIBRARY IEEE;
USE IEEE.STD_LOGIC_1164.ALL;
USE IEEE.STD_LOGIC_UNSIGNED.ALL;
ENTITY DIVN05B IS
GENERIC(N: INTEGER:= 5; --类属参数定义，修改N值控制分频比(N为奇数)
    M: INTEGER:= 3);        --M分频计数器位宽，需满足N≤2^M
PORT(CLKIN: IN STD_LOGIC;
    CLKAOUT, CLKBOUT, CLKOUT: OUT STD_LOGIC);
END DIVN05B;
ARCHITECTURE DEMO OF DIVN05B IS
    SIGNAL CLKA, CLKB: STD_LOGIC; --上升沿计数和下降沿计数分频输出信号
BEGIN
    PROCESS(CLKIN)
    --上升沿计数值存储变量
```

```
    VARIABLE CNTA: STD_LOGIC_VECTOR(M DOWNTO 0);
    BEGIN
    IF CLKIN'EVENT AND CLKIN= '1' THEN--对上升沿计数
        IF CNTA>= N- 1 THEN CNTA:= (OTHERS=> '0');
        ELSE CNTA:= CNTA+ '1';
        END IF;
        IF CNTA<N/2 THEN  CLKA<= '1'; --产生上升沿分频输出信号
        ELSE  CLKA<= '0';
        END IF;
    END IF;
    END PROCESS;
    PROCESS(CLKIN)
    --下降沿计数值存储变量
    VARIABLE CNTB: STD_LOGIC_VECTOR(M DOWNTO 0);
    BEGIN
    IF CLKIN'EVENT AND CLKIN= '0' THEN--对下降沿计数
        IF CNTB>= N- 1 THEN CNTB:= (OTHERS=> '0');
        ELSE CNTB: = CNTB+ '1';
        END IF;
        IF CNTB<N/2 THEN  CLKB<= '1'; --产生下降沿分频信号
        ELSE  CLKB<= '0';
        END IF;
    END IF;
    END PROCESS;
    CLKOUT<= CLKA OR CLKB; --产生占空比 0.5 的最终分频输出
    CLKAOUT<= CLKA; CLKBOUT<= CLKB; --输出内部信号供调试观察
END DEMO;
```

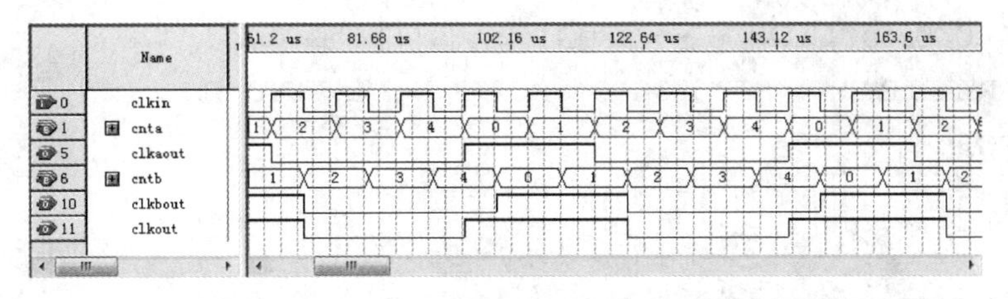

图 3-64　占空比为 0.5 的任意奇数分频器仿真波形(N=5)

2. 数控分频器

1)基于可预置计数器的数控分频

任意进制计数器的设计原理几乎在任何一本数字电路书中都会讲述。假设 n 位可预置计数器最大计数容量为 2^n，当计数至最大计数值 2^n-1 时产生进位输出信号 carry，如果用进位输出信号 carry 控制并行数据 d 的同步预置，就可以跳过 0 到 $d-1$ 的 d 个计数状态，使计数器变为 2^n-d 进制的计数器。改变数据 d 则可以改变计数的循环状态数，预置数 d 越大，跳过的状态越多，计数的有效状态越少，在 2^n-1 状态输出的进位输出信号 carry 频率就会越高，对时钟的分频系数 2^n-d 就越小。进位输出只在计数的最后一个状态 2^n-1 时产生，其高电平只持续 1 个周期，因此以进位信号 carry 直接输出的脉冲信号占空比将非常低。为了得到占空比为 0.5 的脉冲信号，经常利用 T′触发器将 carry 信号再进行二分频输出，输出信号的周期为 carry 周期的两倍。其输出频率公式可写为

$$f_{\text{out}}=\frac{f_{\text{clk}}}{2(2^n-d)} \tag{3-1}$$

例 3.5.3 给出了基于该方法实现数控分频器的 VHDL 代码。进程 PA 利用同步预置数的方法实现了模可控的计数器，并在计数满度时产生进位输出 carry 时钟，进程 PB 则将 carry 信号二分频，输出占空比 0.5 的分频信号，总分频系数为 $2(2^n-d)$。其仿真波形如图 3-65 所示。

【例 3.5.3】

```
LIBRARY IEEE;
USE IEEE.STD_LOGIC_1164.ALL;
USE IEEE.STD_LOGIC_UNSIGNED.ALL;
ENTITY NUM_CTRL_DIVN IS
--类属参数，修改该参数可改变计数器容量，调整最大分频比
GENERIC(N: INTEGER: = 8);
PORT(CLKIN: IN STD_LOGIC;
    D: IN STD_LOGIC_VECTOR(N-1 DOWNTO 0);
    CLKOUT: OUT STD_LOGIC);
END NUM_CTRL_DIVN;
ARCHITECTURE DEMO OF NUM_CTRL_DIVN IS
SIGNAL CARRY, TBUFF: STD_LOGIC;
BEGIN
 PA: PROCESS(CLKIN)      --实现计数容量可控的计数器
    VARIABLE CNT: STD_LOGIC_VECTOR(N-1 DOWNTO 0);
    BEGIN
    IF CLKIN'EVENT AND CLKIN= '1' THEN
        IF CNT> = 2**N-1 THEN CNT:= D; CARRY<= '1';    --同步预置数
        ELSE CNT:= CNT+ '1'; CARRY<= '0';
        END IF;
    END IF;
    END PROCESS;
PB: PROCESS(CARRY)      --T'触发器实现二分频
    BEGIN
        IF CARRY'EVENT AND CARRY= '0' THEN
```

```
        TBUFF<= NOT TBUFF; END IF;
    END PROCESS;
    CLKOUT<= TBUFF;
END DEMO;
```

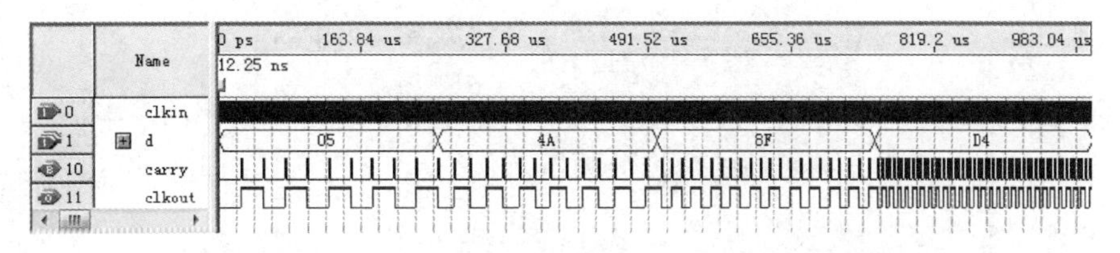

图 3-65 基于可预置计数器的数控分频仿真波形

2)基于累加器的数控分频

基于累加器的数控分频与直接数字频率合成器(DDS)数控产生频率的原理一致。其原理如图 3-66 所示。累加器将寄存器的值与频率字 W 相加，每个时钟沿到达时，n 位寄存器的值以频率字 W 为步长增加，寄存器的最高位作为分频结果输出。当频率字为 1 时，即为加 1 计数器，相当于要经过 2^n 个时钟周期，f_o 才能输出 1 个周期，即将输入信号 2^n 分频。当频率字不为 1，而为 W 时，则等效为一个加 W 的二进制计数器，经过 $2^n/W$ 个时钟周期后，f_o 输出 1 个周期，因此系统的分频比为

$$\frac{f_{clk}}{f_o}=\frac{2^n}{W} \tag{3-2}$$

其输出频率 f_o 的表达式可写为

$$f_o=W\frac{f_{clk}}{2^n} \tag{3-3}$$

式中，W 为频率字，即步长，f_{clk} 为时钟频率，n 为寄存器位数，f_o 为输出频率。从该表达式可见，输出频率与频率字成正比关系，频率字越大，分频比越小，输出频率就越高，改变频率字就可以实现数控分频。

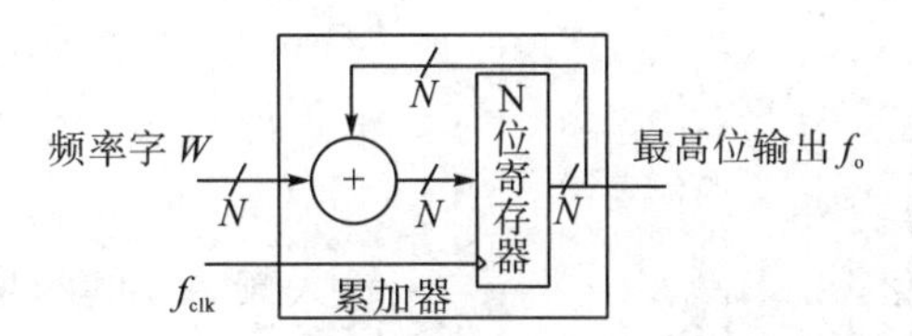

图 3-66 基于累加器的数控分频原理示意图

该数控分频器的频率分辨率，即 $W=1$ 时能够输出的频率最小值，与寄存器的位数以及时钟频率有关。时钟频率越低，寄存器位数越大，则频率分辨率越高。当时钟频率确定后，则可以根据频率分辨率的要求，确定寄存器的位数，理论上该方法可以获得传统方法无法实现的极高分辨率。例如，系统时钟为 50MHz 时，要求实现输出频率分辨率优于 0.1Hz 的时钟信号，则累加器的位数可按如下求取：

$$\frac{50\times10^6\,\mathrm{Hz}}{2^n}\leqslant 0.1\mathrm{Hz} \tag{3-4}$$

$$n\geqslant 29 \tag{3-5}$$

因此要使频率分辨率优于0.1Hz，只需要累加器位数大于等于29位即可。

如果已知累加器位数、系统时钟以及需要输出的频率就可以根据式(3-3)求出产生该输出频率所需的频率字。例如，时钟频率50M，累加器30位，需产生523.3Hz频率，则频率字为

$$W=\frac{2^{30}\times 523.3\text{Hz}}{50\times 10^{6}\text{Hz}}\approx 11238=(2\text{BE6})_{\text{H}} \tag{3-6}$$

另需要注意的是，该方法产生的输出频率不能超过系统时钟频率的一半。

例3.5.4给出了该方案实现的数控分频器范例。

【例3.5.4】

```
LIBRARY IEEE;
USE IEEE.STD_LOGIC_1164.ALL;
USE IEEE.STD_LOGIC_UNSIGNED.ALL;
ENTITY FREQ_DEV IS
    GENERIC(N: INTEGER: = 8);  --累加器位数N，修改该参数可调整频率分辨率
    PORT( CLK: IN STD_LOGIC;    --输入时钟信号
        FREQ_W: IN STD_LOGIC_VECTOR(N- 1 DOWNTO 0);      -- 频率字
        FREQ_OUT: OUT STD_LOGIC);     --分频信号输出
END FREQ_DEV;
ARCHITECTURE DEMO OF FREQ_DEV IS
SIGNAL FREQ_WORD: STD_LOGIC_VECTOR(N- 1 DOWNTO 0);
SIGNAL ACC: STD_LOGIC_VECTOR(N- 1 DOWNTO 0):= (OTHERS=> '0');    --累加器
BEGIN
 PA: PROCESS(CLK, FREQ_W, ACC)
    BEGIN
    IF(CLK'EVENT AND CLK= '1') THEN
        ACC<= ACC+ FREQ_WORD;      --累加分频
    END IF;
    FREQ_OUT<= ACC(N- 1);            --最高位输出
    END PROCESS;
 PB: PROCESS(CLK)                   --输入频率字的同步化
    BEGIN
    IF CLK'EVENT AND CLK= '1' THEN
        FREQ_WORD<= FREQ_W;
    END IF;
    END PROCESS;
END DEMO;
```

如图3-67所示为基于累加器的数控分频 $f_{\text{clk}}=2\text{kHz}$，$n=8$ 的仿真波形。

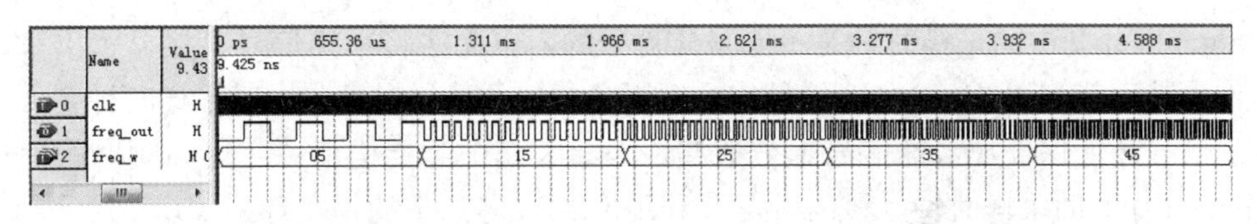

图 3-67　基于累加器的数控分频 $f_{clk}=2\text{kHz}$，$n=8$ 的仿真波形

3. 锁相环(Phase-Locked Loops，PLL)

除了使用 HDL 设计分频器以外，在 QuartusⅡ中还提供有嵌入式锁相环(ALTPLL)和数控振荡器(Numcrically Controlled Oscillators，NCO)等 IP 核可以实现时钟信号的分频，其中 ALTPLL 为免费的。

PLL 可以用作零延时缓存器、频率合成器、抖动衰减器、时钟转换等。在 Altera 的 FPGA 中，有两种类型的锁相环：增强型锁相环(EPLL)和快速锁相环(FPLL)。EPLL 可为整个设计提供丰富的时钟资源，它有 6 个内部输出时钟和 4 个专用的片外输出时钟(或者 4 对差分信号)。FPLL 除了用于内部时钟产生外，主要用于高速源同步差分 I/O 接口的设计。在本实验采用的 CycloneⅡ系列器件中则是一种经过简化的快速锁相环。CycloneⅡ PLL 有三个全局时钟输出和一个专用的外部时钟输出，其压控振荡器输出的频率表达式为

$$f_{vco} = f_{in}\frac{M}{N} \tag{3-7}$$

式中，f_{vco}为输出频率，f_{in}为输入时钟频率，M 为时钟倍乘系数，N 为时钟分频系数。

修改 M 和 N 的值即可以调整输出时钟频率，既可以实现分频，也可以实现倍频。需要注意的是不同系列的 FPGA 芯片中所带的 PLL 能产生的频率范围是不一样的，需要查阅相关数据手册。

3.5.4　实验步骤

实验任务 1：利用简单分频器的设计原理，设计一个分频器，从 20MHz 时钟分频输出 1.53846MHz 的时钟信号，要求输出信号占空比为 0.5。

(1)根据任务要求计算分频比。

(2)根据分频比与占空比 0.5 的要求和简单分频器设计原理编写 HDL 代码，元件名称和文件名称都取名为 divn13。

(3)在 QuartusⅡ中完成代码的编译和仿真。

(4)硬件测试。将输入时钟锁定至 20MHz 时钟源的端口上，输出锁定至任意空闲且方便测试的 I/O 口上。如果有频率计、数字示波器等频率测量设备，在重新编译后，即可立即配置，然后直接测试输出信号的频率、脉宽等参数并计算占空比，验证设计是否正确。如果没有频率测试设备则可以利用 SignalTapⅡ逻辑分析仪来实现硬件测试。采用 SignalTapⅡ时将增加下面的步骤。

(5)利用 PLL 产生采样时钟。为了观察到输入时钟与输出时钟之间的分频系数，逻辑分析仪就必须要同时采样并显示输入的 20MHz 时钟信号和输出的 1.53846MHz 的信

号。SignalTapⅡ中的采样时钟是不能采样自身的，也无法将采样信号直接显示出来，因此本例中就不能利用该 20MHz 信号作为逻辑分析仪的采样时钟。同时采样时钟要大于被采样的信号才能保证被采样信号不被遗漏，因此本例中需要构建一个更高频率的信号作为 SignalTapⅡ的采样时钟，该时钟可以利用 FPGA 芯片中的锁相环来实现。

①在 QuartusⅡ的菜单栏选择“Tools | MegaWizard Plug-In Manager”，打开新建“megafunction”向导，如图 3-68 所示。使用默认选项“Create a new custom megafunction variation”，单击【Next】进入下一步。

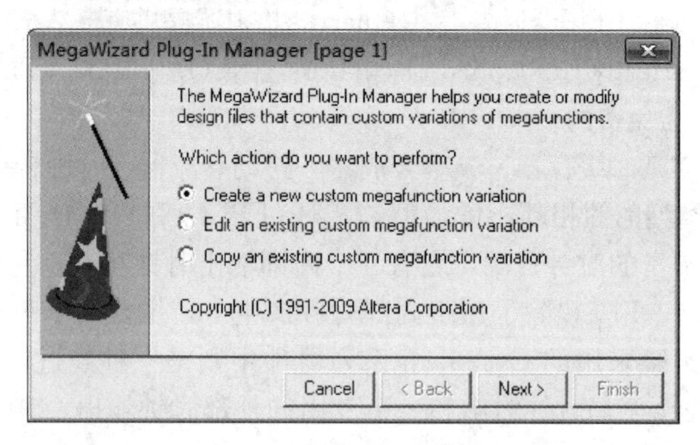

图 3-68　新建 megafunction

②如图 3-69 所示，进行以下配置：在“Select a megafunction from the list below”窗口内打开“I/O”下拉框，选择“ALTPLL”。在“Which type of output file do you want to create?”下选择“VHDL”，使生成 PLL 时使用 VHDL 语言。在“What name do you want for the output file?”里默认会出现当前设计的工程路径，在路径的后面需要手动输入给 PLL 命名的名字，此处命名为“stp _ pll”，单击【Next】进入下一步。

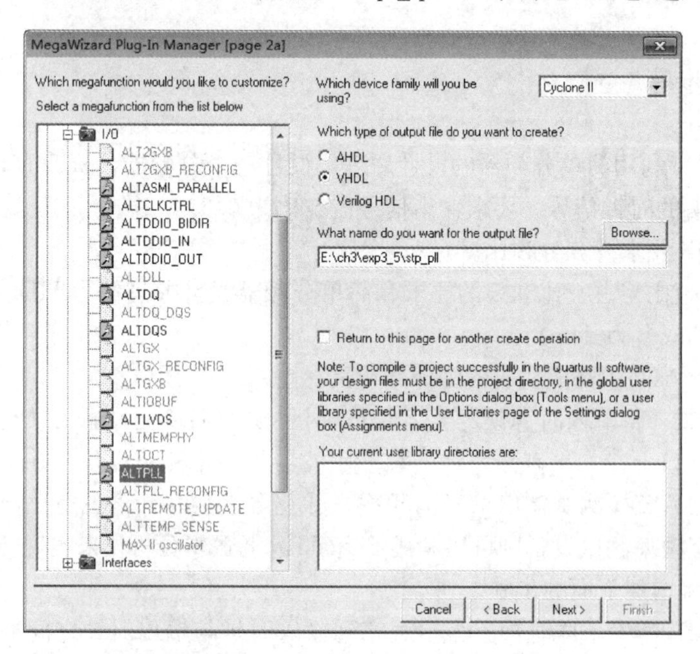

图 3-69　定制锁相环 PLL 的输出文件格式、存储路径和名称

③如图 3-70 所示，在“General”栏的“Which device speed grade will you be using?”选择所使用器件的速度等级，本例中采用 EP2C8Q208C8N 的芯片，其最后一个数字即为芯片的速度等级，因此选“8”。在“What is frequency of the inclock0 input?”内选择 PLL 输入的时钟频率，本实验板上时钟频率为 20MHz，因此设置为“20MHz”，其余参数默认即可。单击【Next】进入下一步。

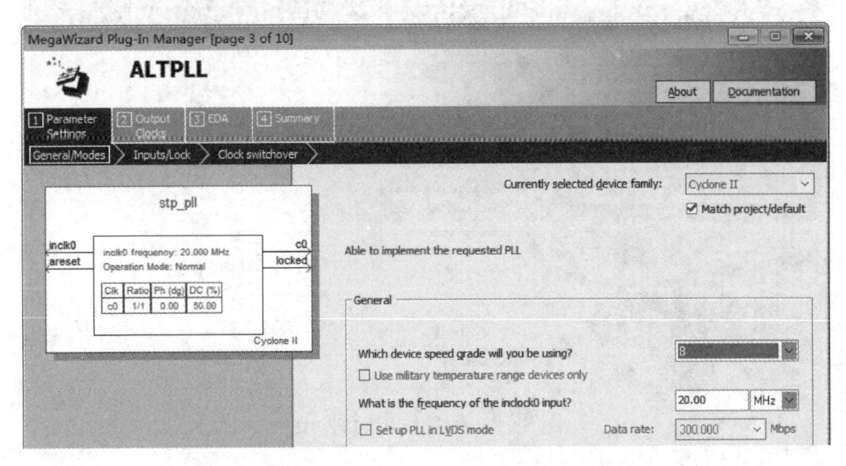

图 3-70 配置器件速度等级和输入时钟

④根据需要选择 PLL 控制信号，为简单起见，在这里去掉默认勾选的“Creat an ‘areset’ input to asynchronously reset the PLL”，不创建 PLL 的复位输入。去掉默认勾选的“Creat ‘locked’ output”，不创建锁相环锁定指示输出信号。如图 3-71 所示。单击【Next】进入“Clock switchover”的设置。

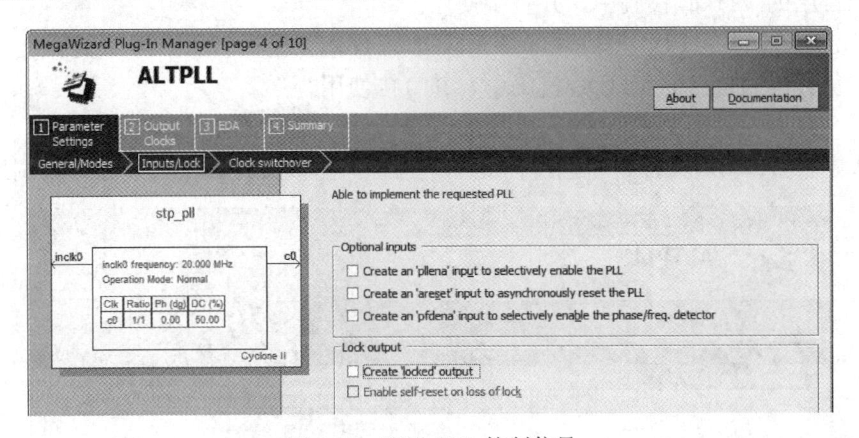

图 3-71 配置 PLL 控制信号

⑤在“Clock switchover”设置界面中，所有参数均默认，直接单击【Next】跳过。

⑥在图 3-72 的界面中配置输出时钟 c0。在“Enter output clock frequency”后输入希望 PLL 产生的输出时钟频率。也可以在“Enter output clock parameters”后，通过设置时钟倍乘系数或分频系数确定输出的频率。此例在“Clock multiplication factor”后输入倍频系数“2”，在“Clock division factor”后输入分频系数“1”，得到 40MHz 的输出时钟频率。

此外还可以在“Clock phase shift”中设置相位偏移，在“Clock duty cycle”中设置输出时钟占空比，此处全部采用默认值。

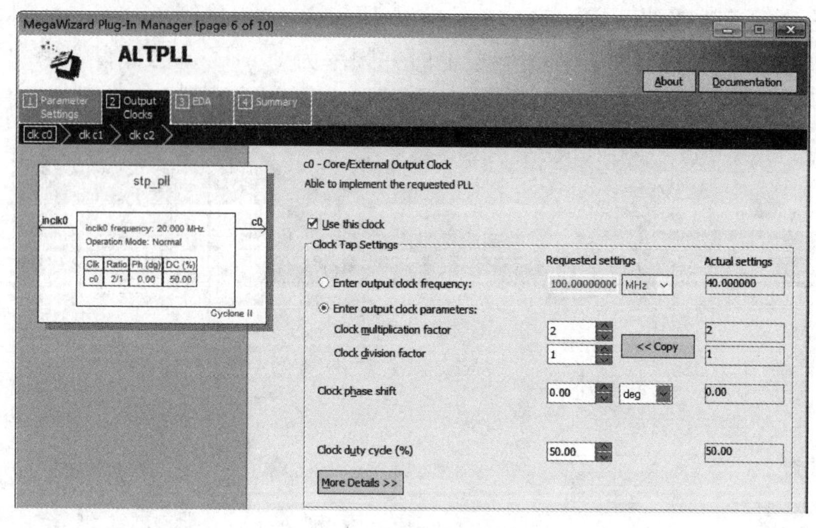

图 3-72 配置输出时钟 c0

⑦此后还可以用步骤⑥同样的方法继续配置输出时钟 c1、c2 等，在本例中仅需要c0 一个时钟，因此可以直接单击【Finish】，跳过后续设置。

⑧在最后的“Summary”中罗列了该 PLL 的最终输出文件，如图 3-73 所示。其中，

. vhd 文件是利用 VHDL 实现的对 PLL 的底层调用。

. cmp 文件是 PLL 模块元件的 VHDL 调用申明模板。用户可以复制这个文件里的元件声明到自己的 VHDL 代码中，并直接使用。

_inst. vhd 文件是 PLL 模块元件的 VHDL 元件例化模板。用户可以复制这个文件里的元件例化代码到自己的 VHDL 代码中，并直接使用。

. bsf 文件为原理图调用该 PLL 模块的符号文件，需要时可以勾选并创建。也可以在后续工作中打开. vhd 文件自主创建，此例中勾选产生该文件，供后续原理图调用。

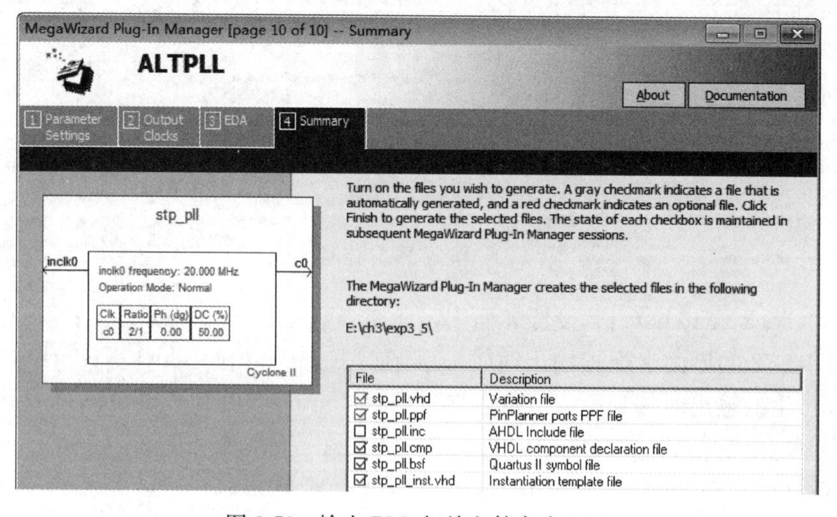

图 3-73 输出 PLL 相关文件完成配置

(6)在当前设计工程中，打开名为“divn13”的分频器 HDL 文件，单击菜单“File | Create/Update | Create Symbol Files for Current File”，将设计的分频器创建为一个符号文件。

单击“File | New”新建原理图，单击“Edit | Insert Symbol…”打开元件输入对话框，展开对话框“Libraries”栏中“Project”项，依次将其中新创建的元件“divn13”和“stp _pll”元件放入原理图中。最后添加输入和输出引脚并连线。设计好的原理图如图 3-74 所示。将原理图保存到工程文件夹中，并允许添加到工程中。

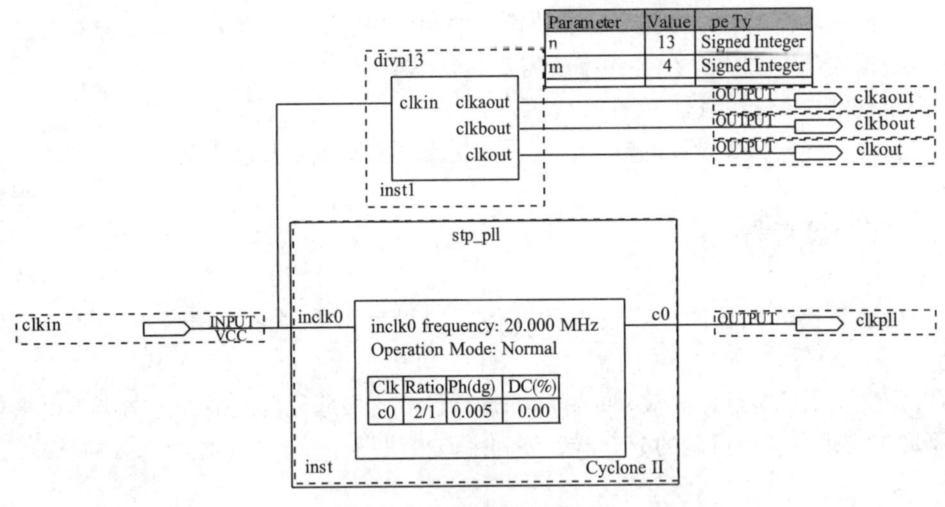

图 3-74　完成后的原理图

(7)编译该原理图并仿真，然后根据实际硬件情况锁定引脚。

(8)创建 SignaltapⅡ设计文件。单击菜单“Tools | SignalTapⅡ Logic Analyzer”，设置采样时钟为锁相环的输出 clkpll，即输入信号的 2 倍频，其余参数默认。添加需要观察的信号，如图 3-75 所示，最后存盘，并加入工程。

trigger: 2014/11/12 21:46:28 #1　Allow all changes

Node			Data Enable	Trigger Enable	Trigger Conditions
Type	Alias	Name	4	4	1☑ Basic
		clkaout	☑	☑	
		clkbout	☑	☑	
		clkout	☑	☑	
		clkin	☑	☑	

图 3-75　添加需要观察的信号

(9)重新编译该原理图，并下载。

(10)打开 SignaltapⅡ逻辑分析仪，设置好硬件，即可单击“Processing | Run Analysis”。数据窗口将显示出如图 3-76 所示的波形。分析输入和输出波形，判断分频比是否正确。

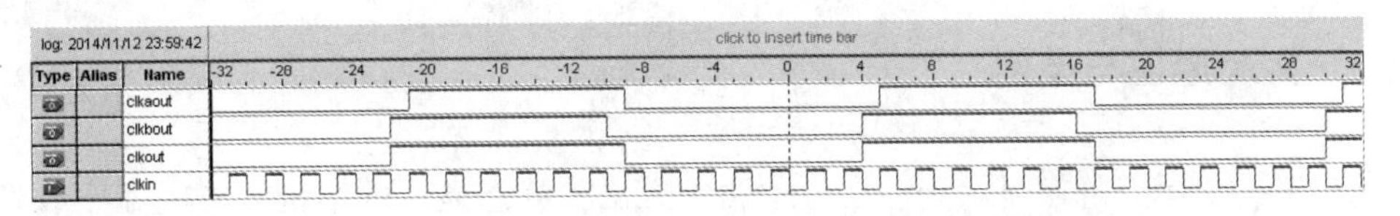

图 3-76　SingalTapⅡ逻辑分析仪采样数据结果

实验任务 2：利用数控分频器原理，通过 7 个按键产生中音 DO、RE、MI、FA、SO、LA、SI 7 个音阶。7 个音阶的频率如表 3-8 所示。

表 3-8 中音音阶频率

音阶	DO	RE	MI	FA	SO	LA	SI
频率/Hz	523.25	587.33	659.26	698.46	783.99	880.00	987.77

该实验任务可以根据例 3.5.3 或例 3.5.4 来实现。下面利用例 3.5.4 的模式来实现。

(1)根据硬件板上的时钟频率和需要产生的频率精度要求，计算确定累加器的位数。

(2)根据式(3-3)计算产生各频率所需要的频率字。

(3)根据例 3.5.4，编写 VHDL 代码。

(4)新建工程，完成设计的输入、编译、仿真、引脚锁定和硬件测试。

3.5.5 实验思考与拓展

(1)借鉴数控分频器原理，或查阅其他资料设计一个对输入信号进行 2.7 分频的电路。

(2)定义一个计数器，对输入时钟脉冲进行计数，根据计数值来确定输出高电平还是低电平即可实现占空比可调的分频器。请利用该方法设计一个占空比为 0.3 的脉冲信号。

3.6 数码管动态扫描

3.6.1 实验目的

(1)学习动态扫描显示电路的工作原理。

(2)掌握动态扫描显示电路的 HDL 设计方法。

3.6.2 实验任务

(1)用 HDL 设计一个 8 位数码管的动态扫描控制电路，使数码管显示实验当天的年月日。

(2)设计一个带有同步清零、计数使能的可逆 32 位二进制计数器，并利用 8 位动态扫描显示电路将计数的结果显示出来。

3.6.3 实验原理与范例

数码管的显示有静态显示和动态显示两种方法。静态显示的结构示意图如图 3-77 所示，其中所有数码管的每一个段码都由一个独立的 I/O 口进行驱动，其公共端则根据共阴或共阳的关系接地或接电源。在显示时，只需通过相应的 I/O 口控制对应的发光二极管持续的导通或截止即可，因此静态显示时所有数码管是同时并一直工作的。静态显示的优点在于电路原理简单，比较容易理解和设计，LED 持续发光，因此较小的电流就能得到较高的亮度。静态显示的缺点在于占用 I/O 口的数量巨大，以 8 位显示为例，如果利用 FPGA 完成译码输出，则需要 7×8=56 个 I/O 口，如果外接译码器则需要 4×8=32 个 I/O 口，这还没有考虑小数点的控制。此外所有数码管是同时显示的，且需要独立的驱动和译码电路，因此静态显示电路的功耗也较大、元件多、成本高。这些缺点制约了静态显示的应用，尤其是在大规模显示中。

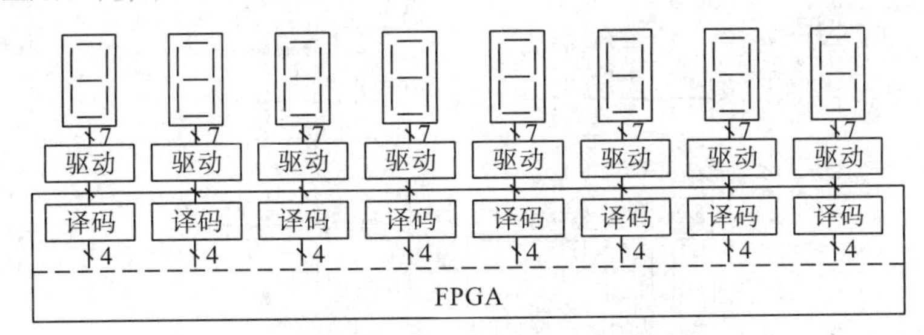

图 3-77　8 位静态显示结构示意图

动态扫描显示的电路结构示意图如图 3-78 所示。其中所有数码管的 7 个段码和小数点都并联在一起，各数码管的公共端则独立控制。由于电路段码并联的关系，动态扫描显示在任何时候都只有 1 个数码管在发光，其余数码管是熄灭的，利用人眼的视觉暂留效应形成正常显示图像。以共阳数码管为例，从段码处输入需要显示在第 1 个数码管上的字符编码，同时控制位选信号 w1 为高电平，其余为低电平，则第 1 个数码管将正常显示，其余熄灭，然后从段码处输入需要在第 2 个数码管上显示的字符编码，同时控制 w2 为高电平，其余为低电平，则第 2 个数码管显示，依次类推，循环让各数码管轮流点亮工作，只要让扫描的速度足够快，则利用人眼大约 25ms 的视觉暂留效应，就会造成所有数码管全部点亮工作的视觉假象。动态显示中各数码管的段码是并联的，可以共用段驱动器，因此电路成本较低。由于数码管轮流工作，电路功耗也大大降低，这两项优点使得动态显示在大规模显示电路中广泛使用。但动态显示也存在电路驱动复杂，显示亮度受导通电流、持续点亮时间、点亮间隔时间等因素影响的缺点。

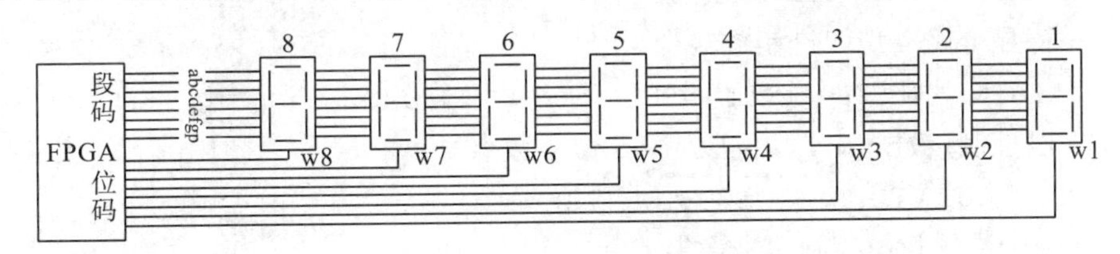

图 3-78　8 位动态扫描电路结构示意图

在图 3-1 中包含一个 8 个共阳数码管构成的 8 位动态扫描显示电路的完整电路原理图。其 7 段码和小数点由 FPGA 的 67 脚至 76 脚的 8 个 I/O 口驱动，FPGA 的 56 脚至 64 脚的 8 个 I/O 口通过 8 只位驱动三极管控制 8 个数码管的公共阳极，当某个 I/O 口输出高电平时，对应的三极管导通，该三极管控制的数码管将发光工作，其具体显示的字符取决于 FPGA67 脚至 76 脚的输出。

动态扫描电路工作时需要按照特定的时序输出段码和位选通信号，图3-79以8位数码管的动态扫描为例给出了一种实现方案。图中扫描计数器本质为3位二进制计数器，在扫描时钟的控制下从000到111循环计数。该计数器的输出作为3-8线译码器的地址输入，控制3-8线译码器依次产生1路唯一有效的选通信号输出，从而使被选通的数码管依次发光。该计数器的输出也作为4位8选1数据选择器的地址信号，依次选择待显示的4位二进制数，并将该数据送给7段译码器译码输出，最终在3-8译码器选择的数码管上显示出来。控制扫描时钟的频率，使每个数码管再次被刷新点亮的时间间隔小于人眼的视觉暂留时间，即可以形成稳定的显示图像。

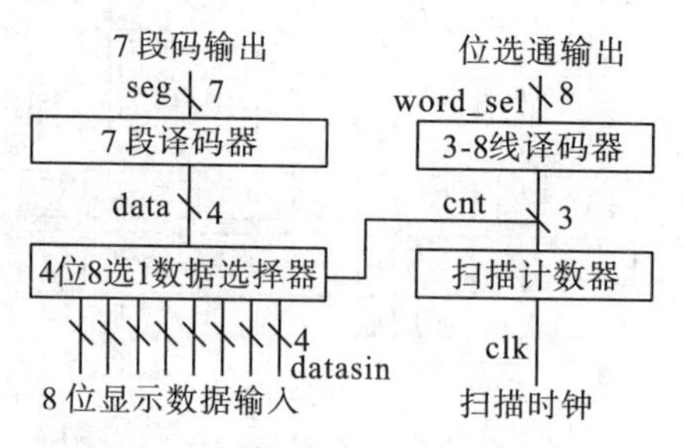

图3-79　8位数码管动态扫描电路框图

例3.6.1给出了该方案的HDL代码，其中进程P1实现了输出高电平有效的3-8译码器和4位8选1数据选择器，根据图3-1可知数码管位选通信号为高电平选通，因此该进程中的3-8线译码器的输出也为高电平有效。进程P2实现了3位二进制计数器，进程P3实现了7段译码器的功能，根据图3-1，7段译码器输出低电平时对应的LED段发光。段码输出信号SEG的最高位为小数点控制，最低位为数码管的a段控制。该例仿真波形如图3-80所示。

【例3.6.1】

```
LIBRARY IEEE;
USE IEEE.STD_LOGIC_1164.ALL;
USE IEEE.STD_LOGIC_UNSIGNED.ALL;
ENTITY DISP_SCAN IS
    PORT (CLK: IN STD_LOGIC;
    --待显 8 路 4 位二进制数输入
    DATAIN: IN STD_LOGIC_VECTOR(31 DOWNTO 0);
    --段控制信号输出，7 位段码，1 位小数点
    SEG: OUT STD_LOGIC_VECTOR(7 DOWNTO 0);
    --8 个数码管位控制信号输出
    WORD_SEL: OUT STD_LOGIC_VECTOR(7 DOWNTO 0));
 END ENTITY DISP_SCAN;
ARCHITECTURE DEMO OF DISP_SCAN IS
    --3 位二进制扫描计数器计数信号
    SIGNAL CNT: STD_LOGIC_VECTOR(2 DOWNTO 0);
    --进程 P1 和 P3 之间的通信信号
```

```
    SIGNAL DATA: STD_LOGIC_VECTOR(3 DOWNTO 0);
BEGIN
P1: PROCESS(CNT)   --3-8线译码与8选1数据选择
    BEGIN
      CASE CNT IS
      WHEN "000" => WORD_SEL<= "00000001"; DATA <= DATAIN (3 DOWNTO 0);
      WHEN "001" => WORD_SEL<= "00000010"; DATA <= DATAIN (7 DOWNTO 4);
      WHEN "010" => WORD_SEL<= "00000100"; DATA <= DATAIN (11 DOWNTO 8);
      WHEN "011" => WORD_SEL<= "00001000"; DATA <= DATAIN (15 DOWNTO 12);
      WHEN "100" => WORD_SEL<= "00010000"; DATA <= DATAIN (19 DOWNTO 16);
      WHEN "101" => WORD_SEL<= "00100000"; DATA <= DATAIN (23 DOWNTO 20);
      WHEN "110" => WORD_SEL<= "01000000"; DATA <= DATAIN (27 DOWNTO 24);
      WHEN "111" => WORD_SEL<= "10000000"; DATA <= DATAIN (31 DOWNTO 28);
      WHEN OTHERS=> NULL;
      END CASE;
    END PROCESS P1;
  P2: PROCESS(CLK)   --3位二进制扫描计数器
      BEGIN
        IF CLK'EVENT AND CLK= '1' THEN CNT<= CNT + 1;
        END IF;
      END PROCESS P2;
    P3: PROCESS( DATA )   --4位二进制变7段码译码，小数点不显示
      BEGIN
        CASE DATA IS  --SEG从高到低排列顺序：PGFEDCBA
          WHEN "0000"   => SEG<= "11000000"; --C0 0
          WHEN "0001"   => SEG<= "11111001"; --F9 1
          WHEN "0010"   => SEG<= "10100100"; --A4 2
          WHEN "0011"   => SEG<= "10110000"; --B0 3
          WHEN "0100"   => SEG<= "10011001"; --99 4
          WHEN "0101"   => SEG<= "10010010"; --92 5
          WHEN "0110"   => SEG<= "10000010"; --82 6
          WHEN "0111"   => SEG<= "11111000"; --F8 7
          WHEN "1000"   => SEG<= "10000000"; --80 8
          WHEN "1001"   => SEG<= "10010000"; --90 9
          WHEN "1010"   => SEG<= "10001000"; --88 A
          WHEN "1011"   => SEG<= "10000011"; --83 B
          WHEN "1100"   => SEG<= "11000110"; --C6 C
          WHEN "1101"   => SEG<= "10100001"; --D1 D
          WHEN "1110"   => SEG<= "10000110"; --86 E
```

```
        WHEN "1111"    => SEG<= "10001110"; --8E F
        WHEN OTHERS=> NULL;
       END CASE;
     END PROCESS P3;
END ARCHITECTURE DEMO;
```

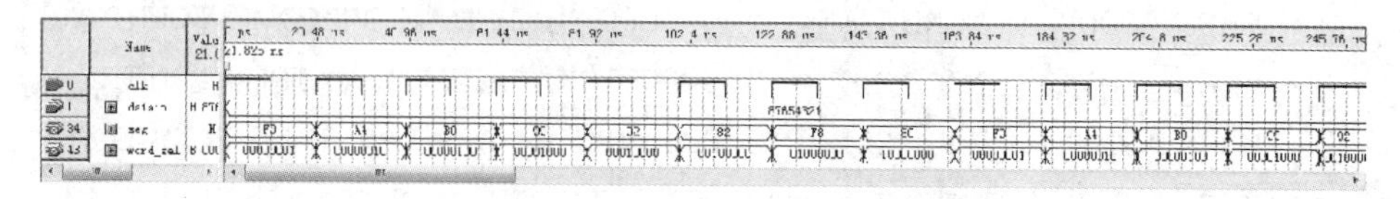

图 3-80 8 位数码管动态扫描仿真波形

利用动态显示的原理也可以控制 LED 点阵的图形显示。事实上，8×8 的 LED 点阵的图形显示就完全等同于一个 8 位数码管的显示。对于更大规模的点阵显示可以参照例 3.6.1 扩充。

3.6.4 实验步骤

实验任务 1：用 HDL 设计一个 8 位数码管的动态扫描控制电路，使数码管显示实验当天的年月日。

(1)用 HDL 语言设计一个数控分频器，将图 3-1 中的 20MHz 时钟分频输出 1Hz、10Hz、100Hz、1000Hz 四种频率。输出信号的频率由 SEL 控制信号确定，控制关系如图 3-81 中的注释所示。

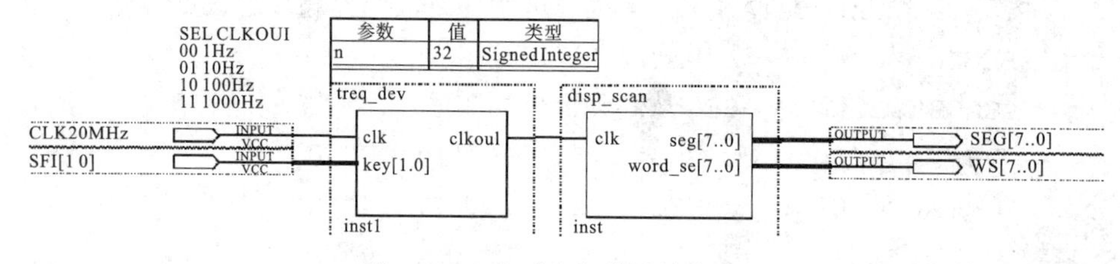

图 3-81 8 位动态扫描设计实验图

(2)参照例 3.6.1，用 HDL 设计一个 8 位动态显示控制电路，使数码管显示实验当天的年月日。

(3)利用原理图或 HDL 文本的方式组装如图 3-81 所示的顶层设计。

(4)完成硬件测试。分别设置 SEL＝00～11，使扫描电路时钟频率依次为 1Hz、10Hz、100Hz 和 1000Hz，观察数码管逐位显示的情况、整体显示的情况和闪烁的情况，体会动态扫描的特点。

需要注意的是，以上设计是以图 3-1 的电路为基础的，为了在自己的硬件上测试该设计，需要注意以下几点：

(1)设计数控分频模块时需要根据硬件电路板上的实际晶振频率计算分频比。

(2)设计动态扫描控制电路时，要注意事先了解实际的硬件电路板采用的是共阴还是共阳数码管，位驱动和段驱动有无反相逻辑，段码输出为高电平还是低电平发光，位选信号是低电平还是高电平选通。

(3)锁定引脚时，SEL的两个选频信号最好锁定在可以稳定输出固定电平的开关上，如拨码开关或带锁定功能的按键等。

(4)锁定SEG段码信号时要特别注意SEG段码的高低位与7段数码管a、b、c、d、e、f、g以及小数点p的对应关系。

(5)锁定WS选通信号时，要明确WS的高低位与数码管的左右对应关系。

实验任务2：设计一个带有同步清零、计数使能的可逆32位二进制计数器，并利用8位动态扫描显示电路将计数的结果显示出来。

(1)设计一个分频器，分别输出1000Hz和10Hz频率，其中1000Hz频率作为扫描时钟，10Hz频率作为计数器计数时钟。

(2)设计一个带有同步清零、计数使能的可逆32位二进制计数器。

(3)设计一个能将输入的8个4位二进制数动态显示出来的显示控制电路。

(4)采用原理图或HDL将以上模块组装成顶层设计，如图3-82所示。

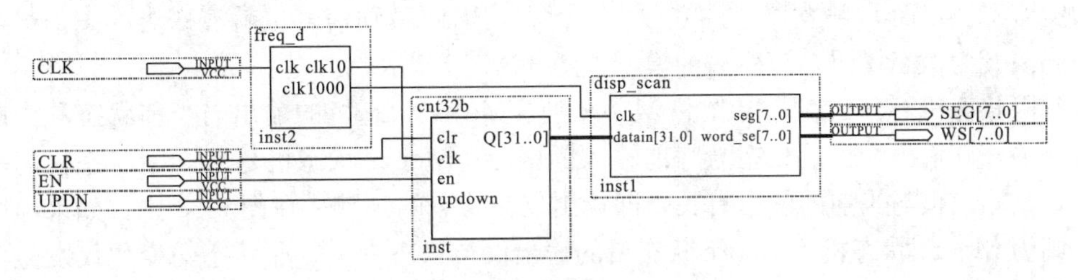

图3-82　计数器的动态显示实验

(5)完成硬件测试。

3.6.5　实验思考与拓展

(1)针对实验任务1，修改设计，对显示数据的某一位实现间隔1s的闪烁显示。

(2)针对实验任务2，将32位二进制计数器修改为8位十进制计数器。

3.7　有限状态机设计

3.7.1　实验目的

(1)掌握有限状态机的概念。

(2)掌握Moore型和Mealy型有限状态机的特点。

(3)掌握有限状态机的各种HDL描述方法，理解其描述特点。

3.7.2 实验任务

采用状态机的方法，设计一个自动饮料售货机控制器电路，饮料 1.5 元/瓶，只接收 5 角和 1 元硬币。

3.7.3 实验原理与范例

有限状态机(Finite State Machine，FSM)也就是由有限个存储单元构成的状态有限的时序逻辑电路。一般时序逻辑电路的模型如图 3-83(a)所示，它由状态寄存、激励译码、输出译码三部分电路组成，状态寄存由各类触发器组成，其输出 S 为现态，输入为触发器的激励信号 E，激励译码和输出译码为组合逻辑电路，其功能是根据当前的输入 I 与当前的状态 S 确定激励信号 E 和输出信号 O。在 FPGA 的设计中，状态寄存一般采用 D 触发器实现，而 D 触发器特性方程 $Q^{n+1}=D$，因此激励信号也就演变为次态信号，激励译码演变为次态译码，演变后的模型如图 3-83(b)所示。

有限状态机可分为 Mealy 型和 Moore 型。Mealy 状态机的输出与当前状态和当前的输入有关，其输出为当前状态与当前输入的函数。Moore 状态机是 Mealy 状态机的一个特例，其输出仅与当前的状态有关，即输出仅为状态的函数。在图 3-83 中，如果虚线不存在则为 Moore 状态机。Moore 状态机的输出仅与状态有关，而状态的变化仅发生在时钟有效沿到达时，因此 Moore 状态机的输出是与时钟同步的，其输出信号至少持续 1 个时钟周期，Moore 状态机具有非常好的时序性。Mealy 状态机的输出与状态和当前输入有关，当输入发生变化时，即使当前状态没有变化，输出也会立刻发生变化，因此 Mealy 状态机的输出与时钟是不同步的。

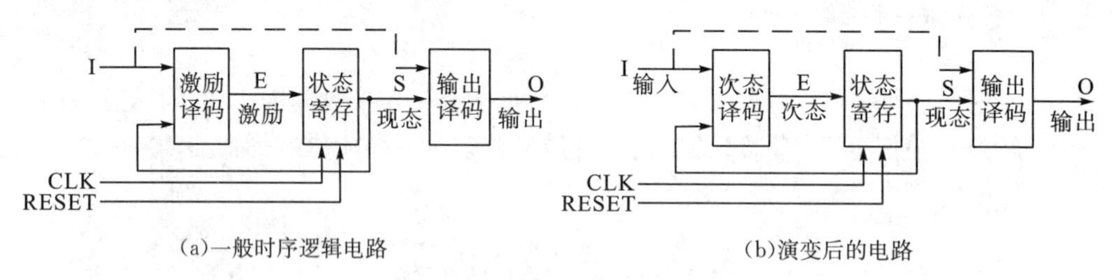

(a)一般时序逻辑电路　　(b)演变后的电路

图 3-83 有限状态机模型演变

对于一般时序逻辑问题，往往既可以用 Moore 状态机实现，又可以用 Mealy 状态机实现。采用 Mealy 机实现时，输出会在输入变化时立刻变化，而采用 Moore 机实现时，输入的变化必须先通过次态译码器使激励信号变化，等待时钟到达后，再引起状态的变化，最终使输出译码器产生输出变化，因此 Moore 机的输出会比 Mealy 机的输出晚最多 1 个时钟周期的时间。根据这一特性，可以实现两种状态机之间的转换。把 Moore 机转换为 Mealy 机的办法是把次态的输出修改为对应现态的输出，同时合并一些等价的状态。把 Mealy 机转换为 Moore 机的办法是把当前状态的输出修改为对应次态的输出，同时根据需要添加一些状态。图 3-84 给出了 110 序列检测器的 Mealy 和 Moore 状态机的等效状态图，信号 A 为与时钟同步的串行序列输入，当收到完整序列 110 后 Z 输出 1。

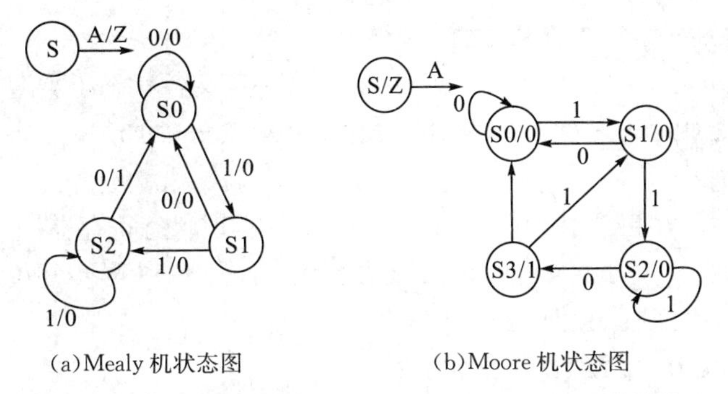

图 3-84　110 序列检测器的 Mealy 和 Moore 状态机的等效状态图

状态机的设计有相对固定的模式，但也有比较灵活的描述方式，每种方式均以各自等效的模型图为基础，以下分别加以说明。

1. 状态机的一般描述(双进程描述)

状态机的一般描述采用如图 3-85 所示的模型，该模型使用两个 VHDL 的 PROCESS 进程或 VerilogHDL 的 ALWAYS 过程分别描述状态寄存器和实现输出译码与次态译码的组合逻辑电路。例 3.7.1 给出了针对 110 序列检测器的 Mealy 状态图的一般描述，该描述中 REG 进程实现了状态寄存，在复位信号有效时，复位成初始态，时钟沿到达时次态变为现态。COM 进程实现了输出译码与次态译码电路，译码电路的实现是完全根据状态转换图得来的。CURRENT _STATE 和 NEXT _STATE 两个信号用来作为两个进程间通信的连接。图 3-86 为该例的仿真波形，从波形中可以看到，在收到序列 11 后，进入状态 ST2，输入 A 从 1 变为 0，则输出立刻从 0 变为 1，体现出了 Mealy 状态机的异步输出特性。输出信号是用组合逻辑译码后直接输出，因此输出信号中可能会有竞争冒险产生的毛刺，这也是 Mealy 机双进程描述的缺点。一般双进程状态机的结构清晰，便于阅读、理解和维护，也有利于综合器优化代码，方便用户添加合适的时序约束条件，适合于较复杂的状态机设计。

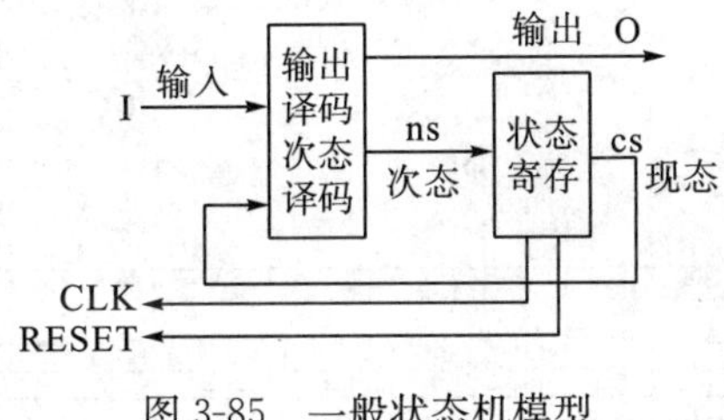

图 3-85　一般状态机模型

【例 3.7.1】

```
LIBRARY IEEE;
USE IEEE.STD_LOGIC_1164.ALL;
ENTITY MEALY1 IS
    PORT(CLK, RST, A: IN STD_LOGIC;      --时钟、复位、输入
        Z: OUT STD_LOGIC);               --数据输出
END MEALY1;
```

```
ARCHITECTURE DEMO OF MEALY1 IS
    TYPE STATES IS (ST0, ST1, ST2);    --定义各状态子类型
    SIGNAL CURRENT_STATE, NEXT_STATE : STATES := ST0;    --定义现态和次态
BEGIN
REG: PROCESS (CLK, RST) BEGIN          --实现状态寄存器
      IF RST= '0' THEN CURRENT_STATE<= ST0;    --异步复位
      ELSIF(CLK'EVENT AND CLK= '1') THEN
        CURRENT_STATE<= NEXT_STATE;
      END IF;
    END PROCESS REG;           --退出该进程后 CURRENT_STATE 生效
COM: PROCESS(CURRENT_STATE, A)  BEGIN  --实现次态译码和输出译码
      CASE CURRENT_STATE IS
        WHEN ST0=> Z<= '0';
            IF A= '0' THEN NEXT_STATE<= ST0;
            ELSE NEXT_STATE<= ST1;
            END IF;
        WHEN ST1=> Z<= '0';
            IF A= '0' THEN NEXT_STATE<= ST0;
            ELSE NEXT_STATE<= ST2;
            END IF;
        WHEN ST2=>
            IF A= '0' THEN NEXT_STATE<= ST0; Z<= '1';
            ELSE NEXT_STATE<= ST2; Z<= '0';
            END IF;
        WHEN OTHERS=>
            NEXT_STATE<= ST0;    Z<= '0';    --处理剩余状态，确保自启动
    END CASE;
   END PROCESS COM;
END DEMO;
```

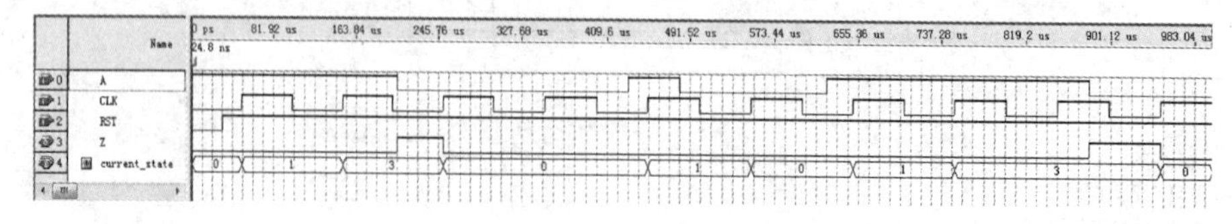

图 3-86 双进程描述的仿真波形

2. 状态机的多进程描述

状态机的多进程描述所采用的电路模型如图 3-83(b)所示。它将组合逻辑电路拆分为次态译码器和输出译码器两个模块，并分别用两个独立的组合进程实现。也就是将双进程描述中的 COM 进程拆分为两个独立的进程实现。例 3.7.2 将例 3.7.1 中的 COM 进程

拆分为 COM1 和 COM2 两个独立进程，其中 COM1 实现输出译码，COM2 实现次态译码。用这两个进程替换例 3.7.1 中的 COM 就构成多进程描述，其仿真波形与图 3-86 完全一致。多进程状态机结构清晰，便于维护，适合于输出译码和次态译码比较复杂的状态机的设计。

【例 3.7.2】

```
COM1: PROCESS(CURRENT_STATE, A)  BEGIN  --实现输出译码
  CASE CURRENT_STATE IS
    WHEN ST0=> Z<= '0';
    WHEN ST1=> Z<= '0';
    WHEN ST2=> IF A= '0' THEN Z<= '1';
        ELSE Z<= '0'; END IF;
    WHEN OTHERS=> Z<= '0';
  END CASE;
 END PROCESS COM1;
COM2: PROCESS(CURRENT_STATE, A)  BEGIN  --实现次态译码
   CASE CURRENT_STATE IS
    WHEN ST0=> IF A= '0' THEN NEXT_STATE<= ST0;
        ELSE NEXT_STATE<= ST1;    END IF;
    WHEN ST1=> IF A= '0' THEN NEXT_STATE<= ST0;
        ELSE NEXT_STATE<= ST2;    END IF;
    WHEN ST2=> IF A= '0' THEN NEXT_STATE<= ST0;
        ELSE NEXT_STATE<= ST2;    END IF;
    WHEN OTHERS=> NEXT_STATE<= ST0;
  END CASE;
 END PROCESS COM2;
```

3. 状态机的单进程描述

状态机的单进程描述就是将次态译码、输出译码和状态寄存三个模块融合在一个进程中来描述，如例 3.7.3 所示。例中 COMREG 进程首先实现了异步复位，在时钟上升沿到达时，根据当前的状态和输入确定次态译码和输出译码。由于对次态译码和输出译码的赋值均是在时钟条件之内实现，当时钟沿不满足条件时必然将产生寄存器来寄存原输出值和状态值。所以 COMREG 进程是组合逻辑与寄存器的混合进程，且单进程描述的状态机其输出并非输出译码的组合逻辑直接输出，而是将输出译码的值通过寄存器寄存之后再输出，这也是单进程描述方法与前面两种方法的不同之处。其等效逻辑图如图 3-87 所示。图 3-88 为该例的仿真波形，对比图 3-86 可见，输出是通过寄存器寄存后输出的，因此输出信号将推后最多 1 个时钟周期，并与时钟同步。状态机的单进程描述主要适用于简单状态机的设计。

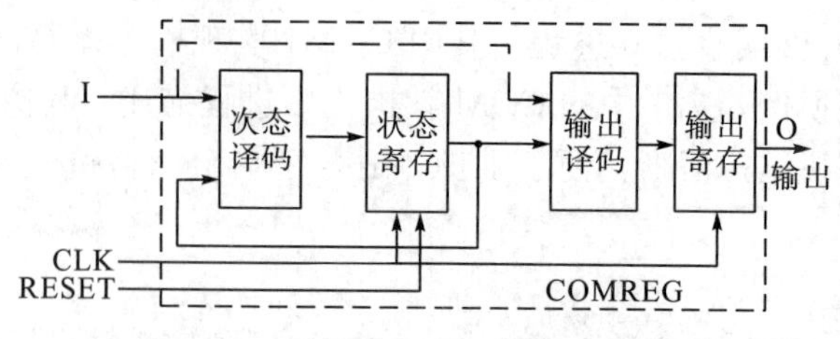

图 3-87　单进程状态机等效逻辑框图

【例 3.7.3】

```
ARCHITECTURE DEMO OF MEALY1 IS
 TYPE STATES IS (ST0, ST1, ST2);    --定义各状态子类型
 SIGNAL STATE: STATES;    --同一进程内部描述则只需定义一个状态变量
BEGIN
COMREG: PROCESS (CLK, RST) BEGIN
           IF RST= '0' THEN STATE<= ST0;    --状态复位
           ELSIF(CLK'EVENT AND CLK= '1') THEN
             CASE STATE IS  --在时钟有效沿到达时完成次态译码和输出译码
             WHEN ST0=> Z<= '0';
              IF A= '0' THEN STATE<= ST0;
              ELSE STATE<= ST1;    END IF;
             WHEN ST1=> Z<= '0';
              IF A= '0' THEN STATE<= ST0;
              ELSE STATE<= ST2;    END IF;
             WHEN ST2=>
              IF A= '0' THEN Z<= '1'; STATE<= ST0;
              ELSE Z<= '0'; STATE<= ST2; END IF;
             WHEN OTHERS=> Z<= '0'; STATE<= ST0;
             END CASE;    END IF;
   END PROCESS COMREG;
END DEMO;
```

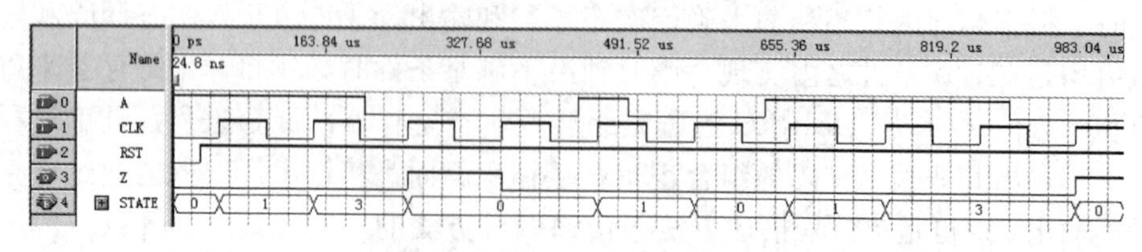

图 3-88　单进程状态机仿真波形

4. 状态机的混合描述

状态机的混合描述也称为混合双进程描述。该方法是在单进程描述的基础上，将输出译码电路单独用一个进程来实现，状态寄存与次态译码用另一个进程来实现，其逻辑

框图如图 3-89 所示。例 3.7.4 给出该方案具体代码，其中 COMREG 进程为次态译码的组合电路与状态寄存的混合进程，COM 进程则为输出译码的组合电路实现。该方案的仿真波形与图 3-86 完全一致。

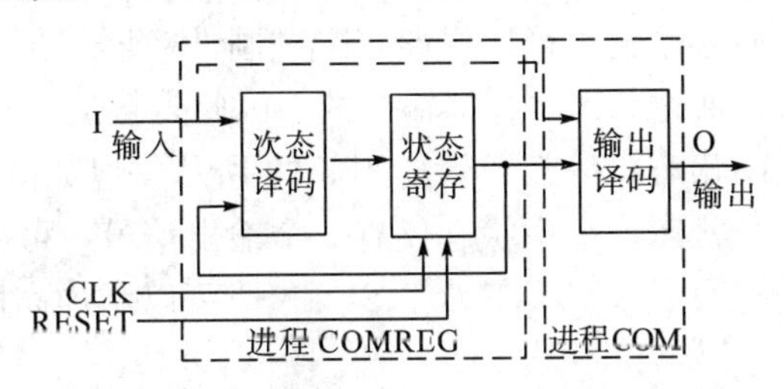

图 3-89　状态机的混合双进程描述等效逻辑图

【例 3.7.4】

```
ARCHITECTURE DEMO OF MEALY1 IS
 TYPE STATES IS (ST0, ST1, ST2); --定义各状态子类型
 SIGNAL STATE: STATES;
BEGIN
COMREG: PROCESS (CLK, RST)  BEGIN
  IF RST= '0' THEN STATE<= ST0;
  ELSIF(CLK'EVENT AND CLK= '1') THEN
  CASE STATE IS
    WHEN ST0=> IF A= '0' THEN STATE<= ST0;
               ELSE STATE<= ST1;   END IF;
    WHEN ST1=> IF A= '0' THEN STATE<= ST0;
               ELSE STATE<= ST2;   END IF;
    WHEN ST2=>
          IF A= '0' THEN STATE<= ST0;
          ELSE STATE<= ST2; END IF;
  WHEN OTHERS=> STATE<= ST0;
 END CASE;   END IF;
END PROCESS COMREG;
COM: PROCESS(STATE)  BEGIN
 CASE STATE IS
    WHEN ST0=> Z<= '0';
    WHEN ST1=> Z<= '0';
    WHEN ST2=>
         IF A= '0'  THEN  Z<= '1';   ELSE  Z<= '0';   END IF;
  WHEN OTHERS=> Z<= '0';
 END CASE;
END PROCESS COM;
END DEMO;
```

5. 直接编码输出

状态机直接编码输出的基本思想是通过对状态编码的精心选择，以状态寄存器的某些位直接作为输出，从而省略输出译码电路，二进制计数器就是一种典型的直接编码输出的状态机。输出是直接通过状态寄存器输出的，因此直接编码输出只能描述 Moore 型状态机。直接编码输出的状态机等效逻辑如图 3-90 所示。以如图 3-84(b)所示状态机为例，该状态机总共有 4 个状态，每个状态仅有 1 个输出信号，可以利用状态编码的最低位代表该输出信号，同时为了区别状态 S0、S1 和 S2 可以增加高两位，其状态编码可以按如表 3-9 所示分配。

例 3.7.5 为该编码方案的具体实现，首先通过 CONSTANT 定义各状态常量，并赋予特定的状态编码，然后利用 Z<=CURRENT_STATE(0)；语句将状态位的最低位作为输出信号直接输出。其余描述方法与双进程状态机一致，只是无须再对输出信号作任何处理，即不再有任何输出译码的逻辑电路，仿真波形如图 3-91 所示。

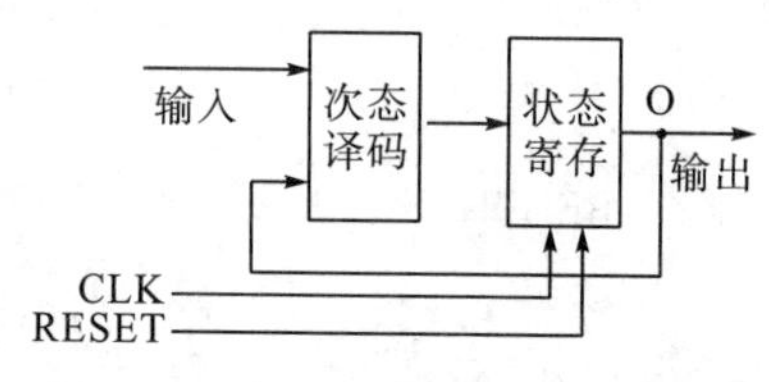

图 3-90　直接编码输出等效逻辑图

表 3-9　编码方案

状态	编码	输出
S0	000	0
S1	010	0
S2	100	0
S3	001	1

【例 3.7.5】

```
ARCHITECTURE DEMO OF MEALY5 IS
    --定义各状态及编码
    CONSTANT ST0: STD_LOGIC_VECTOR(2 DOWNTO 0): = "000";
    CONSTANT ST1: STD_LOGIC_VECTOR(2 DOWNTO 0): = "010";
    CONSTANT ST2: STD_LOGIC_VECTOR(2 DOWNTO 0): = "100";
    CONSTANT ST3: STD_LOGIC_VECTOR(2 DOWNTO 0): = "001";
    --定义现态与次态信号
    SIGNAL CURRENT_STATE, NEXT_STATE: STD_LOGIC_VECTOR(2 DOWNTO 0);
BEGIN
    Z<= CURRENT_STATE(0);    --将状态编码的最低位作为输出信号直接输出
REG: PROCESS (CLK, RST) BEGIN
      IF RST= '0' THEN CURRENT_STATE<= ST0;
      ELSIF(CLK'EVENT AND CLK= '1') THEN CURRENT_STATE<= NEXT_STATE;
      END IF;
     END PROCESS REG;
COM: PROCESS(CURRENT_STATE, A)
      BEGIN  --根据状态和输入确定次态，无须关心输出
      CASE CURRENT_STATE IS
        WHEN ST0=> IF A= '0' THEN NEXT_STATE<= ST0;
```

```
            ELSE NEXT_STATE<= ST1; END IF;
        WHEN ST1=> IF A= '0' THEN NEXT_STATE<= ST0;
            ELSE NEXT_STATE<= ST2; END IF;
        WHEN ST2=> IF A= '0' THEN NEXT_STATE<= ST3;
            ELSE NEXT_STATE<= ST2; END IF;
        WHEN ST3=> IF A= '0' THEN NEXT_STATE<= ST0;
            ELSE NEXT_STATE<= ST1; END IF;
        WHEN OTHERS=> NEXT_STATE<= ST0;
      END CASE;
    END PROCESS COM;
END DEMO;
```

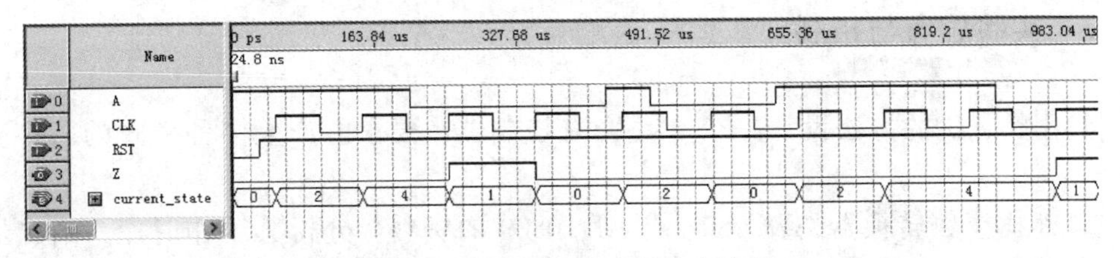

图 3-91　直接编码输出的仿真波形

3.7.4　实验步骤

实验任务：采用状态机的方法，设计一个自动饮料售货机控制器电路，饮料 1.5 元/瓶，只接收 5 角和 1 元硬币。

(1)设计分析。由于只接收 5 角和 1 元硬币，所以可设置一个 2 位输入信号 A，A=01 表示收到 5 角，A=10 表示收到 1 元，其余输入表示为未投币。可以设置 S0～S4 的 5 个状态，分别表示初始化状态(收到 0 元)、收到 5 角、收到 1 元、收到 1.5 元和收到 2 元。考虑到友好的人机交互，可设置如图 3-92 所示的 5 个输出指示灯，假设输出高电平灯亮。根据逻辑关系，可画出如图 3-93 所示的状态图。

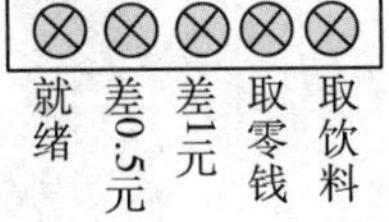

就绪　差0.5元　差一元　取零钱　取饮料

图 3-92　售货机输出指示设计

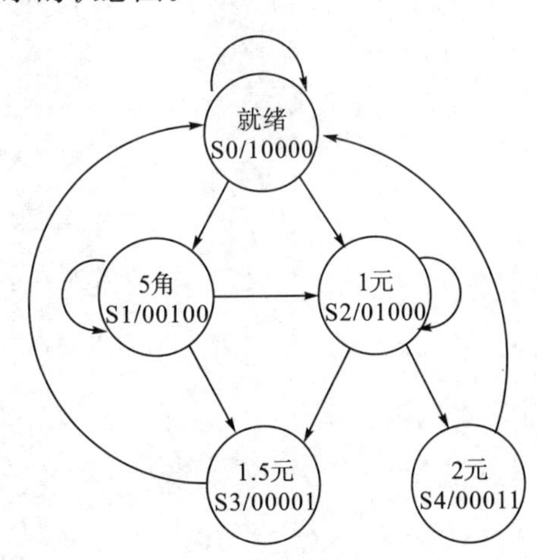

图 3-93　售货机状态图

(2)参照例3.7.1～例3.7.5，用HDL设计实现该售货机电路。

(3)完成硬件测试。如果在图3-1的电路上进行硬件测试，则需要注意以下几点：

①图中的拨码开关和按键开关均未作防抖动处理，因此利用这些开关中的任何两位来产生01或10的输入信号时，不可避免地会产生抖动，从而造成硬件测试困难。例如，用拨码开关，状态机现态为S0，开关输入为00，当要拨动开关为01时，由于抖动的存在，对状态机而言，会产生多次01输入，从而使观察到的状态不一定在S1，也可能是S2、S3，所以该状态机的输入必须要作防抖动处理，具体方法可以参照实验3.4。

②售货机的输出指示可以用如图3-1中所示D1～D8中的任何5个LED来表示，但要注意，图3-1中的LED为输出低电平亮，而该例在设计分析时选择的是输出高电平亮，因此需要将输出逻辑反相。

3.7.5 实验思考与拓展

(1)用状态机的方法设计一个8位彩灯控制器，要求能产生多种模式的彩灯变换效果。

(2)查找模数转换器ADC0804或ADC0809的资料，分析其工作时序，画出控制ADC0804或ADC0809工作的控制电路逻辑状态图，并利用HDL语言设计A/D采样控制器，控制ADC0804或ADC0809工作。

第 4 章　FPGA 综合实训

4.1　仿电台报时数字钟设计

4.1.1　设计任务

设计一个数字钟，要求具有时、分、秒计时功能，校时、校分功能以及整点报时功能。整点报时功能要求在 59 分 51 秒、53 秒、55 秒、57 秒发出 512Hz 低音音频信号，在 59 分 59 秒时发出 1024Hz 高音音频信号，每次发声均持续 1 秒钟，在 1024Hz 声响结束时即为整点。

4.1.2　任务分析与范例

1. 任务分析

数字钟的设计是比较经典的数字系统设计案例。数字钟的实现有多种方案，但其基本结构都是由核心计时单元和外围控制逻辑电路构成。核心计时单元主要是各种进制计数器，例如，分、秒计时为六十进制计数器，小时计时则是二十四或十二进制计数器。外围控制逻辑电路则主要包括校时电路、复位电路、报时电路、时钟分频电路、译码与显示电路等。

计数器的设计可以采用二进制计数或 8421BCD 码计数，如果显示电路采用静态显示，则计数器采用 8421BCD 编码比较合适，因为采用二进制计数则需要三个 6 位二进制到 2 位 8421BCD 码的译码电路，这是比较庞大的组合逻辑电路，将消耗较多的逻辑资源。如果显示电路采用动态扫描，则两种计数编码模式都可以考虑，但采用 8421BCD 码更容易理解一些。

图 4-1 给出了一种数字钟设计方案的结构框图。图中时分秒计时均采用 8421BCD 码计数，计数器输入时钟采用分频器输出的 1Hz 信号，通过控制计数使能，实现各计数器的同步计数。报时电路则根据分和秒的数值，选择输出 512Hz 或 1024Hz 音频信号至扬声器。两个使能控制模块实际上是二选一数据选择器，分别用于选择时和分计数器的使能控制信号。当校时、校分信号无效时，数字钟处于正常计时状态，分计数器使能只能在秒计数器计数至 59 时才能有效，当下一个时钟边沿到达时分计数器加 1。时计数器使能则只能在 59 分 59 秒时才有效，在下一个时钟边沿到达时，时计数器加 1。当校时或校分信号有效时，则直接选择“1”输出，使时或分计数器始终使能，此时，在 1Hz 时钟作用下，时或分计数器将自动加 1 计数，从而实现校时或校分的功能。译码与显示电路

比较独立，采用动态或静态显示方案均可。分频电路则主要将输入的时钟信号分频输出 1Hz、512Hz 以及 1024Hz 频率，此例中，时钟输入假设直接为 1024Hz。

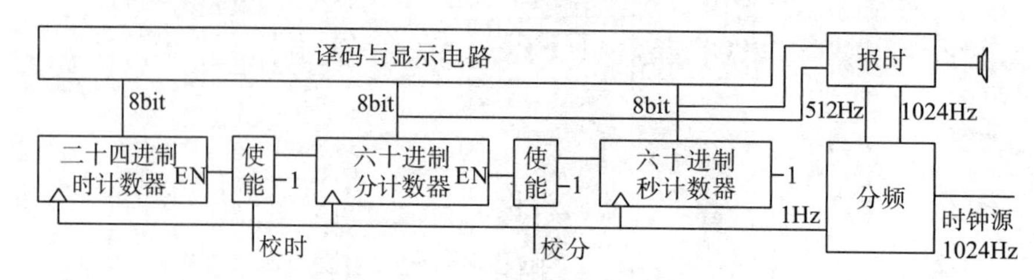

图 4-1　数字钟结构框图

2. 设计范例

以下范例采用了如图 4-1 所示方案。设定时钟源输入频率为 1024Hz，如果具体测试的硬件平台上无法提供 1024Hz 信号，则可以根据硬件配备的石英晶振频率，参照实验 3.5 自行设计分频电路。图中的译码与显示电路也不在此例中赘述，如果采用动态扫描显示，则可以参考实验 3.6 自行设计。

下面的设计范例采用了层次化的设计方法，其层次关系如图 4-2 所示。底层设计了 4 个模块，分别是二十四进制计数器、六进制计数器、十进制计数器以及整点报时模块，顶层则调用这些模块构成数字钟系统。

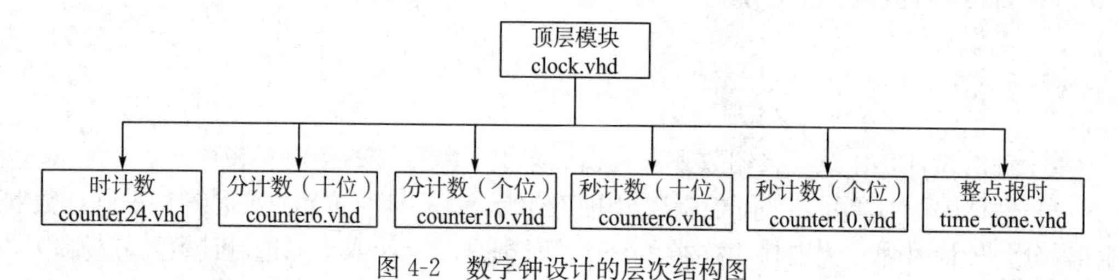

图 4-2　数字钟设计的层次结构图

【例 4.1.1】 数字钟顶层设计

```
LIBRARY IEEE;
USE IEEE.STD_LOGIC_1164.ALL;
USE IEEE.STD_LOGIC_UNSIGNED.ALL;
ENTITY CLOCK IS   --数字钟顶层实体
    PORT(CLK, RST, EN, ADJ_MIN, ADJ_HOUR: IN STD_LOGIC;
        --定义时钟、复位、使能、校分、校时输入信号，CLK 时钟频率默认 1024Hz
        SPEKER: OUT STD_LOGIC;    --定义扬声器输出端口
        HOUR, MINUTE, SECOND: OUT STD_LOGIC_VECTOR(7 DOWNTO 0));
        --时、分、秒输出
END CLOCK;
ARCHITECTURE DEMO OF CLOCK IS
    COMPONENT COUNTER10 IS  --十进制计数器元件调用申明
        PORT(CLK, RST, EN: IN STD_LOGIC;          --时钟、复位、使能
```

```
        Q: OUT STD_LOGIC_VECTOR(3 DOWNTO 0));    --8421BCD码计数输出
    END COMPONENT;
    COMPONENT COUNTER6 IS                       --六进制计数器元件调用申明
    PORT(CLK, RST, EN: IN STD_LOGIC;    --时钟、复位、使能
        Q: OUT STD_LOGIC_VECTOR(3 DOWNTO 0));    --8421BCD码计数输出
    END COMPONENT;
    COMPONENT COUNTER24 IS  --二十四进制计数器元件调用申明
    PORT(CLK, RST, EN: IN STD_LOGIC;                --时钟、复位、使能
        Q: OUT STD_LOGIC_VECTOR(7 DOWNTO 0));    --8421BCD码计数输出
    END COMPONENT;
    COMPONENT TIME_TONE IS                        --整点报时模块调用申明
    PORT(MINUTE, SECOND: IN STD_LOGIC_VECTOR(7 DOWNTO 0); --分、秒计时输入
        CLK1024, CLK512: IN STD_LOGIC;    --高、低音报警音频输入
        SPEKER: OUT STD_LOGIC);            --至扬声器音频输出
    END COMPONENT;
    SIGNAL SECH_EN, MINH_EN, MINL_EN, HOU_EN: STD_LOGIC;
    --依次定义秒计数十位使能、分计数十位使能、分计数个位使能、小时计数使能
    SIGNAL HOURB, MINUTEB, SECONDB: STD_LOGIC_VECTOR(7 DOWNTO 0);
    --依次定义8421BCD码表达的时、分、秒的计时信号
    SIGNAL CLK1HZ, CLK512: STD_LOGIC;    --定义分频得到的1Hz和512Hz时钟
    SIGNAL CLKCNT: STD_LOGIC_VECTOR(9 DOWNTO 0);    --定义分频器计数信号
BEGIN
    --------以下调用十进制和六进制计数器组装六十进制秒计时电路-------
--产生秒的十位计数使能。当秒计数器的个位为9时，SECH_EN输出1，允许秒计
--数器的十位计数，否则输出0禁止计数
SECH_EN<= '1' WHEN SECONDB(3 DOWNTO 0)= "1001" ELSE
        '0';
--用PORT MAP例化秒计数器个位
U1: COUNTER10 PORT MAP(CLK1HZ, RST, EN, SECONDB(3 DOWNTO 0));
--例化秒计数器十位
U2: COUNTER6 PORT MAP(CLK1HZ, RST, SECH_EN, SECONDB(7 DOWNTO 4));
    --------以下调用十进制和六进制计数器组装六十进制分计时电路-------
--产生分的个位计数使能信号。当分校时信号有效(ADJ_MIN= '1')或秒计数为59
--时，MINL_EN输出1允许分计数器个位计数，否则输出0禁止计数
PROCESS(ADJ_MIN, SECONDB) BEGIN
    IF ADJ_MIN= '1' OR SECONDB= "01011001" THEN
        MINL_EN<= '1';
    ELSE MINL_EN<= '0'; END IF;
END PROCESS;
```

```
    --产生分的十位计数使能信号。当分校时信号有效(ADJ_MIN= '1')且分计数器个位
    --为 9 时或分计数个位为 9 秒计数为 59 时，MINH_EN 输出 1 允许分计数器十位计
    --数，否则输出 0 禁止计数
    PROCESS(ADJ_MIN, SECONDB, MINUTEB) BEGIN
        IF (ADJ_MIN= '1' AND MINUTEB(3 DOWNTO 0)= "1001") OR (MINUTEB(3
DOWNTO 0)= " 1001" AND SECONDB= "01011001") THEN
            MINH_EN<= '1';
        ELSE MINH_EN<= '0'; END IF;
    END PROCESS;
    --例化分计数个位
    U3: COUNTER10 PORT MAP(CLK1HZ, RST, MINL_EN, MINUTEB(3 DOWNTO 0));
    --例化分计数十位
    U4: COUNTER6 PORT MAP(CLK1HZ, RST, MINH_EN, MINUTEB(7 DOWNTO 4));
        --------以下调用二十四进制计数器组装小时计时电路-------
    --产生小时计数使能信号。当时校时信号有效(ADJ_HOUR= '1')或 59 分 59 秒时，
    --HOU_EN 输出 1，允许时计数器计数，否则输出 0 禁止计数
    PROCESS(ADJ_HOUR, SECONDB, MINUTEB) BEGIN
        IF ADJ_HOUR= '1' OR (MINUTEB= "01011001" AND SECONDB= "
01011001") THEN
            HOU_EN<= '1';
        ELSE HOU_EN<= '0'; END IF;
    END PROCESS;
    --例化小时计数
    U5: COUNTER24 PORT MAP(CLK1HZ, RST, HOU_EN, HOURB);
        ----------以下调用整点报时模块组装整点报时电路-------
    U6: TIME_TONE PORT MAP(MINUTEB, SECONDB, CLK, CLK512, SPEKER );
        ----------以下实现分频电路，将 1024Hz 分频输出 512Hz 和 1Hz--------
    PROCESS(CLK)
    BEGIN
        IF CLK'EVENT AND CLK= '1' THEN--分频计数器
            CLKCNT<= CLKCNT+ '1';
        END IF;
    END PROCESS;
    CLK1HZ<= CLKCNT(9);    --1Hz 分频输出
    CLK512<= CLKCNT(0);    --512Hz 分频输入
        ----------以下将时分秒计数器信号输出至各自端口--------
    SECOND<= SECONDB;    --秒输出
    MINUTE<= MINUTEB;    --分输出
    HOUR<= HOURB;        --时输出
```

```
END ARCHITECTURE DEMO;
```

【例 4.1.2】六进制计数器设计

```
LIBRARY IEEE;
USE IEEE.STD_LOGIC_1164.ALL;
USE IEEE.STD_LOGIC_UNSIGNED.ALL;
ENTITY COUNTER6 IS
    PORT(CLK, RST, EN: IN STD_LOGIC;                  --时钟、复位、使能
        Q: OUT STD_LOGIC_VECTOR(3 DOWNTO 0));         --8421BCD 码计数输出
END COUNTER6;
ARCHITECTURE DEMO OF COUNTER6 IS
SIGNAL CNT: STD_LOGIC_VECTOR(3 DOWNTO 0);
BEGIN
    PROCESS(RST, CLK, EN)
    BEGIN
    IF RST= '0' THEN CNT<= (OTHERS=> '0');         --低电平异步清零
    ELSIF CLK'EVENT AND CLK= '1' THEN              --上升沿检测
        IF EN= '1' THEN                            --高电平使能
            IF CNT> = "0101" THEN CNT<= (OTHERS=> '0'); --计数模 6 控制
            ELSE CNT<= CNT+ '1'; END IF;           --加 1 计数
        END IF;
    END IF;
    END PROCESS;
    Q<= CNT;          --信号输出至端口
END ARCHITECTURE DEMO;
```

【例 4.1.3】十进制计数器设计

```
LIBRARY IEEE;
USE IEEE.STD_LOGIC_1164.ALL;
USE IEEE.STD_LOGIC_UNSIGNED.ALL;
ENTITY COUNTER10 IS
    PORT(CLK, RST, EN: IN STD_LOGIC;                  --时钟、复位、使能
        Q: OUT STD_LOGIC_VECTOR(3 DOWNTO 0)); --8421BCD 码计数输出
END COUNTER10;
ARCHITECTURE DEMO OF COUNTER10 IS
SIGNAL CNT: STD_LOGIC_VECTOR(3 DOWNTO 0);
BEGIN
    PROCESS(RST, CLK, EN)
    BEGIN
```

```
        IF RST= '0' THEN CNT<= (OTHERS=> '0');   --低电平异步清零
        ELSIF CLK'EVENT AND CLK= '1' THEN        --上升沿检测
            IF EN= '1' THEN                      --高电平使能
                IF CNT> = " 1001" THEN CNT<= (OTHERS=> '0'); --计数模10控制
                ELSE CNT<= CNT+ '1'; END IF;     --加1计数
            END IF;
        END IF;
        END PROCESS;
        Q<= CNT;
    END ARCHITECTURE DEMO;
```

【例4.1.4】二十四进制计数器设计

```
    LIBRARY IEEE;
    USE IEEE.STD_LOGIC_1164.ALL;
    USE IEEE.STD_LOGIC_UNSIGNED.ALL;
    ENTITY COUNTER24 IS
        PORT(CLK, RST, EN: IN STD_LOGIC;              --时钟、复位、使能
            Q: OUT STD_LOGIC_VECTOR(7 DOWNTO 0)); --8421BCD码计数输出
    END COUNTER24;
    ARCHITECTURE DEMO OF COUNTER24 IS
    SIGNAL CNT: STD_LOGIC_VECTOR(7 DOWNTO 0);
    BEGIN
        PROCESS(RST, CLK, EN)
        BEGIN
        IF RST= '0' THEN CNT<= (OTHERS=> '0');   --低电平异步清零
        ELSIF CLK'EVENT AND CLK= '1' THEN        --上升沿检测
            IF EN= '1' THEN                      --高电平使能
                IF CNT(7 DOWNTO 4)> "0010" OR CNT(3 DOWNTO 0) > " 1001" OR
(CNT(7 DOWNTO 4) = " 0010" AND CNT(3 DOWNTO 0)> = "0011") THEN CNT<= (OTH-
ERS=> '0');
                ELSIF CNT(3 DOWNTO 0) > = "1001" THEN CNT(7 DOWNTO 4) <= CNT
(7 DOWNTO 4) + '1';    CNT(3 DOWNTO 0) <= "0000";    --计数模24控制
                ELSE CNT<= CNT + '1';                 --加1计数
                END IF;
            END IF;
        END IF;
        END PROCESS;
        Q<= CNT;
    END ARCHITECTURE DEMO;
```

【例 4.1.5】仿电台整点报时电路设计

```
LIBRARY IEEE;
USE IEEE.STD_LOGIC_1164.ALL;
ENTITY TIME_TONE IS
    PORT(MINUTE, SECOND: IN STD_LOGIC_VECTOR(7 DOWNTO 0);
    --分、秒计时输入
        CLK1024, CLK512: IN STD_LOGIC;    --高、低音报警音频输入
        SPEKER: OUT STD_LOGIC);           --至扬声器音频输出
END TIME_TONE;
ARCHITECTURE DEMO OF TIME_TONE IS
BEGIN
    --当 59 分 59 秒时选择 1024Hz 频率输出，59 分 51 或 53 或 55 或 57 秒时选择
    --512Hz 频率输出，否则均输出 0 禁止发声
    SPEKER<= CLK1024 WHEN MINUTE= "01011001" AND SECOND= "01011001" ELSE
             CLK512 WHEN  MINUTE= "01011001" AND (SECOND= "01010001"
OR SECOND= "01010011" OR SECOND= "01010101" OR SECOND= "01010111") ELSE
             '0';
END DEMO;
```

4.1.3 实训内容与步骤

(1)分析设计任务，认真理解本实验的设计范例。完成设计范例 4.1.2～例 4.1.5，各模块的设计输入和仿真测试。

(2)完成例 4.1.1 数字钟顶层的设计，理解系统工作原理，完成数字钟的计时、报时和校时功能的仿真测试。

(3)根据测试硬件平台的具体情况，完成数字钟的硬件测试。

①范例中采用的系统时钟为 1024Hz，因此首先需要根据测试硬件上的具体晶振频率设计分频器，以产生所需要的 1024Hz 频率。以图 3-1 的实验平台为例，系统晶振为 20MHz，因此可参考实验 3.5 分频器设计的范例设计产生 1024Hz 频率。

②本实验范例未设计译码显示电路，因此也需要根据测试平台的具体显示情况规划显示方案。以图 3-1 的实验平台为例，该平台支持 8 位数码管动态显示，因此可模仿实验 3.6 设计译码显示电路，并将例 4.1.1 中的 HOUR 信号显示在左边第 8 和第 7 位上，将 MINUTE 信号显示第 5 和第 4 位上，将 SECOND 信号显示在第 2 和第 1 位上。第 6 和第 3 位可以显示短横线分割时分秒。

③范例中的调分和调时信号采用的是高低电平信号控制数据选择器选通的方式实现，因此 ADJ_MIN 和 ADJ_HOUR 可以使用简单的拨码开关，如图 3-1 中的 S1～S8 的开关。如果测试平台没有拨码开关，只有类似图 3-1 中的 K1～K8 的按键开关，则要仔细分析未按键时开关输出为高电平还是低电平，如果输出高电平，则建议将开关信号反相后

作为 ADJ _MIN 和 ADJ _HOUR，否则未按键时电路会一直处于校时和校分状态。

④关于 EN 信号，处理方法和校时信号一样，最好使用拨码开关，如果使用图 3-1 中的 K1~K8 开关则需要反相。

⑤关于 RST 信号，范例中的 RST 为低电平复位，因此硬件测试时可以使用图 3-1 中的 K1~K8 的开关充当，开关按下时系统复位，也可以在 FPGA 芯片外部设计一个 RC 电路实现开机自动复位。

⑥报时信号 SPEKER 最好输出至如图 3-1 所示电路中 PIN15 所接的扬声器。如果硬件平台没有扬声器或无源蜂鸣器，只有有源蜂鸣器，则报时效果会较差，同时还需要注意该有源蜂鸣器是高电平发声还是低电平发声，根据情况修改 TIME _TONE 模块中不发声时输出的逻辑电平值。

4.1.4 设计思考与拓展

(1)改善人机接口，在校时或校分时，对应的时或分能闪烁显示。

(2)设置一个闹钟寄存器，为数字钟增加闹钟功能。时间到时，以 1s 间隔交替输出 512Hz 和 1024Hz 频率的报警音。

(3)为数字钟的小时显示增加 12 小时模式的显示，可以在二十四进制和十二进制显示之间切换。

4.2 简易自适应交通灯控制器设计

4.2.1 设计任务

设计一个交通灯控制器，控制一个主干道与支道交叉路口的信号灯。要求优先保证主干道的通行，当主道和支道都有车时，按照主道绿灯 60s、支道绿灯 30s、过渡黄灯 4s 的方式交替工作。当主道或支道一方有车另一方无车时，能立即切换交通信号，让车辆通行。当主道和支道都无车时，则始终处于“主道绿灯，支道红灯”状态。

4.2.2 任务分析与范例

1. 任务分析

简易自适应交通灯控制器的设计需要较复杂时序控制流程，为了理清工作过程可以先绘制控制器的详细逻辑流程图，然后将其转换为状态图，最后用状态机实现。也可以根据逻辑流程图直接用状态机设计。

图 4-3 是简易自适应交通灯控制器的逻辑流程图。图 4-4 是根据逻辑流程图规划出的交通灯控制器的系统结构图。图中将系统分解为分频器、定时器和双进程状态机控制器三大部分。INM 和 INB 分别是主道和支道有无车辆的输入信号，有车时为 1，无车时为

0。CLK20M 为系统默认时钟输入。RST 为系统复位信号，低电平时系统复位。输出信号主要有倒计时显示信号 CNTB(采用 8421BCD 码输出)、主干道红绿灯的输出信号 RYGM 和支道红绿灯输出信号 RYGB。分频器的作用主要是将系统时钟分频，输出频率为 1Hz 的定时器计数时钟 CLK。定时器实质为可预置的减计数器，在预置信号 LD 的作用下，将倒计时初值 CNTA 预置到内部计数器，并在 CLK 时钟作用下开始减 1 计数，其输出为计数值 CNT。双进程状态机为核心控制器，根据主道与支道有无车的输入信号和计数值确定状态的变化和输出控制信号。

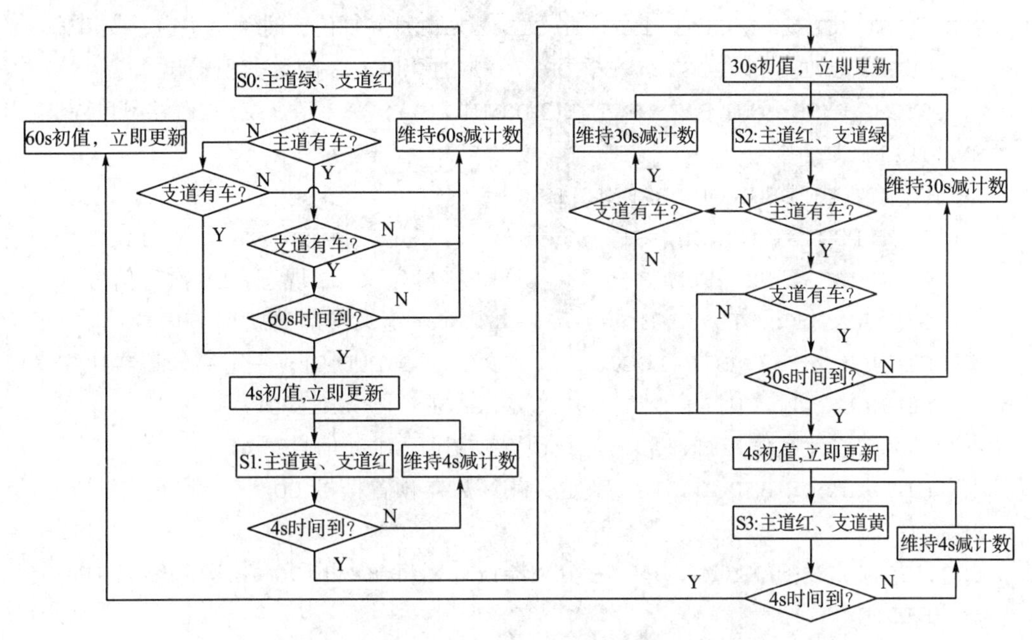

图 4-3　简易自适应交通灯控制器逻辑流程图

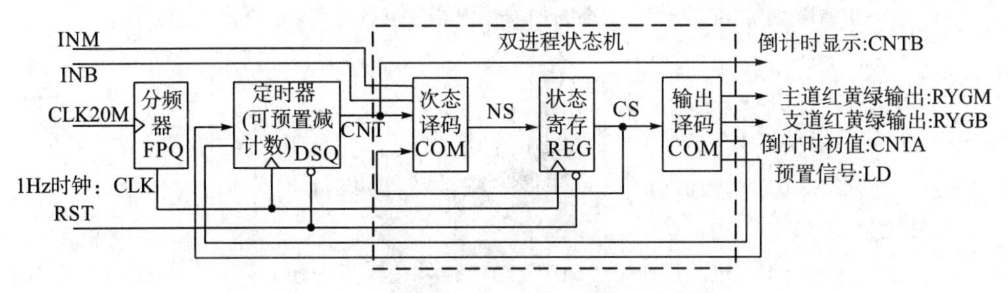

图 4-4　简易自适应交通灯控制器结构图

2. 设计范例

根据图 4-3 和图 4-4 的分析，例 4.2.1 给出了简易自适应交通灯控制器的实现范例。实体部分完全按照图 4-4 设计。分频器模块通过定义 28 位的信号 CNT32 和进程 FPQ 来实现，实现的方法利用了基于累加器的数控分频方案。累加器位数为 28 位，设系统输入时钟为 20MHz，则根据式(3-3)可计算出产生 1Hz 时钟所需要的频率字为 13.42，取近似值 13，即“1101”。进程 DSQ 实现了 8421BCD 码的减计数定时器。信号 CNT 为 8 位减计数寄存信号，信号 CNTA 为计数器的预置值，在预置信号 LD 的作用下实现同步预置数。核心控制器采用双进程实现。进程REG实现了状态寄存，在时钟作用下将次态变换为现态。进程REG则根据图4-1的逻辑流程实现次态译码和输出译码。

【例4.2.1】简易自适应交通灯控制器

```
LIBRARY IEEE;                                  --库申明
USE IEEE.STD_LOGIC_1164.ALL;                   --包集合调用申明
USE IEEE.STD_LOGIC_UNSIGNED.ALL;               --包集合调用申明
ENTITY TRAFFIC IS                              --交通灯实体定义
PORT (RST, CLK20M, INM, INB: IN STD_LOGIC; --复位、时钟、主道、支道输入
    CNTB: OUT STD_LOGIC_VECTOR(7 DOWNTO 0); --减计数值输出
    RYGM, RYGB: OUT BIT_VECTOR(2 DOWNTO 0)); --主道、支道红黄绿灯控制输出
END TRAFFIC;
ARCHITECTURE DEMO OF TRAFFIC IS
    TYPE FSM_ST IS (S0, S1, S2, S3);      --定义状态符号
    SIGNAL CS, NS: FSM_ST;                  --定义CS现态，NS次态信号
    SIGNAL CLK: STD_LOGIC;                  --定义内部1Hz时钟信号
    SIGNAL CNT32: STD_LOGIC_VECTOR(27 DOWNTO 0); --定义分频器计数信号
    SIGNAL CNT, CNTA: STD_LOGIC_VECTOR(7 DOWNTO 0);
    --定义减计数信号CNT和减计数预置数初值CNTA信号
    SIGNAL LD: STD_LOGIC; --定义减计数器预置信号LD
BEGIN
FPQ: PROCESS(CLK20M)         --分频器设计，将输入的20MHz分频输出1Hz
    BEGIN
    IF CLK20M'EVENT AND CLK20M= '1' THEN
        CNT32<= CNT32+ "1101";    --频率字13
    END IF;
    END PROCESS FPQ;
    CLK<= CNT32(27);          --1Hz时钟输出
DSQ: PROCESS(CLK, RST)   --定时器(减计数器)设计
    BEGIN
      IF RST= '0' THEN CNT<= "01011001";     --异步复位，默认主道绿灯支道红灯
      ELSIF CLK'EVENT AND CLK= '1' THEN
       IF LD= '1' THEN CNT<= CNTA; ELSE
          --同步预置，根据CNTA值的不同构建不同进制减计数器
          IF CNT(3 DOWNTO 0)> "0000" THEN--如果个位大于0，则个位减1
            CNT(3 DOWNTO 0)<= CNT(3 DOWNTO 0)- '1';
          ELSIF CNT(7 DOWNTO 4)> "0000" THEN  --个位不大于0，十位大于0
            CNT(7 DOWNTO 4)<= CNT(7 DOWNTO 4)- '1';    --十位减1
            CNT(3 DOWNTO 0)<= "1001";       --个位置9
          ELSE CNT<= CNTA;    --个位十位均不大于0，则重新预置初值
```

```
          END IF;
        END IF;
      END IF;
    END PROCESS DSQ;
    CNTB<= CNT;           --减计数器的 8421BCD 码输出，外接数码管显示
REG: PROCESS(CLK, RST)  --状态机时序进程
    BEGIN
        IF RST= '0' THEN CS<= S0;   --复位为 S0 状态(主道绿灯支道红灯)
        ELSIF CLK'EVENT AND CLK= '1' THEN
            CS<= NS;        --次态变现态，状态寄存
        END IF;
    END PROCESS REG;
COM: PROCESS (CS, CNT)  --状态机组合进程，实现输出译码和次态译码
    BEGIN
        CASE CS IS          --以下根据图 4-3 的逻辑流程图展开描述
            WHEN S0=> RYGM<= "110"; RYGB<= "011"; --主道绿灯、支道红灯
                IF (INB AND INM)= '1' THEN  --如果主道和支道均有车
                    IF CNT= " 00000000" THEN  --如果 60s 时间到
                        NS<= S1; CNTA<= "00000011"; LD<= '1';
                        --进入主道黄灯支道红灯过渡态 S1，预置计数初值 3，
                        --令 LD= 1 立即刷新计数器
                ELSE  -- 60s 减计数未结束
                    NS<= S0; CNTA<= "01011001"; LD<= '0';   --维持原态
                END IF;
            ELSIF (INB AND (NOT INM))= '1' THEN –如果主道无车支道有车
                NS<= S1; CNTA<= "00000011"; LD<= '1';
                --进入主道黄灯支道红灯过渡态 S1，预置计数初值 3，令 LD= 1
                --立即刷新计数器
            ELSE  --其余情况维持原态
                NS<= S0; CNTA<= "01011001"; LD<= '0';
            END IF;
        WHEN S1=> RYGM<= "101"; RYGB<= "011";    --主道黄灯、支道红灯
            IF CNT= "00000000" THEN  --如果 4 秒倒计时结束
                NS<= S2; CNTA<= "00101001"; LD<= '1';
                --进入主道红灯支道绿灯状态 S2，预置计数初值 29，令 LD= 1 立
                --即刷新计数器
            ELSE  --4s 倒计时未结束
                NS<= S1; CNTA<= "00000011"; LD<= '0'; --维持 S1 过渡态
            END IF;
```

```
          WHEN S2=> RYGM<= "011"; RYGB<= "110"; --主道红灯、支道绿灯
              IF (INM AND INB)= '1' THEN  --如果主道、支道均有车
                  IF CNT= "0000000" THEN  --如果29s倒计时结束
                      NS<= S3; CNTA<= "00000011"; LD<= '1';
                      --进入主道红灯支道黄灯过渡态S3，预置倒计时初值3，
                      --令LD= 1立即刷新计数器
                  ELSE  --29s倒计时未结束
                      NS<= S2; CNTA<= "00101001"; LD<= '0';
                      --维持S2原态
                  END IF;
              ELSIF INB= '0' THEN——如果支道无车
                  NS<= S3; CNTA<= "00000011"; LD<= '1';
                  --进入主道红灯支道黄灯过渡态S3，预置倒计时初值3，
                  --令LD= 1立即刷新计数器
              ELSE——支道有车，主道无车
                  NS<= S2; CNTA<= "00101001"; LD<= '0';
                  --继续维持S2原态
              END IF;
          WHEN S3=> RYGM<= "011"; RYGB<= "101";    --主道红灯、支道黄灯
              IF CNT= "00000000" THEN  --如果4s倒计时结束
                  NS<= S0; CNTA<= "01011001"; LD<= '1';
                  --进入主道绿灯、支道红灯S0状态，预置倒计时初值59，
                  --令LD= 1立即刷新计数器
              ELSE  --4秒倒计时未结束
                  NS<= S3; CNTA<= "00000011"; LD<= '0'; --维持S3原态
              END IF;
      END CASE;
  END PROCESS COM;
END DEMO;
```

4.2.3 实训内容与步骤

(1)分析设计任务，认真理解设计范例。完成设计范例的设计输入和仿真测试。

(2)根据测试硬件平台的具体情况，完成简易自适应交通灯的硬件测试。

①首先考虑时钟信号。范例中的CLK20M默认为20MHz，与如图3-1所示电路中的频率一致，如果实际硬件的时钟频率不一样，则可以重新设计范例中的FPQ进程。需要考虑修改累加器的位数、根据系统输入时钟和需要产生的时钟，利用第3章中的式(3-3)重新计算初值。

②RST复位信号。复位信号为0有效，因此可以选择未按键时输出为高电平的开关来充

当。如图 3-1 所示中的 K1～K8 均可。如果按键不满足电平条件，则需要将开关信号反相。

③INM 和 INB。INM 和 INB 为主道和支道有无车辆要通过的输入信号，高电平 1 表示有车辆要通过，因此也可以选择未按键时输出为高电平的开关或拨码开关来充当。由于状态机的系统时钟为 1Hz 信号，因此测试时，INM 和 INB 信号需要至少持续 1s 以上时间才能生效。

④CNTB 信号。该信号为 8421BCD 码输出的减计数信号，可以外接 LED 数码管实现倒计时显示。如果测试硬件没有静态显示，如图 3-1 所示电路，则需要参照实验 3.6 编写 2 位数码管的动态扫描代码。

⑤RYGM，RYGB。RYGM 为主道红黄绿灯的控制输出，RYGB 为支道红黄绿灯的控制输出，从高位到低位依次是红灯、黄灯、绿灯。范例中的输出控制采用了输出低电平驱动灯亮的控制逻辑，如图 3-1 中的驱动逻辑。如果测试硬件为输出高电平控制灯亮则可将输出信号反相。

4.2.4　设计思考与拓展

(1)设置两个寄存器，通过修改这两个寄存器的值，修改主道绿灯和支道绿灯的倒计时时间。

(2)将输入信号 INM 和 INB 修改为 4 位二进制输入，INM 和 INB 数值的大小分别为等待通行车辆的数量，根据主道与支道需要通行车辆的数量动态改变主道与支道的通行时间。

4.3　具有自动量程切换和灭零功能的简易频率计设计

4.3.1　设计任务

设计一个带量程自动切换功能和自动灭零显示功能的简易频率计。具体要求如下：

(1)频率计的测量范围 1Hz～120MHz。

(2)量程可根据被测频率的高低自动转换。

(3)采用 6 位数码管显示频率，采用 3 个 LED 显示单位，频率单位可在 Hz、kHz 和 MHz 之间自动切换，小数点显示能自动切换，能实现无效 0 的灭零显示。测量范围、显示方式与显示单位的要求如表 4-1 所示。

表 4-1　测量范围、显示方式与单位关系表

测量范围与显示方式	单位
0～999	Hz
1.000～9.999	kHz
10.000～99.999	kHz
100.000～999.999	kHz
1.00000～9.99999	MHz
10.0000～99.9999	MHz
100.000～999.999	MHz

4.3.2 任务分析与范例

1. 任务分析

频率就是单位时间里的脉冲个数。频率计就是测量并显示单位时间内的被测信号周期数的仪器。频率测量有直接测量和间接测量两种方法。直接测量就是根据频率的定义测量，假设单位时间 T_w 内，测得被测信号周期数为 N_x，则被测频率 F_x 为

$$F_x = N_x/T_w \tag{4-1}$$

式中，如果 T_w=1s，则 F_x 为以 Hz 为单位的频率。

间接测量可以采用周期测量法，以被测频率的周期为计数闸门，对基准频率进行测量。假设在被测信号的一个周期 T_x 内，测得的频率为 F_s 的基准时钟的周期个数为 N_s，则被测频率 F_x 为

$$F_x = \frac{1}{T_x} = \frac{F_s}{N_s} \tag{4-2}$$

图 4-5 为简易频率计测量原理框图，图 4-6 为其工作波形图。频率计工作时，首先通过控制器发送 CLR 清零信号，使计数器清零，为测量做准备；然后让使能信号 EN 有效，打开闸门，计数器对被测信号 F_x 计数；最后，当使能 EN 无效，闸门关闭后，发送锁存信号 LOCK，将计数器所计的值锁存到锁存器中，并译码显示出来。

当直接测量频率时，被测频率从 F_x 端输入，控制器产生 T_w 脉宽的使能信号 EN。当采用周期测量法时，控制器将被测信号二分频，得到被测信号的周期 T_x，并将该信号作为使能信号 EN，控制闸门开启，时基电路产生标准频率信号 F_s，并从 F_x 端输入。下面的分析均以直接测量法为例。

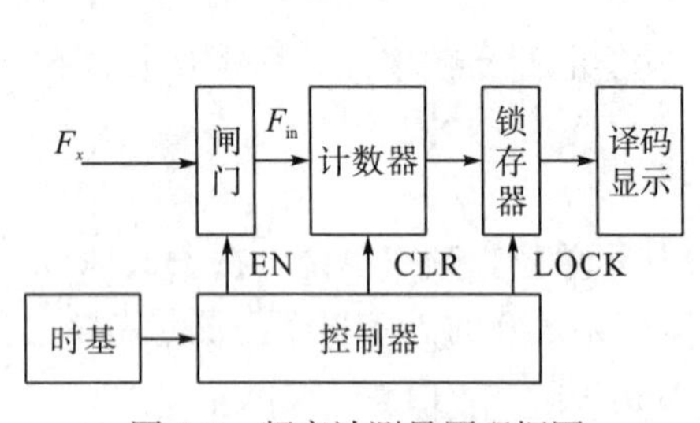

图 4-5 频率计测量原理框图

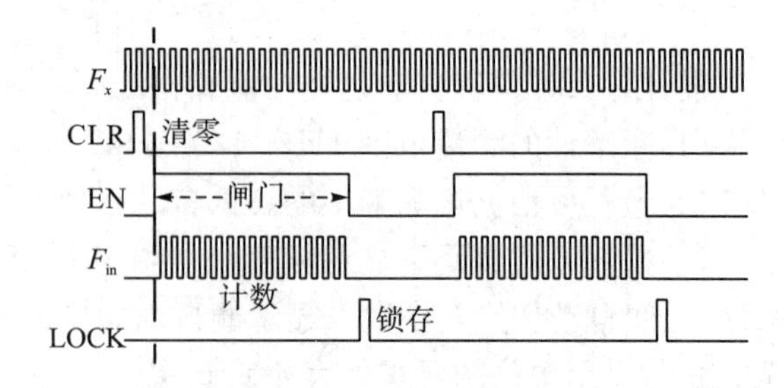

图 4-6 频率计测量波形图

在计数器位数和闸门时间一定的情况下，当输入频率 F_x 过大时，计数器可能会产生溢出，这表示被测频率超过了测量的最大量程，此时可以缩小闸门开启时间，以扩大量程。例如，当闸门 EN 为 1s 时，计数器溢出，则可将闸门 EN 缩小为 0.1s，如果计数器没有溢出，则其真实频率为计数器的数值乘以 10。闸门时间每缩小 1/10，量程则扩大 10 倍，但测量误差也会扩大 10 倍。当然，也可以采取闸门时间不变，而对输入频率进行分频的方式扩大量程。

2. 设计范例

根据设计要求，下面的范例给出了其中的关键模块的设计与分析。频率计的量程、闸门时间、显示单位、量程状态和闸门状态的控制状态分配关系如表 4-2 所示。由于只有 6 位数码管显示，计数器内部也拟采用 6 位十进制计数器计数，所以共分为 7 个量程、4 种闸门时间。

表 4-2　频率计量程、闸门时间、单位的分配关系表

量程范围	闸门时间	显示单位	量程状态符号	闸门状态符号
0~999	1s	Hz	S0	S0
1.000~9.999	1s	kHz	S1	
10.000~99.999	1s	kHz	S2	
100.000~999.999	1s	kHz	S3	
1.00000~9.99999	0.1s	MHz	S4	S1
10.0000~99.9999	0.01s	MHz	S5	S2
100.000~999.999	0.001s	MHz	S6	S3

图 4-7 为系统结构图，共由 5 个模块组成。分频模块完成时钟分频，分出 1MHz(周期 1μs)的时钟信号和提供给动态扫描用的 50kHz 扫描时钟。自动量程控制模块主要根据测频模块计数器计数的数值范围，动态确定计数器的闸门时间、显示单位、小数点位置等信息。测频模块根据自动量程模块的命令，产生相应时间的闸门控制信号、清零信号、锁存信号等，完成关键的频率计数、锁存。动态扫描模块将测频数据、小数点等信息采用动态扫描方式输出显示。灭零模块完成无效 0 的熄灭控制功能，使高位无效 0 不显示。

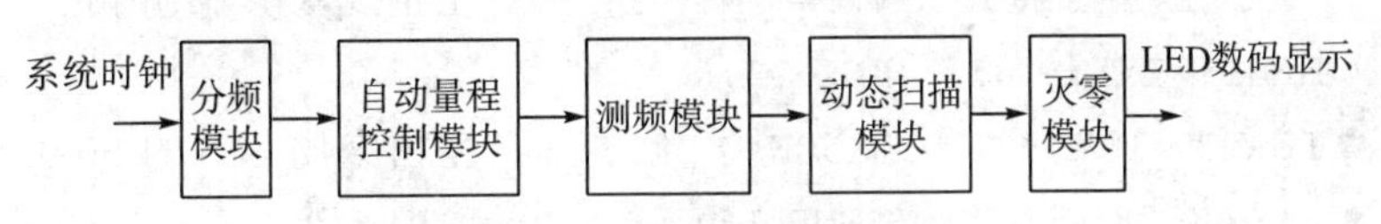

图 4-7　简易频率计模块结构图

(1)分频模块。

该模块将系统时钟分频输出精确的 1MHz(周期 1μs)的时钟信号，用以产生精确的计数闸门，同时产生 50kHz 时钟为动态扫描电路提供扫描时钟。例 4.3.1 中假设系统时钟为 20MHz，进程 PA 将 20MHz 时钟 20 分频输出 1MHz 信号，进程 PB 将 1MHz 信号 20 分频输出 50kHz。

【例 4.3.1】

```
LIBRARY IEEE;
USE IEEE.STD_LOGIC_1164.ALL;
USE IEEE.STD_LOGIC_UNSIGNED.ALL;
ENTITY FEQDIV IS
  PORT (CLK20M, RST: IN STD_LOGIC; --定义时钟和复位信息，默认时钟 20MHz
       CLK1M: OUT STD_LOGIC;        --定义 1MHz 输出信号
       CLK50K: OUT STD_LOGIC);      --定义 50kHz 输出信号
END FEQDIV;
```

```
ARCHITECTURE BEHAV OF FEQDIV IS
    SIGNAL CLK1US: STD_LOGIC;    --定义1MHz的中间信号
BEGIN
PA: PROCESS (CLK20M, RST)  --由20MHz分频输出1MHz信号
        VARIABLE CNT1 : INTEGER RANGE 0 TO 20;    --定义计数变量
    BEGIN
      IF RST= '0' THEN CNT1:= 0;    --低电平异步清零
      ELSIF CLK20M'EVENT AND CLK20M= '1' THEN
        IF CNT1<19 THEN  CNT1:= CNT1+ 1;    --20MHz时钟20分频
        ELSE CNT1:= 0;   END IF;
        IF CNT1<10 THEN  CLK1US<= '1';    --产生占空比0.5的1MHz内部信号
        ELSECLK1US<= '0';   END IF;
    END IF;
    END PROCESS PA;
    CLK1M<= CLK1US;   --1MHz内部信号输出
PB: PROCESS(CLK1US)   --对1MHz内部信号20分频产生50kHz扫描时钟
        VARIABLE CNT : INTEGER RANGE 0 TO 20;
    BEGIN
      IF RST= '0' THEN CNT:= 0;         --低电平异步清零
      ELSIF CLK1US'EVENT AND CLK1US= '1' THEN
        IF CNT<19 THEN  CNT:= CNT+ 1; --对1MHz信号20分频
        ELSE  CNT:= 0;   END IF;
        IF CNT<10 THEN  CLK50K<= '1'; --产生占空比0.5的50kHz信号输出
    ELSE  CLK50K<= '0';   END IF;
    END IF;
    END PROCESS PB;
END;
```

(2)自动量程控制模块。

自动量程控制模块主要是根据测频模块上一次测量并锁存的结果确定下一次测量所使用的闸门时间、显示的单位以及小数点的显示位置等信息。因为有7个量程，所以定义了S0～S6七个量程状态，实际量程与状态的对应关系如表4-2所示。代码见例4.3.2。

【例4.3.2】

```
LIBRARY IEEE;
USE IEEE.STD_LOGIC_1164.ALL;
USE IEEE.STD_LOGIC_UNSIGNED.ALL;
ENTITY AUTOCONTROL IS
  PORT (CLK, RST, OV: IN STD_LOGIC; --时钟、复位、6位十进制计数器溢出信号
      DBUF: IN STD_LOGIC_VECTOR(23 DOWNTO 0);    --6位十进制计数输入
      GATE: OUT STD_LOGIC_VECTOR(1 DOWNTO 0); --闸门控制输出00= 1s;
```

```
01= 0.1S; 10= 0.01S; 11= 0.001S
        DOTCTL: OUT STD_LOGIC_VECTOR(5 DOWNTO 0); --小数点显示位置输出
        HZ, KHZ, MHZ: OUT STD_LOGIC);    --显示单位输出，高电平有效
  END AUTOCONTROL;
  ARCHITECTURE BEHAV OF AUTOCONTROL IS
  TYPE MYSTATE2 IS (S0, S1, S2, S3, S4, S5, S6);   --自定义数据类型，枚举
  SIGNAL CS2, NS2: MYSTATE2;    --定义现态信号 CS2，次态信号 NS2
  BEGIN
  REG: PROCESS(CLK, RST) BEGIN   --主控时序进程 REG
      IF RST= '0' THEN CS2<= S0;  --RST 低电平复位为初始态，即最小量程
      ELSIF CLK'EVENT AND CLK= '1' THEN CS2<= NS2; END IF;
      END PROCESS REG;
  COM: PROCESS(CS2, OV, DBUF) BEGIN  --次态译码与输出译码
      CASE CS2 IS
          WHEN S0=> GATE<= "00"; DOTCTL<= "000000"; HZ<= '1'; KHZ<= '0';
MHZ<= '0';    --0～999Hz 量程，产生 1 s闸门，显示无小数点，单位 Hz
              IF OV= '1' THEN NS2<= S4; ELSE
              --如果 6 位十进制计数溢出(大于 999999Hz)，则直接进入状态
              --S4: 1～9.99999MHz 量程
              CASE CONV_INTEGER(DBUF) IS
                  WHEN 16#000000#  TO 16#000999# => NS2<= S0;
                  --测量数据在 0～999Hz，则进入状态 S0
                  WHEN 16#001000#  TO 16#009999# => NS2<= S1;
                  --测量数据在 1～9.999kHz，则进入状态 S1
                  WHEN 16#010000#  TO 16#099999# => NS2<= S2;
                  --测量数据在 10～99.999kHz，则进入状态 S2
                  WHEN OTHERS=> NS2<= S3;
                  --测量数据在 100.000～999.999kHz，则进入状态 S3
              END CASE;
              END IF;
          WHEN S1=> GATE<= "00"; DOTCTL<= "001000"; HZ<= '0'; KHZ<= '1';
MHZ<= '0'; --1.000～9.999kHz 量程，产生 1 s闸门，左边第 3 位显示小数，单位 kHz
              IF OV= '1' THEN NS2<= S4; ELSE
              CASE CONV_INTEGER(DBUF) IS
                  WHEN 16#000000#  TO 16#000999# => NS2<= S0;
                  WHEN 16#001000#  TO 16#009999# => NS2<= S1;
                  WHEN 16#010000#  TO 16#099999# => NS2<= S2;
                  WHEN OTHERS=> NS2<= S3;
              END CASE;
```

```
        END IF;
      WHEN S2=> GATE<= "00"; DOTCTL<= "001000"; HZ<= '0'; KHZ<= '1';
MHZ<= '0';
      --10.000～99.999kHz 量程，产生 1 s闸门，左边第 3 位显示小数，单位 kHz
        IF OV= '1' THEN NS2<= S4; ELSE
        CASE CONV_INTEGER(DBUF) IS
            WHEN 16#000000#  TO 16#000999# => NS2<= S0;
            WHEN 16#001000#  TO 16#009999# => NS2<= S1;
            WHEN 16#010000#  TO 16#099999# => NS2<= S2;
            WHEN OTHERS=> NS2<= S3;
        END CASE;
        END IF;
      WHEN S3=> GATE<= "00"; DOTCTL<= "001000"; HZ<= '0'; KHZ<= '1';
MHZ<= '0';
      --100.000～999.999kHz 量程，1 s闸门，左边第 3 位显示小数，单位 kHz
        IF OV= '1' THEN NS2<= S4; ELSE
        CASE CONV_INTEGER(DBUF) IS
            WHEN 16#000000#  TO 16#000999# => NS2<= S0;
            WHEN 16#001000#  TO 16#009999# => NS2<= S1;
            WHEN 16#010000#  TO 16#099999# => NS2<= S2;
            WHEN OTHERS=> NS2<= S3;
        END CASE;
        END IF;
      WHEN S4=> GATE<= "01"; DOTCTL<= "100000"; HZ<= '0'; KHZ<= '0';
MHZ<= '1';
      --1.00000～9.99999MHz 量程，0.1 s闸门，左边第 1 位显示小数，单位 MHz
        IF OV= '1' THEN NS2<= S5;
        --超过 9.99999MHz 量程，则进入更大量程 S5
        ELSIF DBUF(23 DOWNTO 20)= "0000" THEN NS2<= S3;
        --未超量程，且 6 位十进制计数最高位为 0，则进入更小量程 S3，
        --否则维持原量程
        ELSE NS2<= S4; END IF;
      WHEN S5=> GATE<= "10"; DOTCTL<= "010000"; HZ<= '0'; KHZ<= '0';
MHZ<= '1';
      --10.0000～99.9999MHz 量程，0.01 s闸门，左边第 2 位显示小数，单位 MHz
        IF OV= '1' THEN NS2<= S6; --超过 99.9999MHz 量程，则进入更大量程 S6
        ELSIF DBUF(23 DOWNTO 20)= "0000" THEN NS2<= S4;
        --未超量程，且 6 位十进制计数最高位为 0，则进入更小量程 S4，
        --否则维持原量程 S5
```

```
            ELSE NS2<= S5; END IF;
        WHEN S6=> GATE<= "11"; DOTCTL<= "001000"; HZ<= '0'; KHZ<= '0';
MHZ<= '1';
    --100.000～999.999MHz 量程，0.001 s闸门，左边第 3 位显示小数，单位 MHz
            IF OV= '1' THEN NS2<= S6; --超过最大量程也只能继续维持最大量程 S6
            ELSIF DBUF(23 DOWNTO 20)= "0000" THEN NS2<= S5;
            --未超量程，且 6 位十进制计数最高位为 0，则进入更小量程 S5，否
            --则维持原量程 S6
            ELSE NS2<= S6; END IF;
        WHEN OTHERS=> GATE<= "00"; DOTCTL<= "000000"; HZ<= '1'; KHZ
<= '0'; MHZ<= '0'; NS2<= S0;
        --0～999Hz 量程，1 s闸门，无小数，单位 Hz，次态最小量程
    END CASE;
    END PROCESS COM;
END;
```

(3)测频模块。

测频模块为频率计核心，其主要任务是首先清零计数器，然后在自动量程控制模块输出的闸门控制信号 Gate 作用下产生相应的计数闸门使能信号，允许对被测信号计数，闸门关闭后产生锁存信号锁存计数器的最终结果。其控制状态如图 4-8 所示。

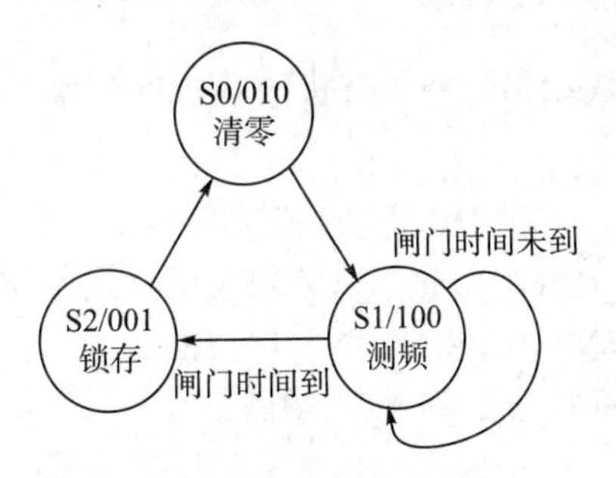

图 4-8　测频信号控制状态图

例 4.3.3 为该测频模块的实现。其中进程 PA 实现闸门控制信号锁存输入。进程 PB 实现清零、测频和锁存的状态寄存器。进程 PC 为闸门计数器，对 1μs 的时钟进行计数，以产生各种量程的闸门信号。进程 PD 实现如图 4-8 所示状态译码与输出译码。进程 PE 实现 6 位 8421BCD 码计数器，在闸门使能期间对被测频率计数。进程 PF 在锁存信号作用下实现对 6 位十进制计数结果的锁存输出。

【例 4.3.3】

```
LIBRARY IEEE;
USE IEEE.STD_LOGIC_1164.ALL;
USE IEEE.STD_LOGIC_UNSIGNED.ALL;
ENTITY FREQCNT IS
```

```
    PORT (CLK1M, FIN, RST: IN STD_LOGIC; --定义时钟、被测频率、复位输入
          GATE: IN STD_LOGIC_VECTOR(1 DOWNTO 0);
          --GATE 闸门时间控制 00= 1 s, 01= 0.1 s, 10= 0.01 s, 11= 0.001 s
          LOADO: OUT STD_LOGIC;
          --完成一次测量后的数据锁存信号输出，提供给量程自动变换模块，判断
          --是否更换量程。
          OV: OUT STD_LOGIC;    --超量程指示
          DT: OUT STD_LOGIC_VECTOR(23 DOWNTO 0));    --测量频率值
END FREQCNT;
ARCHITECTURE BEHAV OF FREQCNT IS
TYPE MYSTATE IS (S0, S1, S2);    --数据类型定义，定义状态符号
SIGNAL CS, NS: MYSTATE;          --定义现态和次态信号
SIGNAL TSTEN, CLR_CNT, LOAD: STD_LOGIC;    --定义计数使能、清零和锁存信号
SIGNAL GATEB: STD_LOGIC_VECTOR(1 DOWNTO 0);
SIGNAL DBUF: STD_LOGIC_VECTOR(23 DOWNTO 0);
SIGNAL CNT: INTEGER RANGE 0 TO 1000000:= 0;
BEGIN
PA: PROCESS(GATE, CLK1M) BEGIN   --锁存预置闸门设置值
        IF CLK1M'EVENT AND CLK1M= '1' THEN
        GATEB<= GATE; END IF;
    END PROCESS PA;
PB: PROCESS(CLK1M, RST)   --状态机的状态寄存器
    BEGIN
    IF RST= '0' OR GATE/= GATEB THEN CS<= S0;
    --如果复位信号有效或闸门时间设置发生变化则复位为初始态重新测量
    ELSIF CLK1M'EVENT AND CLK1M= '1' THEN
        CS<= NS;    --状态更新
    END IF;
    END PROCESS PB;
PC: PROCESS(RST, CLK1M, TSTEN, GATE)
--对 1μs 时钟计数，用以控制产生各量程所需的闸门时间
    BEGIN
      IF (RST= '0' OR TSTEN= '0' OR GATE/= GATEB) THEN CNT<= 0;
    --如果复位信号有效或一次闸门产生完成或闸门时间设置发生变化则计时清零
    --重新开始
      ELSIF CLK1M'EVENT AND CLK1M= '1' THEN
        CNT<= CNT+ 1;
      END IF;
    END PROCESS PC;
```

```
PD: PROCESS(CS, RST)  --状态机组合进程，实现输出译码和次态译码
    BEGIN
      CASE CS IS          --根据状态图描述输出关系和次态转换关系
        WHEN S0=> NS<= S1; TSTEN<= '0'; CLR_CNT<= '1'; LOAD<= '0'; --清零
        WHEN S1=>    --测频
        IF (GATE= "00" AND CNT= 999999) OR (GATE= "01" AND CNT= 99999)
OR (GATE= "10" AND CNT= 9999) OR (GATE= "11" AND CNT= 999) THEN
        --GATE= 00、01、10、11 分别产生 1 s、0.1 s、0.01 s、0.001 s闸门，
        --时间到则进状态 S2
                NS<= S2; ELSENS<= S1;   END IF;
                TSTEN<= '1'; CLR_CNT<= '0'; LOAD<= '0';
        WHEN S2=> NS<= S0; TSTEN<= '0'; CLR_CNT<= '0'; LOAD<= '1'; --锁存
        WHEN OTHERS=> NS<= S0; TSTEN<= '0'; CLR_CNT<= '1'; LOAD<= '0';
      END CASE;
    END PROCESS PD;
    LOADO<= LOAD;   --输出数据锁存信号给量程模块作为量程检查与变换的时钟
  PE: PROCESS (FIN)  --6 位 8421BCD 码计数器设计
        VARIABLE CQI : STD_LOGIC_VECTOR(23 DOWNTO 0);
    BEGIN
          IF CLR_CNT= '1' THEN CQI: = (OTHERS=> '0'); OV<= '0';
          ELSIF FIN'EVENT AND FIN= '1' THEN                -- 上升沿判断
            IF TSTEN= '1' THEN
              IF CQI(3 DOWNTO 0)<"1001" THEN       -- 比较低 4 位
                  CQI  :=   CQI  +   16#1# ;       -- 计数加 1
              ELSIF CQI(7 DOWNTO 4)<"1001" THEN  -- 比较高 4 位
                    CQI := CQI +  16#10# ;
                    CQI(3 DOWNTO 0) : = "0000"; -- 低 4 位清零
              ELSIF CQI(11 DOWNTO 8)<"1001" THEN
                    CQI := CQI +  16#100# ;
                    CQI(7 DOWNTO 0) := (OTHERS=> '0');
              ELSIF CQI(15 DOWNTO 12)<"1001" THEN
                    CQI := CQI +  16#1000# ;
                    CQI(11 DOWNTO 0) := (OTHERS=> '0');
              ELSIF CQI(19 DOWNTO 16)<9 THEN
                    CQI := CQI +  16# 10000# ;
                    CQI(15 DOWNTO 0) := (OTHERS=> '0');
              ELSIF CQI(23 DOWNTO 20)<9 THEN
                    CQI := CQI +  16# 100000# ;
                    CQI(19 DOWNTO 0) := (OTHERS=> '0');
```

```
                    ELSE
                            CQI := (OTHERS=> '0');
                            OV<= '1';
                    END IF;
                END IF;
            END IF;
        DBUF<= CQI;
    END PROCESS PE;
   PF: PROCESS(LOAD, DBUF)    --6位8421BCD码(24 bit)测频结果锁存
    BEGIN
        IF LOAD'EVENT AND LOAD= '1' THEN
            DT<= DBUF;          --锁存输入数据
        END IF;
    END PROCESS PF;
END BEHAV;
```

(4)动态扫描模块。

该模块主要控制6位十进制数的动态扫描显示，以及小数点的显示，该模块的内部结构图如图4-9所示。例4.3.4为该模块的实现范例，其中进程P1实现图4-9中的1位6选1数据选择器、4位6选1数据选择器和6位数码管位选译码器三个模块。进程P2实现六进制计数器的设计。进程P3实现7段译码器的设计。

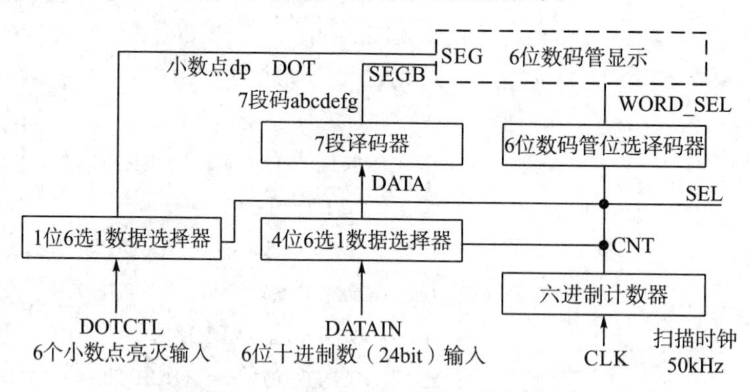

图4-9 动态扫描电路内部结构图

【例4.3.4】

```
LIBRARY IEEE;
USE IEEE.STD_LOGIC_1164.ALL;
USE IEEE.STD_LOGIC_UNSIGNED.ALL;
ENTITY DISP_SCAN IS
    PORT (CLK: IN STD_LOGIC;                                --50kHz扫描时钟输入
          DOTCTL: IN STD_LOGIC_VECTOR(5 DOWNTO 0);     --小数点显示输入
```

```
        DATAIN: IN STD_LOGIC_VECTOR(23 DOWNTO 0); --显示数据输入
        SEL: OUT STD_LOGIC_VECTOR(2 DOWNTO 0);    --扫描计数器输出
        SEG: OUT STD_LOGIC_VECTOR(7 DOWNTO 0);    --7 段码+ 小数点输出
        WORD_SEL: OUT STD_LOGIC_VECTOR(5 DOWNTO 0));
        --6 位数码管位控制信号输出
 END ENTITY DISP_SCAN;
ARCHITECTURE DEMO OF DISP_SCAN IS
    SIGNAL DOT: STD_LOGIC;                          --6 选 1 小数信号
    SIGNAL CNT: STD_LOGIC_VECTOR(2 DOWNTO 0);       --计数器暂存信号
    SIGNAL DATA: STD_LOGIC_VECTOR(3 DOWNTO 0);      --6 选 1 四进制数信号
    SIGNAL SEGB: STD_LOGIC_VECTOR(6 DOWNTO 0);      --7 段译码信号
BEGIN
P1: PROCESS(CNT)  --6 位 BCD 码译码、显示数据选择、小数点显示选择
    BEGIN
CASE  CNT  IS
        WHEN "000" => WORD_SEL<= "000001"; DATA<= DATAIN(3 DOWNTO 0);
DOT<= DOTCTL(0);
        WHEN "001" => WORD_SEL<= "000010"; DATA<= DATAIN(7 DOWNTO 4);
DOT<= DOTCTL(1);
        WHEN "010" => WORD_SEL<= "000100"; DATA<= DATAIN(11 DOWNTO
8); DOT<= DOTCTL(2);
        WHEN "011" => WORD_SEL<= "001000"; DATA<= DATAIN(15 DOWNTO
12); DOT<= DOTCTL(3);
        WHEN "100" => WORD_SEL<= "010000"; DATA<= DATAIN(19 DOWNTO
16); DOT<= DOTCTL(4);
        WHEN "101" => WORD_SEL<= "100000"; DATA<= DATAIN(23 DOWNTO
20); DOT<= DOTCTL(5);
        WHEN OTHERS=> NULL;
     END CASE;
     END PROCESS P1;
     P2: PROCESS(CLK)  --模 6 的扫描显示计数器
       BEGIN
        IF CLK'EVENT AND CLK= '1' THEN
         IF CNT<5 THEN CNT<= CNT + 1; ELSE CNT<= "000"; END IF;
        END IF;
       END PROCESS P2;
       SEL<= CNT;              --显示计数器结果输出
     P3: PROCESS( DATA )  --7 段码译码电路，输出低电平亮
       BEGIN
```

```
    CASE DATA IS        --GFEDCBA
     WHEN "0000"   => SEGB<= "1000000"; --0
     WHEN "0001"   => SEGB<= "1111001"; --1
     WHEN "0010"   => SEGB<= "0100100"; --2
     WHEN "0011"   => SEGB<= "0110000"; --3
     WHEN "0100"   => SEGB<= "0011001"; --4
     WHEN "0101"   => SEGB<= "0010010"; --5
     WHEN "0110"   => SEGB<= "0000010"; --6
     WHEN "0111"   => SEGB<= "1111000"; --7
     WHEN "1000"   => SEGB<= "0000000"; --8
     WHEN "1001"   => SEGB<= "0010000"; --9
     WHEN OTHERS=>  NULL;
    END CASE;
   END PROCESS P3;
   SEG<= (NOT DOT & SEGB); --7 段码与小数点拼装输出，因 7 段码默认为低电平发光，而前面小数点显示默认为高电平显示，所以小数点需求反
END ARCHITECTURE DEMO;
```

(5)灭零模块。

该模块主要用来熄灭显示中高位无效的 0，使高位无效的 0 不显示。例 4.3.5 给出了该模块的实现范例，其基本思想是从高位到低位依次判断显示数据，如果显示数据为 0 且也无小数点要显示，则将该位正常显示的 7 段码和小数点替换为全 1 送出，使对应的数码管显示熄灭。图 4-10 为该模块内部结构图，其中亮灭位判决模块是根据需要显示的 6 位十进制数 DATAIN 和小数点的显示位置判别 6 位显示中哪些位需要显示，哪些位不显示，KILREG 中为 0 的位表示不显示，为 1 的位表示要显示。根据 SEL 确定动态扫描当前扫描的是哪一个数码管，从 KILREG 中选择亮灭信号作为 2 选 1 数据选择器的地址 MUXSEL，当 MUXSEL 为 1 时送正常显示段码输出显示，否则送全 1 输出使对应数码管熄灭。例 4.3.5 中进程 PA 实现了亮灭位判决模块，最后两句并行语句分别实现了 6 选 1 和 2 选 1 数据选择器。

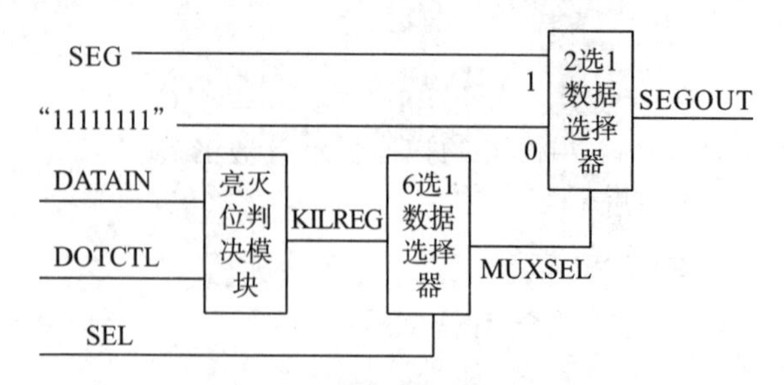

图 4-10 灭零模块内部结构图

【例 4.3.5】

```
LIBRARY IEEE;
USE IEEE.STD_LOGIC_1164.ALL;
```

```
USE IEEE.STD_LOGIC_UNSIGNED.ALL;
ENTITY KILL0 IS
    PORT (DOTCTL: IN STD_LOGIC_VECTOR(5 DOWNTO 0);  --小数点显示位
          DATAIN: IN STD_LOGIC_VECTOR(23 DOWNTO 0); --6位十进制显示数
          SEL: IN STD_LOGIC_VECTOR(2 DOWNTO 0); --动态扫描计数器的输出
          SEG: IN STD_LOGIC_VECTOR(7 DOWNTO 0); --扫描输出的段码和小数点
          SEGOUT: OUT STD_LOGIC_VECTOR(7 DOWNTO 0));
          --输出的新的段码和小数点
 END ENTITY KILL0;
ARCHITECTURE DEMO OF KILL0 IS
    SIGNAL KILREG: STD_LOGIC_VECTOR(5 DOWNTO 0);
    --6位显示的亮灭指示，对应位为0则表示需要灭零，否则为正常显示
    SIGNAL MUXSEL: STD_LOGIC;
BEGIN
PA: PROCESS(DOTCTL, DATAIN) BEGIN
    IF DATAIN(23 DOWNTO 20) & DOTCTL(5)= "00000" THEN
        KILREG(5)<= '0';   --十万位为0且无小数点要显示，则该位灭零
        IF DATAIN(19 DOWNTO 16) & DOTCTL(4)= "00000" THEN
            KILREG(4)<= '0'; --万位为0且无小数点要显示，则该位灭零
            IF DATAIN(15 DOWNTO 12) & DOTCTL(3)= "00000" THEN
                KILREG(3)<= '0'; --千位为0且无小数点要显示，则该位灭零
                IF DATAIN(11 DOWNTO 8) & DOTCTL(2)= "00000" THEN
                    KILREG(2)<= '0'; --百位为0且无小数点要显示，则该位灭零
                    IF DATAIN(7 DOWNTO 4) & DOTCTL(1)= "00000" THEN
                        KILREG(1)<= '0'; --十位为0且无小数点显示，则灭零
                    ELSE
                        KILREG(1)<= '1'; --个位始终需要显示
                    END IF;
                ELSE
                    KILREG(2 DOWNTO 0)<= (OTHERS=> '1'); --剩余位正常显示
                END IF;
            ELSE
                KILREG(3 DOWNTO 0)<= (OTHERS=> '1');   --剩余位正常显示
            END IF;
        ELSE
            KILREG(4 DOWNTO 0)<= (OTHERS=> '1');   --剩余位正常显示
        END IF;
    ELSE
        KILREG<= (OTHERS=> '1');   --剩余位正常显示
```

```
    END IF;
END PROCESS;
MUXSEL<= KILREG(CONV_INTEGER(SEL)); --根据扫描位选择亮灭控制输出
SEGOUT<= SEG WHEN MUXSEL= '1' ELSE --2 选 1，亮灭控制为 1 则正常显示
       (OTHERS=> '1');              --否则熄灭
END;
```

(6)顶层设计。

图 4-11 给出了简易频率计的顶层设计。其中自动量程控制模块的系统时钟由测频模块的数据锁存信号 LoadO 充当，这样可以保证每测试完一次才重新调节一次量程。

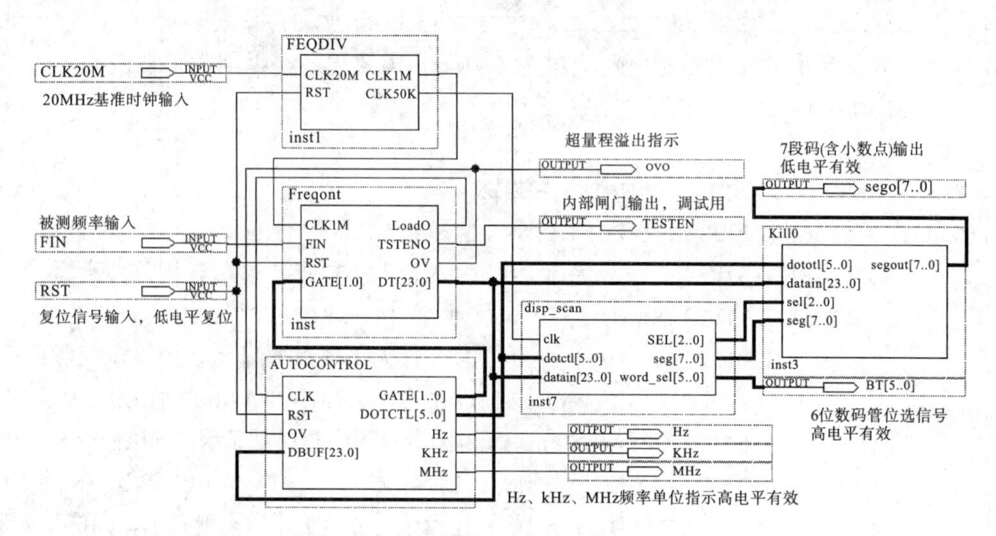

图 4-11　系统整体结构图

4.3.3　实训内容与步骤

(1)分析设计任务，并认真理解设计范例。完成设计范例的设计输入和仿真测试。

(2)根据测试硬件平台的具体情况，完成简易频率计的硬件测试。根据设计范例的分析，要实现该范例的硬件测试，需要硬件平台具有至少 6 位动态扫描显示电路，至少 4 只 LED(显示 OV 溢出指示，频率单位 Hz、kHz、MHz)，1 个复位用的开关和 1 个有源晶振。如图 3-1 所示硬件具有这些所有的资源，因此可以利用该平台实现测试。

①首先考虑时钟信号。范例中的 CLK20M 默认为 20MHz，与如图 3-1 所示电路中的频率一致，如果实际硬件的时钟频率不同则需修改分频器模块 FEQDIV。

②RST 复位信号。复位信号为低电平有效，因此可以选择未按键时输出为高电平的开关来充当。如图 3-1 所示的 K1~K8 均可。如果硬件不满足电平条件，则可将该信号反相。

③被测频率输入信号 FIN。为保证性能，FIN 最后锁定在 FPGA 的某一个空闲的全局时钟输入端，如果没有也可以锁定在一个任意的通用 I/O 口上。

④Hz、kHz、MHz 频率单位指示信号，OVO 超量程信号以及内部闸门测试信号

TESTEN。范例设计中，这些信号都是高电平输出有效，而如图 3-1 所示硬件上的 8 只 LED 均为低电平亮，因此测试时需要反相后再输出。

⑤段码输出信号 SEGO。SEGO 包含了 7 段码和小数点，其输出为低电平驱动数码管各段发光，与图 3-1 硬件相符，如果和硬件不符合则需要反相后输出。

⑥6 位数码管位选信号 BT。该信号为高电平驱动对应数码管工作，与图 3-1 硬件也相符。如果不符，则也需要反相后输出。

4.3.4　设计思考与拓展

(1)分析该简易频率计的测量误差的主要来源，修改设计提高测频精度。

(2)增加脉冲宽度测量功能。

4.4　LED 点阵显示控制电路的设计

4.4.1　设计任务

设计一个 16×16 的 LED 点阵显示控制器，控制其滚动显示“四”、“川”、“师”、大”、“物”、“电”、“学”、“院” 这 8 个字。

4.4.2　任务分析与范例

1. 任务分析

按点阵点数可将 LED 点阵显示器分为 5×7、5×8、6×8、8×8、16×16 等，要显示汉字一般至少需要 16×16 以上的点阵。控制 LED 点阵显示一般采用动态扫描的方式，工作原理与 3.6 节数码管动态扫描实验基本一致。图 4-12 所示为 16×16 LED 点阵的结构图，它将 256 个 LED 排列成 16 行 16 列，每行阳极并联，每列阴极并联。控制显示时，既可以逐行选通扫描也可以逐列选通工作。例如，当需要第 1 行第 1 列的灯点亮时，可选中第 1 行，即给图中的第 a 行送入高电平，然后再给图中第 1 列送低电平即可。如果要点亮第 1 行的所有的 LED 灯，则可选中第一行(给图中的第 a 行送入高电平)，然后再给 1～16 列全部送入低电平即可，这就和数码管显示的原理一样。

显示汉字或图像的第一步是获得显示数据并保存，即在存储器中建立汉字数据库。第二步是在扫描模块的控制下，配合扫描的时序正确地输出这些数据。显示数据的获取可以通过各种字模提取软件，也可以将要显示的汉字或图像绘制在 16×16 共 256 个小方格的矩形框中，再将有显示像素的小方格里填“1”，无显示像素的小方格填“0”，形成与显示图像所对应的二进制数据，再将此数据以一定的数据结构组成 32 个字节的数据，保存在存储器中，如图 4-13 所示。显示时，FPGA 轮流扫描 LED 点阵的行或列，读取并输出列或行的显示数据，控制该行或该列需要发光的 LED 发光。利用人眼的视觉暂留效应，只要扫描速度足够快，即可让整个点阵全部显示出来。

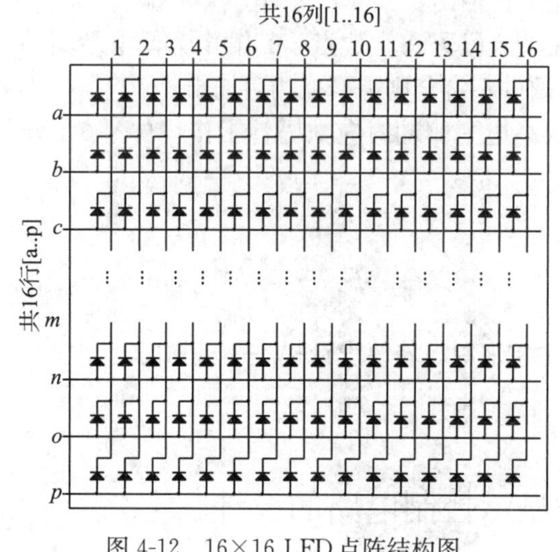

图 4-12 16×16 LED点阵结构图

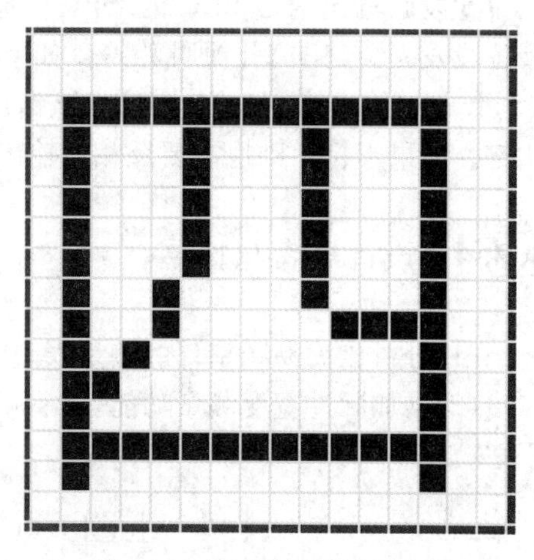
图 4-13 显示数据提取示意图

图 4-14 为 LED 点阵动态扫描电路图，其列信号(共阴极端)由标号为 LED_DATE [15..0] 的 16 个 I/O 口驱动，其行信号(共阳极端)由标号为 FPGA IO [15..0] 的 16 个 I/O 口通过 16 只位驱动三极管控制。当 FPGA IO [15..0] 中的某个口线输出高电平时，对应的三极管导通，该三极管控制的这行 LED 工作，这一行中具体哪些 LED 发光取决于与此同时送出来的 LED_DATE [15..0] 的数据，其中数据为 0 的 LED 亮。

2. 设计范例

基于图 4-14，例 4.4.1 给出了在 16×16LED 点阵上显示一个“四”字的程序。其中输入的时钟 CLK20MHz 是由晶振提供的 20MHz 时钟，经过计数分频得到 1kHz 逐行的扫描时钟。利用 CONSTANT 语句定义需要显示的“四”字的 16 个 16 位常量显示值，WL 输出控制每行显示的片选信号，DATA 作为 16 列的显示数据。在进程 SCANCNT 中，1kHz 的每个时钟脉冲到达，CNT 就加 1 计数，计数值用于进程 DISPLAY 中各 LED 的片选控制。在 DISPLAY 进程中，每来一个 1kHz 的信号脉冲，若 RESET 为“1”，即按下复位键，将 16 根片选线全部清零，使 16×16LED 点阵不显示。如果 RESET 为“0”，则根据 CNT 的计数使相应的片选线有效并且输出相关显示值。

【例 4.4.1】

```
LIBRARY IEEE;
USE IEEE.STD_LOGIC_1164.ALL;
USE IEEE.STD_LOGIC_UNSIGNED.ALL;
ENTITY LED_16X16 IS
PORT( CLK20MHZ: IN STD_LOGIC;     --系统时钟输入端
      RESET: IN STD_LOGIC;        --复位键
      DATA: OUT STD_LOGIC_VECTOR(15 DOWNTO 0); --定义16列显示数据
      WL: OUT STD_LOGIC_VECTOR(15  DOWNTO 0)); --定义16行位选信号
```

```
END ENTITY;
ARCHITECTURE ONE OF LED_16X16 IS
SIGNAL CNT: INTEGER RANGE 0 TO 31;     --扫描计数器
SIGNAL F_DIVCLK1KHZ: STD_LOGIC;        --1kHz 分频信号
CONSTANT DA0: STD_LOGIC_VECTOR(15 DOWNTO 0): = " 0000000000000000";
--“四”字第一行的 16 列显示值，下面依次是第 2~16 行的 16 列显示值，1 亮，0 灭。
CONSTANT DA1: STD_LOGIC_VECTOR(15 DOWNTO 0): = " 0000000000000000";
CONSTANT DA2: STD_LOGIC_VECTOR(15 DOWNTO 0): = " 0111111111111100";
CONSTANT DA3: STD_LOGIC_VECTOR(15 DOWNTO 0): = " 0100010001000100";
CONSTANT DA4: STD_LOGIC_VECTOR(15 DOWNTO 0): = " 0100010001000100";
CONSTANT DA5: STD_LOGIC_VECTOR(15 DOWNTO 0): = " 0100010001000100";
CONSTANT DA6: STD_LOGIC_VECTOR(15 DOWNTO 0): = " 0100010001000100";
CONSTANT DA7: STD_LOGIC_VECTOR(15 DOWNTO 0): = " 0100010001000100";
CONSTANT DA8: STD_LOGIC_VECTOR(15 DOWNTO 0): = " 0100100001000100";
CONSTANT DA9: STD_LOGIC_VECTOR(15 DOWNTO 0): = " 0100100000111100";
CONSTANT DA10: STD_LOGIC_VECTOR(15 DOWNTO 0): = " 0101000000000100";
CONSTANT DA11: STD_LOGIC_VECTOR(15 DOWNTO 0): = " 0110000000000100";
CONSTANT DA12: STD_LOGIC_VECTOR(15 DOWNTO 0): = " 0100000000000100";
CONSTANT DA13: STD_LOGIC_VECTOR(15 DOWNTO 0): = " 0111111111111100";
CONSTANT DA14: STD_LOGIC_VECTOR(15 DOWNTO 0): = " 0100000000000100";
CONSTANT DA15: STD_LOGIC_VECTOR(15 DOWNTO 0): = " 0000000000000000";
BEGIN
    DIV1KHZ: PROCESS(CLK20MHZ)      --由 20MHz 分频产生 1kHz
           VARIABLE CNT1K: INTEGER RANGE 0 TO 19999;
           BEGIN
           IF CLK20MHZ'EVENT AND CLK20MHZ= '1' THEN
             IF CNT1K> = 19999 THEN CNT1K:= 0;
             ELSE CNT1K:= CNT1K+ 1;    END IF;
             IF CNT1K<= 9999 THEN   F_DIVCLK1KHZ<= '0';
             ELSE F_DIVCLK1KHZ<= '1';    END IF;
           END IF;
           END PROCESS;
      SCANCNT: PROCESS(F_DIVCLK1KHZ)  --扫描计数器
             BEGIN
             IF F_DIVCLK1KHZ'EVENT AND F_DIVCLK1KHZ= '1' THEN
                   IF CNT<= 15 THEN CNT<= CNT+ 1;
                   ELSE CNT<= 0;    END IF;
             END IF;
             END PROCESS;
```

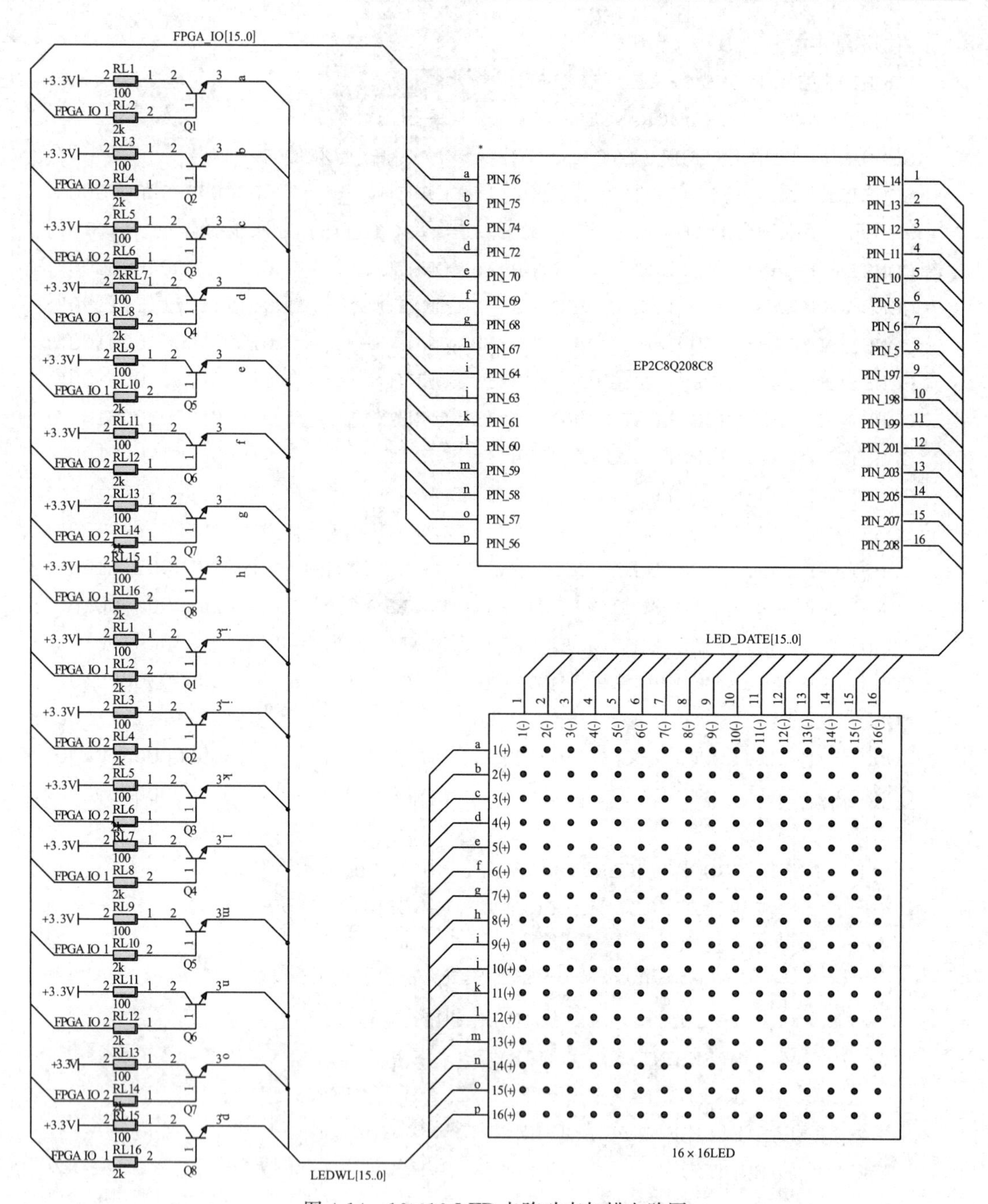

图 4-14　16×16 LED 点阵动态扫描电路图

```
DISPLAY: PROCESS(F_DIVCLK1KHZ, CNT, RESET)      --动态扫描进程
        BEGIN
        IF  F_DIVCLK1KHZ'EVENT AND F_DIVCLK1KHZ= '1' THEN
          IF RESET= '1' THEN
            WL<= "0000000000000000";
          ELSE
```

```
            CASE CNT IS
              WHEN 0=> WL<= "0000000000000001";    DATA <= NOT DA0;
              --选通第一行，输出第一行的 16 列数据，因图 4-14 低电平
              --亮，所以需要反相，以下相同
              WHEN 1=> WL<= "0000000000000010";    DATA <= NOT DA1;
              WHEN 2=> WL<= "0000000000000100";    DATA <= NOT DA2;
              WHEN 3=> WL<= "0000000000001000";    DATA <= NOT DA3;
              WHEN 4=> WL<= "0000000000010000";    DATA <= NOT DA4;
              WHEN 5=> WL<= "0000000000100000";    DATA <= NOT DA5;
              WHEN 6=> WL<= "0000000001000000";    DATA <= NOT DA6;
              WHEN 7=> WL<= "0000000010000000";    DATA <= NOT DA7;
              WHEN 8=> WL<= "0000000100000000";    DATA <= NOT DA8;
              WHEN 9=> WL<= "0000001000000000";    DATA <= NOT DA9;
              WHEN 10=> WL<= "0000010000000000"; DATA <= NOT DA10;
              WHEN 11=> WL<= "0000100000000000"; DATA <= NOT DA11;
              WHEN 12=> WL<= "0001000000000000"; DATA <= NOT DA12;
              WHEN 13=> WL<= "0010000000000000";   DATA <= NOT DA13;
              WHEN 14=> WL<= "0100000000000000";   DATA <= NOT DA14;
              WHEN 15=> WL<= "1000000000000000";   DATA <= NOT DA15;
              WHEN OTHERS=> NULL;
            END CASE;
          END IF;
        END IF;
     END PROCESS;
    END ONE;
```

图 4-15 为例 4.4.1 的仿真波形图，为了加快仿真便于观察，仿真前可以将 DIV1KHZ 进程中的分频比作修改，此图为将分频比从 20000 修改为 20 后做的仿真图。图中可以看到其前 12 行的扫描数据。

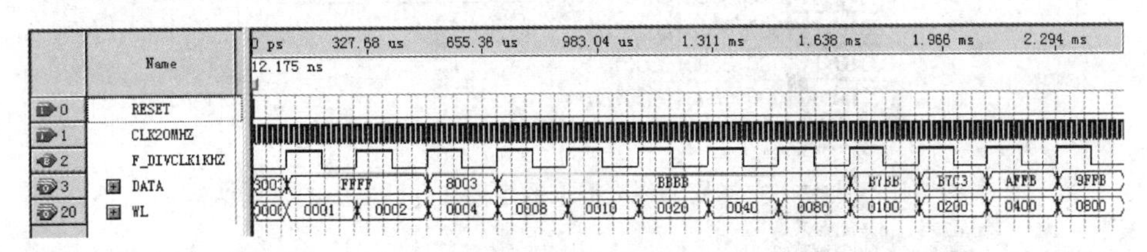

图 4-15　扫描仿真波形

当需要显示的数据较多时，一般采用 ROM 或 RAM 来实现显示数据的存储。本设计需要显示 8 个汉字，每个汉字 16 行 16 列，如果在 FPGA 中设计位宽 16 位的存储器则一个汉字需要 16 个存储地址，8 个汉字共需要 128 个存储地址，因此需要容量为 128×16 的 ROM 或 RAM。

设计题目要求实现几个汉字的滚动显示，图像的滚动显示可以分为上下滚动显示和

左右滚动显示。滚动显示的实现方案有很多种，与行和列的位选关系、汉字字模的提取方式、存储方式等有密切关系。如果字模的提取方式采用从左到右、从上到下的方式提取，并依次存储于 ROM 或 RAM 中，硬件结构采用选通行，从列输出显示数据(图 4-14)，则只需要每隔一段滚动间隔时间，如 1 秒，给 ROM 的基地址加 1，并在扫描时钟控制下反复提取该基地址后的 16 行数据可从 ROM 中输出滚动显示的数据，这 16 行 ROM 地址可称为显示窗，其中存储的数据即显示图像。如图 4-16 所示，在 0 秒时，基地址为 0000000，在扫描时钟控制下，快速反复输出显示窗 00H～0FH 地址中的显示数据，此时将稳定显示“四”字，1 秒后基地址加 1，则快速反复输出显示窗 01H～10H 地址中的数据，此时稳定显示“四”的下面 15 行和“川”字的第一行。2 秒后，基地址再加 1，就显示“四”字的下面 14 行和“川”字的上面两行，依次类推，既可实现从下往上的滚动显示。如果字模采用从下往上、从左往右的取模方式，同样的显示方式即可实现汉字的从右往左的滚动显示。

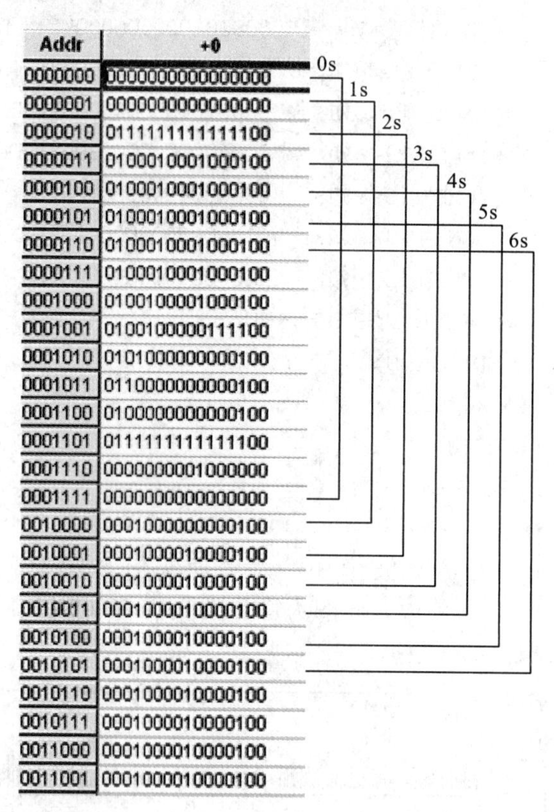

Addr	+0
0000000	0000000000000000
0000001	0000000000000000
0000010	0111111111111100
0000011	0100010001000100
0000100	0100010001000100
0000101	0100010001000100
0000110	0100010001000100
0000111	0100010001000100
0001000	0100100001000100
0001001	0100100000111100
0001010	0101000000000100
0001011	0110000000000100
0001100	0100000000000100
0001101	0111111111111100
0001110	0000000001000000
0001111	0000000000000000
0010000	0001000000000100
0010001	0001000010000100
0010010	0001000010000100
0010011	0001000010000100
0010100	0001000010000100
0010101	0001000010000100
0010110	0001000010000100
0010111	0001000010000100
0011000	0001000010000100
0011001	0001000010000100

图 4-16　从左往右、从上到下提取的字模在存储器中的存储结构

汉字库存储器可以采用 FPGA 中设计 ROM 或 RAM 来实现。在设计存储器之前需要先准备. mif 或. hex 格式的字库文件。字模的获取可以使用字模提取软件或如图 4-13 所示的方法人工提取。构建的存储器初始化文件如图 4-17 所示。利用 QuartusⅡ构建初始化文件和存储器的具体方法和步骤请参考相关书籍。

Addr	+0000	+0001	+0010	+0011	+0100	+0101	+0110	+0111	+1000	+1001	+1010	+1011	+1100	+1101	+1110	+1111
0000000	0000	0000	7FFC	4444	4444	4444	4444	4444	4844	483C	5004	6004	4004	7FFC	0040	0000
0010000	1004	1084	1084	1084	1084	1084	1084	1084	1084	1084	1084	1084	2084	2084	4004	8004
0100000	0800	0BFE	4820	4820	4820	49FC	4924	4924	4924	4924	4924	0934	1128	1020	2020	4020
0110000	0100	0100	0100	0100	0100	FFFE	0100	0100	0280	0280	0440	0440	0820	1010	2008	C006
1000000	1080	1080	5080	50FC	7D54	5254	9054	1094	1C94	F124	5224	1044	1044	1084	1128	1010
1010000	0100	0100	0100	3FF8	2108	2108	2108	3FF8	2108	2108	2108	3FF8	210A	0102	0102	00FE
1100000	2208	1108	1110	0020	7FFE	4002	8004	1FE0	0040	0180	FFFE	0100	0100	0100	0500	0200
1110000	F080	9FF8	A808	A808	C7F0	A000	9FF8	9140	D140	A240	8248	8448	9838	0000	0000	0000

图 4-17　“四川师大物电学院”存储器初始化文件

例 4.4.2 给出了扫描控制器的设计，该控制器的逻辑结构如图 4-18 所示。图中滚动时钟 CLK_M 主要用于控制滚动显示的速度，频率越高，滚动越快，一般控制在 1～10Hz。由于要利用人眼的视觉暂留效应，动态扫描时钟 CLK_S 的频率不能太低，一般可在 1k～50KHz。进程 PA 实现了偏移地址计数器，在滚动时钟作用下产生显示窗的基地址。进程 PC 为行扫描计数器，在行扫描时钟作用下产生 0000～1111 的行计数，通过进程 PE 实现的 4-16 线译码器，依次选通 LED 点阵的第 0～15 行。设置进程 PD 和 PB 的目的是确保完整显示完一屏后才可滚动一次。在每扫描完 LED 点阵的 16 行后，由进程 PD 产生基地址锁存信号，锁存基地址，该基地址与行扫描的计数器的值相加，从而在扫描时钟作用下依次循环产生 16 位显示窗地址，控制 ROM 依次输出显示窗地址内的显示数据。例如，偏移地址计数器的值为 00 时，则 00 与行扫描计数器产生的 00～0F 的地址相加产生 7 位 ROM 地址 ADDRESS [6..0] 即 00～0FH，控制 ROM 依次送出“四”字的显示数据。当一个滚动脉冲到达时，偏移地址计数器加 1，则 ADDRESS [6..0] 产生 01～10H 的显示窗地址，控制 ROM 输出“四”字的下面 15 行和“川”字的上面第 1 行数据，实现了上移 1 行的滚动显示，后面以此类推，最终产生从下往上的滚动显示效果。

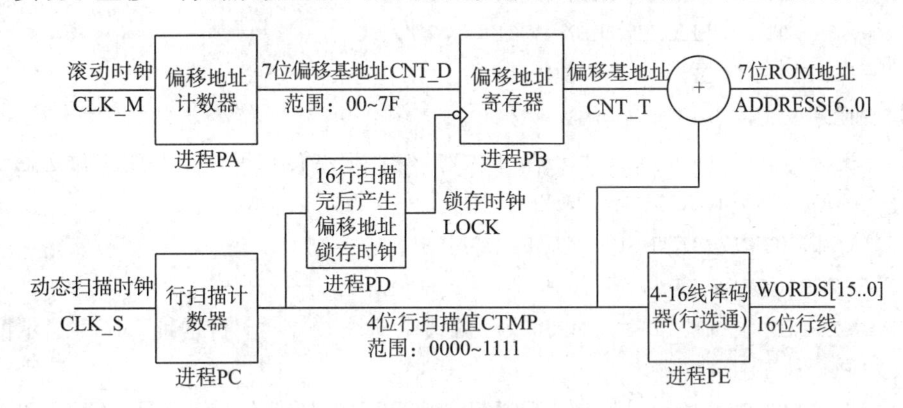

图 4-18　扫描控制器结构示意图

【例 4.4.2】

```
LIBRARY IEEE;
USE IEEE.STD_LOGIC_1164.ALL;
USE IEEE.STD_LOGIC_UNSIGNED.ALL;
ENTITY SCANLED IS       --扫描控制器设计
  PORT(  CLK_S, CLK_M: IN STD_LOGIC;     --定义扫描时钟，滚动时钟
         WORDS: OUT STD_LOGIC_VECTOR(15 DOWNTO 0);       --行选通
```

```
      ADDRESS: OUT STD_LOGIC_VECTOR(6 DOWNTO 0));    --列显示数据
END SCANLED;
ARCHITECTURE DEMO OF SCANLED IS
    SIGNAL CNT_T, CNT_D: STD_LOGIC_VECTOR(6 DOWNTO 0);
    --CNT_T地址偏移量锁存，CNT_D地址偏移计数器
    SIGNAL LOCK: STD_LOGIC;    --扫描完16行后产生的偏移量锁存时钟
    SIGNAL CTMP: STD_LOGIC_VECTOR(3 DOWNTO 0);    --4位行扫描计数器
BEGIN
PA: PROCESS(CLK_M)  BEGIN  --地址偏移量计数器，产生偏移基地址
      IF RISING_EDGE(CLK_D) THEN CNT_D<= CNT_D+ '1'; END IF;
    END PROCESS PA;
PB: PROCESS(LOCK)  BEGIN  --地址偏移量锁存，确保完成1次完整显示后才滚动
      IF FALLING_EDGE(LOCK) THEN CNT_T<= CNT_D; END IF;
    END PROCESS PB;
PC: PROCESS(CNT_T, CLK_S)BEGIN  --16行动态行扫描计数器
      IF RISING_EDGE(CLK_S) THEN
        CTMP<= CTMP+ '1';
      END IF;
    END PROCESS PC;
PD: PROCESS(CTMP) BEGIN
      --每扫描完16行产生一个偏移地址锁存时钟，下降沿锁存
      IF CTMP= "1111" THEN LOCK<= '1';
        ELSE LOCK<= '0'; END IF;
    END PROCESS PD;
PE: PROCESS(CTMP) BEGIN  --4-16线译码，根据行扫描计数器产生行选通
      WORDS<= (OTHERS=> '0');
    WORDS(CONV_INTEGER(CTMP))<= '1';
    END PROCESS PE;
    ADDRESS<= CNT_T+ CTMP;    --偏移基地址CNT_T+行地址，产生显示窗地址
END DEMO;
```

仿真波形如图 4-19 所示，图中 LOCKT 和 CTMPo 分别为内部信号 LOCK 和 CTMP 的测试输出端，仅为调试时使用。图中可以看到，当滚动时钟来时，需要等前一屏(显示窗 02～11)显示完后才更新显示窗为 03～12。

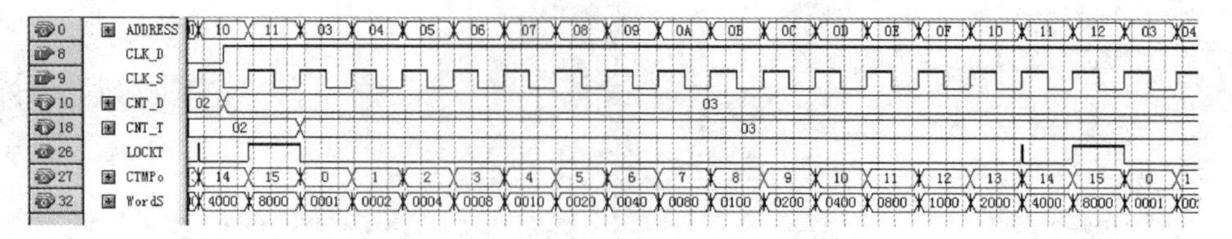

图 4-19 扫描控制器仿真波形图

图 4-20 给出了滚动显示的完整系统顶层设计图。如果 ROM 中字模文件中的各像素点采用有显示为 1，无显示为 0，则在图 4-14 的电路上验证时需要将 ROM 表中的数据反相后输出。

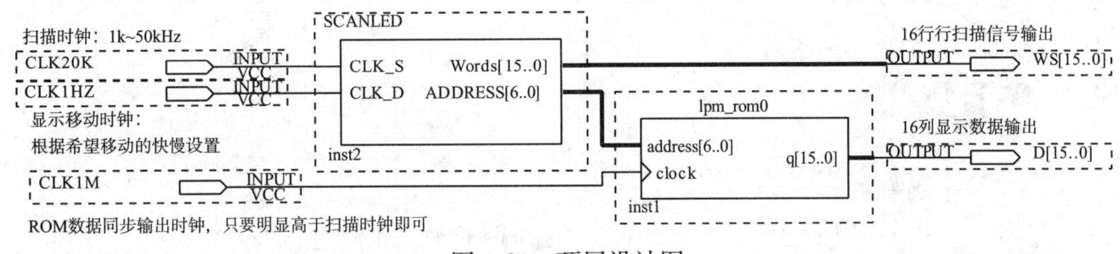

图 4-20　顶层设计图

4.4.3　实训内容与步骤

(1)分析设计任务，学习设计范例，理解 LED 点阵显示的基本原理和滚动显示的原理。

(2)根据测试硬件平台的具体情况和范例，完成“四川师大物电学院”八个字的滚动显示电路的设计。

①字模的提取。建议采用字模提取软件完成，要特别注意字模软件生成字模时的取模方式。

②存储器初始化文件的建立。可以新建.mif 或.hex 格式的文件，数据位宽设置为 16bit，存储深度设置为 128。然后将字模数据按从左到右从上到下的顺序依次写入初始化文件中。

③存储器的设计。图 4-20 中采用了 ROM 实现，ROM 位宽设置为 16bit，深度设置为 128。图中采用了单时钟控制，因此地址要经过寄存之后输入，ROM 中的数据也要经过时钟寄存后才能输出。因此该时钟频率需要选择较高的时钟频率，使地址输入到数据输出产生的时间延迟相对于扫描时钟来说可以忽略。

④设计扫描控制器。参考范例实施即可。

⑤分频器设计。根据硬件测试板上的石英晶振的频率，设计分频器产生 ROM 工作时钟、扫描时钟和滚动时钟。ROM 工作时钟可以直接使用晶振频率，扫描时钟控制在 1k～50kHz，滚动时钟控制在 1～10Hz 即可。

⑥顶层文件设计。

(3)硬件测试。硬件测试时重点要搞清楚 LED 点阵的连接关系和驱动的逻辑关系。根据具体硬件的不同适当修改设计完成测试。

需要注意的是，由于部分可编程逻辑器件中没有实现存储器的资源，如 MAXⅡ系列的芯片，此时存储器的实现就只能利用逻辑单元，即采用例 4.4.1 的方法实现。

4.4.4　设计思考与拓展

(1)实现上述 8 个字的滚动下移显示功能。

(2)实现上述 8 个字的滚动左移显示功能。

(3)实现上述 8 个字的滚动右移显示功能。

4.5 数字密码锁设计

4.5.1 设计任务

设计一个4位数字密码锁，要求：

(1)具有0~9十个数字键和*、#两个控制键。数字键用于输入密码，*号键为激活/清除功能，#号键为密码设置/确认功能。

(2)输入4位正确密码能开锁，密码错误则不理会，在开锁状态下能设置新密码。

(3)具有两组密码，一组为永久默认密码，另一组为可修改的临时密码。

(4)具有4位数码管显示，当输入密码开锁时，不显示密码，只显示“-”，每输入一位，则从右往左逐位显示。当设置新密码时，则显示密码，每输入一位密码，则从右往左逐位显示。

4.5.2 任务分析与范例

1.任务分析

数字密码锁一般都由分频模块、键盘模块、控制模块和显示模块四部分构成，如图4-21所示。分频模块主要将系统高频时钟分频输出所需要的各种频率的工作信号。键盘模块主要完成按键检测、弹跳消除和键值译码等。控制模块主要完成密码锁的激活、清除，按键键值存储、比较，密码设置、确认等。显示模块则需要在密码输入时隐蔽密码显示，在密码设置时显示密码。

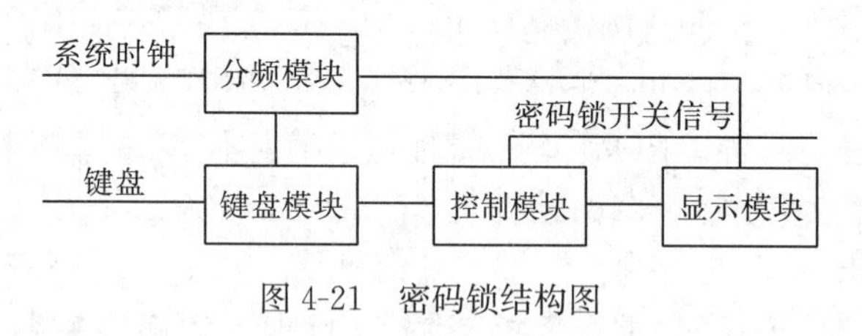

图4-21 密码锁结构图

(1)分频模块。

分频模块可以采用计数器按一定比例分频输出系统所需要的动态扫描时钟和键盘扫描时钟、键盘防抖动时钟等。具体设计方法参考实验3.5。

(2)键盘模块。

密码锁键盘模块的电路结构主要有两种，一种是独立按键构成的键盘，如图4-22所示，一种是行列扫描方式构成的矩阵键盘，如图4-23所示。独立按键式键盘由12个开关独立控制12根口线，其结构简单操作方便，但占用I/O口数量较多。矩阵式键盘连接相对复杂，由4根行线和3根列线构成12个交叉点，在每个交叉点上连接一个开关构成。工作时需要用扫描法或线反转法等相对复杂的逻辑才能判断出是否有按键，是哪个键按下。矩阵键盘虽然控制相对复杂，但 I/O 口利用率高。键盘电路结构的不同就决定了键盘处理模块设计的不同，但不管何种设计都应该包含按键检测、弹跳消除和键值译码等几个部分。

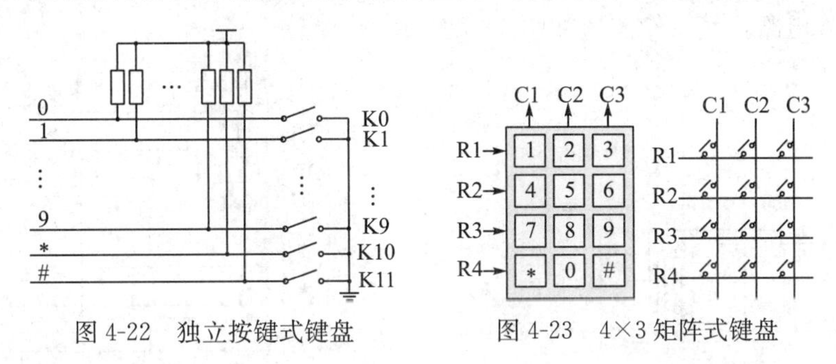

图 4-22　独立按键式键盘　　　图 4-23　4×3 矩阵式键盘

独立按键式键盘是每个开关独立控制一个 I/O 输入，按照传统思路，需要对每一路开关独立检测按键与否，独立设置弹跳消除电路，并译码输出键值。这种方案简单易行，但由于开关数量众多，也将消耗较多的逻辑资源。因此可以采用如图 4-24 所示的改进方案：首先，设计一个 12 输入与门将 12 个开关的输出相与。然后，可以利用该与门的输出信号做按键检测信号，因为当有任何一个键按下时，与门输出低电平，所有键均未按下时，与门输出高电平。最后利用该与门输出信号来实现弹跳消除，即当检测到该与门的输出信号已经稳定可靠时才锁存键盘输入值，也就跳过了按键抖动的时刻，实现了全部按键的防抖动处理。

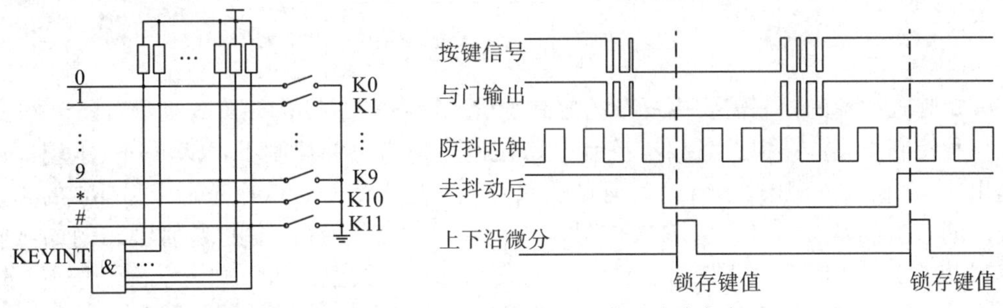

图 4-24　独立按键式键盘优化后的弹跳消除方案

键盘防抖动的处理在实验 3.4 中有简单介绍，此例采用的方法如图 4-25 所示，利用采样时钟(防抖时钟)和两位移位寄存器对开关信号进行采样，当连续两次采样到的信号为 0 则输出 0，连续两次采样到的信号为 1 则输出 1，否则保持原态不变。防抖时钟的频率对开关弹跳消除的效果影响巨大，频率太高，则键盘防抖动效果降低，频率太低，则按键速度将受到限制。一般人按键速度最多 10 次/秒，即按一次键至少要 100ms，以按键和释放键各一半时间算，按下时间至少 50ms，为保证 50ms 内能有效采样到至少两次信号，则采样时钟周期应小于 25ms。噪声信号脉宽一般在 4ms 以下，采样时钟周期应大于 4ms，因此采用该方法时，防抖时钟的频率应控制在 40～250Hz。

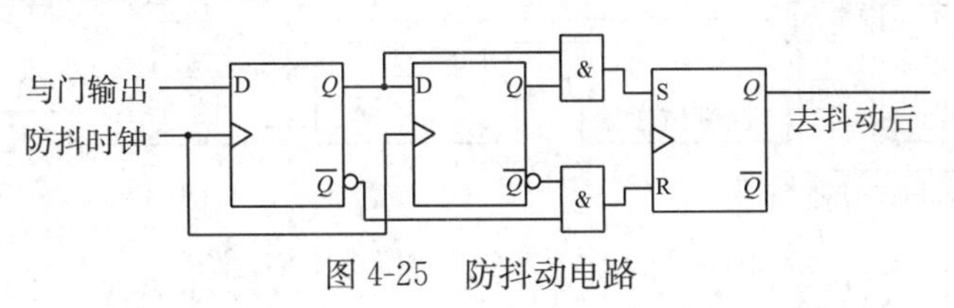

图 4-25　防抖动电路

按键时间的长短不一，去抖动后信号的长短也会不同，因而可能使后续电路难以处理，这种情况下就可以使用微分电路将输出信号的脉宽控制在 1 个时钟周期。图 4-26 给出了一种微分电路，其工作波形如图 4-27 所示。

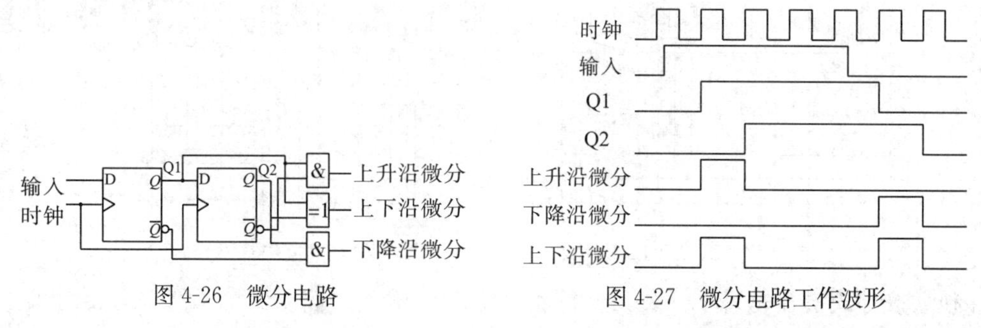

图 4-26 微分电路　　图 4-27 微分电路工作波形

独立按键式键盘的完整结构如图 4-28 所示，按键脉冲的输出既可以从防抖动电路后取出，也可以从微分电路后取出。

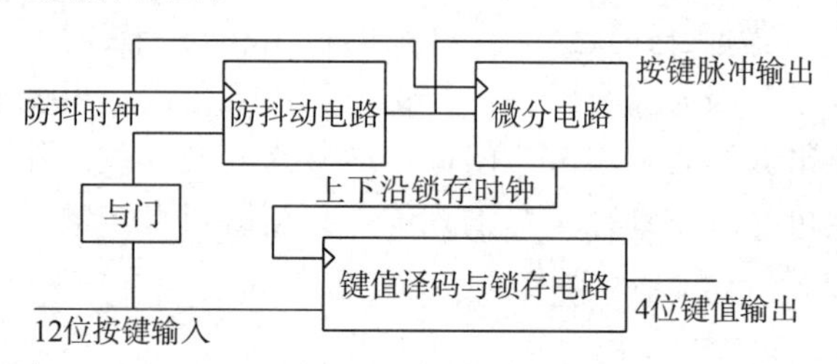

图 4-28 独立按键式键盘结构图

矩阵式键盘的控制需要更复杂的控制逻辑，针对图 4-23 的矩阵式键盘，图 4-29 给出了一种控制方案。图中键盘扫描控制电路在键盘扫描时钟控制下，从 R4～R1 端口依次送出 1110→1101→1011→0111 循环的 4 条行线的选通信号，依次选通 R1～R4 的 4 条行线。同时检测从 C3～C1 的输入信号，从而判断是否按键，按的是何键。例如，输出 1110 到 R4～R1 时，第一行为 0，如果从 C3～C1 输入数据为 110 则表示键 1 按下，输入为 101 则表示键 2 按下，输入为 011 则表示键 3 按下，输入为 111 则表示键 1～键 3 均未按键。从 C3～C1 检测的按键信号存在键盘抖动，经过防抖动处理后就可以和键盘扫描输出的控制逻辑一起由键值译码模块译码输出键值。当 C3～C1 反馈信号不为“111”，即有按键时，可以利用按键脉冲生成模块产生按键脉冲，该按键脉冲一方面输出给后续电路，指示有按键需要读取，另一方面也作为键盘扫描控制的使能信号，使按键未释放时不再扫描新行，同时该信号经过上下沿微分模块输出按键的上升沿和下降沿微分信号，可以利用按键前沿的微分信号将键值锁定，利用释放按键的后沿得到的微分信号清除键值。

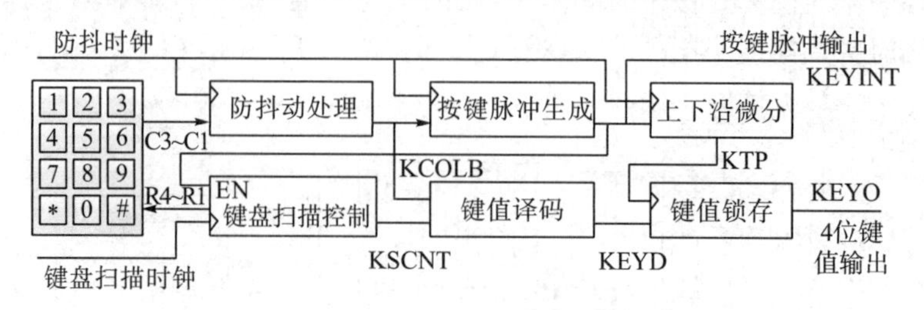

图 4-29 4×3 矩阵式键盘电路结构图

表 4-3 给出了 4×3 矩阵式密码锁键盘的键盘参数和按键功能定义。

表 4-3　键盘参数表

扫描信号 R4～R1	检测输入 C3～C1	键号	键值	功能定义
1110	110	1	0001	数字输入
1110	101	2	0010	数字输入
1110	011	3	0011	数字输入
1101	110	4	0100	数字输入
1101	101	5	0101	数字输入
1101	011	6	0110	数字输入
1011	110	7	0111	数字输入
1011	101	8	1000	数字输入
1011	011	9	1001	数字输入
0111	110	*	1010	激活/清除
0111	101	0	0000	数字输入
0111	011	#	1011	设置/确认

(3)控制模块。

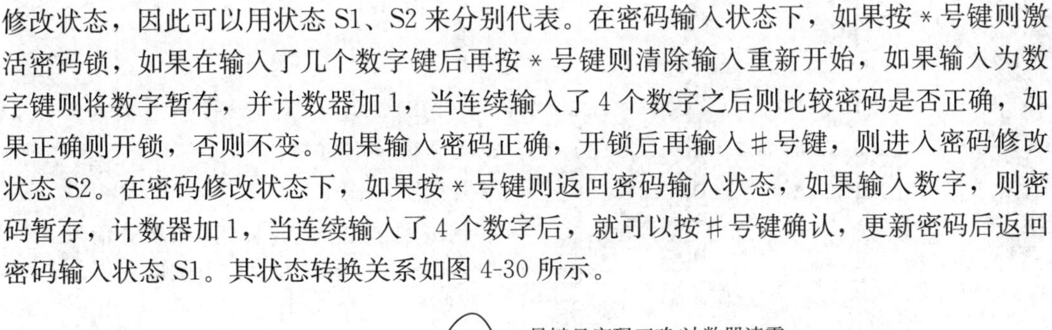

控制模块是密码锁的核心电路。密码锁有两种工作状态：①密码输入状态，②密码修改状态，因此可以用状态 S1、S2 来分别代表。在密码输入状态下，如果按 * 号键则激活密码锁，如果在输入了几个数字键后再按 * 号键则清除输入重新开始，如果输入为数字键则将数字暂存，并计数器加 1，当连续输入了 4 个数字之后则比较密码是否正确，如果正确则开锁，否则不变。如果输入密码正确，开锁后再输入 # 号键，则进入密码修改状态 S2。在密码修改状态下，如果按 * 号键则返回密码输入状态，如果输入数字，则密码暂存，计数器加 1，当连续输入了 4 个数字后，就可以按 # 号键确认，更新密码后返回密码输入状态 S1。其状态转换关系如图 4-30 所示。

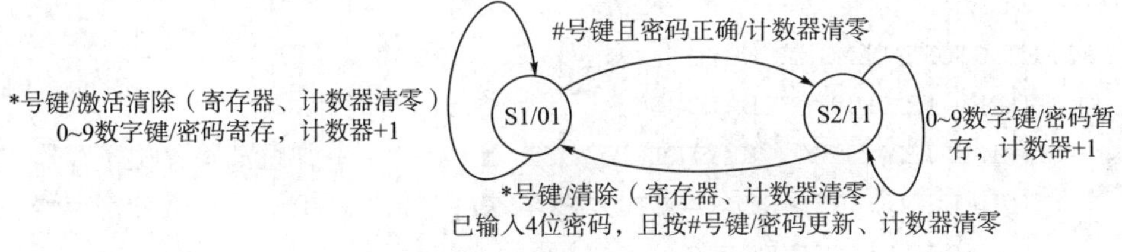

图 4-30　控制模块控制状态图

(4)显示模块。

显示模块需要支持 4 位数码管显示，使用静态显示或动态显示均可实现。因设计要求在密码输入时出于保密的原因不能显示输入的数字，而在密码修改时为了准确可靠需要显示设置的密码，所以显示模块需要根据控制模块工作的状态来调整显示。在输入数字时为了方便了解输入的状态可以采用输入第一位数字时，从显示器的最右端开始显示，以后每输入一位数字，显示依次左移一位。

2. 设计范例

(1)分频模块与键盘模块。

由于分频模块比较简单，在下面的设计中将其直接放入键盘模块中一起设计。根据图4-28，例4.5.1给出了独立按键式键盘的具体实现。其中默认系统输入时钟频率为20MHz，进程PA实现分频功能，将20MHz时钟分频输出100Hz的防抖时钟CLK100和约2.4kHz的动态显示用扫描时钟CLKSCAN。进程PB前的WHEN ELSE语言实现图4-28中的与门逻辑，产生是否按键的信号KEYINTR，当有按键时KEYINTR变为0。进程PB通过两位移位寄存器，在连续两个防抖时钟上升沿时检测到KEYINTR为0则输出0，连续两次检测到KEYINTR为1则输出1，否则维持原态，实现了对KEYINTR的防抖动处理，并从按键脉冲输出端口KEYINT输出。进程PC实现对KEYINT的微分，在按键按下和释放时产生微分脉冲，进程PD则利用该微分脉冲实现对键盘的译码和键值锁存。

【例4.5.1】

```
LIBRARY IEEE;
USE IEEE.STD_LOGIC_1164.ALL;
USE IEEE.STD_LOGIC_UNSIGNED.ALL;
USE IEEE.STD_LOGIC_ARITH.ALL;
ENTITY KEYB IS
PORT( CLK: IN STD_LOGIC;      --20MHz
      KEYIN: IN STD_LOGIC_VECTOR(11 DOWNTO 0);    --12个按键输入
      CLKSCAN: OUT STD_LOGIC;       --动态扫描时钟输出
      KEYINT: OUT STD_LOGIC;        --按键脉冲输出
      C_100, KD: OUT STD_LOGIC;     --调试用100Hz防抖时钟和微分信号
      KEYO: OUT STD_LOGIC_VECTOR(3 DOWNTO 0));    --键值输出
END KEYB;
ARCHITECTURE DEMO OF KEYB IS
    SIGNAL CLK100: STD_LOGIC;    --100Hz防抖时钟
    SIGNAL KEYINTR1, KEYINTR2: STD_LOGIC;    --弹跳消除移位寄存器
    SIGNAL KR, KR2: STD_LOGIC_VECTOR(1 DOWNTO 0);    --微分寄存器
    SIGNAL KTP: STD_LOGIC;    --上下沿微分信号
BEGIN
PA: PROCESS(CLK)  --分频模块，20MHz分频输出100Hz和2.4KHz
    VARIABLE CNT: INTEGER RANGE 0 TO 100000;    --计数变量
    BEGIN
      IF RISING_EDGE(CLK) THEN
      --IF CNT<10 THEN CNT:= CNT+ 1; --仿真用，更小的分频系数便于仿真
        IF CNT<100000 THEN CNT:= CNT+ 1;
        ELSE CNT:= 0; CLK100<= NOT CLK100; END IF; --100Hz
```

```
        CLKSCAN<= CONV_STD_LOGIC_VECTOR(CNT, 17)(12); --2.4KHz
        --CLKSCAN<= CONV_STD_LOGIC_VECTOR(CNT, 17)(3); --仿真用
      END IF;
    END PROCESS PA;
KEYINTR1<= '1' WHEN KEYIN= "111111111111" ELSE  --按键输入“与”运算
          '0';
PB: PROCESS(CLK100)      --防抖动处理
    BEGIN
      IF RISING_EDGE(CLK100) THEN     --两位移位寄存
        KR<= KR(0) & KEYINTR1; END IF;
      IF KR= "11" THEN KEYINTR2<= '1';    --连续两次检测为1则输出1
      ELSIF KR= "00" THEN KEYINTR2<= '0';    --连续两次检测为0则输出0
END IF;
    END PROCESS PB;
    KEYINT<= KEYINTR2;    --去抖动后的按键脉冲输出
PC: PROCESS(CLK100)       --微分电路
    BEGIN
      IF RISING_EDGE(CLK100) THEN
        KR2<= KR2(0) & KEYINTR2; END IF;    --两位移位寄存器
    END PROCESS PC;
    KTP<= KR2(0) XOR KR2(1);     --上下沿微分
PD: PROCESS(KTP) BEGIN          --按键译码与键值锁存
    IF RISING_EDGE(KTP) THEN
        CASE KEYIN IS
        WHEN "011111111111" => KEYO<= "1011"; --#
        WHEN "101111111111" => KEYO<= "1010"; --*
        WHEN "110111111111" => KEYO<= "1001"; --9
        WHEN "111011111111" => KEYO<= "1000"; --8
        WHEN "111101111111" => KEYO<= "0111"; --7
        WHEN "111110111111" => KEYO<= "0110"; --6
        WHEN "111111011111" => KEYO<= "0101"; --5
        WHEN "111111101111" => KEYO<= "0100"; --4
        WHEN "111111110111" => KEYO<= "0011"; --3
        WHEN "111111111011" => KEYO<= "0010"; --2
        WHEN "111111111101" => KEYO<= "0001"; --1
        WHEN "111111111110" => KEYO<= "0000"; --0
        WHEN OTHERS=> KEYO<= "1111";
        END CASE;
      END IF;
```

```
    END PROCESS PD;
    C_100<= CLK100; --输出调试观察用的 100Hz 防抖时钟，调试后删除
    KD<= KTP;         --输出调试观察用的上下沿微分信号，调试后删除
END DEMO;
```

独立按键式键盘模块的仿真波形如图 4-31 所示。图中键 2 按下，经过防抖动处理后按键脉冲 KEYINT 输出干净的负脉冲，表示有按键发生。经上下沿微分模块在键按下时和键释放时分别产生了微分信号 KD 正脉冲，利用键按下产生的微分脉冲将键 2 译码后的键值 0011（图中“2”）锁存输出，利用键释放产生的微分脉冲将无键按下的键值 1111（图中“F”）寄存送出。从仿真结果看，该模块工作正常。

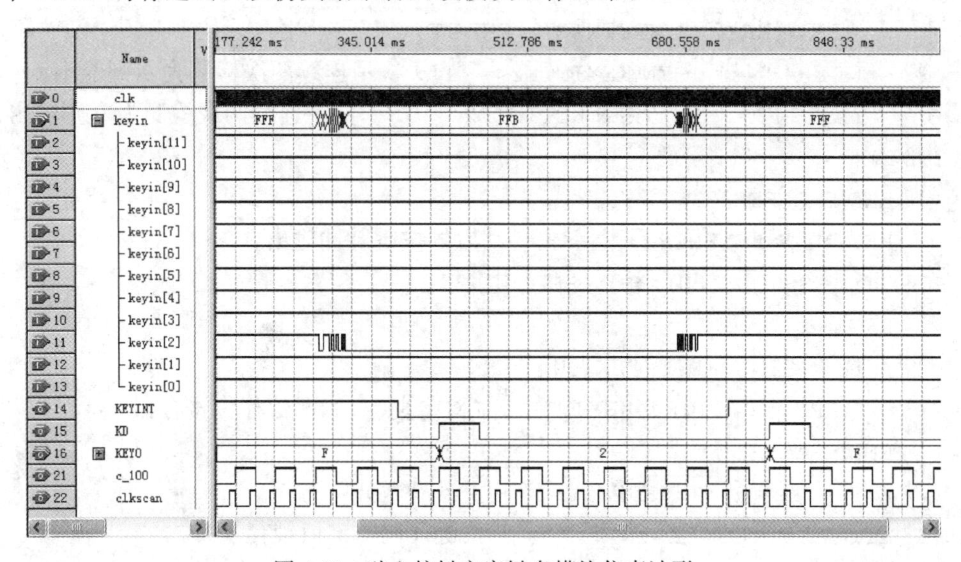

图 4-31　独立按键方案键盘模块仿真波形

例 4.5.2 给出了如图 4-29 所示方案的 4×3 矩阵式键盘模块的 VHDL 代码。其中进程 PA 实现了分频功能，将 20MHz 默认时钟频率分频输出 153Hz 防抖动时钟，2.4kHz 动态扫描显示时钟和 19Hz 键盘扫描时钟。进程 PB 和 PC 一起实现了图 4-29 中的键盘扫描控制，在 KEYINTR= ‘1’，即所有按键均释放时运行扫描计数，并译码输出各行的扫描信号。进程 PD 实现对 3 条列线输入的防抖动处理，采用的方法与独立按键的防抖动处理一样。进程 PE 实现表 4-3 中的键值译码功能。进程 PF 实现按键脉冲生成，当列信号不等于 111 时产生有按键的负脉冲，并输出。进程 PG 对按键脉冲进行微分，产生上下沿脉冲，进程 PH 利用该脉冲锁存键值并输出。

【例 4.5.2】

```
LIBRARY IEEE;
USE IEEE.STD_LOGIC_1164.ALL;
USE IEEE.STD_LOGIC_UNSIGNED.ALL;
USE IEEE.STD_LOGIC_ARITH.ALL;
ENTITY KEYSCAN IS
PORT( CLK: IN STD_LOGIC;                          --20MHz 默认时钟
      K_COL: IN STD_LOGIC_VECTOR(2 DOWNTO 0);     --3 位列输入信号
```

```
        K_ROW: OUT STD_LOGIC_VECTOR(3 DOWNTO 0);  --4位行输出信号
        CLKSCAN: OUT STD_LOGIC;    --动态扫描时钟输出
        KEYINT: OUT STD_LOGIC;     --按键脉冲输出
 --     C_100: OUT STD_LOGIC;      --仿真调试用153Hz防抖时钟
 --     KTPO: OUT STD_LOGIC;       --仿真调试用按键脉冲的上下沿微分信号
        KEYO: BUFFER STD_LOGIC_VECTOR(3 DOWNTO 0));   --4位键值输出
END KEYSCAN;
ARCHITECTURE DEMO OF KEYSCAN IS
    SIGNAL CLK100, CLK19: STD_LOGIC;    --分频用153Hz, 19Hz信号
    SIGNAL KSCNT: STD_LOGIC_VECTOR(1 DOWNTO 0); --键盘扫描计数器
    SIGNAL KCOLB: STD_LOGIC_VECTOR(2 DOWNTO 0); --防抖处理的列输入信号
    SIGNAL KR0, KR1, KR2: STD_LOGIC_VECTOR(1 DOWNTO 0); --防抖动信号
    SIGNAL KEYD: STD_LOGIC_VECTOR(3 DOWNTO 0); --译码键值信号
    SIGNAL KD: STD_LOGIC_VECTOR(1 DOWNTO 0);    --微分移位寄存器
    SIGNAL KTP, KEYINTR : STD_LOGIC;    --上下沿微分与按键脉冲信号
BEGIN
    C_100<= CLK100;    --仿真调试用临时输出信号
    KTPO<= KTP;        --仿真调试用临时输出信号
PA: PROCESS(CLK)       --分频模块
    VARIABLE CNT: STD_LOGIC_VECTOR(19 DOWNTO 0);    --计数变量
    BEGIN
      IF RISING_EDGE(CLK) THEN
        CNT: = CNT+ '1'; END IF;
        CLK100<= CNT(0);    --仿真测试时使用，避免过大分频比使仿真困难
        CLKSCAN<= CNT(0);   --仿真测试时使用，避免过大分频比使仿真困难
        CLK19<= CNT(3);     --仿真测试时使用，避免过大分频比使仿真困难
        CLK100<= CNT(16); --153Hz
        CLKSCAN<= CNT(12); --2.4kHz
        CLK19<= CNT(19); --19Hz
    END PROCESS PA;
PB: PROCESS(CLK19) BEGIN     --键盘扫描计数器
      IF RISING_EDGE(CLK19) THEN
       IF KEYINTR= '1' THEN KSCNT<= KSCNT+ '1'; END IF; --无按键未释放则计数
      END IF;
    END PROCESS PB;
PC: PROCESS(KSCNT) BEGIN     --根据计数器译码输出行扫描信号
        CASE KSCNT IS
        WHEN "00" => K_ROW<= "1110";    --扫描第1行
        WHEN "01" => K_ROW<= "1101";    --扫描第2行
```

```
        WHEN "10" => K_ROW<= "1011";     --扫描第 3 行
        WHEN OTHERS=> K_ROW<= "0111";  --扫描第 4 行
        END CASE;
    END PROCESS PC;
PD: PROCESS(CLK100)   BEGIN          --防抖动处理模块
      IF RISING_EDGE(CLK100) THEN  --移位寄存三位列线输入值
        KR2<= KR2(0) & K_COL(2);
        KR1<= KR1(0) & K_COL(1);
        KR0<= KR0(0) & K_COL(0);
      END IF;
      IF KR2= "11" THEN KCOLB(2)<= '1';     --对第 3 列列线输入防抖动处理
      ELSIF KR2= "00" THEN KCOLB(2)<= '0'; END IF;
      IF KR1= "11" THEN KCOLB(1)<= '1';     --对第 2 列列线输入防抖动处理
      ELSIF KR1= "00" THEN KCOLB(1)<= '0'; END IF;
      IF KR0= "11" THEN KCOLB(0)<= '1';     --对第 1 列列线输入防抖动处理
      ELSIF KR0= "00" THEN KCOLB(0)<= '0'; END IF;
    END PROCESS PD;
PE: PROCESS(KSCNT, KCOLB)  --根据扫描行与反馈列线的数据确定按键键值
    VARIABLE ROWCOL: STD_LOGIC_VECTOR(4 DOWNTO 0);
    BEGIN
        ROWCOL: = KSCNT & KCOLB;
          CASE ROWCOL IS
            WHEN "00110" => KEYD<= "0001";       --1 号键
            WHEN "00101" => KEYD<= "0010";       --2 号键
            WHEN "00011" => KEYD<= "0011";       --3 号键
            WHEN "01110" => KEYD<= "0100";       --4 号键
            WHEN "01101" => KEYD<= "0101";       --5 号键
            WHEN "01011" => KEYD<= "0110";       --6 号键
            WHEN "10110" => KEYD<= "0111";       --7 号键
            WHEN "10101" => KEYD<= "1000";       --8 号键
            WHEN "10011" => KEYD<= "1001";       --9 号键
            WHEN "11110" => KEYD<= "1010";       --* 号键
            WHEN "11101" => KEYD<= "0000";       --0 号键
            WHEN "11011" => KEYD<= "1011";       --# 号键
            WHEN OTHERS=> KEYD<= "1111";         --无按键
            END CASE;
    END PROCESS PE;
PF: PROCESS(CLK100)   BEGIN   --产生按键脉冲，有按键时输出负脉冲
      IF KCOLB= "111" THEN KEYINTR<= '1'; ELSE KEYINTR<= '0'; END IF;
```

```
    END PROCESS PF;
PG: PROCESS(CLK100)   BEGIN   --对按键脉冲进行升降沿微分，在按键或释放时产生
      IF RISING_EDGE(CLK100) THEN
        KD<= KD(0) & KEYINTR; END IF;
      KTP<= KD(0) XOR KD(1);
      END PROCESS PG;
PH:  PROCESS(KTP)   BEGIN   --利用按键脉冲微分信号锁存输出键值
    IF RISING_EDGE(KTP) THEN
    KEYO<= KEYD; END IF;
    END PROCESS PH;
    KEYINT<= KEYINTR;     --按键脉冲输出
END DEMO;
```

例 4.5.2 的仿真波形如图 4-32 所示。图中当 K_ROW 输出 1101 扫描第二行时，输入 K_COL 为 101，即 5 号键按下，经过防抖动处理后输出干净的按键脉冲信号 KEYINT，在按键按下时按键脉冲的微分信号 KTPO 的上升沿将键值 5 锁存输出，在按键释放时产生的微分 KTPO 信号将无按键的键值 F 输出。

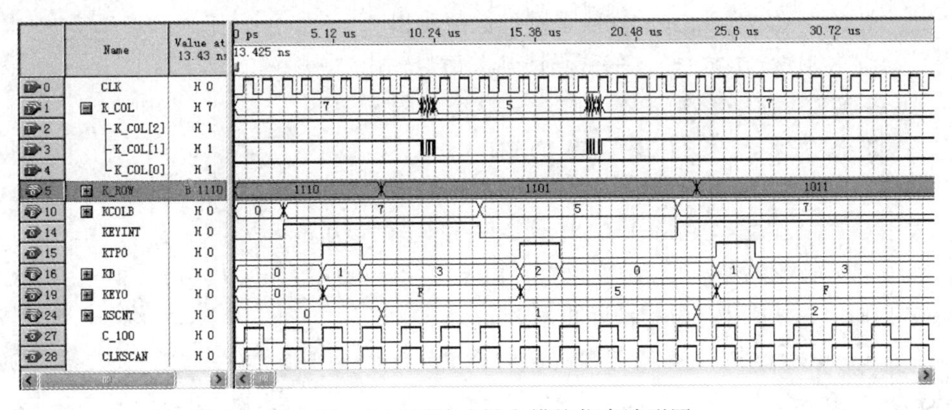

图 4-32　4×3 矩阵式键盘模块仿真波形图

(2)控制模块设计。

例 4.5.3 是根据图 4-30 的分析设计的数字密码锁的控制模块，其中第一个进程为控制进程，控制状态机按照图 4-30 的方式转换，第二个进程为受控进程，完成密码的比较判别与密码锁的开和关。

【例 4.5.3】

```
LIBRARY IEEE;
USE IEEE.STD_LOGIC_1164.ALL;
USE IEEE.STD_LOGIC_UNSIGNED.ALL;
USE IEEE.STD_LOGIC_ARITH.ALL;
ENTITY CTRL IS
PORT( KEYINT: IN STD_LOGIC;     --按键脉冲输入
      KEYIN: IN STD_LOGIC_VECTOR(3 DOWNTO 0);     --键值输入
```

```
        LOCKOUT: BUFFER STD_LOGIC;    --密码锁开关锁信号
        DISPD: OUT STD_LOGIC_VECTOR(15 DOWNTO 0);    --显示数据输出
        SN: OUT STD_LOGIC_VECTOR(1 DOWNTO 0);    --S1、S2 状态输出
        CNTO: OUT STD_LOGIC_VECTOR(2 DOWNTO 0));    --数字键输入计数输出
    END CTRL;
    ARCHITECTURE DEMO OF CTRL IS
    SIGNAL KEYREG, KEYCODE: STD_LOGIC_VECTOR(15 DOWNTO 0);
    --KEYREG 四位密码暂存寄存器，KEYCODE 四位密码存储器
    CONSTANT KEYDEF: STD_LOGIC_VECTOR(15 DOWNTO 0):= " 0001001101010111";
    --默认永久密码 1357
    TYPE STATE IS (S1, S2);    --状态定义
    SIGNAL CS: STATE;          --现态信号
    SIGNAL CNT: STD_LOGIC_VECTOR(2 DOWNTO 0);    --数字键输入计数
    SIGNAL LOCK: STD_LOGIC;    --密码锁开关锁信号
    BEGIN
        DISPD<= KEYREG;    --四位密码暂存寄存值输出
        CNTO<= CNT;        --数字键计数值输出
        LOCKOUT<= LOCK;    --密码锁开关信号输出
        PROCESS(KEYINT) BEGIN     --状态进程
        IF RISING_EDGE(KEYINT) THEN
            CASE CS IS
            WHEN S1=> SN<= "01";      --密码输入状态
             IF KEYIN= " 1010" THEN KEYREG<= (OTHERS=> '0'); CS<= S1; CNT<
= "000"; END IF; --按*号键清除重新开始
             IF (KEYIN= "1011" AND LOCK= '1') THEN CS<= S2; CNT<= "000";
END IF;
             --密码锁开后按#号键则进入密码设置状态
            IF (CONV_INTEGER(KEYIN)<10) AND  CNT<"100" THEN
            --数字键输入，且输入数字键次数小于 4 则暂存输入的数字密码
                        KEYREG<= KEYREG(11 DOWNTO 0) & KEYIN;
                        CNT<= CNT+ '1';
                  END IF;
            WHEN S2=> SN<= "11";      --密码设置状态
            IF KEYIN= "1010" THEN KEYREG<= (OTHERS=> '0'); CS<= S1; CNT<
= "000"; END IF;   --按*号键，清除输入并返回密码输入初始状态
            IF (KEYIN= "1011" AND CNT> = "100" )THEN KEYCODE<= KEYREG; CS<
= S1; END IF; --设置密码的输入大于 4 个，且按#号键确认则寄存密码并返回 S1
            IF ((CONV_INTEGER(KEYIN)<10) AND CNT<"100") THEN KEYREG<=
KEYREG(11 DOWNTO 0) & KEYIN; CNT<= CNT+ '1';   END IF;
```

```
            --输入为数字键，且输入次数小于 4 则暂存输入数字
            WHEN OTHERS=> SN<= "10"; CS<= S1; KEYCODE<= KEYDEF; CNT<= "000";
            --其他任意状态，则进入密码输入状态
            END CASE;
        END IF;
        END PROCESS;
        PROCESS(CS) BEGIN    --受控进程
            CASE CS IS
            WHEN S1=> IF CNT= "100" AND (KEYREG= KEYCODE OR KEYREG= KEYDEF)
THEN LOCK<= '1';   ELSE LOCK<= '0';   END IF;
            --密码输入状态，如果输入了 4 个数字则判断输入数字与临时密码或永久
            --密码是否一致，如果一致则开锁，否则保持锁定状态
            WHEN S2=> LOCK<= '1';    --在密码修改状态下保持解锁状态
            WHEN OTHERS=> LOCK<= '0';
            END CASE;
        END PROCESS;
    END DEMO;
```

控制模块的仿真波形如图 4-33 所示。图中首先在 KEYINT 的上升沿通过 KEYIN 输入永久密码 1357，随着密码的输入，KEYREG 中依次串行寄存输入的密码，计数器 CNTO 逐次加 1 计数，当第 4 个数字 7 输入后，计数器 CNTO 变成 4，则经过比较后立即输出开锁信号，即 LOCKOUT 输出 1，成功完成开锁。在开锁状态下 KEYIN 输入＃号键(1011 即十六进制数 B)，状态 SN 进入 S2 即 10 状态，依次输入 6789，并按＃号键确认后 KEYCODE 中成功存储修改后的密码 6789。再按 * 号键(1010 即十六进制数 A)返回密码输入状态，输入密码 4321 解锁失败，按 * 号键清除后再输入 6789 解锁成功。最后按 * 号键清除后输入永久密码 1357 仍然解锁成功。

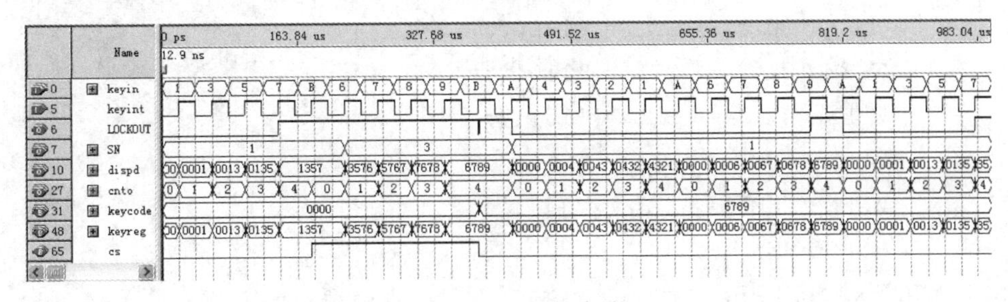

图 4-33　控制模块仿真波形图

(3)显示模块设计。

例 4.5.4 给出了显示模块的 VHDL 代码，其中，进程 PA 实现了扫描计数器的设计，它能根据密码锁输入的密码个数控制扫描的数码管的个数。进程 PB 则根据扫描计数器译码输出 4 个数码管的选通信号。进程 PC 则根据控制器的模式选择显示的数据，当处于密码输入状态时只译码显示短横线“-”，在密码设置状态时送显正常的显示数据，其他状态下不显示数据。进程 PD 实现 0～9 以及短横线“-”的 7 段译码。

【例 4.5.4】

```
LIBRARY IEEE;
USE IEEE.STD_LOGIC_1164.ALL;
USE IEEE.STD_LOGIC_UNSIGNED.ALL;
ENTITY LED_SCAN IS
PORT( CLKSCAN: IN STD_LOGIC;          --动态显示扫描时钟
      DIN: IN STD_LOGIC_VECTOR(15 DOWNTO 0);    --显示数据输入
      SN: IN STD_LOGIC_VECTOR(1 DOWNTO 0);       --密码锁控制器状态输入
      CNT: IN STD_LOGIC_VECTOR(2 DOWNTO 0);      --密码个数计数输入
      SEG: OUT STD_LOGIC_VECTOR(6 DOWNTO 0);     --7 段码输出
      SEL: OUT STD_LOGIC_VECTOR(4 DOWNTO 1));    --4 位数码管选通输出
END LED_SCAN;
ARCHITECTURE DEMO OF LED_SCAN IS
SIGNAL SCNT: STD_LOGIC_VECTOR(2 DOWNTO 0);        --扫描计数器
SIGNAL SDATA: STD_LOGIC_VECTOR(3 DOWNTO 0);       --数据选择中间信号
BEGIN
PA: PROCESS(CLKSCAN) BEGIN      --扫描计数器
        IF RISING_EDGE(CLKSCAN) THEN
          IF SCNT<CNT THEN      --根据输入密码的个数确定扫描多少位数码管
            SCNT<= SCNT+ '1';
          ELSE SCNT<= "000"; END IF;
        END IF;
    END PROCESS PA;
PB: PROCESS(SCNT) BEGIN      --根据计数器译码输出依次选通 4 个数码管
        CASE SCNT IS
        WHEN "001" => SEL<= "1110";
        WHEN "010" => SEL<= "1101";
        WHEN "011" => SEL<= "1011";
        WHEN "100" => SEL<= "0111";
        WHEN OTHERS=> SEL<= "1111";
        END CASE;
    END PROCESS PB;
PC: PROCESS(SN, SCNT, DIN) BEGIN      --根据控制器的模式选择显示的数据
      CASE SN IS
      WHEN "00" =>    --非法状态，不显示任何数据，1111 译码为 7 段全灭
        SDATA<= "1111";
      WHEN "01" =>    --密码输入状态，只显示“- ”，1010 译码为“- ”
        SDATA<= "1010";
      WHEN "11" =>    --密码设置状态，显示具体密码
```

```
          CASE SCNT IS
          WHEN "001" => SDATA<= DIN(3 DOWNTO 0);
          WHEN "010" => SDATA<= DIN(7 DOWNTO 4);
          WHEN "011" => SDATA<= DIN(11 DOWNTO 8);
          WHEN "100" => SDATA<= DIN(15 DOWNTO 12);
          WHEN OTHERS=> SDATA<= "1111";
          END CASE;
        WHEN OTHERS=> SDATA<= "1111";       --非法状态不显示
        END CASE;
      END PROCESS PC;
  PD: PROCESS(SDATA) BEGIN  --7段译码器
          CASE SDATA IS
          WHEN "0000"   => SEG<= NOT "1000000"; --C0 0
          WHEN "0001"   => SEG<= NOT "1111001"; --F9 1
          WHEN "0010"   => SEG<= NOT "0100100"; --A4 2
          WHEN "0011"   => SEG<= NOT "0110000"; --B0 3
          WHEN "0100"   => SEG<= NOT "0011001"; --99 4
          WHEN "0101"   => SEG<= NOT "0010010"; --92 5
          WHEN "0110"   => SEG<= NOT "0000010"; --82 6
          WHEN "0111"   => SEG<= NOT "1111000"; --F8 7
          WHEN "1000"   => SEG<= NOT "0000000"; --80 8
          WHEN "1001"   => SEG<= NOT "0010000"; --90 9
          WHEN "1010"   => SEG<= NOT "0111111"; --" - "
          WHEN OTHERS=>   SEG<= NOT "1111111"; --不显示
        END CASE;
      END PROCESS PD;
  END DEMO;
```

(4)顶层模块设计。

例 4.5.5 给出了数字密码锁的顶层设计，全部采用子元件例化实现，其中的键盘方案采用的是矩阵键盘方案，如果要使用独立按键的键盘方案只需要替换掉对应的键盘模块并修改键盘相关的输入输出即可。图 4-34 是该顶层 VHDL 设计通过 RTL Viewer 生成的等效 RTL 图。

【例 4.5.5】

```
LIBRARY IEEE;
USE IEEE.STD_LOGIC_1164.ALL;
ENTITY TOP IS
    PORT
      (CLK20M :   IN  STD_LOGIC;   --默认系统时钟 20MHz
      KCOL :   IN  STD_LOGIC_VECTOR(2 DOWNTO 0);   --键盘列信号输入
```

```
        LOCKON :   OUT  STD_LOGIC;    --密码锁开关控制信号输出
        CNTTO :   OUT  STD_LOGIC_VECTOR(2 DOWNTO 0); --仿真用内部计数
        KROW :   OUT  STD_LOGIC_VECTOR(3 DOWNTO 0);  --键盘行扫描输出
        SEG :   OUT  STD_LOGIC_VECTOR(6 DOWNTO 0); --7段码输出
        SEL :   OUT  STD_LOGIC_VECTOR(4 DOWNTO 1));  --4位数码管选通输出
END TOP;
ARCHITECTURE DEMO OF TOP IS
COMPONENT LED_SCAN  --数码管扫描模块元件申明
    PORT(CLKSCAN : IN STD_LOGIC;
        CNT : IN STD_LOGIC_VECTOR(2 DOWNTO 0);
        DIN : IN STD_LOGIC_VECTOR(15 DOWNTO 0);
        SN : IN STD_LOGIC_VECTOR(1 DOWNTO 0);
        SEG : OUT STD_LOGIC_VECTOR(6 DOWNTO 0);
        SEL : OUT STD_LOGIC_VECTOR(4 DOWNTO 1));
END COMPONENT;
COMPONENT KEYSCAN  --矩阵键盘扫描模块元件申明
    PORT(CLK : IN STD_LOGIC;
         K_COL : IN STD_LOGIC_VECTOR(2 DOWNTO 0);
        CLKSCAN : OUT STD_LOGIC;
        KEYINT : OUT STD_LOGIC;
         K_ROW : OUT STD_LOGIC_VECTOR(3 DOWNTO 0);
        KEYO : OUT STD_LOGIC_VECTOR(3 DOWNTO 0));
END COMPONENT;
COMPONENT CTRL  --密码锁控制模块元件申明
    PORT(KEYINT : IN STD_LOGIC;
        KEYIN : IN STD_LOGIC_VECTOR(3 DOWNTO 0);
        LOCKOUT : OUT STD_LOGIC;
        CNTO : OUT STD_LOGIC_VECTOR(2 DOWNTO 0);
        DISPD : OUT STD_LOGIC_VECTOR(15 DOWNTO 0);
        SN : OUT STD_LOGIC_VECTOR(1 DOWNTO 0));
END COMPONENT;
SIGNALC_SCAN :   STD_LOGIC;    --内部模块间连接信号扫描时钟定义
SIGNALCNT :   STD_LOGIC_VECTOR(2 DOWNTO 0);    --密码输入个数中间信号
SIGNALDIN :   STD_LOGIC_VECTOR(15 DOWNTO 0);   --密码显示中间信号
SIGNALKEY_INT :   STD_LOGIC;    --按键脉冲中间信号
SIGNALKEYD :   STD_LOGIC_VECTOR(3 DOWNTO 0);    --键值中间信号
SIGNALSN :   STD_LOGIC_VECTOR(1 DOWNTO 0);    --密码锁状态中间信号
BEGIN
--键盘扫描模块例化
```

```
U1 : KEYSCAN PORT MAP(CLK=> CLK20M, K_COL=> KCOL, CLKSCAN=> C_SCAN,
KEYINT=> KEY_INT, K_ROW=> KROW, KEYO=> KEYD);
--LED显示扫描模块例化
U2 : LED_SCAN PORT MAP(CLKSCAN=> C_SCAN, CNT=> CNT, DIN=> DIN,
        SN=> SN, SEG=> SEG, SEL=> SEL);
--密码锁控制模块例化
U3 : CTRL PORT MAP(KEYINT=> KEY_INT, KEYIN=> KEYD, LOCKOUT=> LOCKON,
CNTO=> CNT, DISPD=> DIN, SN=> SN);
CNTTO<= CNT;   --仿真测试，内部计数值输出
END DEMO;
```

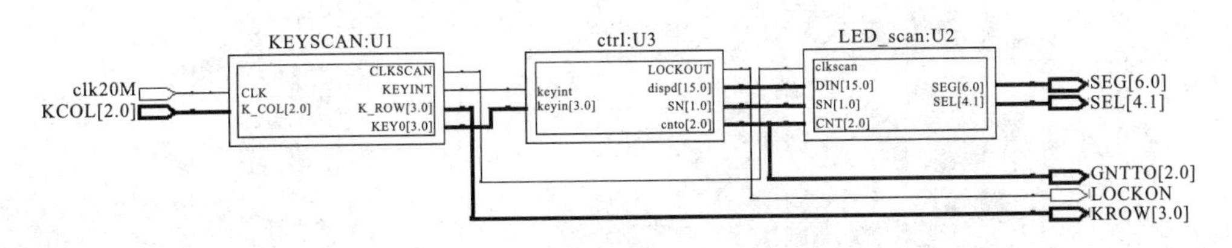

图4-34 顶层模块等效RTL图

4.5.3 实训内容与步骤

(1)分析设计任务，理解设计范例的基本思想与方法，完成对设计范例各模块的测试与仿真。

(2)完成例4.5.5数字密码锁的顶层的设计，理解系统的整体工作原理。

(3)利用例4.5.1所述的独立按键模块替代例4.5.5中所调用的矩阵按键模块，重新设计基于独立按键的数字密码锁的顶层设计，并仿真验证。

(4)根据测试硬件平台的具体情况，完成数字密码锁的硬件测试。

①首先分析键盘模块，根据硬件的具体情况选择矩阵键盘或独立键盘。采用独立键盘时，即使硬件没有12个独立开关也可以通过压缩数字键的方法完成硬件测试。例如，如果硬件上只有6个独立按键，则可以将数字键压缩为1～4，另加 *、# 控制键，密码只使用1～4构成即可。

②范例中所采用的时钟频率默认为20MHz，如果硬件平台是其他频率，则需要修改例4.5.1和例4.5.2中的分频模块，将防抖动时钟控制在100Hz左右，数码管动态扫描控制在几千赫兹至几十千赫兹，键盘扫描时钟控制在几十赫兹即可。在实际测试中，如果键盘太灵敏则适当降低防抖动时钟，键盘响应太慢则适当提高防抖动时钟采样频率。

③关于显示，如果硬件系统为4位静态显示，则需要根据显示的具体译码驱动方案修改例4.5.4。要实现是否显示和显示何种特殊字符一般只能采用控制输出段码的方式。另外还需要注意根据数码管显示的高低逻辑电平调整例4.5.4中的译码输出和选通信号的高低电平。

4.5.4 设计思考与拓展

(1)给密码锁增加密码输入错误的报警音和密码输入正确的提示音。每种声音发声时间为 1 秒。

(2)当连续 5 次密码输入失败，则 5 分钟内禁止输入密码，5 分钟后自动解除。

第 5 章　单片机与 FPGA 联合实训

微处理器+FPGA 的模式是现代数字系统的一种基本构架。利用 FPGA 的高速性、高可靠性完成处理器无法完成的高速采样、高速信号处理、高速串行通信、高速多目标控制等，利用微处理器完成 FPGA 不便于或不值得实现的灵活控制与计算。这种微处理器+FPGA 的联合运用在工业界已成为一种经典模式，它可以较好地平衡产品的性能与成本，开发与升级都非常灵活、方便。

微处理器与 FPGA 的联合设计大致有两种典型方案：一种是选择不同型号的微处理器与 FPGA 配合实现，另一种是选用不同的微处理器 IP 核放入 FPGA 中构成 SOPC 系统实现。本章主要进行第一种方案的设计实训。

微处理器的型号众多，包括各类单片机、ARM、DSP 等。目前在国内高校电类专业单片机课程的开设是最普遍的，其中大部分仍然以经典的 51 系列单片机为主。相对于 ARM 来说 51 系列单片机比较陈旧，但掌握了 51 系列单片机的应用就可以为 ARM 的学习奠定基础，同时在中低端应用中 51 系列单片机仍然具有广泛前景。因此本章重点进行 51 系列单片机与 FPGA 联合设计的学习。

图 5-1 给出了单片机与 FPGA 联合系统的一种比较通用的典型设计方案。单片机的 I/O 口除 P1 口和少量 P3 口外，其余所有 I/O 口都与 FPGA 连接。单片机直接控制一些简单的低速模块，其余模块的控制都通过 FPGA 的扩展来实现。单片机与 FPGA 之间的通信可以通过独立 I/O 口的方式，也可以通过总线方式或串口通信方式等。在独立 I/O 接口方式中，P0 口和 P2 口以及 P3 口的 6 根线均可以任意分配为数据线、地址线或控制总线等。在并行总线接口模式中，P0 口作为数据和低 8 位地址线，P2 口作为高 8 位数据线，结合地址锁存允许 ALE 以及读写信号可以灵活实现数据的交换。在串行通信中 RXD 和 TXD 端口可以完成所有数据和命令的双向传输。同时 INT0 和 T0 端口的接入可以为 FPGA 中需要及时响应的事件产生中断。单片机的时钟由 FPGA 提供，不仅可以省去单片机的晶振，还可以根据不同的工作任务，控制 FPGA 产生不同频率的工作时钟。例如，高速工作时产生高频时钟，待机休眠时产生低频时钟以降低功耗，串行通信时产生 11.0592MHz 等特定时钟以降低波特率误差等。

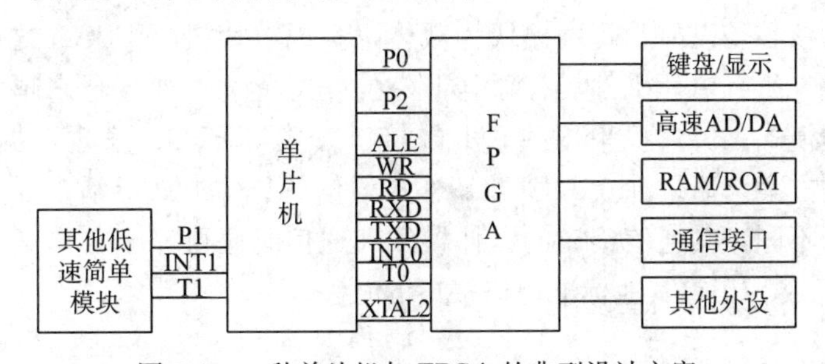

图 5-1　一种单片机与 FPGA 的典型设计方案

FPGA的I/O电平与单片机的I/O电平不总是一致的，因此单片机与FPGA之间需要考虑电平转换，通常建议采用专用电平转换芯片来实现，如SN74AVC8 T245、SN74AVC16 T245、SN74AVC32 T245等，为简单起见，一般也可以在二者之间串接200Ω左右的限流电阻实现。

用单片机与FPGA进行联合设计时一般需要考虑两个方面的问题。一方面要考虑设计任务中的软硬件划分。在单片机与FPGA的联合设计中，许多功能的实现既可以用FPGA硬件实现，也可以利用单片机软件实现。这就需要根据设计的具体任务，选择最合理的方案。软硬件的合理划分可以有效地提高性能，降低成本和设计开发难度。另一方面要考虑MCU与FPGA之间如何高效可靠地进行通信与控制，也就是单片机与FPGA之间的通信接口问题。MCU与FPGA之间的通信接口有很多方式，一般可以采用独立I/O接口、并行总线接口、通用异步收发器UART接口、SPI接口等。

5.1 单片机与FPGA的独立I/O接口设计

5.1.1 设计任务

利用FPGA设计一个单片机的数码管显示管理模块，并完成与单片机的联合测试，具体要求如下：

(1)能完成8位7段数码管的动态扫描显示控制。

(2)具有亮灭控制寄存器，能独立控制任意数码管的工作与熄灭。

(3)具有小数点控制寄存器，能独立控制8个数码管小数点的显示。

(4)具有闪烁控制寄存器，能独立控制任意数码管的闪烁显示。

(5)具有模式控制寄存器，能分别控制输出7段码和8位数码管位选信号是否反相，以适应共阴极、共阳极的各种数码管显示电路。

(6)单片机与FPGA的数据交换采用独立I/O接口，以并行或串行方式实现通信。

5.1.2 任务分析与范例

1. 任务分析

设计任务的核心是以显示管理模块为载体，实现单片机与FPGA之间通过独立I/O接口的数据交换。所有单片机都具有独立I/O操作的能力，而且越来越多的新型单片机也没有总线工作模式。单片机采用独立I/O接口方式与FPGA实现数据交换是最灵活、最具有普适性的方案。通过独立I/O与FPGA通信的具体方式灵活多样，根据课题的不同和通信数据的不同，其通信接口的具体模式和通信时序可完全自定义，无须遵循严格的总线、UART或SPI等其他标准通信接口的时序。

2. 设计范例

图 5-2 给出了系统结构框图。在 FPGA 内部主要有三个功能模块：①分频模块，主要分频输出显示控制模块需要的 1kHz 扫描时钟和 2Hz 的闪烁时钟。②MCU 接口模块，完成与 MCU 的接口控制，在 MCU 控制下，通过并行或串行等模式将数据写入各寄存器中。③动态扫描显示模块，根据显示寄存器和各控制寄存器中的数值控制 8 位数码管显示。

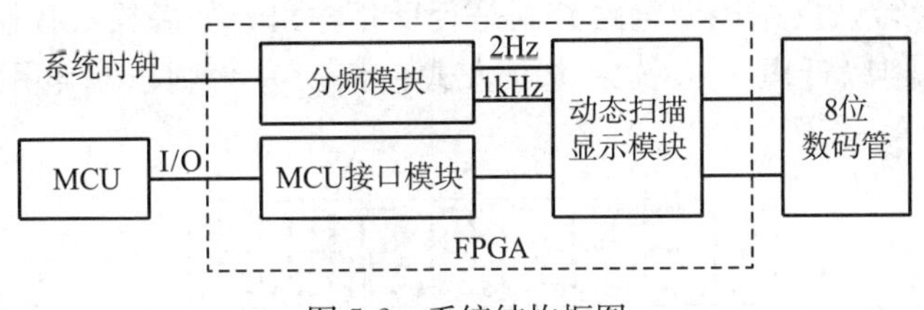

图 5-2　系统结构框图

一个数码管的显示内容至少需要一个 4 位二进制数表达，因此，要实现 8 位数码管的显示就需要设计 32 位的显示寄存器。设计任务还要求构建亮灭控制寄存器、小数控制寄存器、闪烁控制寄存器和模式控制寄存器，针对 8 位数码管的显示需求，这些控制寄存器均只需要 8 位即可。各寄存器及各数据位的定义如图 5-3 所示。

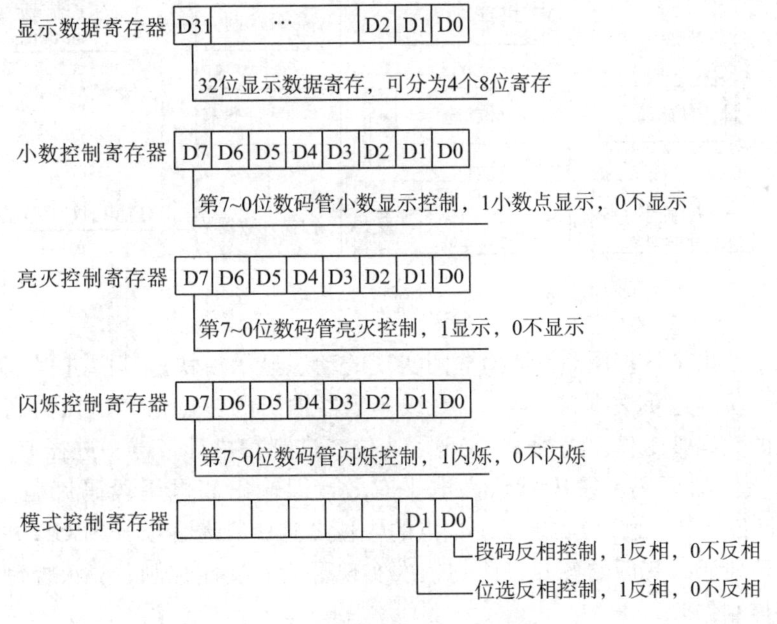

图 5-3　寄存器及各数据位定义

动态扫描显示模块的系统结构如图 5-4 所示。其中扫描计数器、3-8 线译码器、4 位 8 选 1 和 7 段译码器构成了 8 位动态扫描的基本电路。在扫描计数器的控制下 1 位 8 选 1 电路选出当前选通工作的数码管的小数点 dp，4 位 8 选 1 电路同步选出该数码管需要显示的数据经 7 段译码器译码输出 a～g 的 7 位段码，与小数点 dp 一起组成 8 位段码，该段码经过段码反相控制电路，由模式控制寄存器的第 0 位确定是否反相输出，该位为 1 则将段码反相以低电平有效的方式输出，否则以默认的高电平有效的方式输出。3-8 线译码器将扫描计数器的值译码为 8 位数码管的选通工作信号。根据亮灭控制寄存器中各位数值的不同，3-8 线译码器输出的位选信号经过亮灭控制电路产生亮灭控制，其方法是寄存器中为 1 的选通位正常输出，为 0 的选通位则输出无效，该数码管始终不选通，从而实现数码管的熄灭。经亮灭控制后的位选信号再经过闪烁控制，如果闪烁控制寄存器中对应位为 1 则表示该位需要闪烁显示，因此将该位选信号由 2Hz 闪烁时钟控制，从而实现断续扫描的闪烁显示效果。如果对应位为 0，则该选通位直接输出即可。经闪烁控制后的位选信号最后由位选反相控制电路控制是否反相输出，如果模式控制寄存器第 1 位为 1，则位选信号反相以低电平有效的选通方式输出，为 0 则以高电平有效的选通方式输出。

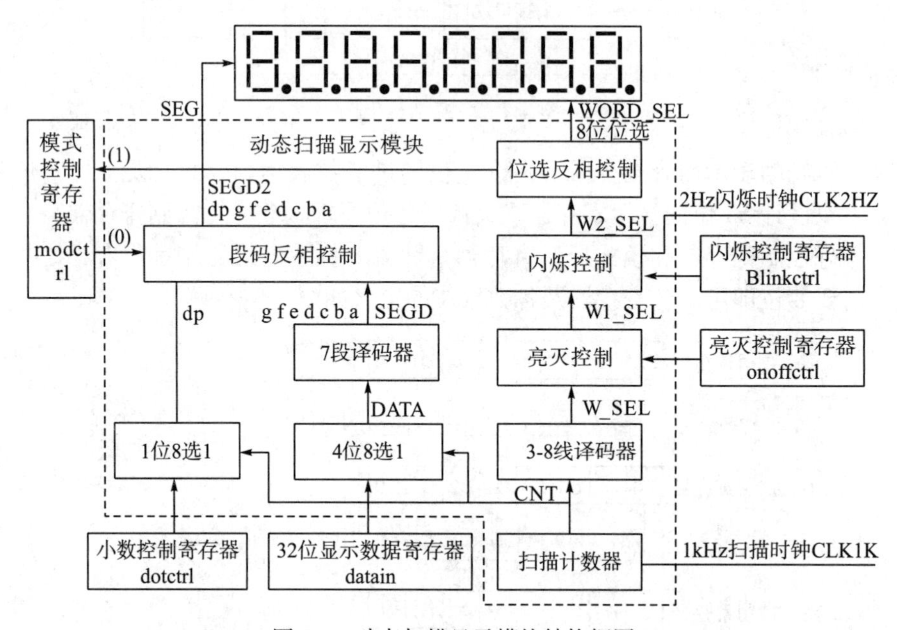

图 5-4　动态扫描显示模块结构框图

例 5.1.1 给出了根据图 5-4 结构框图实现的动态显示模块。其中进程 P1 实现了 3-8 线译码器与 4 位 8 选 1 数据选择器，3-8 线译码器输出的位选信号默认为高电平位选有效，对应位的数码管工作。进程 P2 实现了 3 位二进制扫描计数器。进程 P3 实现了 4 位二进制到 7 段码的译码，段码默认高电平有效，即输出高电平段码灯亮。DOTCTRL (CONV_INTEGER(CNT))实现了小数点的 1 位 8 选 1，该信号与 SEGD 并置后构成含小数点的 8 位段码。其后的各并行语句依次实现了段码反相控制、亮灭控制、闪烁控制和位选反相控制。

图 5-5～图 5-8 分别给出了各种功能情况下的仿真波形，从波形图看，功能设计正确。

【例 5.1.1】

```
LIBRARY IEEE;
USE IEEE.STD_LOGIC_1164.ALL;
USE IEEE.STD_LOGIC_UNSIGNED.ALL;
ENTITY DISP_SCAN IS
```

```
    PORT (CLK1K, CLK2HZ: IN STD_LOGIC;    --1kHz 扫描时钟，2Hz 闪烁时钟
    DOTCTRL, ONOFFCTRL, BLINKCTRL, MODCTRL:    IN STD_LOGIC_VECTOR
(7 DOWNTO 0); --小数控制、亮灭控制、闪烁控制、模式控制
    DATAIN : IN STD_LOGIC_VECTOR(31 DOWNTO 0); --待显 8 路 4 位二进制数输入
    SEG: OUT STD_LOGIC_VECTOR(7 DOWNTO 0); -- 7 位段码+ 1 位小数点
    WORD_SEL: OUT STD_LOGIC_VECTOR(7 DOWNTO 0)); --8 位数码管位选信号
  END ENTITY DISP_SCAN;
 ARCHITECTURE DEMO OF DISP_SCAN IS
    SIGNAL CNT: STD_LOGIC_VECTOR(2 DOWNTO 0); --扫描计数器计数信号
    SIGNAL DATA: STD_LOGIC_VECTOR(3 DOWNTO 0); --1 位数码管显示信号
    SIGNAL SEGD: STD_LOGIC_VECTOR(6 DOWNTO 0); --7 段码信号
    SIGNAL SEGD2: STD_LOGIC_VECTOR(7 DOWNTO 0); --含小数点的 8 段码信号
    SIGNAL W_SEL, W1_SEL, W2_SEL: STD_LOGIC_VECTOR(7 DOWNTO 0);
    --8 位位选中间信号
 BEGIN
 P1: PROCESS(CNT)  --3-8 线译码器与 4 位 8 选 1 数据选择器
    BEGIN
      CASE CNT IS  --3-8 线译码默认电路高电平位选有效
        WHEN "000" => W_SEL<= "00000001"; DATA <= DATAIN (3 DOWNTO 0);
        WHEN "001" => W_SEL<= "00000010"; DATA <= DATAIN (7 DOWNTO 4);
        WHEN "010" => W_SEL<= "00000100"; DATA <= DATAIN (11 DOWNTO 8);
        WHEN "011" => W_SEL<= "00001000"; DATA <= DATAIN (15 DOWNTO 12);
        WHEN "100" => W_SEL<= "00010000"; DATA <= DATAIN (19 DOWNTO 16);
        WHEN "101" => W_SEL<= "00100000"; DATA <= DATAIN (23 DOWNTO 20);
        WHEN "110" => W_SEL<= "01000000"; DATA <= DATAIN (27 DOWNTO 24);
        WHEN "111" => W_SEL<= "10000000"; DATA <= DATAIN (31 DOWNTO 28);
        WHEN OTHERS=> NULL;
      END CASE;
    END PROCESS P1;
 P2: PROCESS(CLK1 K)      --3 位二进制扫描计数器
      BEGIN
       IF CLK1K'EVENT AND CLK1K= '1' THEN CNT<= CNT + 1; END IF;
    END PROCESS P2;
 P3: PROCESS( DATA ) --4 位二进制译码为 7 段码，不含小数点，段码高电平有效
      BEGIN
       CASE DATA IS     --SEG 从高到低排列顺序：GFEDCBA
        WHEN "0000"   => SEGD<= "0111111"; --0
        WHEN "0001"   => SEGD<= "0000110"; --1
        WHEN "0010"   => SEGD<= "1011011"; --2
```

```
        WHEN "0011"   => SEGD<= "1001111"; --3
        WHEN "0100"   => SEGD<= "1100110"; --4
        WHEN "0101"   => SEGD<= "1101101"; --5
        WHEN "0110"   => SEGD<= "1111101"; --6
        WHEN "0111"   => SEGD<= "0000111"; --7
        WHEN "1000"   => SEGD<= "1111111"; --8
        WHEN "1001"   => SEGD<= "1101111"; --9
        WHEN "1010"   => SEGD<= "1110111"; --A
        WHEN "1011"   => SEGD<= "1111100"; --B
        WHEN "1100"   => SEGD<= "0111001"; --C
        WHEN "1101"   => SEGD<= "1011110"; --D
        WHEN "1110"   => SEGD<= "1111001"; --E
        WHEN "1111"   => SEGD<= "1110001"; --F
        WHEN OTHERS=> NULL;
      END CASE;
    END PROCESS P3;
    SEGD2<= DOTCTRL(CONV_INTEGER(CNT)) & SEGD;        --小数点选择与组装
    SEG<= NOT SEGD2 WHEN MODCTRL(0)= '1' ELSE         --段码反相控制
         SEGD2;
    W1_SEL<= W_SEL AND ONOFFCTRL;                     --亮灭控制
    W2_SEL<= W1_SEL AND NOT((CLK2HZ & CLK2HZ & CLK2HZ & CLK2HZ & CLK2HZ
& CLK2HZ & CLK2HZ & CLK2HZ) AND BLINKCTRL);           --闪烁控制
    WORD_SEL<= NOT W2_SEL WHEN MODCTRL(1)= '1' ELSE   --位选反相控制
              W2_SEL;
END ARCHITECTURE DEMO;
```

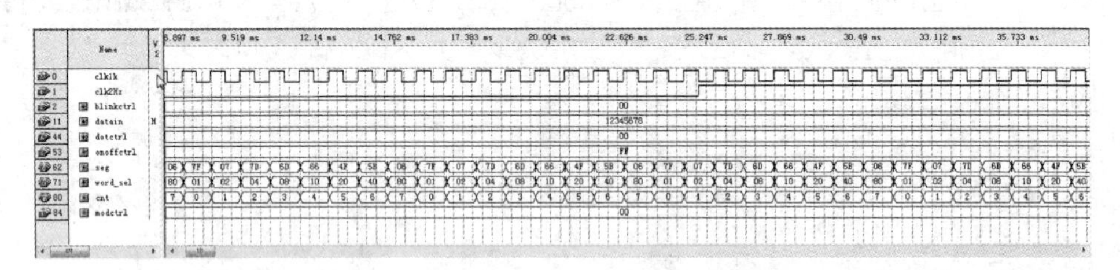

图 5-5　无闪烁，无小数点，均无反相，8 位全显示仿真波形

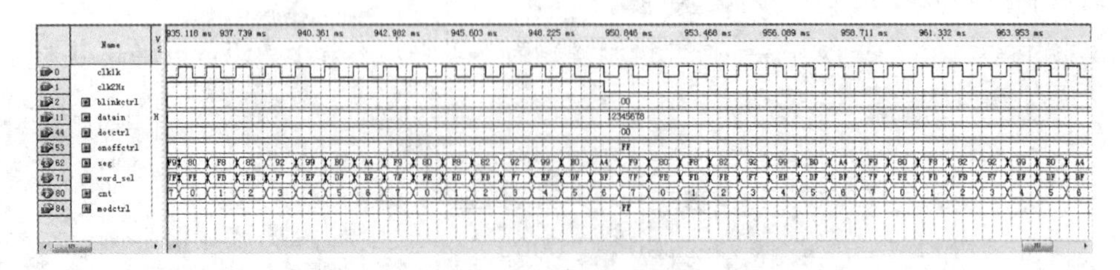

图 5-6　无闪烁，无小数点，段码和位选均反相，8 位全显示仿真波形

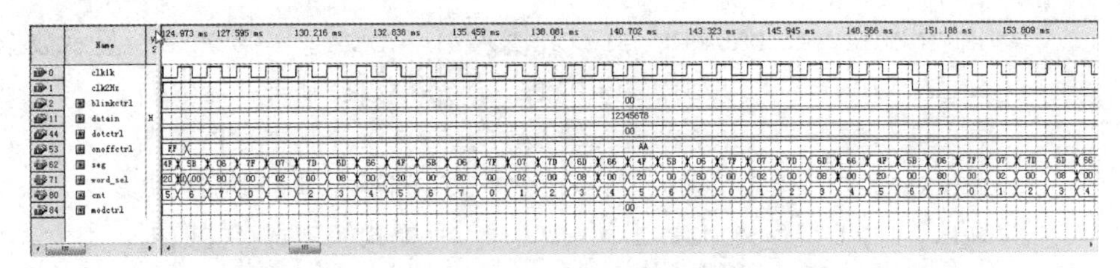

图 5-7　无闪烁，无小数点，均无反相，第 0、2、4、6 位不显示仿真波形

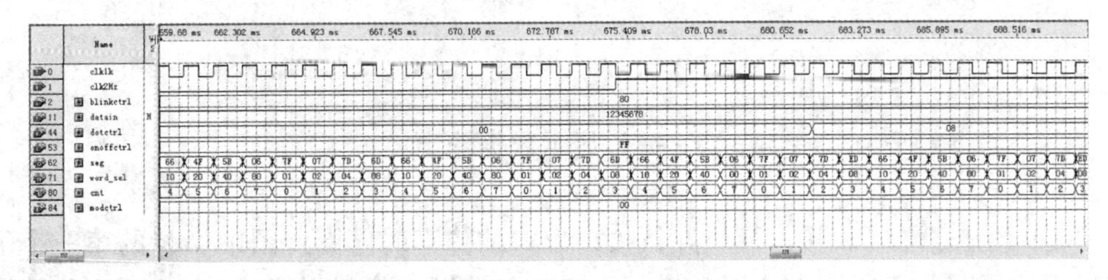

图 5-8　第 7 位闪烁显示，第 3 位有小数点，均不反相，8 位全显示仿真波形

例 5.1.2 给出了图 5-2 中 MCU 接口模块的一种设计方案。该方案采用了 8 位并行 I/O接口模式。单片机通过三位 ADR 端口输入地址，通过 8 位 DATA 端口输入数据，输入的数据在 WR 信号的下降沿时锁存，并输出至相应的数据端口，控制动态扫描显示模块工作。各寄存器的地址分配关系由进程中的 CASE 语句确定。

【例 5.1.2】

```
LIBRARY IEEE;
USE IEEE.STD_LOGIC_1164.ALL;
USE IEEE.STD_LOGIC_UNSIGNED.ALL;
ENTITY MCUIOC IS                        --FPGA 与 MCU 接口模块
    PORT ( WR: IN STD_LOGIC;            --写信号，用于锁存数据
        DATA: IN STD_LOGIC_VECTOR(7 DOWNTO 0);    --数据输入
        ADR: IN STD_LOGIC_VECTOR(2 DOWNTO 0);     --地址输入
        DOTCTRL, ONOFFCTRL, BLINKCTRL, MODCTRL: OUT STD_LOGIC_VEC-
TOR(7 DOWNTO 0);    --4 个 8 位控制寄存器数据输出
        DATAOUT: OUT STD_LOGIC_VECTOR(31 DOWNTO 0)); --数据寄存器输出
 END ENTITY MCUIOC;
ARCHITECTURE DEMO OF MCUIOC IS
    SIGNAL DATABUF: STD_LOGIC_VECTOR(31 DOWNTO 0); --32 位数据暂存
BEGIN
    PROCESS(WR) BEGIN
      IF FALLING_EDGE(WR) THEN   --WR 下降沿锁存数据
        CASE ADR IS
        WHEN "000" => DATABUF (7 DOWNTO 0)<= DATA;     --第 1~0 位显示数据
        WHEN "001" => DATABUF (15 DOWNTO 8)<= DATA;    --第 3~2 位显示数据
        WHEN "010" => DATABUF (23 DOWNTO 16)<= DATA;   --第 5~4 位显示数据
```

```
        WHEN "011" => DATABUF (31 DOWNTO 24)<= DATA ; --第 7~6 位显示数据
        WHEN "100" => DOTCTRL<= DATA;     --小数控制寄存器数据
        WHEN "101" => ONOFFCTRL<= DATA; --亮灭控制寄存器数据
        WHEN "110" => BLINKCTRL<= DATA; --闪烁控制寄存器数据
        WHEN "111" => MODCTRL<= DATA;     --模式控制寄存器数据
        WHEN OTHERS=> NULL;
        END CASE;
      END IF;
    END PROCESS;
    DATAOUT<= DATABUF;     --8 位显示数据输出
END DEMO;
```

图 5-9 给出了单片机接口模块并行接口方式的仿真时序图。图中 WR 的第一个下降沿将显示数据 21 锁存到地址 0 的寄存器，也就是让第 0 位数码管显示 1，第 1 位数码管显示 2。在 WR 的第 2、3、4 个下降沿将数据 43、65、87 分别送到地址为 1、2、3 的显示数据寄存器。最终在 8 个数码管上显示“87654321”。在 WR 的第 5 个下降沿时，将数据 10 锁存到了小数控制寄存器，即令数码管的第 4 位显示小数点，即 8765.4321。在 WR 的第 6 个下降沿将数据 7F 写入亮灭控制寄存器，控制数码管的最高位不显示，其余位显示，即显示 765.4321。在 WR 的第 7 个下降沿时将数据 01 写入闪烁控制寄存器，使数码管的最低位闪烁显示，即最右边的 1 闪烁。在 WR 的第 8 个下降沿时将数据 02 写入控制寄存器，即控制段码位正常输出，位选控制位反相后输出，以适应段码高电平有效、位选低电平有效的实际硬件电路。

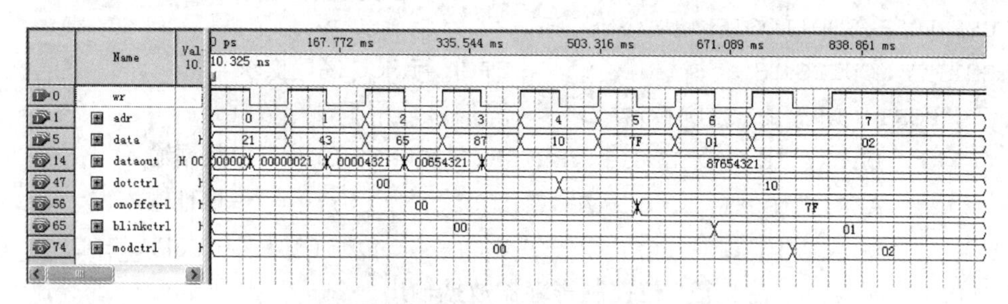

图 5-9 单片机接口模块独立 I/O 并行方式仿真时序图

例 5.1.3 给出了显示扫描电路需要的分频模块，系统时钟仍然假设为 20MHz。扫描时钟和闪烁时钟并不需要准确地满足前面规划的 1kHz 和 2Hz，因此采用了简单分频实现，以节约 PLD 资源。

【例 5.1.3】

```
LIBRARY IEEE;
USE IEEE.STD_LOGIC_1164.ALL;
USE IEEE.STD_LOGIC_UNSIGNED.ALL;
ENTITY DIV IS
PORT( CLK: IN STD_LOGIC;        --20MHz
      CLK1K, CLK2HZ: OUT STD_LOGIC);    --分频输出
```

```
END DIV;
ARCHITECTURE DEMO OF DIV IS
    SIGNAL CNT: STD_LOGIC_VECTOR(22 DOWNTO 0);
BEGIN
    PROCESS(CLK)BEGIN
        IF RISING_EDGE(CLK) THEN CNT<= CNT+ '1'; END IF;
        CLK1K<= CNT(13);       --约为1221Hz
        CLK2HZ<= CNT(22);      --约为2.38Hz
    END PROCESS;
END DEMO;
```

例5.1.4给出了基于独立I/O并行接口方式的顶层设计，其RTL图如图5-10所示。

【例5.1.4】

```
LIBRARY IEEE;
USE IEEE.STD_LOGIC_1164.ALL;
ENTITY TOPHDL IS
    PORT
        (WR :    IN  STD_LOGIC;    --MCU写信号
        CLK :    IN  STD_LOGIC;    --20MHz时钟
        ADR :    IN  STD_LOGIC_VECTOR(2 DOWNTO 0);    --地址输入
        DATA :    IN  STD_LOGIC_VECTOR(7 DOWNTO 0);   --数据输入
        SEG :    OUT  STD_LOGIC_VECTOR(7 DOWNTO 0);   --段码输出
        SEL :    OUT  STD_LOGIC_VECTOR(7 DOWNTO 0)); --位选输出
END TOPHDL;
ARCHITECTUREDEMO OF TOPHDL IS
COMPONENT MCUIOC       --MCU接口模块子元件申明
    PORT(WR : IN STD_LOGIC;
        ADR : IN STD_LOGIC_VECTOR(2 DOWNTO 0);
        DATA : IN STD_LOGIC_VECTOR(7 DOWNTO 0);
        BLINKCTRL : OUT STD_LOGIC_VECTOR(7 DOWNTO 0);
        DATAOUT : OUT STD_LOGIC_VECTOR(31 DOWNTO 0);
        DOTCTRL : OUT STD_LOGIC_VECTOR(7 DOWNTO 0);
        MODCTRL : OUT STD_LOGIC_VECTOR(7 DOWNTO 0);
        ONOFFCTRL : OUT STD_LOGIC_VECTOR(7 DOWNTO 0));
END COMPONENT;
COMPONENT DISP_SCAN      --动态扫描显示模块子元件申明
    PORT(CLK1K : IN STD_LOGIC;
        CLK2HZ : IN STD_LOGIC;
        BLINKCTRL : IN STD_LOGIC_VECTOR(7 DOWNTO 0);
        DATAIN : IN STD_LOGIC_VECTOR(31 DOWNTO 0);
```

```
        DOTCTRL : IN STD_LOGIC_VECTOR(7 DOWNTO 0);
        MODCTRL : IN STD_LOGIC_VECTOR(7 DOWNTO 0);
        ONOFFCTRL : IN STD_LOGIC_VECTOR(7 DOWNTO 0);
        SEG : OUT STD_LOGIC_VECTOR(7 DOWNTO 0);
        WORD_SEL : OUT STD_LOGIC_VECTOR(7 DOWNTO 0));
  END COMPONENT;
  COMPONENT DIV     --分频模块子元件申明
     PORT(CLK : IN STD_LOGIC;
        CLK1K : OUT STD_LOGIC;
        CLK2HZ : OUT STD_LOGIC);
  END COMPONENT;
  SIGNALBLK :   STD_LOGIC_VECTOR(7 DOWNTO 0);    --中间信号定义
  SIGNALCLK1 K :   STD_LOGIC;
  SIGNALCLK2HZ :   STD_LOGIC;
  SIGNALDO :   STD_LOGIC_VECTOR(31 DOWNTO 0);
  SIGNALDOT :   STD_LOGIC_VECTOR(7 DOWNTO 0);
  SIGNALMODE :   STD_LOGIC_VECTOR(7 DOWNTO 0);
  SIGNALONOF :   STD_LOGIC_VECTOR(7 DOWNTO 0);
  BEGIN
  U1: DIV PORT MAP(CLK, CLK1K, CLK2HZ);    --分频模块例化
  U2: MCUIOC PORT MAP(WR, ADR, DATA , BLK, DO, DOT, MODE, ONOF); --接口例化
  U3: DISP _ SCAN  PORT  MAP (CLK1K,  CLK2HZ,  BLK,  DO,  DOT,  MODE,  ONOF,
SEG, SEL);   --显示模块例化
  ENDDEMO;
```

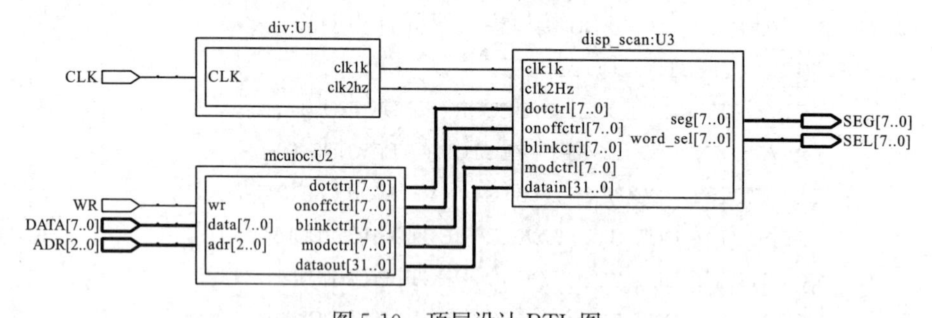

图 5-10　顶层设计 RTL 图

系统要工作起来需要单片机与FPGA的配合工作，二者的连接采用如图5-11所示的端口连接方式。例5.1.5给出了51单片机汇编代码，代码采用了独立I/O口的方式对FPGA进行访问，控制显示模块的工作。代码中的关键是WRITE子程序，其中，A寄存器存放地址，B寄存器存放需要写入的数据。代码首先将WR置高电平，然后输出数据，输出地址，再将WR置低，产生下降沿，将数据锁存到相应寄存器。

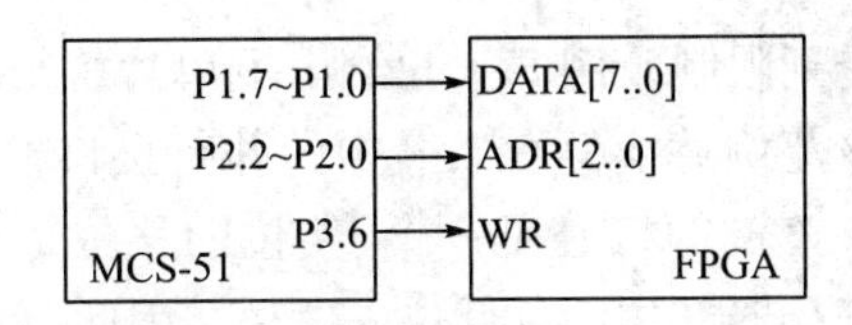

图 5-11　采用独立 I/O 方式的 MCU 与 FPGA 的并行连接

【例 5.1.5】

```
        MOV A, #07H   ; 将模式控制寄存器设置为 02，即位选信号反相输出
        MOV B, #02H
        CALL WRITE
        MOV A, #04H   ; 设置小数控制寄存器，第 4 位显示，即 xxxx.xxxx
        MOV B, #010H
        CALL WRITE
        MOV A, #05H   ; 亮灭寄存器设置为 3F，最高两位不显示，即 xx.xxx
        MOV B, #03FH
        CALL WRITE
        MOV A, #06H   ; 闪烁寄存器设置为 01，最低位闪烁
        MOV B, #01H
        CALL WRITE
        MOV A, #00H   ; 下面将显示数据设置为 12345678
        MOV B, #78H
        CALL WRITE
        MOV A, #01H
        MOV B, #56H
        CALL WRITE
        MOV A, #02H
        MOV B, #34H
        CALL WRITE
        MOV A, #03H
        MOV B, #12H
        CALL WRITE      ; 最终显示效果为 23.45678，最低位 8 闪烁
        JMP $
WRITE:   SETB P3.6      ; 程序入口：寄存器 A- 地址，寄存器 B- 数据
         MOV P1, B
         MOV P2.0, ACC.0
         MOV P2.1, ACC.1
         MOV P2.2, ACC.2
         CLR P3.6
         RET
```

在前面的设计中，单片机与 FPGA 的接口采用了并行接口模式，并行接口占用 I/O

口较多，在有些应用中会受到限制。例 5.1.6 给出了单片机与 FPGA 之间的一种串行接口模式的设计范例。利用该范例替换例 5.1.2 中的并行接口模块即可构成全新的基于串行控制的数码管显示模块。该例的核心是一个 64 位的移位寄存器。51 单片机的串口工作在方式 0 时为同步移位寄存器方式，且低位先发送。因此，考虑到和 51 单片机串行接口时，不仅可以使用单片机 I/O 口模拟串行通信，还能兼容 51 单片机的串口方式 0 的时序，这里采用了右移移位方式。

【例 5.1.6】

```
LIBRARY IEEE;
USE IEEE.STD_LOGIC_1164.ALL;
USE IEEE.STD_LOGIC_UNSIGNED.ALL;
ENTITY MCUSISO IS
    PORT (CLK, RST: IN STD_LOGIC;     --串行时钟、复位信号
        DIN: IN STD_LOGIC;            --串行数据
        DOTCTRL, ONOFFCTRL, BLINKCTRL, MODCTRL: OUT STD_LOGIC_VEC-
TOR(7 DOWNTO 0);    --小数控制、亮灭控制、闪烁控制、模式控制
        DATAOUT: OUT STD_LOGIC_VECTOR(31 DOWNTO 0));    --显示数据
END ENTITY MCUSISO;
ARCHITECTURE DEMO OF MCUSISO IS
    SIGNAL DATABUF: STD_LOGIC_VECTOR(63 DOWNTO 0);
BEGIN
    PROCESS(CLK, RST) BEGIN
      IF RST= '0' THEN DATABUF<= (OTHERS=> '0');    --异步复位
      ELSIFRISING_EDGE(CLK) THEN      --右移移位寄存，MCU 发送时低位在前
        DATABUF<= DIN & DATABUF(63 DOWNTO 1);
      END IF;
    END PROCESS;
        DATAOUT<= DATABUF(31 DOWNTO 0);         --低 32 位为 8 个显示数据
        DOTCTRL<= DATABUF(39 DOWNTO 32);        --小数控制寄存器输出
        ONOFFCTRL<= DATABUF(47 DOWNTO 40);      --亮灭控制寄存器输出
        BLINKCTRL<= DATABUF(55 DOWNTO 48);      --闪烁控制寄存器输出
        MODCTRL<= DATABUF(63 DOWNTO 56);        --模式控制寄存器输出
END DEMO;
```

图 5-12 给出了此例仿真波形的一部分，移位时钟为 10ms，扣除第一周期的系统复位，在第 64 个时钟上升沿到达时，送显的数据为“C019CFC2”。小数控制寄存器数据为 FF，即所有小数点均显示。模式控制寄存器的值为 1C，其第 0 位和第 1 位为 0，即段码和位码均不反相，都是高电平有效。亮灭控制寄存器的值为十六进制数 23，即仅第 0、1、5 三位显示。闪烁控制寄存器的值为 C0，即第 6、7 位闪烁。最终显示效果为“1.C.2.”，且没有闪烁。

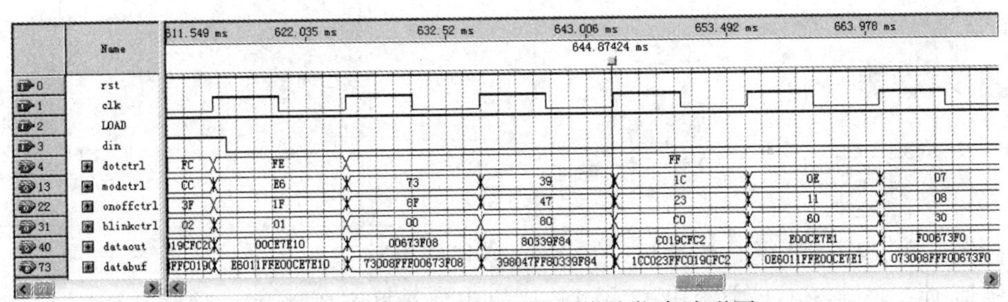

图 5-12　MCU 串行接口控制模块仿真波形图

用 5.1.6 的例子替代图 5-10 中对应的 mcuioc 模块后即可实现全新设计。例 5.1.7 是针对串行接口方案的单片机控制程序范例，该范例采用了单片机的 I/O 口模拟串行接口时序。

【例 5.1.7】

```
        SCLK    EQU    P3.1      ; 端口连接关系
        SDIN    EQU    P3.0
        RST     EQU    P3.2
START:  SETB RST               ; 产生复位负脉冲，实现对控制器的异步复位
        CLR RST
        SETB RST
        MOV A, #0AAH           ; 发送数码管第 1、0 两位的显示数据 AA
        CALL SEND
        MOV A, #034H           ; 发送数码管第 3、2 两位的显示数据 34
        CALL SEND
        MOV A, #056H           ; 发送数码管第 5、4 两位的显示数据 56
        CALL SEND
        MOV A, #078H           ; 发送数码管第 7、6 两位的显示数据 78
        CALL SEND
        MOV A, #010H           ; 发送小数显示控制，第 4 位小数显示，即 8765.43AA
        CALL SEND
        MOV A, #03FH           ; 发送亮灭控制，第 7、6 两位不显示，即 65.43AA
        CALL SEND
        MOV A, #001H           ; 发送闪烁显示控制，第 0 位闪烁
        CALL SEND              ; 即 65.43AA 中最低位 A 闪烁
        MOV A, #002H           ; 发送模式控制，位选码反相输出
        CALL SEND              ; 即段码高电平有效，位码低电平有效
        JMP $                  ; 数据发送子程序，程序入口 A，  A 为发送的数据
SEND:   MOV R7, #08H
        CLR SCLK
LOOP:   RRC A
        MOV SDIN, C
        SETB SCLK
        NOP
```

```
        CLR SCLK
        NOP
        NOP
        DJNZ R7, LOOP
        RET;
```

在例 5.1.7 中采用的是单片机端口模拟控制产生移位发送。该方式容易理解，但操作比较烦琐。在例 5.1.8 中给出了采用单片机串口来实现的方案，程序首先将 SCON 中的 SM1 和 SM0 两位置 0，使串口工作在方式 0，也就是同步移位寄存器模式。在 SEND 发送子程序中，将寄存器 A 中暂存的发送数据写入 SBUF，当检测到 TI 为 1 时，即发送完毕后，清除 TI，完成一次 8 位数据的发送，操作非常简洁而且可靠。

【例 5.1.8】

```
        MOV SCON, #00H      ; 设置串口工作在方式 0
        MOV A, #12H
        CALL SEND
        MOV A, #34H
        CALL SEND
        MOV A, #56H
        CALL SEND
        MOV A, #78H
        CALL SEND           ; 显示缓存中的数据为 87654321
        MOV A, #10H         ; 显示小数 8765.4321
        CALL SEND
        MOV A, #3FH         ; 高两位不显示：65.4321
        CALL SEND
        MOV A, #01H         ; 最低位闪烁
        CALL SEND
        MOV A, #02H         ; 位码反相输出
        CALL SEND
        JMP $               ; 子程序入口为 A 寄存器，A 为待发送数据
SEND:   MOV SBUF, A         ; 移位数据发送
LP:     JNB TI, LP          ; 检测发送是否完毕
        CLR TI              ; 发送完毕后清除发送标志
        RET
```

5.1.3 实训内容与步骤

(1)分析设计任务，理解设计范例的思路。

(2)完成设计范例 5.1.1～例 5.1.4 的代码仿真与测试。

(3)根据具体硬件电路的不同，确定与单片机的引脚连接关系，以及动态扫描电路的

引脚连接关系，锁定引脚重新编译后下载至FPGA中。

(4)在单片机仿真器中，单步运行例5.1.5的程序代码，观察8位动态扫描电路的显示情况。需要特别注意的是，测试中要首先重点搞清楚数码管硬件的驱动关系，段码是高电平亮还是低电平亮，位选信号是高电平选通还是低电平选通。确定后，最好先设置模式控制寄存器的值，这样在后面每写入一个数据就可以立刻看到对应的显示数据。

(5)利用例5.1.1、例5.1.3和例5.1.6三个子模块，重新构建顶层设计，完成基于串行接口的显示模块电路设计，并正确锁定引脚。

(6)在单片机仿真器中运行例5.1.7的程序代码，测试模拟串行方式控制的显示情况。

(7)在单片机仿真器中运行例5.1.8的程序代码，测试串口方式0控制的显示情况。

(8)根据后面的思考与拓展进行其他设计与测试。

5.1.4　设计思考与拓展

(1)阅读分析MAX7219芯片的数据手册，为显示控制模块增加译码与不译码显示的控制寄存器，使每个数码管可以独立控制是否需要7段译码。模仿MAX7219修改串行控制的方式，使每个寄存器的值可以独立修改。

(2)增加全显示测试功能，启用该功能可以快速测试数码管是否正常。

(3)为寄存器增加读出功能，使单片机能读取各寄存器的状态。

5.2　单片机与FPGA的并行总线接口设计

5.2.1　设计任务

利用FPGA设计一个单片机的键盘和显示管理模块，要求：

(1)显示管理模块的要求与实验5.1相同。

(2)能完成键盘的扫描、防抖动处理及键值获取。

(3)单片机与FPGA的数据交换采用并行总线方式实现。

5.2.2　任务分析与范例

1.任务分析

本设计任务要求实现一个支持单片机并行总线访问的键盘显示管理模块，其系统结构框图大致如图5-13所示。其中动态扫描显示模块、分频模块已经在实验5.1设计实现。键盘管理模块如果采用独立按键可以参考例4.5.1，如果采用矩阵扫描式键盘可参考例4.5.2设计。因此，本设计任务的核心是以键盘显示管理模块为载体实现单片机与FPGA之间通过并行总线接口方式的数据交换。

单片机与FPGA之间通过并行总线通信具有很多优点：首先，通信速度快，编程简单可靠，单片机只需要一条 MOVX 指令就可以完成所需的读写操作。其次，I/O 口线的消耗相对比较固定，基本不会因为扩展对象的不同而变化，如果扩展对象的地址在 256 以内，则只需要 P0 口、WR、RD、ALE，如果扩展对象超过 256 则增加 P2 口。最后，并行总线方式可以通过 FPGA 很方便地扩展外围接口，如 SRAM、ADC、DAC 等，也可以很容易地构建类似 DMA 的操作方式。

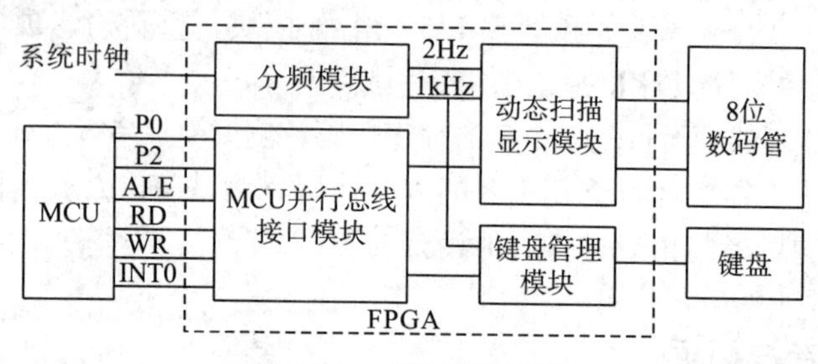

图 5-13　系统结构框图

实现单片机与 FPGA 的总线通信方式重点在于掌握单片机的总线读写时序，然后根据总线时序设计 FPGA 的接口电路。51 单片机外围设备的扩展采用与片外 RAM 统一编址的方式，其读写操作和外部 RAM 的读写一致。

图 5-14 和图 5-15 分别给出了单片机访问外部 RAM 的读时序和写时序。图中 ALE 为地址锁存允许信号，在 ALE 的第一个高电平期间，P0 口将出现低 8 位地址，当 ALE 变为低电平后地址还将保持一段时间，即 t_{LLAX}，因此在 FPGA 中可以利用 ALE 的高电平或下降沿来锁存低 8 位地址，即指令中 DPL 的值。高 8 位地址即 DPH 的值是持续输出的，因此在 ALE 下降沿后可以得到 DPTR 中完整的 16 位地址。当 ALE 变为低电平后，经过 t_{LLWL}的延迟时间后读信号 RD 或写信号 WR 变为低电平，即可进行数据的读或写。在 RD 信号变低后的 t_{RLDV}时间后，P0 口将出现有效数据输入，因此在 FPGA 中可以在 RD 的低电平期间将数据送到 P0 口。在写时序中，WR 低电平时数据同步出现在 P0 口上，因此在 FPGA 中，可以在 WR 低电平的某个时间锁存写入的数据。

在第二个 ALE 高电平时，P0 口和 P2 口输出程序计数器 PC 中取指令地址，在 PSEN 低电平期间从 ROM 中将指令从 P0 口读入。

图 5-14 和图 5-15 中各时间量的含义与典型值如表 5-1 所示。

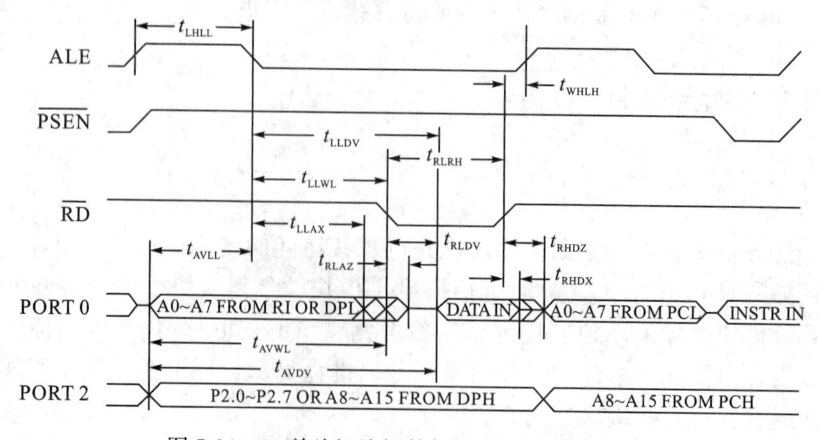

图 5-14　51 单片机访问外部 RAM 的读周期时序

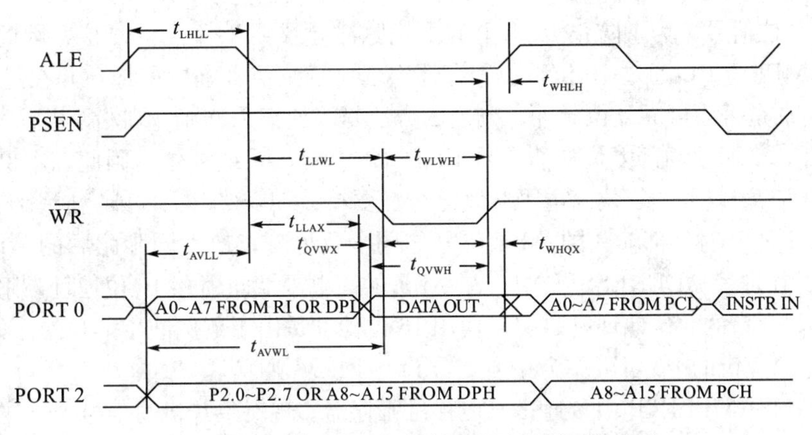

图5-15 51单片机访问外部RAM的写周期时序

表5-1 外部RAM访问时间参数

参数	说明	12MHz晶振		可变晶振		单位
		最小值	最大值	最小值	最大值	
$1/t_{CLCL}$	晶振频率			0	33	MHz
t_{LHLL}	ALE脉冲宽度	127		$2t_{CLCL}-40$		ns
t_{AVLL}	地址有效到ALE变低时间	43		$t_{CLCL}-25$		ns
t_{LLAX}	ALE变低后地址保持时间	48		$t_{CLCL}-25$		ns
t_{RLRH}	RD负脉冲宽度	400		$6t_{CLCL}-100$		ns
t_{WLWH}	WR负脉冲宽度	400		$6t_{CLCL}-100$		ns
t_{RLDV}	RD变低到数据输入有效时间		252		$5t_{CLCL}-90$	ns
t_{RHDX}	RD变高后数据保持时间	0		0		ns
t_{RHDZ}	RD变高后数据浮空时间		97		$2t_{CLCL}-28$	ns
t_{LLDV}	ALE变低到数据输入有效时间		517		$8t_{CLCL}-150$	ns
t_{AVDV}	地址建立到数据输入有效时间		585		$9t_{CLCL}-165$	ns
t_{LLWL}	ALE变低到RD或WR变低时间	200	300	$3t_{CLCL}-50$	$3t_{CLCL}+50$	ns
t_{AVWL}	地址建立到RD或WR变低时间	203		$4t_{CLCL}-75$		ns
t_{QVWX}	数据有效到WR变低转换时间	23		$t_{CLCL}-30$		ns
t_{QVWH}	数据有效到WR变高时间	433		$7t_{CLCL}-130$		ns
t_{WHQX}	WR变高后的数据保持时间	33		$t_{CLCL}-25$		ns
t_{RLAZ}	RD变低后的地址浮空时间		0		0	ns
t_{WHLH}	RD或WR变高到ALE变高时间	43	123	$t_{CLCL}-25$	$t_{CLCL}+25$	ns

当单片机需要读取FPGA内部的某个数值时，则可以执行MOVX A，@DPTR或MOVX A，@Ri来实现，这两条指令在执行时会按照图5-14的时序自动产生地址锁存和读信号的操作，唯一不同在于通过@Ri方式访问，只能访问00~FFH的低256个字节空间，不影响P2口，即P2口还可以作普通I/O口使用。当单片机需要向FPGA的某个地址写入数据时，可以执行指令MOVX @DPTA ，A或MOVX @Ri，A，该指令自动产生图5-15的写时序。

2. 设计范例

例5.2.1给出了一个单片机并行总线接口的FPGA设计范例。例中假设单片机需要通过FPGA扩展3个8位输入口和3个8位输出口。FPGA的默认时钟选为20MHz，设置了RST复位信号，为了防止RST上的干扰脉冲导致FPGA意外复位，因此设置了进程RSTSAMPLE_P，通过10位移位寄存器实现对复位信号进行采样，并在进程RST_EN_P中判别是否为可靠复位脉冲，判断的方法是当连续采样到10次高电平才认定为可靠复位脉冲，从而使内部复位使能信号RST_EN置1，系统复位。因此，本例中作用在FPGA的RST端口上的复位高电平脉宽至少需要持续500ns以上才能完成系统复位。

进程ALE_P对外部输入的ALE信号作同步化处理，产生同步化后的ALE_SAMPLE信号。在进程ADDRESS_P中，在ALE的高电平期间锁存16位地址。事实上，在本例中采用P0口的8位地址已足够，使用16位地址是出于范例演示的目的。如果使用8位地址，则单片机的P2口可作为一般I/O口与FPGA通信。

进程WRSAMPLE_P中，通过6位移位寄存器实现对单片机写信号WR的采样，先采样的信号逐渐往高位移动。进程WREN_P中对采样的WR信号进行判别，当连续采样到2次高电平、4次低电平时，则认定为可靠的写信号到达，在单片机WR变低电平后的某一个中间位置产生FPGA内部的写使能脉冲WR_EN，利用该脉冲完成可靠的数据写入。对写信号的这种处理方法可以有效消除WR端口上的负向干扰脉冲造成的错误写操作。

对于读信号，即便存在负向干扰脉冲，也不会对FPGA内部的数据造成错误操作，也不影响单片机的正常运行，因此可以不用像写信号一样处理。进程RDSAMPLE_P只是简单对RD信号进行了同步化处理，产生FPGA内部读信号RDSAMPLE。

进程WR_P1、WR_P2、WR_P3分别实现了向输出寄存器DATAOUT1、DATAOUT2、DATAOUT3写入输出数据的功能。修改RST_EN='1'后的寄存器的赋值就可以修改系统复位的默认输出。修改ADDR后的十六进制数值，可以为寄存器分配任意不同的地址。当需要更多输出时，可模仿这三个进程继续编写其他进程实现。

进程RD_P实现单片机对输入端口数据的读出。修改ADDR后的十六进制数值可以修改输入端口或寄存器的地址。当地址和MCU读取信号无效时一定要对P0口赋值高阻态"ZZZZZZZZ"，当MCU向FPGA写入数据时，FPGA内部P0输出为高阻态，才能确保数据正确地写入FPGA内部，否则MCU从FPGA外部输入的数据将会和FPGA内部输出的数据发生冲突，引起写入的数据错误。

【例5.2.1】

```
LIBRARY IEEE;
USE IEEE.STD_LOGIC_1164.ALL;
USE IEEE.STD_LOGIC_UNSIGNED.ALL;
ENTITY MCUIOP IS
  PORT (CLK: IN STD_LOGIC;        --系统时钟默认20MHz
        RST: IN STD_LOGIC;        --系统复位信号，高电平有效
        P0: INOUT STD_LOGIC_VECTOR (7 DOWNTO 0);      --8051 P0口
        P2: IN STD_LOGIC_VECTOR (7 DOWNTO 0);         --8051 P2口
        ALE: IN STD_LOGIC;                    --8051 ALE
        WR: IN STD_LOGIC;                     --8051 WR
        RD: IN STD_LOGIC;                     --8051 RD
```

```
        WR_ENO: OUT STD_LOGIC;        --测试用内部写脉冲输出，调试后删除
        DATAIN1, DATAIN2, DATAIN3: IN STD_LOGIC_VECTOR(7 DOWNTO 0);
        --3个8位数据输入端，可以是键盘、ADC等其他输入
        DATAOUT1, DATAOUT2, DATAOUT3: OUT STD_LOGIC_VECTOR(7 DOWNTO
0)); --3个8位数据输出端，可以是LED、开关控制、DAC等其他输出
  END MCUIOP;
  ARCHITECTURE DEMO OF MCUIOP IS
    SIGNAL ADDR: STD_LOGIC_VECTOR(15 DOWNTO 0); --16位地址
    SIGNAL ALE_SAMPLE: STD_LOGIC;               --内部ALE采样信号
    SIGNAL RDSAMPLE: STD_LOGIC;                 --内部RD采样信号
    SIGNAL WRSAMPLE: STD_LOGIC_VECTOR(5 DOWNTO 0); --WR采样移位寄存器
    SIGNAL WR_EN: STD_LOGIC;                    --内部写使能
    SIGNAL RSTSAMPLE: STD_LOGIC_VECTOR(9 DOWNTO 0); --RST采样寄存器
    SIGNAL RST_EN: STD_LOGIC;                   --内部复位使能
  BEGIN
  RSTSAMPLE_P: PROCESS(CLK) BEGIN  --通过10位移位寄存器采样复位信号
             IF CLK'EVENT AND CLK= '1' THEN
                --采样的RST信号从低位往高位移动。
                RSTSAMPLE<= RSTSAMPLE(8 DOWNTO 0) & RST;
             END IF;
            END PROCESS;
  RST_EN_P: PROCESS(CLK)  BEGIN  --产生内部复位使能RST_EN信号
             IF CLK'EVENT AND CLK= '1' THEN
                IF  RSTSAMPLE= "1111111111" THEN
                  --当连续10个脉冲采样到高电平则允许复位
                  RST_EN<= '1'; --有效
                ELSERST_EN<= '0'; END IF;       --禁止复位
             END IF;
           END PROCESS;
  ALE_P:     PROCESS(CLK)  BEGIN  --产生内部ALE_SAMPLE信号
             IF CLK'EVENT AND CLK= '1' THEN
                IF RST_EN= '1' THENALE_SAMPLE<= '0';
                ELSEALE_SAMPLE<= ALE; END IF;
             END IF;
           END PROCESS;
  ADDRESS_P: PROCESS(CLK)BEGIN  --地址锁存
             IF CLK'EVENT AND CLK= '1' THEN
                IF RST_EN= '1' THENADDR<= (OTHERS=> '0');
                ELSIF ALE_SAMPLE= '1' THEN ADDR<= P2 & P0;
```

```
                END IF;
            END IF;
        END PROCESS;
WRSAMPLE_P: PROCESS(CLK)  BEGIN  --通过 6 位移位寄存器采样 WR
            IF CLK'EVENT AND CLK= '1' THEN
                IF RST_EN= '1' THENWRSAMPLE<= (OTHERS=> '1');
                ELSE  --先采样的放在高位，后采样的放在低位。
                    WRSAMPLE<= WRSAMPLE(4 DOWNTO 0) & WR;
                END IF;
            END IF;
          END PROCESS;
WREN_P: PROCESS(WRSAMPLE) BEGIN --产生内部写使能信号
    --连续采样到 2 次高电平 4 次低电平认为是可靠的写信号到达，产生写使能
          IF (WRSAMPLE(3 DOWNTO 0)= "0000" AND  WRSAMPLE(5 DOWNTO
4)= "11") THEN WR_EN<= '1'; --允许写
          ELSE WR_EN<= '0';   END IF; --不允许写
          WR_ENO<= WR_EN; --调试观测用写使能信号输出，调试完成后删除
      END PROCESS;
RDSAMPLE_P: PROCESS(CLK)  BEGIN--采样读信号 RD
            IF CLK'EVENT AND CLK= '1' THEN
                IF RST_EN= '1' THEN RDSAMPLE<= '1';
                ELSE RDSAMPLE<= RD;   END IF;
            END IF;
        END PROCESS;
--以下向输出寄存器写入数据
WR_P1: PROCESS(CLK)  BEGIN
        IF CLK'EVENT AND CLK= '1' THEN
            IF RST_EN= '1' THEN DATAOUT1<= (OTHERS=> '0');
            ELSIF ADDR= X"0001" AND WR_EN= '1' THEN --地址 0001H
             DATAOUT1<= P0; END IF; --P0 口数据写入输出寄存器 1
        END IF;
    END PROCESS;
WR_P2: PROCESS(CLK)BEGIN
        IF CLK'EVENT AND CLK= '1' THEN
            IF RST_EN= '1' THENDATAOUT2<= (OTHERS=> '0');
            ELSIF ADDR= X"0002" AND WR_EN= '1' THEN --地址 0002H
             DATAOUT2<= P0;   END IF; --P0 口数据写入输出寄存器 2
        END IF;
    END PROCESS;
```

```
WR_P3: PROCESS(CLK) BEGIN
            IF CLK'EVENT AND CLK= '1' THEN
                IF RST_EN= '1' THENDATAOUT3<= (OTHERS=> '0');
                ELSIF ADDR= X" 0003" AND WR_EN= '1' THEN  --地址 0003H
                    DATAOUT3<= P0; END IF; --P0 口数据写入输出寄存器 3
            END IF;
        END PROCESS;
--以下从输入端口读出数据
RD_P: PROCESS(RDSAMPLE, ADDR, DATAIN1, DATAIN2, DATAIN3)  BEGIN
            IF  ADDR= X"0004"   AND RDSAMPLE= '0' THEN
                    P0<= DATAIN1;    --MCU 从 0004H 地址读 DATAIN1 的值
            ELSIF ADDR= X"0005"   AND RDSAMPLE= '0' THEN
                P0<= DATAIN2;    --MCU 从 0004H 地址读 DATAIN2 的值
            ELSIF ADDR= X"0006"   AND RDSAMPLE= '0' THEN
                P0<= DATAIN3;    --MCU 从 0006H 地址读 DATAIN3 的值
            ELSEP0<= "ZZZZZZZZ";
--FPGA 的 P0 口不作输出时一定要设置为高阻态，以确保 FPGA 从 P0 口正常输入数据
            END IF;
        END PROCESS;
END DEMO;
```

图 5-16 给出了例 5.2.1 的仿真波形。首先复位信号 RST 有效，经过连续 10 次采样后产生了 RST_EN 的内部复位脉冲，实现系统复位。第一个 ALE 高电平到达时，锁存了 P2 和 P0 口的 16 位地址，因此 ADDR 锁存了寄存器地址 0004H，第一个 RD 负脉冲到达时，地址为 0004 的 DATAIN1 端口的输入数据 57 出现在 P0 口上，成功实现读操作。第二个 ALE 锁存地址 0005H，第二个 RD 负脉冲实现对 DATAIN2 的读操作，第三个 ALE 锁存地址 0006H，第三个 RD 负脉冲实现对 DATAIN3 的读操作。第四个 ALE 锁存地址 0001H，第一个 WR 写脉冲经过抗干扰处理，在 WR 低电平的中间位置产生可靠的写使能 WR_ENO 正脉冲，利用该正脉冲，将 P0 口输入的数据 3CH 写入地址为 0001H 的输出寄存器 DATAOUT1 中。后面第二、第三个 WR 负脉冲依次将数据写入 DATAOUT2 和 DATAOUT3 中。

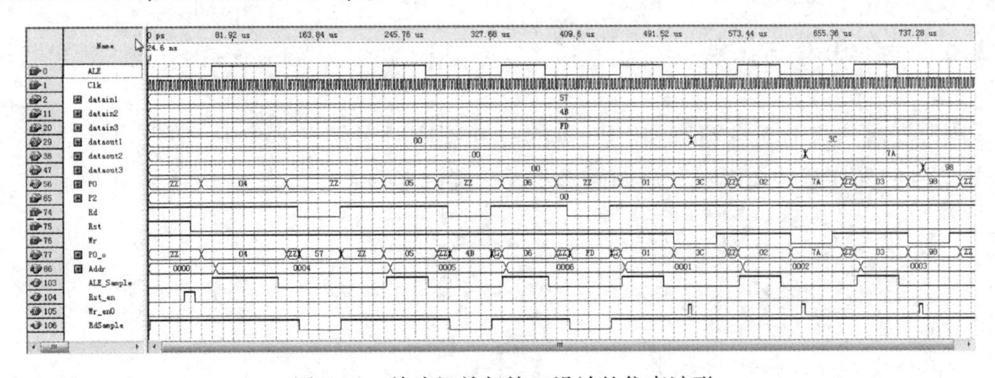

图 5-16　单片机并行接口设计的仿真波形

例 5.2.2 给出了单片机通过总线方式访问 FPGA 的汇编代码。代码首先从 0004 地址读取 DATAIN1 的 8 位数据，求反后写入地址为 0001 的 DATAOUT1 端口输出。如果例 5.2.1 中只是用了低 8 位地址，则采用 MOVX A，@Ri 指令读取数据，采用 MOVX @Ri，A 指令输出数据。

【例 5.2.2】

```
MOV     DPTR,    #0004H     ; 指向 DATAIN1 的端口地址
MOVX    A,    @DPTR         ; 从 DATAIN1 读入数据
CPL     A                   ; 将数据求反
MOV     DPTR,    #0001H     ; 指向 DATAOUT1 寄存器地址
MOVX    @DPTR,    A         ; 将数据写入 DATAOUT1
```

5.2.3 实训内容与步骤

(1)认真阅读任务分析，理解单片机与 FPGA 总线接口的要求，尤其是单片机读写外部 RAM 的时序图以及时序图中各时间量的关系。仔细分析设计范例，理解设计范例的思路，尤其是对复位信号 RST、写信号 WR 的处理以及对双向口 P0 的处理。

(2)完成设计范例 5.2.1 和例 5.2.2 的代码仿真与测试。

(3)根据设计任务，参照例 5.2.1 编写控制显示模块和读取键值的 MCU 和 FPGA 的总线接口代码，并仿真测试。本设计中需要向亮灭控制寄存器、小数控制寄存器、闪烁控制寄存器和模式控制寄存器以及 4 个 8 位显示寄存器写入数据，从键盘读取数据，因此总共只需要 8 个写地址和 1 个读地址，所以可以不使用 P2 口。键盘数据的读入可以使用查询或中断方式，建议将键盘模块输出的 KEYINT 连接到单片机的 INT0 上。

(4)将显示模块(例 5.1.1)、分频模块(例 5.1.3)、键盘模块(例 4.5.1 或例 4.5.2)以及总线接口模块组装顶层设计，完成顶层设计的仿真测试。

(5)根据硬件测试平台的具体情况锁定引脚，重新编译后下载至 FPGA 中。

(6)编写单片机测试代码，在单片机仿真器中单步运行，观察读取的键值情况，观察 8 位动态扫描电路的显示情况。注意，测试前要首先搞清楚数码管硬件的驱动关系，段码是高电平亮还是低电平亮，位选信号是高电平选通还是低电平选通，确定后最好先设置模式控制寄存器的值，这样在后面每写入一个数据就可以立刻看到对应的显示数据。

5.2.4 设计思考与拓展

当改变单片机的工作频率和 FPGA 的时钟频率时对例 5.2.1 中 RST、WR、RD 及 ALE 信号的采样有什么影响？该如何修改设计确保电路工作可靠？

5.3　单片机与 FPGA 的 UART 接口设计

5.3.1　设计任务

设计一个通用异步收发器(Universal Asynchronous Receiver/Transmitter，UART)，要求能与单片机或 PC 进行正确的数据接收和发送。

5.3.2　任务分析与范例

1. 任务分析

通用异步收发器是一种广泛应用于短距离、低速率、低成本的串行通信组件，其主要功能是完成数据的串行收发和串并转换。

基本的 UART 只需要两根信号线(TXD、RXD)就可以完成数据的全双工通信，接收和发送互不干扰。UART 接收和发送需要一定的通信规则，以使接收和发送之间能协调一致。大多数串行接口电路的接收波特率和发送波特率都可以设置，但接收方的接收波特率必须与发送方的发送波特率相同。通信线上传输的字符数据(代码)是逐位传送的，1 个字符由若干位组成，因此每秒钟传输的字符数(字符速率)和波特率是两个概念。在串行通信中所说的传输速率是指波特率，而不是指字符速率，假设在异步串行通信中，传送一个字符，包括 10 位(其中有 1 个起始位、8 个数据位、1 个停止位)，传输速率设为 9600bit/s，每秒所能传送的字符数是 9600/(8+1+1)=960 个。

在串行通信中，除了可以设置波特率外，其他的如字符数据的位数、奇偶校验位、停止位也可以设置。其中，字符数据的位数可以设置为 5～8 位，校验位可设置为奇校验、偶校验或者无校验，停止位可以设置为 1 位、1.5 位或者 2 位。基本的 UART 帧格式如图 5-17 所示。

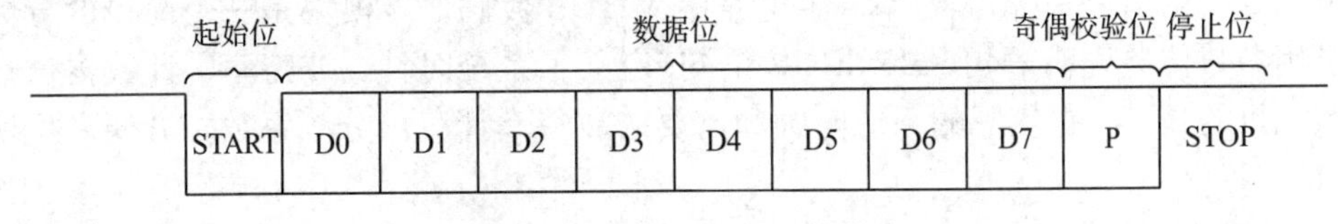

图 5-17　基本的 UART 帧格式

串行总线在空闲时候保持逻辑“1”状态，当需要传送一个字符时，首先会发送一个逻辑为“0”的起始位，表示开始发送数据，之后，就逐个发送数据位(低位在前，高位在后)、奇偶校验位和停止位(逻辑为“1”)。例如，发送一个十六进制码“A5”，其二进制为 10100101，设置为 8 位数据位、1 位奇偶校验位、1 位停止位，则发送的时序图如图 5-18 所示。

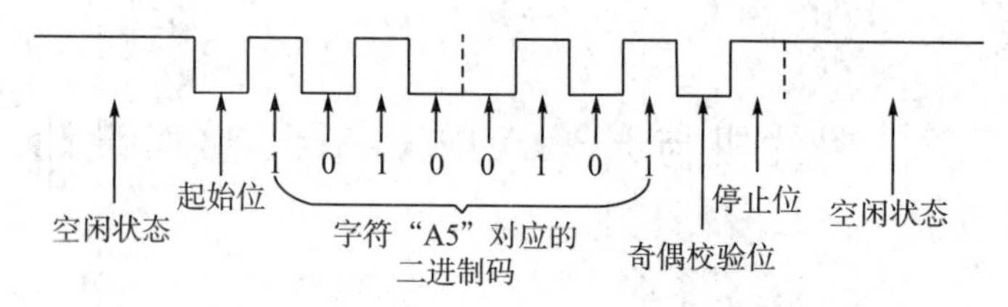

图 5-18 UART 发送“A5”通信时序图

2. 设计范例

UART 的基本结构框图如图 5-19 所示，电路分为三个模块：16 倍波特率产生电路、UART 接收器、UART 发送器。16 倍波特率产生电路根据输入的系统时钟进行分频，产生一个远远高于波特率的时钟信号(16 倍波特率)，为 UART 接收器提供采样时钟，为 UART 发送器提供计数控制时钟，以使接收器和发送器保持同步。UART 接收器接收 RXD 串行信号，在采样时钟控制下，对 RXD 串行数据进行采样、存储，采样完成后并行输出完整的一个数据。UART 发送器对 16 倍波特率时钟进行计数，控制发送每一位数据的脉冲宽度，即每计数 16 次发送一位数据，将待发送的一个并行数据按照如图 5-17 所示的基本 UART 帧格式转换为 TXD 信号串行输出，低位在前，高位在后。

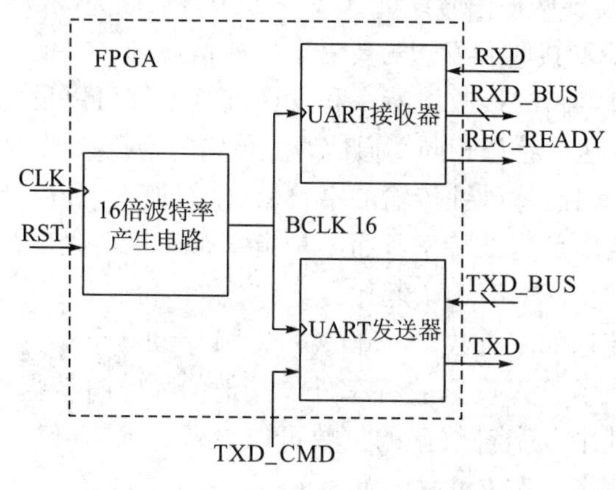

图 5-19 UART 基本结构框图

例 5.3.1 给出了 16 倍波特率产生电路的 VHDL 代码。该模块是一个简单的分频电路，利用参数传递说明语句(GENERIC 语句)定义了系统时钟、波特率、计数器位数三个参数，目的是可根据实际的系统时钟和需要的波特率计算出分频系数，方便产生所需的 16 倍波特率。

【例 5.3.1】

```
LIBRARY IEEE;
USE IEEE.STD_LOGIC_1164.ALL;
USE IEEE.STD_LOGIC_ARITH.ALL;
USE IEEE.STD_LOGIC_UNSIGNED.ALL;
ENTITY BAUDCLK IS
 GENERIC(EXTER_CLK: INTEGER:= 20000000;     --外部输入的实际时钟信号
        BAUD: INTEGER:= 9600;               --需要产生的波特率
```

```
        CW: INTEGER:= 12);                          --计数器位数
 PORT(CLK20M: IN STD_LOGIC;                         --系统时钟
      RESET: IN STD_LOGIC;                          --复位信号
      BCLK16: OUT STD_LOGIC);                       --16 倍波特率时钟信号
END BAUDCLK;
ARCHITECTURE ONE OF BAUDCLK IS
CONSTANT CLK_DIV_CODE: INTEGER := EXTER_CLK/(BAUD*16*2);
--根据实际的时钟信号和所需波特率计算出分频系数
SIGNAL BCLK16_REG: STD_LOGIC;       --16 倍波特率暂存信号
BEGIN
 PROCESS(CLK20M, RESET)             --分频进程
 VVARIABLE CLK_DIV_CNT: STD_LOGIC_VECTOR(CW DOWNTO 0); --分频计数器
 BEGIN
  IF RESET= '0' THEN                --低电平复位
    CLK_DIV_CNT:= (OTHERS=> '0');
    BCLK16_REG<= '0';
  ELSIF CLK20M'EVENT AND CLK20M= '1' THEN     --系统时钟上升沿开始计数
     IF CLK_DIV_CNT> = (2* CLK_DIV_CODE- 1) THEN
        CLK_DIV_CNT:= (OTHERS=> '0');
     ELSE CLK_DIV_CNT:= CLK_DIV_CNT+ 1;
     END IF;
     IF CLK_DIV_CNT<= (CLK_DIV_CODE) THEN
       BCLK16_REG<= '1';
     ELSE BCLK16_REG<= '0';
     END IF;
   END IF;
 END PROCESS;
 BCLK16<= BCLK16_REG;       --16 倍波特率时钟信号输出
END ONE;
```

图 5-20～图 5-22 是 16 倍波特率产生电路的仿真波形图，图 5-20 中 BCLK16 是 16 倍波特率信号的输出，仿真时设定的波特率为 9600，从图 5-21 和图 5-22 可以较为精确地读出 16 倍波特率时钟信号的一个周期开始值为 12.980548μs，结束值为 19.480548μs，则一个周期的时间为 6.5(=19.480548−12.980548)μs，其频率为 153846.154Hz，而理论上为 9600×16=153600Hz，其误差为(153846.154−153600)/153600=0.16%，这表明实际产生的 16 倍波特率时钟信号较为精确，能满足设计要求。

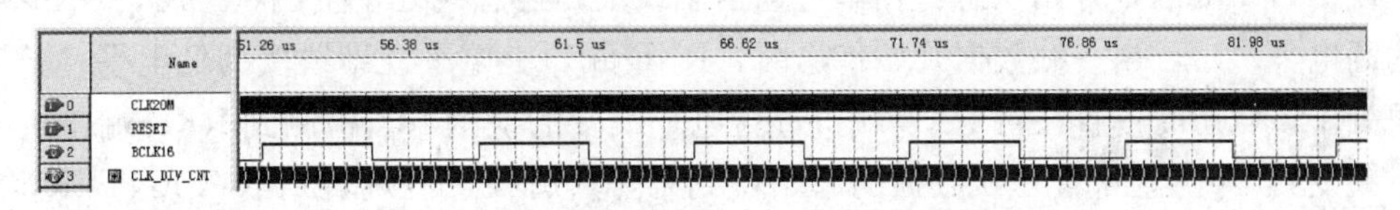

图 5-20　16 倍波特率产生电路的仿真波形图

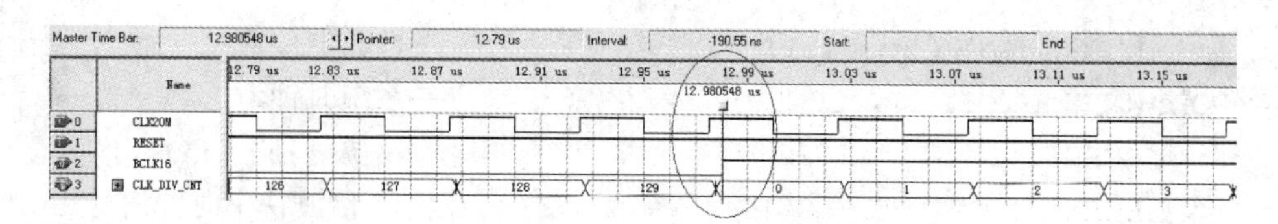

图 5-21　16 倍波特率时钟信号的一个周期开始测量值

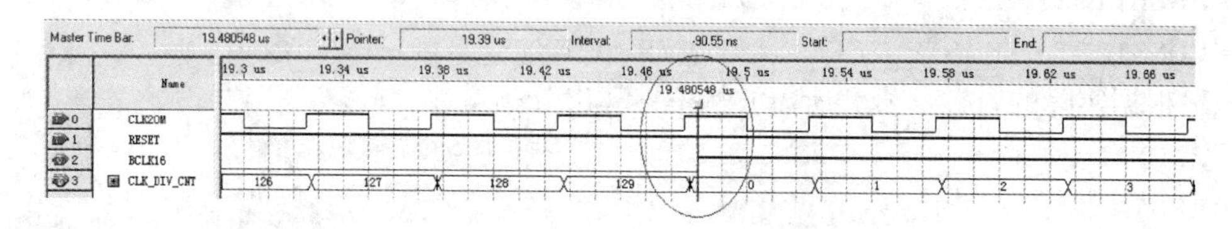

图 5-22　16 倍波特率时钟信号的一个周期结束测量值

例 5.3.2 给出了 UART 接收器的完整实现代码，UART 接收器可采用状态机模拟出 UART 接收一帧数据的时序。图 5-23 给出了 UART 接收状态机的状态转换图，在状态机中定义了 5 种状态：准备开始状态 R_START、采样判断起始位状态 R_CENTER、等待数据采样状态 R_WAIT、采样状态 R_SAMPLE 和接收停止状态 R_STOP。

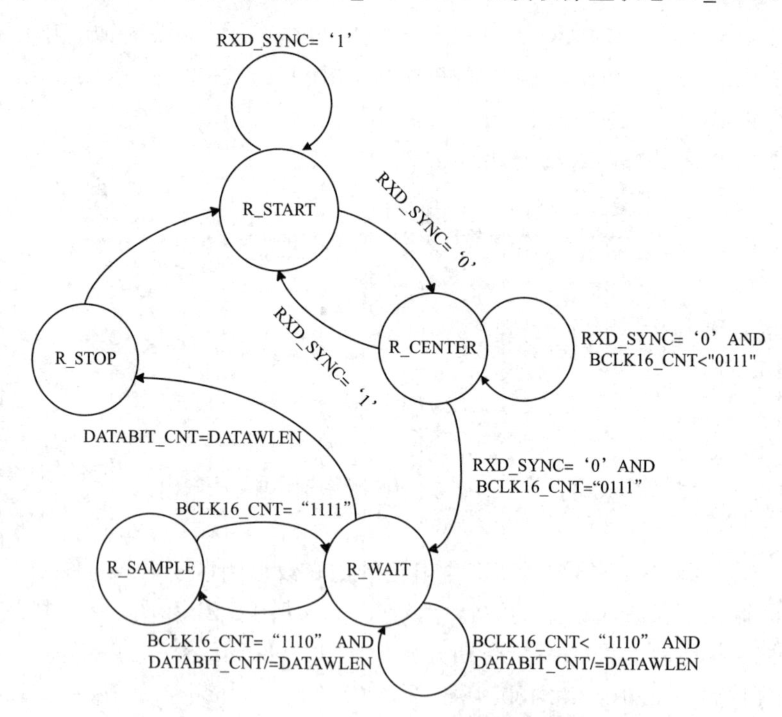

图 5-23　UART 数据接收器状态转换图

R_START 准备开始状态：在串行通信总线上，当总线处于空闲状态时，RXD 端口上为高电平‘1’，当一帧数据开始传送时，RXD 端口上电平立即跳变为低电平‘0’，状态机处于该状态时一直在对 RXD 端口进行电平跳变的检测，当检测到 RXD 端口从电平‘1’跳变到‘0’意味着一帧数据的起始位到来，然后状态机跳转到 R_CENTER 状态。为了保证信号的稳定性，确保检测的准确性，这里不是直接对 RXD 端口信号进行检测，而是对 RXD 端口的同步信号 RXD _SYNC 进行检测的。

R _CENTER 采样判断起始位：R _START 状态检测到 RXD 端口电平跳变后，状态机不是直接认为一帧数据的起始位真的到来，而是对该“起始位”进行采样判决，因为检测到的可能是干扰信号，从而影响正常的通信。状态机在 R _CENTER 状态用 8 个 16 倍波特率时钟对“起始位”进行连续采样，如果连续采样到的都是低电平则表明一帧数据的起始位真的到来。在判断完起始位到来后，状态机立即进入 R _WAIT 状态。

R _WAIT 等待采样状态：为了精确采样数据位，数据的采样是在每一位数据的中点进行的。如图 5-24 所示，状态机在进入 R _WAIT 状态后，需要等到 16 个 16 倍波特率时钟 BCLK16 后才进行数据的采样，因为在 R _CENTER 状态进行了 8 次 16 倍波特率时钟 BCLK16 的起始位采样，这时刚好是起始位的中点，所以再等到 16 个 16 倍波特率时钟(对 BCLK16 _CNT 计数器进行 16 次计数)，刚好是一帧数据的第一位(D0)的中点，此时状态机立即进入 R _SAMPLE 采样状态进行数据的采样存储，然后依次等待循环采样 8 次后进入 R _STOP 接收停止状态。需要注意的是，在对 BCLK16 _CNT 计数作等待判断时，是以计数值为“1110”为准，而不是“1111”，这是因为在状态机进行前后状态切换时(R _WAIT 切换为 R _SAMPLE)均要占用一个 16 倍波特率时钟 BCLK16。

R _SAMPLE 采样状态：状态机进入该状态立即对数据位进行采样存储，采样的时刻是数据位的中点时刻，采样完成后立即进入 R _WAIT 状态等待下一位数据的采样。

R _STOP 接收停止状态：在 R _WAIT 状态，如果判断采样数据位计数器 DATABIT _CNT 超过了一帧数据长度，立即进入 R _STOP 接收停止状态，对一帧数据的停止位不再进行检测，输出接收完成提示信号为高电平(REC _READY)，同时把接收的一帧完整的数据并行输出(REC _BUS [7..0])，接收完成之后又进入 R _START 状态，等待下一帧数据的到来。

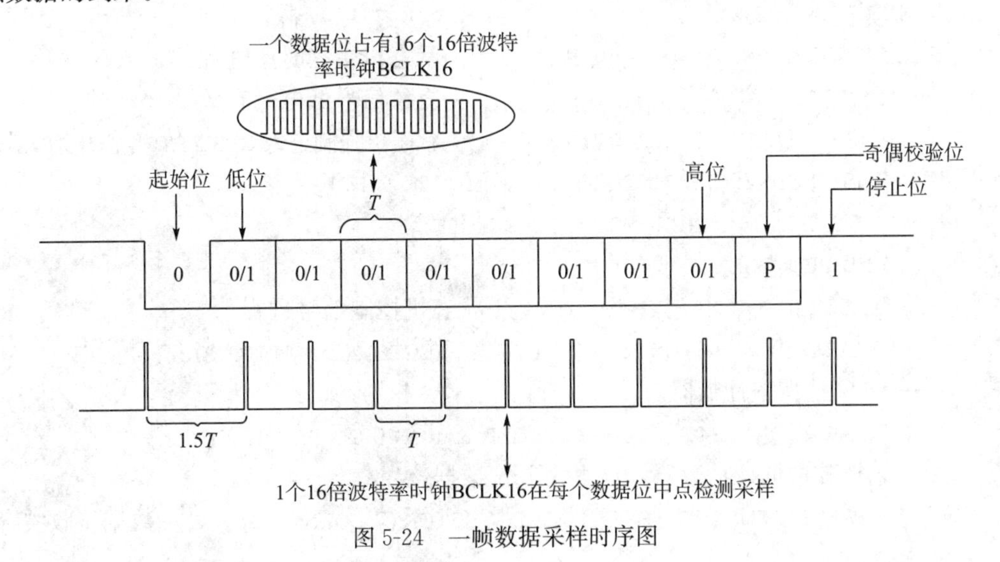

图 5-24　一帧数据采样时序图

【例 5.3.2】

```
LIBRARY IEEE;
USE IEEE.STD_LOGIC_1164.ALL;
```

```
USE IEEE.STD_LOGIC_ARITH.ALL;
USE IEEE.STD_LOGIC_UNSIGNED.ALL;
ENTITY UART_RXD IS
GENERIC(DATAWLEN: INTEGER:= 8);      --采样的一帧数据位长度
PORT(CLK20M: IN STD_LOGIC;           --系统时钟输入
    BCLK16: IN STD_LOGIC;            -- 16 倍波特率时钟输入
    RESET: IN STD_LOGIC;             --复位信号输入
    RXD: IN STD_LOGIC;               --串行接收端
    REC_READY: OUT STD_LOGIC;        --输出接收完成提示信号
    REC_BUS: OUT STD_LOGIC_VECTOR(7 DOWNTO 0)); --接收数据总线
END ENTITY;
ARCHITECTURE ONE OF UART_RXD IS
SIGNAL RXD_SYNC: STD_LOGIC;          --串行输入端 RXD 的同步信号
TYPE STATES IS(R_START, R_CENTER, R_WAIT, R_SAMPLE, R_STOP); --状态
定义
SIGNAL CS_STATE, NEXT_STATE: STATES;   --定义现态和次态
BEGIN
  P1: PROCESS(RXD)  BEGIN             --对串行输入端信号进行同步化
     IF RXD= '0'THEN
      RXD_SYNC<= '0';
     ELSE RXD_SYNC<= '1';
     END IF;
   END PROCESS;
  REG: PROCESS(CLK20M)  BEGIN         --状态机主控时序进程
     IF RESET= '0' THEN               --复位信号低电平有效
       CS_STATE<= R_START;            --状态机强制进入 R_START 准备开始状态
     ELSIF CLK20M'EVENT AND CLK20M= '1' THEN
       CS_STATE<= NEXT_STATE; END IF;
     END PROCESS;
  P2: PROCESS(BCLK16, RXD_SYNC)--状态机控制信号进程
    VARIABLE BCLK16_CNT: STD_LOGIC_VECTOR(3 DOWNTO 0);
    --16 倍波特率计数器
    VARIABLE DATABIT_CNT: INTEGER RANGE 0 TO DATAWLEN;
    --采样的数据位计数器，这里为 8 位数据位
    VARIABLE RXD_BUF: STD_LOGIC_VECTOR(7 DOWNTO 0);   --数据接收缓存
    BEGIN
    IF BCLK16'EVENT AND BCLK16= '1' THEN --16 倍波特率时钟上升沿到来
      CASE CS_STATE IS
       WHEN R_START=> BCLK16_CNT:= "0000";
```

```
--进入R_START准备开始状态后对16倍计数器清零
    DATABIT_CNT:= 0; --对采样的数据位计数器清零
    REC_READY< = '0'; --接收完成提示信号无效
   IF RXD_SYNC= '0' THEN
--检测到串行输入端电平由高变为低后进入R_CENTER采样判断起始位
       NEXT_STATE<= R_CENTER;
  ELSE NEXT_STATE<= R_START; --串行输入端一直为高继续等待
  END IF;
WHEN R_CENTER=> IF RXD_SYNC= '0' THEN
      --进入R_CENTER状态如果串行输入端仍为高则开始采样计数
         IF BCLK16_CNT= "0111" THEN
          --当低电平持续8个16倍波特率时钟周期进入R_WAIT状态
          NEXT_STATE <= R_WAIT; BCLK16_CNT:= " 0000";
          ELSE NEXT_STATE<= R_CENTER;
         BCLK16_CNT:= BCLK16_CNT+ 1; --低电平持续计数
        END IF;
      ELSE NEXT_STATE<= R_START;
    --如果低电平不能持续8个16倍波特率时钟周期，则重新开始等待
      END IF;
 WHEN R_WAIT=> IF BCLK16_CNT= "1110" AND DATABIT_CNT/=
DATAWLEN THEN  NEXT_STATE<= R_SAMPLE; BCLK16_CNT:= BCLK16_CNT+ 1;
--进入R_WAIT等待采样状态后，对BLCK16时钟进行计数，每计数14次进入
--R_SAMPLE采样状态
    ELSIF DATABIT_CNT= DATAWLEN THEN
       NEXT_STATE<= R_STOP;
      --当数据位计数器计满8位后进入R_STOP接收停止状态
    ELSE BCLK16_CNT: = BCLK16_CNT+ 1;
        NEXT_STATE<= R_WAIT;      --等待采样持续计数
    END IF;
WHEN R_SAMPLE=> IF BCLK16_CNT= "1111" THEN --进入R_SAMPLE采样状态
    BCLK16_CNT:= "0000";      --对16倍波特率计数器清零
    RXD_BUF(DATABIT_CNT):= RXD_SYNC; --对数据位进行采样存储
    DATABIT_CNT:= DATABIT_CNT+ 1;    --数据位计数器加1
    NEXT_STATE <= R_WAIT; --再次进入等待采样状态，等待下一位数据采样
        END IF;
WHEN R_STOP=> REC_READY< = '1';
    --进入接收停止状态后输出接收完成提示信号高电平
     NEXT_STATE<= R_START;
     --重新进入R_START准备开始状态，等待下一帧数据的接收
```

```
        REC_BUS<= RXD_BUF; --将接收的一帧完整的数据进行并行输出
    WHEN OTHERS=> NEXT_STATE<= R_START;
    END CASE;
  END IF; END PROCESS; END ONE;
```

图 5-25 为 UART 接收器的仿真波形图，其中 BCLK16 信号的频率为 RXD 的 32 倍，波特率为 9600bit/s，BLCK16 的频率为 153600Hz，RXD 的频率为 4800Hz，模拟接收的一帧数据为 55H，即 RXD 端口上的序列为“01010101”(低位在前，高位在后)，1 位起始位‘0’，8 位数据位，无校验位。观察波形图可以看到当一帧数据接收完毕后，接收总线上送出一帧完整的数据 55H，同时输出接收完成提示信号(REC _READY)为短暂的高电平，这表示数据接收的过程基本正确。

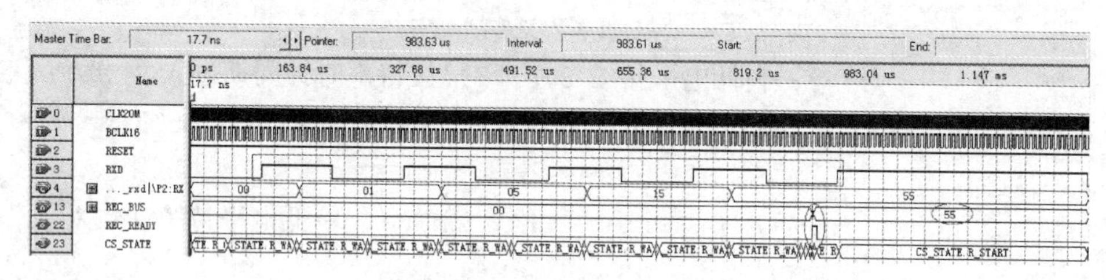

图 5-25　UART 接收器的仿真波形

例 5.3.3 给出了 UART 发送器的完整代码，UART 发送器也可采用状态机模拟出 UART 发送一帧数据的时序。图 5-26 给出了发送状态机的状态转换图，其中定义了 5 种状态：空闲状态 T _IDLE、起始位发送状态 T _START、串行发送状态 T _SHIFT、等待发送状态 T _WAIT 和停止位发送状态 T _STOP。

T _IDLE 空闲状态：当复位信号到来时，状态机强制进入该状态，进入该状态后，一直等待发送命令 TXD _CMD 的到来，其中 TXD _CMD 是一个短脉冲信号，状态机检测到该信号的到来意味着要求 UART 发送器发送一帧数据，立即进入 T _START 起始位发送状态。

T _START 起始位发送状态：状态机进入该状态后，立即发送一位起始位‘0’，同时需要对 16 倍波特率时钟进行计数 16 次，以保证起始位的宽度为一位数据位的宽度，表明发送完成起始位，紧接着状态机进入 T _SHIFT 串行发送状态。

T _SHIFT 串行发送状态：进入该状态后，状态机对待发送的数据进行串行发送，低位在前，高位在后，发送一位数据后进入 T _WAIT 等待发送状态。

T _WAIT 等待发送状态：状态机进入该状态后，持续对 16 倍波特率时钟进行 16 次计数，以维持一位数据位的脉冲宽度，每发送完一位数据位，判断发送数据位计数器是否超过一帧数据的长度，如果超过则立即进入 T _STOP 停止位发送状态，否则发送数据位计数器(TX _DATABIT _CNT)进行加 1 计数，然后进入 T _SHIFT 串行发送状态，继续发送下一位数据。

T _STOP 停止位发送状态：当一帧数据发送完毕后，状态机进入该状态，并发送一位停止位‘1’，停止位的持续时间为 16 个波特率时钟信号。同时发出发送完成提示信号(TX _READY)。之后状态机重新进入 T _IDLE 空闲状态，等待下一帧数据的发送。

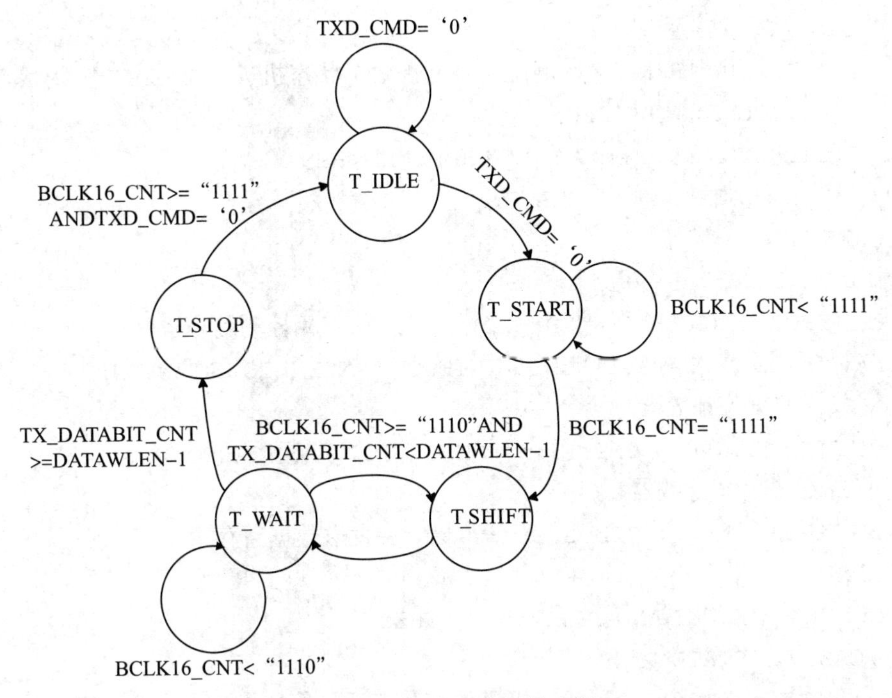

图5-26　UART发送状态机

【例5.3.3】

```
LIBRARY IEEE;
USE IEEE.STD_LOGIC_1164.ALL;
USE IEEE.STD_LOGIC_ARITH.ALL;
USE IEEE.STD_LOGIC_UNSIGNED.ALL;
ENTITY UART_TXD IS
 GENERIC(DATAWLEN: INTEGER:= 8);      --设定一帧数据的长度
 PORT(CLK20M: IN STD_LOGIC;           --系统时钟输入
      BCLK16: IN STD_LOGIC;           --16倍波特率时钟信号输入
      RST: IN STD_LOGIC;              --复位信号输入
      TXD_CMD: IN STD_LOGIC;          --发送命令提示端
      TXD_BUS: IN STD_LOGIC_VECTOR(7 DOWNTO 0); --发送数据总线
      TXD: OUT STD_LOGIC;             --串行发送端
      TX_READY: OUT STD_LOGIC);       --发送完成提示信号
END ENTITY;
ARCHITECTURE ONE OF UART_TXD IS
TYPE STATES IS(T_IDLE, T_START, T_WAIT, T_SHIFT, T_STOP);
--定义状态机的5种状态
SIGNAL CS_STATE, NEXT_STATE: STATES; --定义现态和次态
BEGIN
  REG: PROCESS(CLK20M, RST)            --状态机主控时序进程
```

```
 BEGIN
   IF RST= '0' THEN      --复位信号低有效，状态机进入 T_IDLE 空闲状态
      CS_STATE<= T_IDLE;
   ELSIF CLK20M'EVENT AND CLK20M= '1' THEN
      CS_STATE<= NEXT_STATE;
   END IF;
 END PROCESS;
 P1: PROCESS(BCLK16, TXD_CMD)        --状态机控制信号进程
  VARIABLE TX_DATABIT_CNT: INTEGER RANGE 0 TO DATAWLEN;
  --发送数据位计数器
  VARIABLE BCLK16_CNT: STD_LOGIC_VECTOR(3 DOWNTO 0);
  --16 倍波特率计数器
  VARIABLE TXD_P: STD_LOGIC;          --发送数据暂存
BEGIN
 IF BCLK16'EVENT AND BCLK16= '1' THEN
   CASE CS_STATE IS
   WHEN T_IDLE=>      --状态机进入该状态后，等待发送命令的到来
        TX_DATABIT_CNT:= 0;       --发送数据计数器清零
        BCLK16_CNT:= " 0000";     --16 倍波特率计数器清零
        TX_READY<= '0';           --发送完成提示信号无效
        TXD_P:= '1';              --TXD 端持续高电平
        IF TXD_CMD= '1' THEN
        --发送命令到来，进入 T_START 起始位发送状态
          NEXT_STATE<= T_START;
        ELSE NEXT_STATE<= T_IDLE;    --继续等待发送命令
        END IF;
 WHEN T_START=>
--状态机进入该状态后，开始发送起始位，同时对 BCLK16 进行计数
        IF BCLK16_CNT= "1111" THEN --判断是否计满 16 次(起始位是否发送完成)
              NEXT_STATE<= T_SHIFT; --起始位发送完成进入 T_SHIFT 状态
              BCLK16_CNT:= "0000";  --计数器清零
        ELSE BCLK16_CNT:= BCLK16_CNT+ 1; --起始位未发送完成，持续计数
              TXD_P:= '0';               --TXD 端持续为低
              NEXT_STATE<= T_START; END IF;
 WHEN T_SHIFT=> --状态机进入该状态后，发送数据位，然后进入 T_WAIT 状态
      TXD_P:= TXD_BUS(TX_DATABIT_CNT); NEXT_STATE<= T_WAIT;
 WHEN T_WAIT=>
--状态机进入该状态后，维持一位数据位的脉冲宽度(等待下一位数据位发送)
    IF BCLK16_CNT> = "1110" THEN--判断一位数据位是否发送完成
```

```
        IF TX_DATABIT_CNT<DATAWLEN- 1 THEN--判断一帧数据是否发送完成
            NEXT_STATE <= T_SHIFT; ---帧数据未发送完成，继续发送下一位数据
          TX_DATABIT_CNT:= TX_DATABIT_CNT+ 1; --发送数据位计数器加 1
        ELSE NEXT_STATE <= T_STOP; ---帧数据发送完成进入 T_STOP 停止位发送状态
          TX_DATABIT_CNT:= 0; END IF; --发送数据计数器清零
          BCLK16_CNT:= "0000"; ---位数据发送完成后，16 倍波特率计数器清零
        ELSE NEXT_STATE<= T_WAIT; BCLK16_CNT:= BCLK16_CNT+ 1; END IF;
  ---位数据未发送完成，继续等待，16 倍波特率计数器加 1
   WHEN T_STOP=> --状态机进入该状态后，发送一位停止位‘1’
        IF BCLK16_CNT> = "1111" AND TXD_CMD= '0' THEN--判断停止位是否发送完成
          NEXT_STATE<= T_IDLE;
 --停止位发送完成状态机进入 T_IDLE 状态等待下一帧数据的发送
          TX_READY< = '1'; --同时发出发送完成提示信号‘1’
        ELSE--停止位发送未完成，串行发送端持续为‘1’，BCLK16_CNT 计数器加 1
          TXD_P:= '1'; NEXT_STATE <= T_STOP; BCLK16_CNT:= BCLK16_CNT+ 1;
        END IF;
   WHEN OTHERS=> NEXT_STATE<= T_IDLE;
 END CASE; END IF; TXD<= TXD_P; END PROCESS; END ONE;
```

图 5-27 是 UART 发送器的仿真波形图，波特率仍然为 9600bit/s，BLCK16 为 153600Hz，待发送的数据(TXD_BUS)为 55H。当状态机处于 T_IDLE 空闲状态时，接收到发送命令(TXD_CMD 为高)后，状态机就开始发送数据 55H(TXD)，二进制为 01010101，低位在前，高位在后，1 位起始位‘0’、8 位数据位以及 1 位停止位‘1’，发送完成后立即输出发送完成提示信号(TX_READY 为高)，表示一帧数据发送完成，然后状态机重新进入 T_DILE 空闲状态等待下一帧数据的发送。

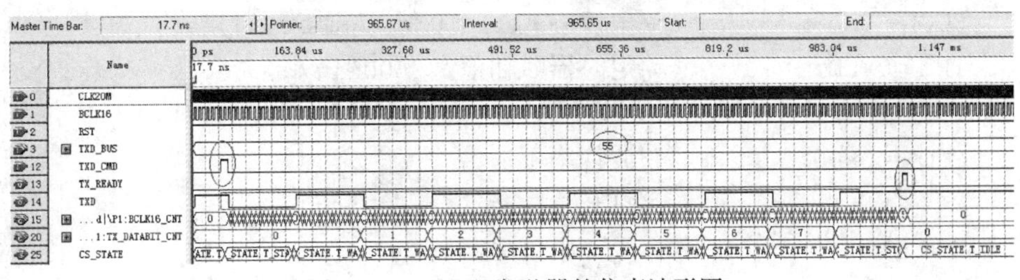

图 5-27　UART 发送器的仿真波形图

例 5.3.4 是根据图 5-19 的结构框架构建的 UART 顶层设计原理图(图 5-28)。其中 CLK20M 为默认 20MHz 系统时钟频率输入端，RESET 为复位信号，采用低电平复位。RXD 为 UART 串行数据接收端，REC_BUS [7..0] 为接收数据并行输出端，REC_READY 为接收完成指示端，高电平有效。TXD_CMD 为发送命令端，高电平有效，TXD_BUS [7..0] 为 8 位待发送数据并行输入端，TXD 为 UART 串行数据输出端，TXD_READY 为发送结束指示端，高电平有效。

【例 5.3.4】

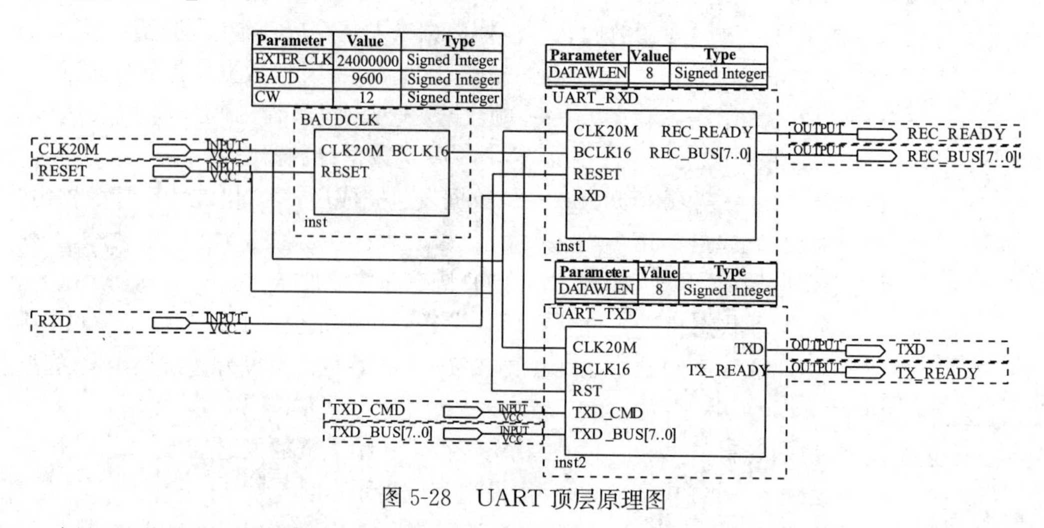

图 5-28 UART 顶层原理图

例 5.3.5 给出了单片机串行通信 C51 范例程序，该程序间隔 1 秒向串口发送 1 个数据，并将接收的数据显示出来。UART 初始化为 9600bit/s，8 位数据位，1 位停止位，无校验模式。

【例 5.3.5】

```
#include<reg51.h>
void SendOneByte(unsigned char c);       //串口发送 1 个字节
void DispRecData(unsigned char recd);    //显示一个字节
void Delay_1S();                         //延时 1 秒函数
//串口初始化 9600、N、8、1，单片机为 12 周期标准单片机，晶振 11.0592MHz
void InitUART(void)
{   TMOD=0x20;           //定时器 T1，方式 2(8 位自装填)
    SCON=0x50;           //串口方式 1, 10 位 UART，运行接收
    TH1=0xFD;            //定时器赋初值，9600bit/s
    TL1=TH1;
    PCON=0x00;           //波特率不加倍
    EA=1;                //打开总中断
    ES=1;                //允许串口中断
    TR1=1;               //启动定时器 T1
}
//主函数
void main(void)
{  unsigned char i;
   InitUART();                  //串口初始化
   while(1)                     //循环
   {  for(i=0;i<255;i++)        //循环发送 00~FFH
      SendOneByte(i);           //发送 1 个字节
```

```
        Delay_1S();                    //延时 1 秒
    }
}
//串口中断程序
void UARTInterrupt(void) interrupt 4
{  if(RI)
     {RI= 0;                          //接收中断，则清除接收标志
      DispRecData(SBUF);              //显示接收数据
    }
else
        TI= 0; //发送中断，则清除发送标志
}
//单字节串口发送程序
void SendOneByte(unsigned char c)
{  SBUF= c; //写 SBUF 发送 c
while(! TI); //发送未完则等待
   TI= 0; //发送完成，清除发送标志
}
//显示程序
void DispRecData(unsigned char recd)
{  ……
}
//1 秒延时函数
void Delay_1S()
{  ……
}
```

5.5.3　实训内容与步骤

(1)认真阅读任务分析，理解 UART 的基本原理以及 16 倍波特率产生电路、UART 接收器、UART 发送器等各模块的功能、相互的关系以及各模块之间的信号传输关系。

(2)理解 16 倍波特率产生电路的产生机理，参照例 5.3.1 完成波特率发生电路的仿真与测试。

(3)掌握 UART 接收器的数据接收原理，理解其接收状态图，参照例 5.3.2 完成 UART 接收器的波形仿真与测试。

(4)掌握 UART 发送器的数据发送原理，理解发送状态图，参照例 5.3.3 完成 UART 发送器的波形仿真与测试。

(5)参照例 5.3.4 完成 UART 的顶层设计与仿真。

(6)采用计算机串口进行 UART 的硬件测试与验证。

为了防止单片机编程错误对调试造成的负面影响，UART 的初期调试最好基于标准的 PC 平台，利用串口调试助手等串口软件完成。计算机串口为 RS232C 电气标准不能直接与 FPGA 中 UART 接口，因此需要使用 RS232 到 TTL 的转换模块。图 5-29 给出了系统的连接关系。计算机的串口一般 DB9 公头，这里只需使用其 2 脚 RXD、3 脚 TXD、5 脚地，其余引脚为计算机与数据通信设备(DCE)之间的握手信号，可以不用。

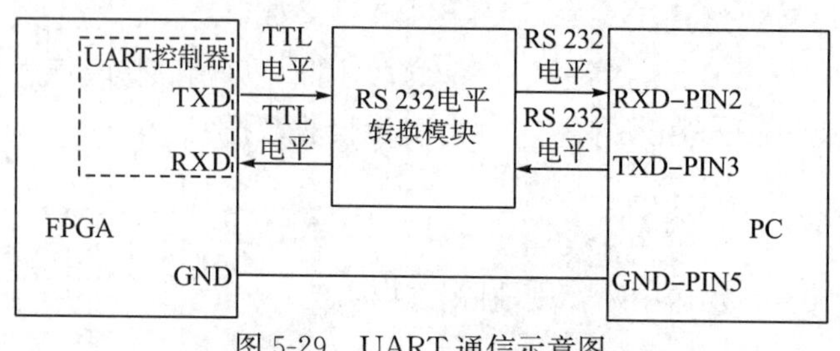

图 5-29 UART 通信示意图

EP2C8 等 FPGA 一般 I/O 口为 3.3V 逻辑电平，因此可以使用 MAX3232 等转换芯片完成 RS232 到 3.3V TTL 电平的转换，其原理图如图 5-30 所示。

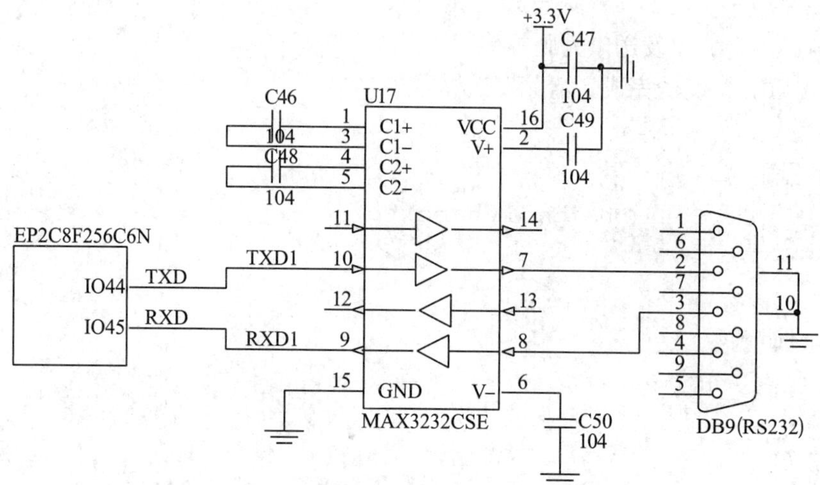

图 5-30 RS232 到 3.3V TTL 电平的转换电路

图 5-31 给出了串口调试助手的软件界面，测试时需正确地配置串口调试助手的“波特率”“数据位”“停止位”等设置选项才能与 FPGA 的 UART 进行通信测试。

具体测试步骤可按如下展开：

①将 PC 和 FPGA 目标板的 RS232 接口正确连接起来，然后锁定引脚，编译工程，最后下载程序到目标板上。为了能同时验证 UART 的接收和发送的功能，可以将 UART 顶层原理图修改如图 5-32 所示，将 UART 接收器的 REC _DEADY 端口直接与 UART 发送器的 TXD _CMD 端口相连，接收总线 REC _BUS [7..0] 与发送总线 TXD _BUS [7..0] 直接相连，这样当 FPGA 上 UART 接收到 PC 发送过来的数据后可以立即发送给 PC，实现自己接收自己发送的验证。锁定引脚时，可以将接收总线 REC _BUS [7..0] 锁定到 8 个 LED 灯上，这样每当 PC 发送的数据改变时，观察这 8 个 LED 灯的变化就可以验证 FPGA 的 UART 接收的数据是否正确，RESET 复位端口锁定到一个独立按键上即可。

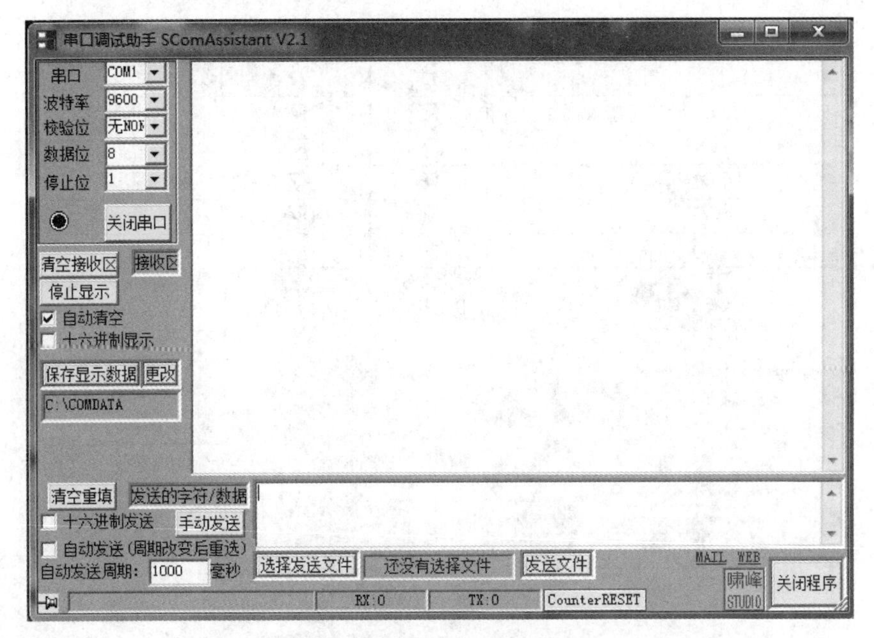

图 5-31　串口调试助手设置界面

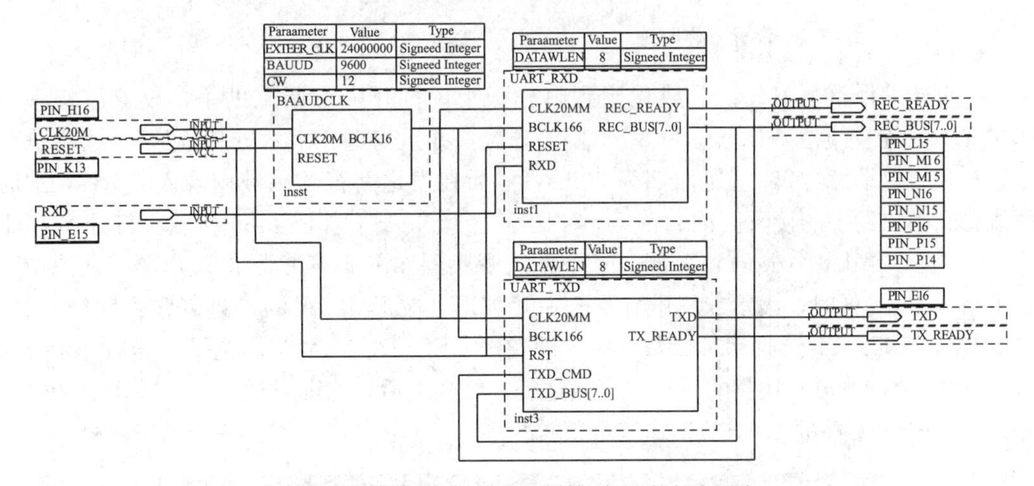

图 5-32　修改后 UART 硬件测试顶层原理图

②建立 SignalTap Ⅱ 文件，利用嵌入式逻辑分析仪 SignalTap Ⅱ 实时观察一帧完整的收发数据波形图，验证收发数据的正确性。如图 5-33 所示，将要观察的信号节点添加进来，包括 RXD 串行接收数据端，REC_READY 接收完成提示信号，REC_BUS［7..0］接收数据总线，TXD 串行发送端，TX_READY 发送完成提示信号，然后设置 SignalTap Ⅱ 采样的时钟，如图 5-34 所示，为了保证 SignalTap Ⅱ 采样数据的精确性，设置采样的时钟为 16 倍波特率时钟，采样深度为“512”。触发条件的设置如图 5-35 所示，触发的位置设为“Pre trigger position”，触发源设为“RXD”，触发条件为低电平，这样一旦检测到串行接收端为低，即开始接收一帧数据，SignalTap Ⅱ 就进行采样，这样观察到的就是一帧实际的完整串行接收和发送的时序图。

Node			Data Enable	Trigger Enable	Trigger Conditions
Type	Alias	Name	12	12	1 ☑ Basic
		⊞ REC_BUS	☑	☑	XXh
		RXD	☑	☑	
		TX_READY	☑	☑	
		TXD	☑	☑	
		REC_READY	☑	☑	

图 5-33 SignalTapⅡ观察的信号节点

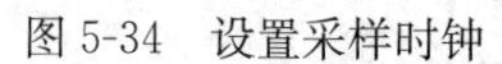

图 5-34 设置采样时钟

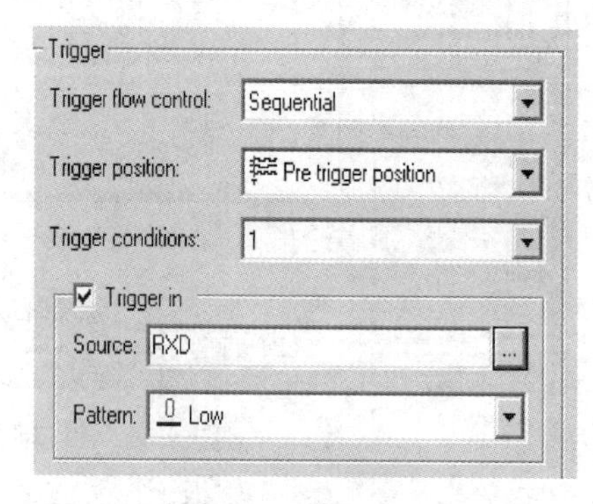

图 5-35 触发设置

③重新编译整个工程，下载程序到目标板上，打开串口调试助手，设置波特率为9600bit/s，无校验位，数据位为8，1位停止位，并且勾选“十六进制显示”“十六进制发送”和“自动发送”，发送周期为50ms，然后在发送字符的区域内输入“5A”，这时便能看到串口助手的接收区内每隔50ms显示一个“5A”，如图5-36所示。打开SignalTapⅡ文件，单击“Autorun Analysis”，便能观察到如图5-37所示的波形图，从图中可看出当RXD为低时，表示PC开始发送一帧数据，波形和5A的二进制序列完全一样，当FPGA的UART接收完一帧数据后立即发送REC_READY为高电平，然后开始发送接收到的5A，波形和接收的一样，当发送完一帧数据后，立即发送TX_READY为高电平，这表明FPGA的UART工作基本正常。

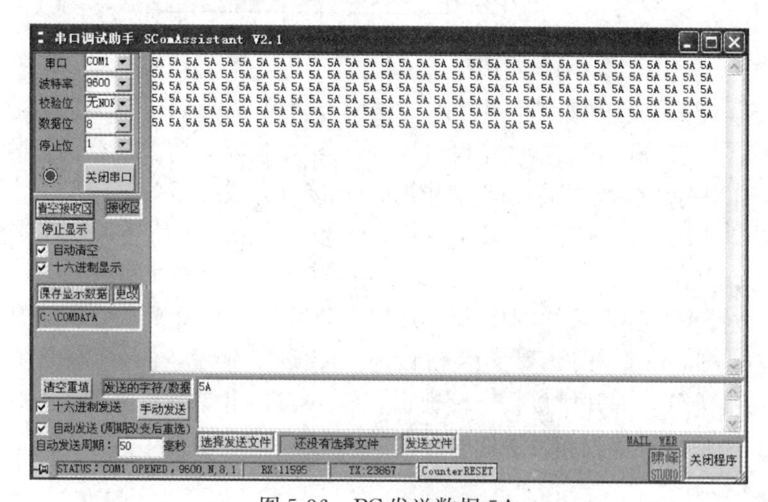

图 5-36 PC发送数据5A

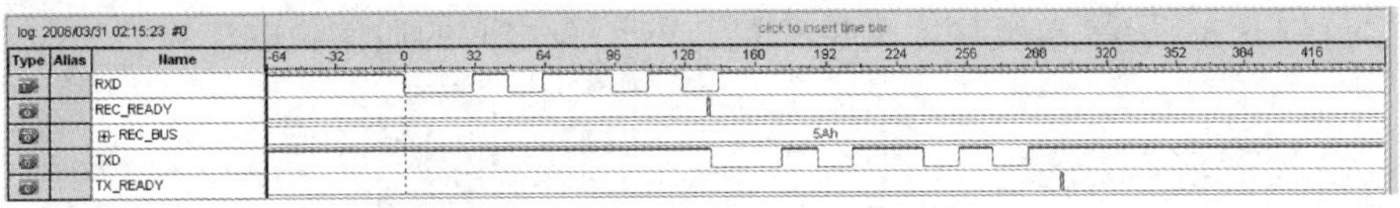

图 5-37　SignalTapⅡ采样数据 5A

改变 PC 发送的数据，再次测试 UART，如图 5-38 所示，打开 SignalTapⅡ文件观察采样的波形，如图 5-39 所示。

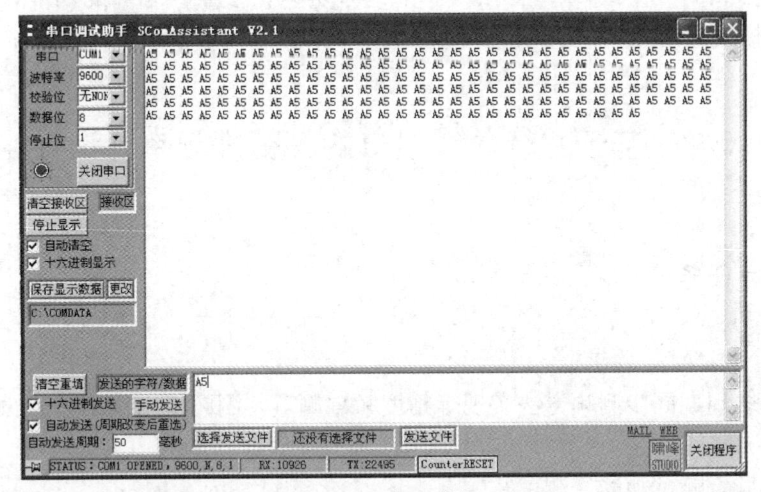

图 5-38　PC 发送数据 A5

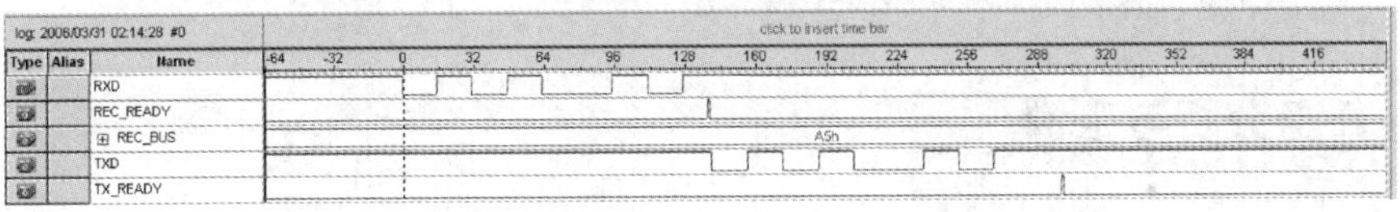

图 5-39　SignalTapⅡ采样数据 A5

(7)采用单片机实现与 FPGA 之间 UART 通信的实际测试。

在与 PC 串口通信验证成功后即可与单片机进行串口通信验证。单片机串口为 TTL 直接输入输出，因此不再需要 RS232 接口电平转换模块，仅需考虑单片机与 FPGA 之间的逻辑电平是否兼容即可。如果二者逻辑电平相同，则单片机与 FPGA 可以直接连接，如图 5-40 所示。如果单片机是 5V 逻辑电平，FPGA 是 3.3V I/O 逻辑电平，则可以考虑采用使用 74LVC4245A、74ALVC164245 等转换芯片。也可以简单地通过上拉电阻的方式实现 3.3V 驱动 5V，或通过串接电阻或分压的方式实现 5V 驱动 3.3V。具体可根据芯片的 I/O 电平逻辑值来分析。

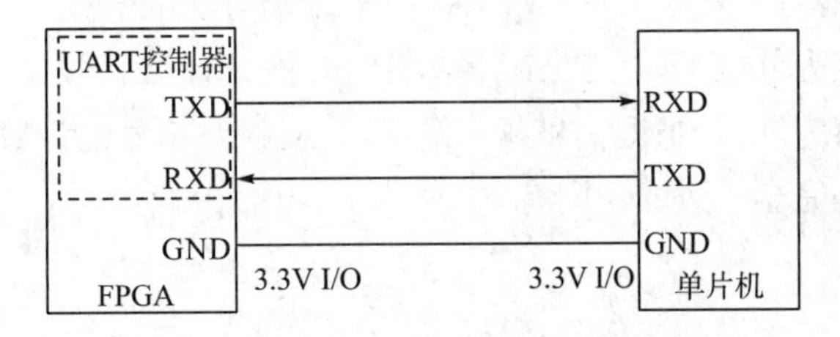

图 5-40　单片机与 FPGA 之间的 UART 通信

根据范例5.3.5，完善程序实现单片机与FPGA之间的通信测试与验证。

5.3.4 设计思考与拓展

(1)修改UART模块的波特率，在不同波特率下测试数据误码率，思考如何进一步提高UART通信的准确性。

(2)阅读TL16C550或8250等串口扩展芯片资料，参照其芯片的功能，进一步完善UART通信模块的设计。

5.4 基于并行总线接口的等精度频率计设计

5.4.1 设计任务

设计一个频率计，要求：

(1)采用多周期同步测频方法实现等精度频率测量，测频精度优于百万分之一，测频范围1Hz～100MHz。

(2)具备脉宽测试功能，测试范围0.1μs～1s，测试精度0.01μs。

(3)具备占空比测试功能，测试范围1%～99%。

5.4.2 任务分析与范例

1. 任务分析

多周期同步测频法是对直接测频法的改进。如图5-41所示为多周期同步测频原理框图，其中主要由一个D触发器和两个具有清零和计数使能的计数器构成，两个计数器分别对基准信号和被测信号进行计数，两个计数器的清零由清零信号CLR控制，计数使能由D触发器输出的同步闸门S_g控制。

如图5-42所示为多周期同步测频工作波形。工作时，首先通过清零信号将两个计数器清零，为开始计数做好准备。然后，从预置闸门P_g端输入预置闸门信号，在被测信号F_x作为时钟控制的D触发器控制下，由预置闸门信号产生与被测信号F_x同步的同步闸门信号P_g。当同步闸门为高电平时，两个计数器分别对基准信号F_s和被测信号F_x同时计数，当同步闸门变为低电平时，两个计数器同时停止计数。假设基准信号频率为F_s，对基准信号的计数值为N_s，被测信号频率为F_x，对被测信号的计数值为N_x，由于两个计数器计数的时间是完全一致的，则有

$$\frac{N_s}{F_s}=\frac{N_x}{F_x}$$

如果基准信号的频率已知，则可以计算出被测信号的频率：

$$F_x = \frac{N_x}{N_s} F_s$$

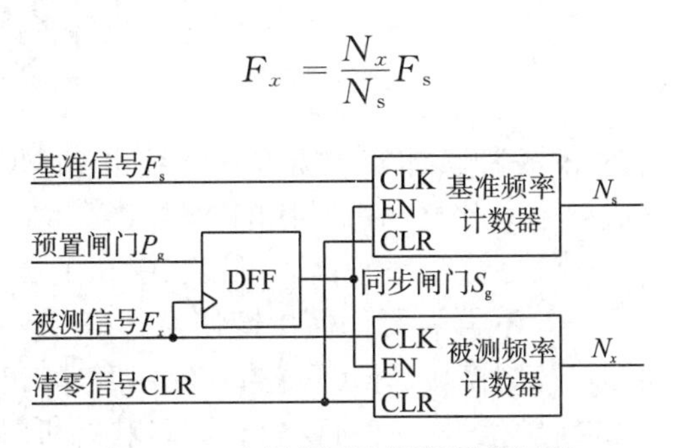

图5-41　多周期同步测频原理框图

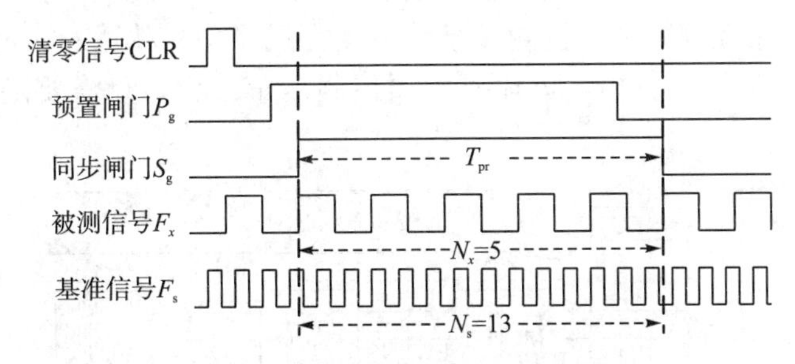

图5-42　多周期同步测频波形图

由多周期同步测频原理可知，控制计数器使能的同步闸门信号 S_g 是由被测信号作为时钟同步的，同步闸门 S_g 高电平持续的时间始终是被测信号 F_x 周期的整数倍，因此在计数器使能期间，对被测信号 F_x 的计数不会存在计数误差，即计数值 N_x 是不存在±1字的测量误差的。同步闸门与基准信号之间并没有任何同步关系，因此基准频率计数器对基准频率的计数则会存在±1字的测量误差。如果忽略基准时钟 F_s 的误差，则由基准频率计数器带来的测频相对误差为

$$\delta = \left|\frac{F_x' - F_x}{F_x}\right| \times 100\% = \left|\frac{1}{N_s \pm 1}\right| \leqslant \frac{1}{N_s} = \frac{1}{T_{pr} \times F_s}$$

式中，

$$F_x' = \frac{N_x}{N_s \pm 1} F_s$$

由相对误差公式可知，多周期同步测频法由基准频率计数器带来的误差仅与同步后的闸门时间和基准频率有关，与被测频率 F_x 无关，闸门时间越长，基准频率越高，则误差越小。多周期同步测频测试的误差不会随着被测频率的变化而变化，在整个频率测量范围内其测量精度基本可以保持一致，因此也称为等精度频率测量法。根据设计题目，为了保证测频精度优于百万分之一，可以取闸门时间为1s，基准频率为100MHz。

设计任务还要求测量脉冲宽度。脉冲宽度的测量可以采用周期计数法，即使用被测信号的脉宽控制基准频率计数器对基准时钟信号进行计数。计数值乘基准频率周期即得脉冲宽度。设计任务要求脉冲宽度测试精度要达到0.01μs，因此基准时钟信号频率至少要达到100MHz。

占空比的测试由两种方法实现，一种是先测量正脉宽，再测量负脉宽，最后计数占空比；另一种方法是先测量频率，计算出周期，再测量正脉宽，最后计算占空比。

2.设计范例

图5-43给出了设计任务的一种具体实现方案，系统由51MCU、FPGA、LCD三大部分构成。单片机主要完成频率、脉宽和占空比的数据计算和显示控制。显示模块采用了HB128128液晶显示器，该液晶分辨率较高，可以将测试的频率、脉宽和占空比等信息在一个屏幕上全部显示出来，不再需要任何按键切换。FPGA是测试系统的核心，由频率脉宽测试模块、自动测量控制模块、MCU接口及分频倍频四大模块组成。分频倍频模块主要产生100MHz基准时钟信号、128Hz自动测量状态机时钟信号以及12MHz单片机的工作时钟信号。MCU接口模块实现单片机与FPGA接口控制，自动测量控制模块产生自动控制时序控制频率脉宽测试模块自动完成频率、脉宽的测量，利用该自动测量模块可大大减轻单片机负担，单片机无须控制测量过程，只需要随时读取测量结果即可。

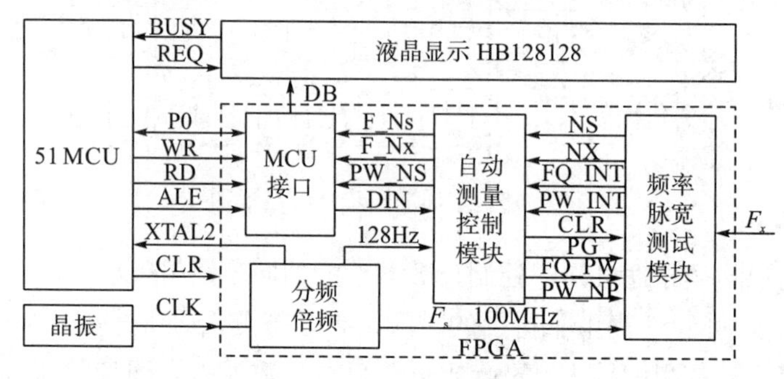

图5-43 系统结构图

频率脉宽测试模块的结构框图如图5-44所示。该图在多周期同步测频原理图的基础上增加了脉宽测量功能。当频率脉宽选择信号FQ_PW=1时，数据选择器MUX选通FQ_EN输出，此时电路为多周期同步测频功能，当FQ_PW=0时，选通PW_EN输出，此时为脉宽测量功能。脉宽测量采用周期计数法，利用待测脉冲的宽度充当基准频率计数器的计数使能信号。为了测量正负脉宽加入了同或门，当正负脉宽选择信号PW_NP=1时，FXPW与F_x同相，此时测量正脉冲宽度，当PW_NP=0时，FXPW与F_x反相，此时测量负脉冲宽度。单次脉冲产生电路主要确保每次清零后只输出被测信号F_x的一个脉冲供测量，且测量完成后产生中断，通知控制器处理数据。

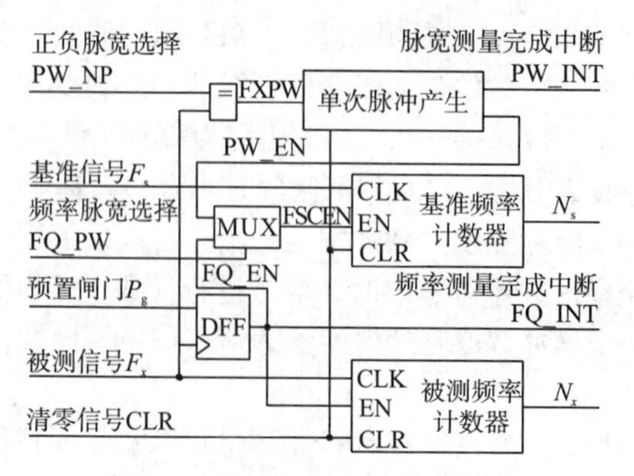

图5-44 频率脉宽测试模块结构图

根据频率脉宽测试模块结构图，例5.4.1给出了相应的VHDL代码。进程CFS和CFX分别构建了对基准信号 F_s 和被测信号 F_x 的32位计数器，选择32位计数器是为了保证在一个同步闸门时间内计数器的计数值不发生溢出。进程SGA构建了D触发器，实现对预置闸门 P_g 的同步寄存输出。其后的语句依次实现了同或运算、控制脉宽的反相与否、产生单次脉冲等。最后的WHEN ELSE语句实现了控制是测频还是测脉宽的二选一数据选择器。

【例5.4.1】

```
LIBRARY IEEE;
USE IEEE.STD_LOGIC_1164.ALL;
USE IEEE.STD_LOGIC_UNSIGNED.ALL;
ENTITY TEST IS
    PORT (FS, FX : IN STD_LOGIC;     --FS基准时钟信号100MHz，FX被测信号
        CLR, PG : IN STD_LOGIC;      --CLR清零信号，PG预置闸门信号
        FQ_PW : IN STD_LOGIC;        --频率/脉宽测量选择，1测频率、0测脉宽
        PW_NP: IN STD_LOGIC;         --正负脉宽测量选择，1正脉宽、0负脉宽
        FQ_INT : OUT STD_LOGIC;      --测频结束中断，下降沿有效
        PW_INT : OUT STD_LOGIC;      --脉宽测试结束中断，下降沿有效
        NS, NX: OUT STD_LOGIC_VECTOR(31 DOWNTO 0)); --NS，NX计数输出
  END TEST;
ARCHITECTURE DEMO OF TEST IS
   SIGNAL NS_B, NX_B  : STD_LOGIC_VECTOR(31 DOWNTO 0);
   --NS_B基准频率计数，NX_B被测信号数
   SIGNAL FQ_EN, PW_EN, FSCEN : STD_LOGIC; --如图5-44所示内部使能信号
   SIGNAL STATE: STD_LOGIC_VECTOR(1 DOWNTO 0); --单脉冲产生状态
   SIGNAL FXPW: STD_LOGIC;    --同或门输出的反相与否的中间信号
BEGIN
    FQ_INT<= FQ_EN;    --同步后的闸门信号(计数使能)输出作为测频结束中断
    NS<= NS_B;         --基准频率计数值输出
    NX<= NX_B;         --被测频率计数值输出
CFS: PROCESS(FS, CLR)  BEGIN  --基准频率计数器
        IF CLR= '1' THEN  NS_B<= ( OTHERS=> '0' );   --异步清零
        ELSIF FS'EVENT AND FS= '1' THEN     --基准时钟上升沿有效
            IF FSCEN= '1' THEN  NS_B<= NS_B + 1;    --使能为1则加1计数
            END IF;
        END IF;
    END PROCESS;
CFX: PROCESS(FX, CLR, FQ_EN)BEGIN  --被测频率计数器
       IF CLR= '1' THEN  NX_B<= ( OTHERS=> '0' );   --异步清零
       ELSIF FX'EVENT AND FX= '1' THEN  --被测信号上升沿有效
```

```
        IF FQ_EN= '1' THEN  NX_B<= NX_B + 1;    --使能为 1 则加 1 计数
        END IF;
      END IF;
    END PROCESS;
  SGA: PROCESS(FX, CLR)BEGIN              --闸门同步 D 触发器
      IF CLR= '1' THEN  FQ_EN<= '0';    --异步清零
      ELSIF FX'EVENT AND FX= '1' THEN  --被测信号上升沿有效
        FQ_EN<= PG;                     --预置闸门锁存输出
      END IF;
    END PROCESS;
    FXPW<= FX XNOR PW_NP; --正负脉宽反相，PW_NP= 1 不反相，测正脉宽
  PW1: PROCESS(CLR, FXPW)  BEGIN--脉冲上升沿检测
        IF CLR= '1' THEN STATE(0)<= '0'; --清零，STATE="00"为清零状态
        ELSIF FXPW'EVENT AND FXPW= '1' THEN--上升沿到，且原来为零状态
         IF STATE= " 00" THEN
           STATE(0)<= '1'; END IF; --则 STATE 变"01"表示脉冲开始
        END IF;
    END PROCESS;
  PW2: PROCESS(CLR, FXPW)  BEGIN  --脉冲下降沿检测
        IF CLR= '1' THEN STATE(1)<= '0'; --清零，STATE="00"为清零状态
        ELSIF FXPW'EVENT AND FXPW= '0' THEN--下升沿到，且 STATE= "01"
        IF STATE= "01" THEN
           STATE(1)<= '1'; END IF; --则 STATE 变"11"表示脉冲结束
        END IF;
    END PROCESS;
  PW_EN<= '1' WHEN STATE= "01" ELSE--STATE 为"01"脉冲开始，允许脉宽计数
  '0';   --否则禁止脉宽计数
  PW_INT<= '0' WHEN STATE= "11" ELSE  --脉冲结束，测试完成可读数
        '1';    --否则禁止读数
  FSCEN<= FQ_EN WHEN FQ_PW= '1' ELSE  --数选器，FQ_PW= 1 测频，= 0 测脉宽
        PW_EN;
  END DEMO;
```

图 5-45 给出了多周期同步测频状态下的仿真波形。图中 FQ_PW=1 使模块处于频率测量功能。首先 CLR=1 使计数器清零，然后输入预置闸门信号 PG，PG 经过输入信号 FX 同步后输出同步后的闸门信号 FQ_INT，该信号高电平期间两个 32 位计数器同时计数，当 FQ_INT=0 时测试结束，基准频率计数器输出 NS=27H，被测频率计数器输出 NX=3，如果知道基准频率的数值就可以精确计数出被测信号的频率。

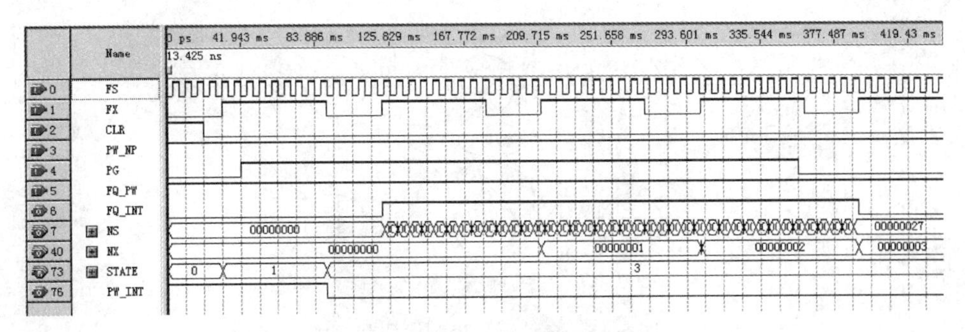

图 5-45 多周期同步测频仿真波形

图 5-46 给出了脉宽测试功能的仿真波形。图中 FQ_PW=0，使模块处于脉宽测试功能。首先 PW_NP=1 使系统处于正脉宽测试状态，CLR=1 使计数器清零，然后等待被测信号正脉宽到达，当正脉宽到达时，基准频率计数器对基准时钟计数，正脉宽结束时 PW_INT=0 通知外部控制器可以读取数据。此后 PW_NP=0 进入负脉宽测试，先清零，然后负脉宽到达时对基准时钟计数，负脉宽结束时 PW_INT 变 0 产生中断并结束测试。

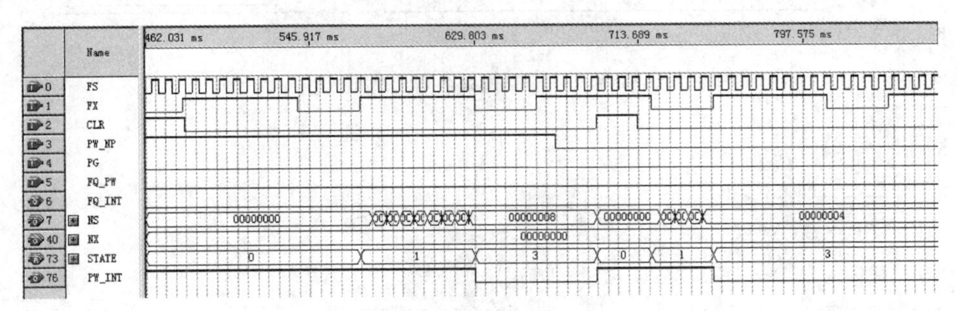

图 5-46 正负脉宽测试仿真波形

例 5.4.2 给出了自动测量控制模块的设计代码，该模块可以控制频率脉宽测试模块自动按顺序实现频率测量和正脉宽测量。在本例中没有测试负脉宽，占空比是先通过频率计算出周期，再由正脉宽除以周期计算得到的。自动测量控制模块设计的关键是设计一个状态机，模拟频率和脉宽的控制时序，状态机的状态转换图如图 5-47 所示，其各状态输出关系如图 5-48 所示。本例中控制模块的预置闸门 PG 的时间长短是可以设置的，由名为 DIN 的 8 位数据控制。如果时钟频率为 128Hz，则预置闸门 PG 的时间可以在 7.8125ms～2s 设置。如设计分析所示，PG 时间的长短会影响精度、测量范围和测量的时间，PG 时间越长，计数器计数值越大，测量速度越慢，但可测量的频率越低，如果基准频率为 100MHz，在最长 2s 时间内基准频率计数器也不会发生溢出。PG 时间越短，测量速度也就越快，因此设置可以调节的预置闸门 PG 时间，可以允许单片机根据测量的范围和速度要求自动调节。

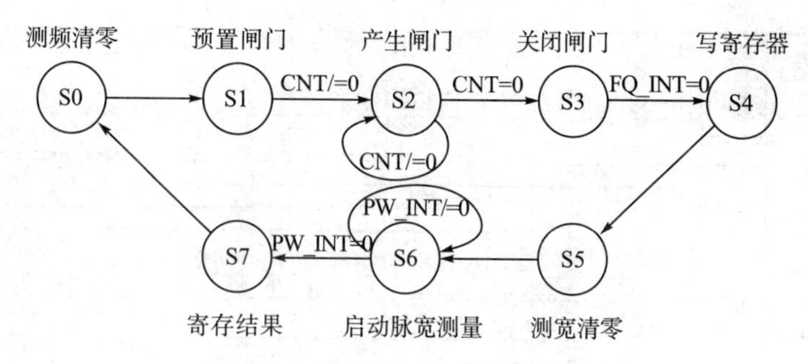

图 5-47 自动测量控制模块状态图

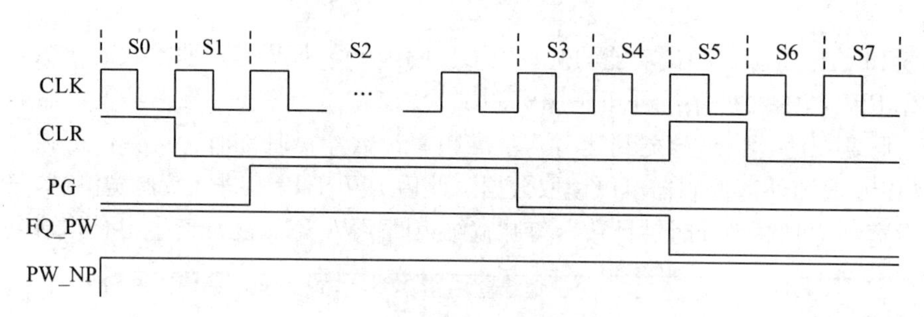

图 5-48 自动测量控制模块各状态输出信号示意图

【例 5.4.2】

```
LIBRARY IEEE;
USE IEEE.STD_LOGIC_1164.ALL;
USE IEEE.STD_LOGIC_UNSIGNED.ALL;
ENTITY AUTO_TEST IS
PORT(CLK: IN STD_LOGIC;   --状态机时钟 CLK 128Hz
    WREN: IN STD_LOGIC;   --数据存储写允许，当 MCU 正在读取数据时(WREN=
    --0)则不允许更新寄存器值，没有读取数据时(WREN= 1)才允许更新寄存器值
    FQ_INT: IN STD_LOGIC; --测频完成信号输入
    PW_INT: IN STD_LOGIC; --测脉宽完成信号输入
    DIN: IN STD_LOGIC_VECTOR(7 DOWNTO 0); --预置闸门倒计时计数器初值
    NS_I, NX_I: IN STD_LOGIC_VECTOR(31 DOWNTO 0); --FS 和 FX 计数值输入
    CLR: OUT STD_LOGIC;        --清零信号输出
    PG: OUT STD_LOGIC;          --预置闸门信号输出
    FQ_PW: OUT STD_LOGIC;      --频率/脉宽测试选择输出，1 测频 0 测脉宽
    PW_NP: OUT STD_LOGIC;      --正负脉宽选择输出，1 正脉宽 0 负脉宽
    F_NX, F_NS: OUT STD_LOGIC_VECTOR(31 DOWNTO 0);
    --计算频率需要的基准频率计数值和被测频率计数值输出
    PW_NS: OUT STD_LOGIC_VECTOR(31 DOWNTO 0));    --脉宽测量计数值输出
END AUTO_TEST;
ARCHITECTURE DEMO OF AUTO_TEST IS
    TYPE STATES IS (S0, S1, S2, S3, S4, S5, S6, S7);
```

```
    --自定义数据类型并枚举状态量
    SIGNAL ST: STATES; --状态寄存信号定义
BEGIN
    PW_NP<= '1';    --本例中只测正脉宽，因此 PW_NP 固定输出 1
    PROCESS(CLK)
        VARIABLE CNT : STD_LOGIC_VECTOR(7 DOWNTO 0);    --闸门时间计数
    BEGIN
        IF CLK'EVENT AND CLK= '1' THEN   --上升沿到达
            CASE ST IS
            WHEN S0=> CLR<= '1'; FQ_PW<= '1'; PG<= '0';    --测频，清零
                    ST<= S1;
            WHEN S1=> CLR<= '0'; FQ_PW<= '1'; PG<= '0';
                    CNT:= DIN; --预置倒计时计数器初值，准备产生预置闸门
                    IF CNT/= 0 THEN ST<= S2; END IF;
            WHEN S2=> CLR<= '0'; FQ_PW<= '1'; PG<= '1';    --产生预置闸门
                    IF CNT/= 0 THEN CNT:= CNT- '1'; END IF;
                    IF CNT= 0 THEN ST<= S3; END IF;    --预置闸门准备关闭
            WHEN S3=> CLR<= '0'; FQ_PW<= '1'; PG<= '0';    --预置闸门 PG 关闭
                    IF FQ_INT= '0' THEN ST<= S4; END IF;    --测试结束
            WHEN S4=> CLR<= '0'; FQ_PW<= '1'; PG<= '0';
                    --写入数据至寄存器输出
                    IF WREN= '1' THEN F_NX<= NX_I; F_NS<= NS_I; END IF;
                    ST<= S5;
            WHEN S5=> CLR<= '1'; FQ_PW<= '0'; PG<= '0';    --测脉宽，清零
                    ST<= S6;
            WHEN S6=> CLR<= '0'; FQ_PW<= '0'; PG<= '0';    --启动测量
                    IF PW_INT= '0' THEN ST<= S7; END IF;    --测量结束
            WHEN S7=> CLR<= '0'; FQ_PW<= '0'; PG<= '0';
                    --写入数据至寄存器输出
                    IF WREN= '1' THEN PW_NS<= NS_I; END IF;
                    ST<= S0;
            WHEN OTHERS=> ST<= S0;
            END CASE;
        END IF;
    END PROCESS;
END DEMO;
```

图 5-49 是自动测量控制模块仿真结果图。图中依次实现了频率测量、正脉宽测量的仿真。

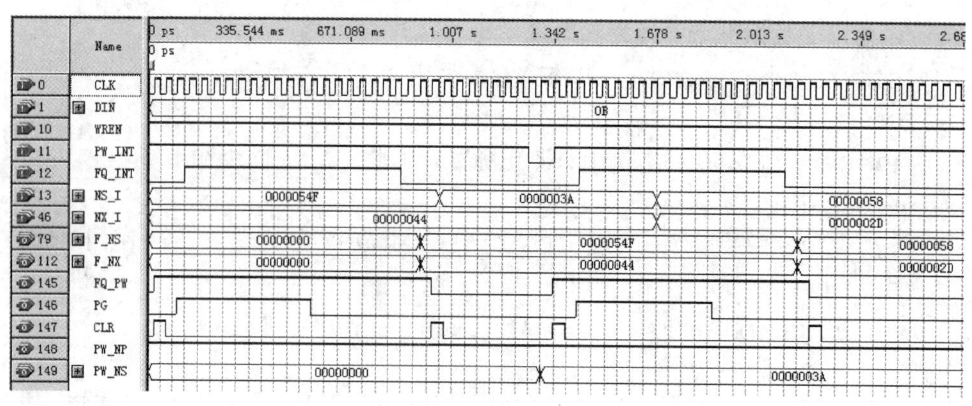

图 5-49 自动测量控制模块仿真波形图

【例 5.4.3】

图 5-50 和图 5-51 分别给出了由频率脉宽测量模块和自动测量控制模块的顶层设计及其仿真波形。在仿真波形中，设置的基准时钟信号 F_s 为 1MHz，被测频率 F_x 为 1KHz，占空比为 50%。在自动测量控制模块控制下，测出来的用于频率计算的基准计数器值为 F230H(62000)，被测频率计数值为 3EH(62)，则被测频率为

$$F_x = \frac{N_x}{N_s}F_s = \frac{62}{62000} \times 10^6 = 1000(\text{Hz})$$

这与仿真波形中输入的 F_x 值完全一致，说明频率测量完全正确。

仿真测量出的脉宽数值为 1F4H(500)，则脉冲宽度为

$$t = 500 \times \frac{1}{10^6} = 500(\mu\text{s})$$

这与设置的被测信号的脉宽参数也是一致的，说明脉宽测量也正确。

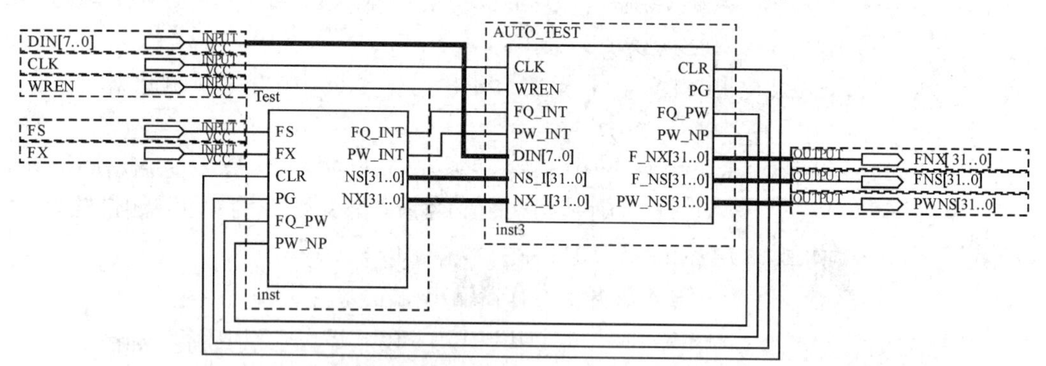

图 5-50 频率脉宽测量模块和自动测量控制模块的顶层设计

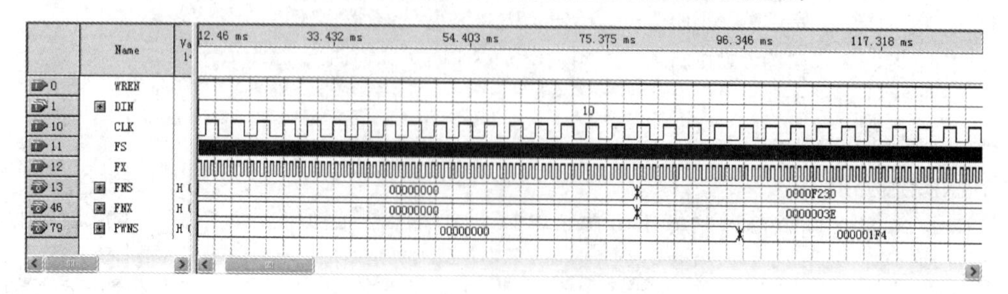

图 5-51 频率脉宽测量模块和自动测量控制模块的顶层设计的仿真波形

例 5.4.4 给出了本设计的 MCU 接口模块的 VHDL 代码。其代码结构与例 5.2.1 基本一致，只是根据设计任务的不同在其中分别构建了 14 个 8 位寄存器，其寄存器地址、读写性质如表 5-2 所示。

表 5-2　寄存器名称、地址与读写性质表

寄存器	地址	读/写	用途
LCDD	00H	只写	HB128128 液晶数据接口
PGDATA	01H	只写	自动测量控制模块的预置闸门时间设置值
F _ NS	02H～05H	只读	32 位基准频率计数器计数值
F _ NX	06H～09H	只读	32 位被测频率计数器计数值
PW _ NS	0AH～0DH	只读	32 位脉宽测量计数值

在本例中，因为寄存器数量较少，所以只使用了 8 位地址，与单片机接口时就不需要将 P2 口作为高 8 位地址，P2 口可以作为独立 I/O 口供其他用。

【**例** 5.4.4】

```
LIBRARY IEEE;
USE IEEE.STD_LOGIC_1164.ALL;
ENTITY MCUIO IS
    PORT (CLK: IN STD_LOGIC;                    --系统时钟，默认 20MHz
        RST: IN STD_LOGIC;                      --系统复位，1 有效
        P0: INOUT STD_LOGIC_VECTOR (7 DOWNTO 0);  --51MCU P0 口
        ALE: IN STD_LOGIC;                        --51MCU ALE
        WR: IN STD_LOGIC;    --51MCU WR
        RD: IN STD_LOGIC;    --51MCU RD
        F_NX, F_NS: IN STD_LOGIC_VECTOR(31 DOWNTO 0); --被测/基准计数值
        PW_NS: IN STD_LOGIC_VECTOR(31 DOWNTO 0);     --脉宽计数值
        LCDD: OUT STD_LOGIC_VECTOR(7 DOWNTO 0);      --液晶数据接口
        PGDATA: OUT STD_LOGIC_VECTOR(7 DOWNTO 0));  --预置闸门初值
END MCUIO;
ARCHITECTURE DEMO OF MCUIO IS
SIGNAL ADDR: STD_LOGIC_VECTOR(7 DOWNTO 0);     --8 位地址
SIGNAL ALE_SAMPLE: STD_LOGIC;                  --内部 ALE 采样信号
SIGNAL RDSAMPLE: STD_LOGIC;                    --内部 RD 采样信号
SIGNAL WRSAMPLE: STD_LOGIC_VECTOR(5 DOWNTO 0); --WR 采样移位寄存器
SIGNAL WR_EN: STD_LOGIC;                        --内部写使能
SIGNAL RSTSAMPLE: STD_LOGIC_VECTOR(9 DOWNTO 0);--RST 采样移位寄存器
SIGNAL RST_EN: STD_LOGIC;                       --内部复位使能
BEGIN
RSTSAMPLE_P: PROCESS(CLK)  BEGIN  --通过 10 位移位寄存器采样复位信号
    IF CLK'EVENT AND CLK= '1' THEN
        --采样的 RST 信号从低位往高位移动
```

```
        RSTSAMPLE<= RSTSAMPLE(8 DOWNTO 0) & RST;
    END IF;。
END PROCESS;
RST_EN_P: PROCESS(CLK)  BEGIN  --产生内部复位使能 RST_EN 信号
    IF CLK'EVENT AND CLK= '1' THEN
        --当连续 10 个脉冲采样到高电平则允许复位
        IF  RSTSAMPLE= "1111111111" THEN RST_EN<= '1';
        ELSE RST_EN<= '0'; END IF;
    END IF;
END PROCESS;
ALE_P: PROCESS(CLK)  BEGIN  --产生内部 ALE_SAMPLE 信号
        IF CLK'EVENT AND CLK= '1' THEN
            IF RST_EN= '1' THEN ALE_SAMPLE<= '0';
            ELSE ALE_SAMPLE<= ALE; END IF;
        END IF;
END PROCESS;
ADDRESS_P: PROCESS(CLK)BEGIN  --地址锁存
        IF CLK'EVENT AND CLK= '1' THEN
            IF RST_EN= '1' THEN ADDR<= (OTHERS=> '0');
            ELSIF ALE_SAMPLE= '1' THEN ADDR<= P0;  END IF;
        END IF;
    END PROCESS;
WRSAMPLE_P: PROCESS(CLK)  BEGIN  --通过 6 位移位寄存器采样 WR
    IF CLK'EVENT AND CLK= '1' THEN
        IF RST_EN= '1' THEN WRSAMPLE<= (OTHERS=> '1');
            --先采样的放在高位，后采样的放在低位。
        ELSE  WRSAMPLE<= WRSAMPLE(4 DOWNTO 0) & WR;
        END IF;
    END IF;
END PROCESS;
WREN_P: PROCESS(WRSAMPLE) BEGIN --产生内部写使能信号
--连续采样到 2 次高电平 4 次低电平则认为是可靠的写信号到达，则产生写使能
    IF (WRSAMPLE(3 DOWNTO 0)= "0000" AND  WRSAMPLE(5 DOWNTO 4)= "11")
    THEN WR_EN<= '1';
    ELSE WR_EN<= '0';   END IF;
END PROCESS;
RDSAMPLE_P: PROCESS(CLK)  BEGIN  --采样读信号 RD
    IF CLK'EVENT AND CLK= '1' THEN
        IF RST_EN= '1' THEN RDSAMPLE<= '1';
```

```
        ELSE RDSAMPLE<= RD;    END IF;
    END IF;
END PROCESS;
WRLCD_P: PROCESS(CLK) BEGIN  --写 HB128128 液晶显示模块输出寄存器
    IF CLK'EVENT AND CLK= '1' THEN
        IF RST_EN= '1' THEN
            LCDD<= (OTHERS=> '0'); --复位时输出全 0
        ELSIF ADDR= "00000000" AND WR_EN= '1' THEN  --寄存器地址：00H
            LCDD<= P0; END IF;
    END IF;
END PROCESS;
WRPGDATA_P: PROCESS(CLK)  BEGIN  --写测频模块预制闸门 PG 计数初值
    IF CLK'EVENT AND CLK= '1' THEN  --PG 闸门时间= PGDATA/128s
        IF RST_EN= '1' THEN  --128Hz 时 PGDATA= 0~ FF 时 PG 约为 7.8ms~ 2 s
            PGDATA<= X"7F";  --复位时默认闸门设置为 1s
        ELSIF ADDR= "00000001" AND WR_EN= '1' THEN   --寄存器地址：01H
            PGDATA<= P0; END IF;
    END IF;
END PROCESS;
RD_P: PROCESS(RDSAMPLE, ADDR, F_NS, F_NX, PW_NS)  BEGIN
    IF  ADDR= "00000010"   AND RDSAMPLE= '0' THEN
        P0<= F_NS(31 DOWNTO 24);   --02H 读基准频率计数器最高 8 位
    ELSIF ADDR= "00000011"   AND RDSAMPLE= '0' THEN
        P0<= F_NS(23 DOWNTO 16);   --03H 读基准频率计数器次高 8 位
    ELSIF ADDR= "00000100"   AND RDSAMPLE= '0' THEN
        P0<= F_NS(15 DOWNTO 8);   --04H 读基准频率计数器后低 8 位
    ELSIF ADDR= "00000101"   AND RDSAMPLE= '0' THEN
        P0<= F_NS(7 DOWNTO 0);    --05H 读基准频率计数器最低 8 位
    ELSIF ADDR= "00000110"   AND RDSAMPLE= '0' THEN
        P0<= F_NX(31 DOWNTO 24);  --06H 读被测频率计数器最高 8 位
    ELSIF ADDR= "00000111"   AND RDSAMPLE= '0' THEN
        P0<= F_NX(23 DOWNTO 16);   --07H 读被测频率计数器次高 8 位
    ELSIF ADDR= "00001000"   AND RDSAMPLE= '0' THEN
        P0<= F_NX(15 DOWNTO 8);    --08H 读被测频率计数器后低 8 位
    ELSIF ADDR= "00001001"   AND RDSAMPLE= '0' THEN
        P0<= F_NX(7 DOWNTO 0);     --09H 读被测频率计数器最低 8 位
    ELSIF ADDR= "00001010"   AND RDSAMPLE= '0' THEN
        P0<= PW_NS(31 DOWNTO 24);  --0AH 读被测脉宽计数器最高 8 位
    ELSIF ADDR= "00001011"   AND RDSAMPLE= '0' THEN
```

```
        P0<= PW_NS(23 DOWNTO 16);  --0BH 读被测脉宽计数器次高 8 位
    ELSIF ADDR= "00001100"   AND RDSAMPLE= '0' THEN
        P0<= PW_NS(15 DOWNTO 8);    --0CH 读被测脉宽计数器后低 8 位
    ELSIF ADDR= "00001101"   AND RDSAMPLE= '0' THEN
        P0<= PW_NS(7 DOWNTO 0);     --0DH 读被测脉宽计数器最低 8 位
    ELSE
        P0<= "ZZZZZZZZ";
    END IF;
END PROCESS;
END DEMO;
```

根据图5-43系统结构图的规划，例5.4.5给出了系统的完整顶层设计，设计采用了原理图方式实现，如图5-52所示。首先，将例5.4.1构建成频率脉宽测试子模块TEST，将例5.4.2构建成自动测量控制模块AUTO_TEST，将例5.4.4构建成MCU接口模块MCUIO。系统结构图中倍频与分频模块可以参照实验3.5设计，其中倍频模块采用锁相环PLL来实现，将输入20MHz时钟频率乘以5除以1产生100MHz基准时钟。Freq_dev分频模块主要产生128Hz和12MHz时钟，其设计可以参照例3.5.4自行编写。

【例5.4.5】

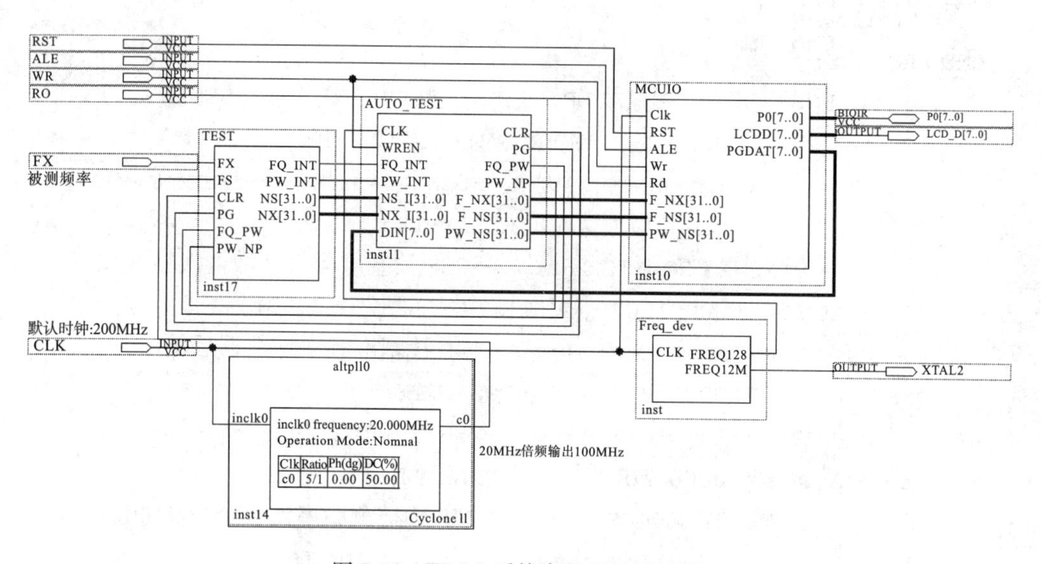

图5-52 FPGA系统完整顶层设计图

下面给出了单片机C51代码的部分程序片段，其中例5.4.6给出了单片机C51的头文件typedef.h，声明了三个新的类型名代替已有的类型名。例5.4.7给出描述单片机与FPGA硬件连接关系的头文件adr.h，定义了各端口连接关系和读、写寄存器的起始地址等。例5.4.8给出了publicfun.h头文件，定义了一些公用函数，其中ReadNum()函数实现对指定首地址的连续四个字节的读操作，并将读取的32位数据返回。利用该函数可以很方便地读取F_NS、F_NX、PW_NS三个32位寄存器的值。函数FreqTest()、PW_Test()和Q_Calcul()分别完成频率、脉宽和占空比的测量与显示。例5.4.9给出了main函数的主体程序。

【例5.4.6】

```
#ifndef _mydef_
#define _mydef_
typedef unsigned char uint8;
typedef unsigned int uint16;
typedef unsigned long uint32;
# endif
```

【例5.4.7】

```
#define LCDD PBYTE [0x00]        //液晶显示数据输出寄存器地址 00H
#define PGDATA PBYTE [0x01]      //预置闸门寄存器地址 01H
#define F_NS0x02                 //F_NS 寄存器首地址 02H
#define F_NX0x06                 //F_NX 寄存器首地址 06H
#define PW_NS 0x0A               //PW_NS 寄存器首地址 0AH
sbit GCLR = P2^7;                //FPGA RST 复位端
sbit BUSY = P2^6;                //HB128128 液晶 BUSY 线
sbit REQ = P2^5;                 //HB128128 液晶 REQ 线
```

【例5.4.8】

```
……
//读取 FPGA 内部 adr 地址开始的连续 4 个字节
//利用该函数可以直接通过 F_NS，F_NX，PW_NS 的首地址读取对应寄存器值
uint32 ReadNum(uint8 adr)//寄存器首地址
{  uint32 data tmp1= 0;
   uint8 i, tmp2= 0;
   uint8 pdata * p;
   p= adr;
   P0= 0xff;
   for(i= 0; i<4; i+ + ) //均为 32bits 4 字节寄存器，因此 8 位一组连读 4 次
   {  tmp2= * p;         //读入 8 位
      tmp1<<= 8;         //数据存入 tmp1 中，先读的为高位，后读的为低位
      tmp1= tmp1| tmp2;
      p+ + ;             //地址加 1
   }
   return tmp1;
}
//频率测量与显示函数
void FreqTest()
{  float  FNum= 0.0;
   FNum= (100000000.0* ReadNum(F_NX))/ReadNum(F_NS);
   Period= 1/Fnum; //根据频率计算周期，并赋给全局变量 Period
```

```
    FormatF(FNum); //将频率浮点数转换为显示数组存储于 dispArry 中
    DispFreq(2, dispArry); //刷新频率显示，显示在第 2 行，dispArry 显示
    缓存数组
}
//脉宽测量与显示函数
void PW_Test()
{   float  PWNum= 0.0;
    PWNum= (ReadNum(PW_NS)* 10.0); //ns 100MHz 频率周期 10ns
    P_width= PWNum; //将脉宽赋给全局变量 P_width
    FormatP(PWNum); //将脉宽时间浮点数转换为显示数组存储于 dispArry 中
    DispFreq(3, dispArry); //刷新频率显示，显示在第 3 行，dispArry 显示
    缓存数组
}
//占空比计算与显示函数
void Q_Calcul ()
{   float Q= 0.0;
    Q= P_width/ Period; //计算占空比
    FormatQ(Q); //将占空比转换为显示数组存储于 dispArry 中
    DispFreq(4, dispArry); //刷新频率显示，显示在第 3 行，dispArry 显示
    缓存数组
}
……
```

【例 5.4.9】

```
#include<stc_new_8051.h>    //使用 STC12C5A60S2 头文件
#include<intrins.h>
#include<lcd.h>             //液晶显示头文件
#include<typedef.h>         //定义类型头文件
#include<adr.h>             //端口与地址定义
#include<publicfun.h>       //公用函数头文件
float data Period= 0.0;     //周期
float data P_width= 0.0;    //脉宽
void main(void)
{   uint8 code datas1 [] = {" 多功能频率计"};
    uint8 code datas2 [] = {" SICNU-V1.0.0"};
    uint8 code datas3 [] = {" 频率：0.000000Hz"};
    uint8 code datas4 [] = {" 脉宽：0.000000ns"};
    uint8 code datas5 [] = {" 占空比：50.0 % "};
    uint8 code datas6 [] = {" 闸门：  1s"};
    GCLR= 1;                //FPGA 复位
```

```
    delay(0x0 f);
    GCLR= 0;
    PGDATA= 0x7f; //设置 PG 预置闸门时间约为 1s (FPGA 内部状态机时钟为
    128Hz)
    LcdInit(); //液晶显示初始化
    Display_Char(STR_CHAR, 0, 2, datas1); //在液晶上显示固定初始信息
    Display_Char(STR_CHAR, 1, 2, datas2);
    Display_Char(STR_CHAR, 2, 0, datas3);
    Display_Char(STR_CHAR, 3, 0, datas4);
    Display_Char(STR_CHAR, 4, 0, datas5);
    Display_Char(STR_CHAR, 5, 0, datas6);
    while(1) {
        FreqTest();    //频率测量与显示
        PW_Test();     //脉宽测量与显示
        Q_Calcul ();   //计算占空比与显示
        };
}
```

5.4.3　实训内容与步骤

(1)认真阅读任务分析，理解多周期频率测量的基本原理，以及脉宽测量、占空比测量的基本方法。

(2)阅读设计范例给出的具体实现方案，理解系统结构图中各模块的作用和相互的关系以及各模块之间的信号传输关系。

(3)完成频率脉宽测试模块的设计，进一步理解多周期频率测量的本质和优点。尤其要注意理解例 5.4.1 中如何实现脉宽的测量，以及脉宽单次产生的必要性。完成仿真分析，并与范例仿真波形进行对比。

(4)分析自动测量控制模块的工作原理，完成代码设计，理解状态机控制逻辑，完成仿真验证与分析。

(5)根据例 5.4.3 实现自动测量模块与频率脉宽测试模块协同工作的测试，验证二者协同工作的正确性。

(6)参照例 5.4.4 实现单片机与 FPGA 接口模块的设计验证。

(7)根据例 5.4.5 完成系统的顶层设计，特别注意其中的分频与倍频模块的设计。

(8)根据硬件的具体结构分配和锁定引脚，必要时可以利用 SignalTapⅡ 和模拟输入信号进行 FPGA 的单独验证。

(9)根据例 5.4.6～例 5.4.9 给出的单片机程序范例，编写完整的单片机程序。

(10)进行单片机与 FPGA 联合测试，逐项测试其功能。

5.4.4 设计思考与拓展

(1)思考如果 FPGA 中不设计自动测量控制模块，则单片机应该如何控制频率脉宽测试模块工作，如何获取各测试数据，编写代码实现。体会系统功能软件实现与硬件实现的优缺点。

(2)思考如何进一步提升频率测量的精度，还可以增加哪些附加功能。

5.5 基于 UART 接口的通用 I/O 扩展设计

5.5.1 设计任务

在单片机 UART 接口的基础上，利用 FPGA 扩展设计多组通用 I/O 口，要求：

(1)建立单片机与 FPGA 的简单通信协议，实现单片机与 FPGA 之间的数据交换。

(2)扩展设计多组通用 I/O，单片机能通过 UART 向 FPGA 发送命令字节和数据字节，控制 I/O 模式，实现数据的输入输出。

5.5.2 任务分析与范例

1. 任务分析

虽然单片机自身已经有多组 I/O 口，但在多数情况下，单片机的 I/O 口还是太少，不能满足系统的需求。常见的单片机 I/O 扩展主要采用 74 系列中小规模器件来扩展，或采用 8155、8255 等专用 I/O 扩展芯片来实现。这两种方法都有明显的缺点，采用 74 系列芯片扩展 I/O，简单灵活，但集成度低，可靠性差。采用 8255 等专用 I/O 扩展芯片，又只能通过单片机并行总线接口来实现，这种方式在单片机采用总线模式工作时具有较高效率，也节约资源，但如果单片机采用独立 I/O 方式工作，则这种扩展方式本身将消耗大量 I/O 资源，大大降低扩展效率。同时，很多新型的单片机已经不再具有总线模式，基于并行总线的扩展方式也就无法适用了。现在几乎所有单片机都有串行通信接口，很多单片机尤其是新型单片机往往还有多个串口，利用单片机剩余的串口在 FPGA 中扩展 I/O，仅需 RXD、TXD 两根信号线即可，这种方法占用单片机资源少，集成度高，扩展灵活，I/O 扩展数量可以非常巨大，具有很好的实用价值。

图 5-53 给出了基于 UART 的单片机 I/O 扩展设计框图。图中可见，在 FPGA 中需要扩展 UART、UART 控制器和 I/O 三个模块。单片机通过 TXD 发送命令和数据给 FPGA 中的 UART，UART 接收数据后传送给 UART 控制器，由 UART 控制器完成命令与数据的解析，并将命令字和数据送给扩展 I/O 的命令寄存器和数据寄存器，扩展 I/O 根据收到的命令字节选择读或写工作模式，实现数据的输入和输出。

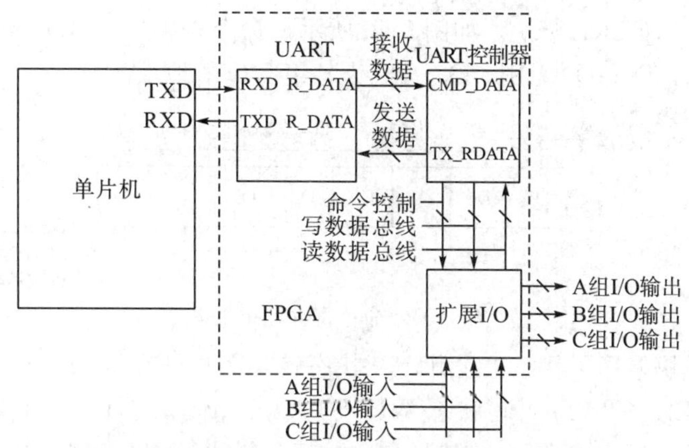

图5-53　基于UART的单片机I/O扩展设计框图

2.设计范例

图5-54给出了的FPGA内部UART扩展I/O的整体设计框图。在FPGA内部主要包括三个功能模块，UART、UART控制器(UART _CTRL)和扩展I/O(IOINOUT)。UART直接采用了实验5.3UART设计范例，此处不再赘述。UART控制器主要负责对UART收到的命令和数据进行处理和判断，然后将命令和数据同时送给扩展I/O。UART控制器的设计涉及与单片机的通信协议，这里规定单片机每次发送2帧字节的数据，第一帧为命令字节，第二帧为数据字节，UART控制器收到2帧字节的数据后，对命令字节进行判断，如果要对某组I/O进行写，则将命令字节和数据字节(第二帧为要写入某组I/O的数据)同时送给扩展I/O模块，扩展I/O模块收到命令字节和数据字节后，判断要写入哪组I/O，然后对该组I/O写入数据；如果要对某组I/O进行读，则UART控制器不处理第二帧数据字节，只需将命令字节送给扩展I/O，扩展I/O收到命令字节后，读取该组I/O的数据，再将该数据回送给UART控制器，UART控制器将读取的数据通过UART串行发送给单片机。

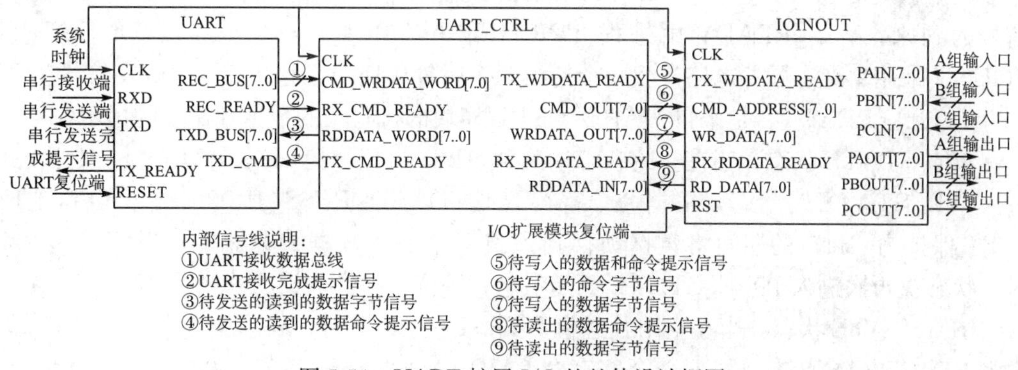

图5-54　UART扩展I/O的整体设计框图

1)IOINOUT模块

例5.5.1给出了IOINOUT模块的完整代码。该模块主要负责接收UART _CTRL模块传递的命令和数据，然后根据命令字节判断出是读还是写指令，如果是写指令，则根据要写入的I/O的地址将数据写入该组I/O；如果是读指令，则将该组I/O的数据读出后再回送给 UART _CTRL 模块。如图 5-55 所示，命令寄存器 CMD _ADDRESS _P 最高位 D7 为读写标志，D6～D4 无用，D3～D0 为各组 I/O 的地址。

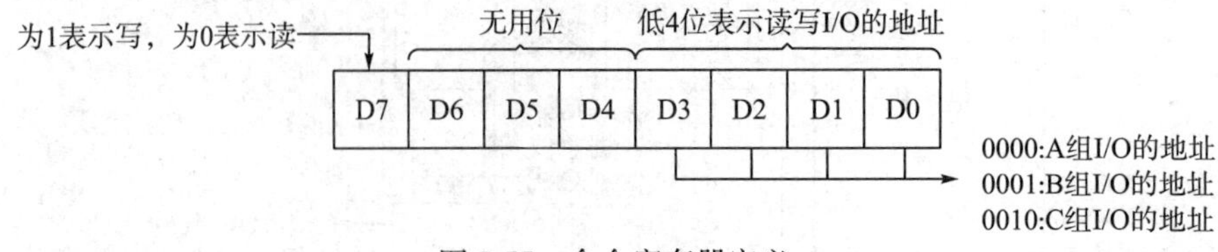

图 5-55 命令寄存器定义

IOINOUT 模块采用了状态机设计，其状态转换图如图 5-56 所示，其中共有三个状态：空闲状态 IDLE _STATE，写状态 WR _STATE 和读状态 RD _STATE。ST 为命令检测信号，由 WR _READY 写命令信号和命令寄存器的 CMD _ADDRESS _P(7)组成。

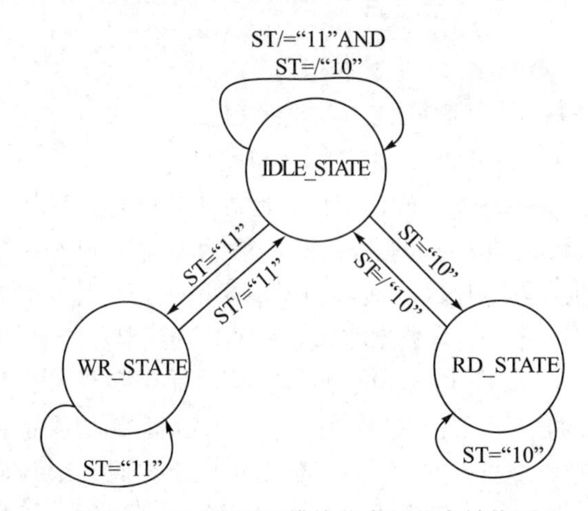

图 5-56 IOINOUT 模块状态机状态转换图

IDLE _STATE 状态：当状态机上电或复位后自动进入 IDLE _STATE 空闲状态，输出读数据触发信号 RX _RDDATA _READY _P 为低，然后开始等到 WR _READY 写命令信号的到来，WR _READY 由进程 TRIGGER 和 COUNT 产生。进程 TRIGGER 和 COUNT 采用单稳态脉冲电路产生一个持续两个时钟周期的正脉冲信号，触发信号为 TX _WDDATA _READY，是来自 UART _CTRL 模块的待写入的数据和命令的提示信号。

WR _STATE 状态：当在空闲状态检测到 ST= "11" 时，表示为写命令，则状态机进入 WR _STATE 写状态，根据命令寄存器 CMD _ADDRESS _P [3..0] I/O 口地址，在 ST 保持为 "11" 的期间将数据锁存到该组 I/O 的写数据寄存器中，当 ST/= "11" 时，状态机再次进入 IDLE _STATE 空闲状态，等待下一帧数据的读或写。

RD _STATE 状态：当在空闲状态检测到 ST= "10" 时，表示为读命令，则状态机进入 RD _STATE 状态，根据命令寄存器 CMD _ADDRESS _P [3..0] I/O 口地址，在 ST 保持为 "10" 的期间将该组 I/O 的数据读到读数据寄存器中，同时输出读数据提示信号 RX _RDDATA _READY _P 为高，当 ST/= "10" 时，状态机再次进入 IDLE _STATE 空闲状态，等待下一帧数据的读或写。

例 5.5.1 中，进程 P1 实现了对命令和数据的锁存，在待写入的数据和命令提示信号的下降沿将命令和数据同时锁存到各自的寄存器中。进程 P2 将该组读数据寄存器的数据送给UART_CTRL，同时为其提供一个正脉冲命令提示信号RX_RDDATA_READY，其中RX_RDDATA_READY信号是由进程TRIGGER1和COUNT1采用单稳态脉冲电路产生的，触发信号是状态机控制的读数据触发信号RX_RDDATA_READY_P。进程P3实现了将待写入的数据写入该组的I/O上，在写命令信号WR_READY的下降沿将写数据寄存器中的数据送到该组I/O上，此时待写入的数据已经在WR_READY下降沿来临之前利用状态机锁存到写数据寄存器中。

【例5.5.1】

```
LIBRARY IEEE;
USE IEEE.STD_LOGIC_1164.ALL;
USE IEEE.STD_LOGIC_UNSIGNED.ALL;
ENTITY IOINOUT IS
PORT(CLK: IN STD_LOGIC; --系统时钟
    RST: IN STD_LOGIC;   --系统复位信号
    TX_WDDATA_READY: IN STD_LOGIC;       --待写入的数据和命令提示信号
    CMD_ADDRESS: IN STD_LOGIC_VECTOR(7 DOWNTO 0); --待写入的命令信号
    WR_DATA: IN STD_LOGIC_VECTOR(7 DOWNTO 0);       --待写入的数据信号
    RD_DATA: OUT STD_LOGIC_VECTOR(7 DOWNTO 0);      --待读出的数据信号
    RX_RDDATA_READY: OUT STD_LOGIC;       --待读出的数据命令提示信号
    PAOUT: OUT STD_LOGIC_VECTOR(7 DOWNTO 0);    --A组输出口
    PAIN: IN STD_LOGIC_VECTOR(7 DOWNTO 0);      --A组输入口
    PBOUT: OUT STD_LOGIC_VECTOR(7 DOWNTO 0);    --B组输出口
    PBIN: IN STD_LOGIC_VECTOR(7 DOWNTO 0);      --B组输入口
    PCOUT: OUT STD_LOGIC_VECTOR(7 DOWNTO 0);    --C组输出口
    PCIN: IN STD_LOGIC_VECTOR(7 DOWNTO 0));     --C组输入口
END ENTITY IOINOUT;
ARCHITECTURE ONE OF IOINOUT IS
SIGNAL CMD_ADDRESS_P: STD_LOGIC_VECTOR(7 DOWNTO 0); --命令寄存器
SIGNAL WR_DATA_P: STD_LOGIC_VECTOR(7 DOWNTO 0); --待写入的数据寄存器
SIGNAL RDPA_DATA_P: STD_LOGIC_VECTOR(7 DOWNTO 0); --A组I/O读数据寄存器
SIGNAL RDPB_DATA_P: STD_LOGIC_VECTOR(7 DOWNTO 0); --B组I/O读数据寄存器
SIGNAL RDPC_DATA_P: STD_LOGIC_VECTOR(7 DOWNTO 0); --C组I/O读数据寄存器
SIGNAL RX_RDDATA_READY_P: STD_LOGIC;             --读数据触发信号
TYPE STATES IS (IDLE_STATE, WR_STATE, RD_STATE);  --定义状态机各状态信号
SIGNAL CS_STATE, NEXT_STATE: STATES;             --状态机现态信号
SIGNAL WR_READY: STD_LOGIC;                      --状态机次态信号
SIGNAL PA_P: STD_LOGIC_VECTOR(7 DOWNTO 0); --A组I/O写数据寄存器
SIGNAL PB_P: STD_LOGIC_VECTOR(7 DOWNTO 0); --B组I/O写数据寄存器
SIGNAL PC_P: STD_LOGIC_VECTOR(7 DOWNTO 0); --C组I/O写数据寄存器
SIGNAL ST: STD_LOGIC_VECTOR(1 DOWNTO 0);        --命令检测信号
```

```
SIGNAL Q_TF: STD_LOGIC;          --进程 TRIGGER 和 COUNT 的中间通信信号
SIGNAL CNT: INTEGER RANGE 0 TO 1;         --进程 COUNT 控制脉冲宽度计数器
SIGNAL Q: STD_LOGIC;                      --WR_READY 脉冲宽度暂存信号
SIGNAL Q_TF1: STD_LOGIC;                  --进程 TRIGGER1 和 COUNT1 的中间通
                                          --信信号
SIGNAL CNT1: INTEGER RANGE 0 TO 1;        --进程 COUNT1 控制脉冲宽度计数器
SIGNAL Q1: STD_LOGIC;             --RX_RDDATA_READY 的脉冲宽度暂存信号
BEGIN
  ST<= WR_READY&CMD_ADDRESS_P(7);
  --检测写命令信号 WR_READY 和读写标志信号 CMD_ADDRESS_P(7)
P1: PROCESS(TX_WDDATA_READY)   BEGIN      --命令和数据锁存进程
      IF TX_WDDATA_READY'EVENT AND TX_WDDATA_READY= '0' THEN
        --在待写入的数据和命令提示信号的下降沿将命令和数据同时锁存
         CMD_ADDRESS_P<= CMD_ADDRESS; WR_DATA_P<= WR_DATA;
END IF;
END PROCESS;
TRIGGER: PROCESS(Q_TF, TX_WDDATA_READY)   BEGIN
--单稳态脉冲触发进程，产生写命令信号 WR_READY
      IF Q_TF= '1'THEN Q<= '0';
        ELSIF TX_WDDATA_READY'EVENT AND TX_WDDATA_READY= '0'THEN
          Q<= '1'; END IF;
END PROCESS;
COUNT : PROCESS(CLK, Q)   BEGIN     --控制单稳态脉冲宽度计数进程
  IF Q= '0'THEN   CNT<= 0; Q_TF<= '0';
  ELSIF CLK'EVENT AND CLK= '1' THEN
    IF CNT= 1 THEN   Q_TF<= '1'; END IF;
    CNT<= CNT+ 1;
  END IF;
END PROCESS;
WR_READY< = Q;                       --产生写命令信号 WR_READY
REG: PROCESS(CLK)   BEGIN      --状态机主控时序进程
  IF RST= '0' THEN   CS_STATE<= IDLE_STATE;       --复位信号低电平有效
ELSIF CLK'EVENT AND CLK= '1' THEN   CS_STATE<= NEXT_STATE;
END IF;
END PROCESS;
COM: PROCESS(CMD_ADDRESS_P, CS_STATE , ST)  BEGIN  --状态机主控组合进程
 CASE CS_STATE IS
  WHEN IDLE_STATE=> RX_RDDATA_READY_P<= '0'; --清零读数据触发信号
    IF ST= "11" THEN   NEXT_STATE<= WR_STATE; --检测到写命令进入写状态
```

```
     ELSIF ST= "10" THEN  NEXT_STATE <= RD_STATE ; --检测到读命令进入读状态
     ELSE NEXT_STATE<= IDLE_STATE; --没有写命令信号到来继续等待
    END IF;
   WHEN WR_STATE=>        --进入写状态，对待写入的数据进行锁存
      IF ST= "11" AND CMD_ADDRESS_P(3 DOWNTO 0)= "0000" THEN
                 --锁存数据到 A 组输出口寄存器
                PA_P<= WR_DATA_P; NEXT_STATE<= WR_STATE;
      ELSIF ST= "11" AND CMD_ADDRESS_P(3 DOWNTO 0)= "0001" THEN
                 --锁存数据到 B 组输出口寄存器
                PB_P<= WR_DATA_P; NEXT_STATE<= WR_STATE;
      ELSIF ST= "11" AND CMD_ADDRESS_P(3 DOWNTO 0)= "0010" THEN
                 --锁存数据到 C 组输出口寄存器
                PC_P<= WR_DATA_P; NEXT_STATE<= WR_STATE;
      ELSE NEXT_STATE<= IDLE_STATE; END IF;
   WHEN RD_STATE => --进入读状态，将要读的该组 I/O 的数据锁存到读数据寄存器中
      IF ST= "10" AND CMD_ADDRESS_P(3 DOWNTO 0)= "0000" THEN
            --将 A 组输入口数据锁存到读数据寄存器
            RDPA_DATA_P<= PAIN;
            NEXT_STATE<= RD_STATE; RX_RDDATA_READY_P<= '1';
      ELSIF ST= "10" AND CMD_ADDRESS_P(3 DOWNTO 0)= "0001" THEN
            --将 B 组输入口数据锁存到读数据寄存器
            RDPB_DATA_P<= PBIN;
            NEXT_STATE<= RD_STATE; RX_RDDATA_READY_P<= '1';
      ELSIF ST= "10" AND CMD_ADDRESS_P(3 DOWNTO 0)= "0010" THEN
            --将 C 组输入口数据锁存到读数据寄存器
            RDPC_DATA_P<= PCIN;
            NEXT_STATE<= RD_STATE; RX_RDDATA_READY_P<= '1';
      ELSE NEXT_STATE<= IDLE_STATE; END IF;
    WHEN OTHERS=> NEXT_STATE<= IDLE_STATE;
  END CASE;
END PROCESS;
TRIGGER1: PROCESS(Q_TF1, RX_RDDATA_READY_P)  BEGIN
--单稳态触发进程，为 UART_CTRL 模块产生读到的数据命令提示信号
  IF Q_TF1= '1'THEN  Q1<= '0';
  ELSIF RX_RDDATA_READY_P'EVENT AND RX_RDDATA_READY_P= '0'THEN
    Q1<= '1'; END IF;
END PROCESS;
COUNT1 : PROCESS(CLK, Q1)  BEGIN     --控制单稳态脉冲宽度计数进程
  IF Q1= '0'THEN
```

```
    CNT1<= 0; Q_TF1<= '0';
   ELSIF CLK'EVENT AND CLK= '1' THEN
     IF CNT1= 1 THEN
     Q_TF1<= '1'; END IF;
     CNT1<= CNT1+ 1; END IF;
 END PROCESS;
 RX_RDDATA_READY< = Q1;    --产生读到的数据命令提示信号RX_RDDATA_READY
 P2: PROCESS(RX_RDDATA_READY_P)  BEGIN     --读数据输出进程
  IF CMD_ADDRESS_P(7)= '0' THEN
    IF RX_RDDATA_READY_P'EVENT AND RX_RDDATA_READY_P= '0' THEN
     IF CMD_ADDRESS_P(3 DOWNTO 0)= "0000" THEN --输出读A组输入口的数据
             RD_DATA<= RDPA_DATA_P;
     ELSIF CMD_ADDRESS_P(3 DOWNTO 0)= "0001" THEN--输出读B组输入口的数据
             RD_DATA<= RDPB_DATA_P;
     ELSIF CMD_ADDRESS_P(3 DOWNTO 0)= "0010" THEN--输出读C组输入口的数据
             RD_DATA<= RDPC_DATA_P;
     END IF; END IF;
  ELSE RD_DATA<= "ZZZZZZZZ"; --非读状态端口呈现高阻态
  END IF;
 END PROCESS;
 P3: PROCESS(CMD_ADDRESS, WR_READY)  BEGIN     --写数据输出进程
  IF CMD_ADDRESS_P(7)= '1' THEN
    IF WR_READY'EVENT AND WR_READY= '0' THEN
     --写入A组输出口数据
     IF CMD_ADDRESS_P(3 DOWNTO 0)= "0000" THEN  PAOUT<= PA_P;
     --写入B组输出口数据
     ELSIF CMD_ADDRESS_P(3 DOWNTO 0)= "0001" THEN  PBOUT<= PB_P;
     --写入C组输出口数据
     ELSIF CMD_ADDRESS_P(3 DOWNTO 0)= "0010" THEN  PCOUT<= PC_P;
     END IF; END IF;
   --非写状态，端口呈现高阻态
  ELSE PAOUT<= "ZZZZZZZZ"; PBOUT<= "ZZZZZZZZ"; PCOUT<= "ZZZZZZZZ";
  END IF;
 END PROCESS;
 END ONE;
```

图5-57给出了IOINOUT模块的波形仿真图，图中一共对IOINOUT模块写入了6次命令，从CMD_ADDRESS端口上看分别是对A组输出口的写命令80H，写入的数据为A5H；对A组输入口的读命令70H，待读的数据为B8H；对B组输出口的写命令81H，写入的数据为5AH；对B组输入口的读命令71H，待读的数据为A8H；对C组

输出口的写命令82H，写入的数据为85H；对C组输入口的读命令72H，待读的数据为B7H。从各读写的输出端口来看，读写的数据正确，符合设计要求。

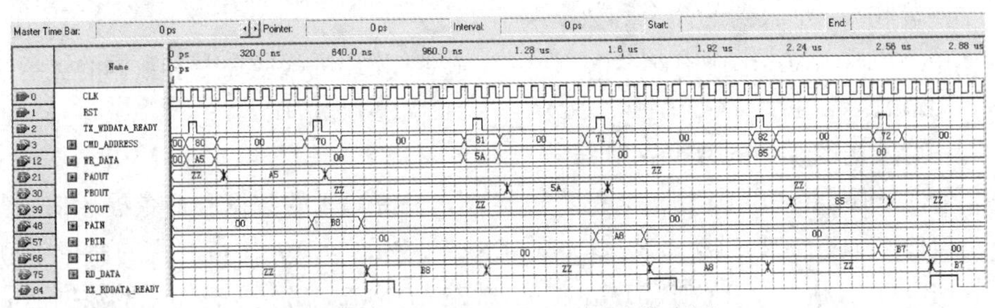

图5-57　IOINOUT模块的波形仿真图

2)UART _CTRL模块

例5.5.2给出了UART _CTRL模块的完整代码。该模块主要负责对UART收到的命令和数据字节进行处理和判断，把UART收到的命令和数据字节送给IOINOUT模块，把IOINOUT模块读到的数据回传给UART串行发送，建立了与单片机通信的协议，要求无论单片机每次是读还是写数据都连续发送一帧命令和一帧数据。如图5-58所示，单片机发送的命令字节在前，数据字节在后，UART收到命令字节和数据字节后立即送给UART _CTRL模块，该模块对命令和数据进行简单判断和处理后再传给IOINOUT模块。

例5.5.2中的进程P1实现了对UART接收到的命令和数据的暂存，用R _WORD _CNT计数器对UART收到的命令和数据进行统计，只有当UART收到一帧命令和一帧数据后才执行下一步的操作。进程P2主要对UART收到的命令字节进行读写判断，之后将命令和数据字节送给IOINOUT模块，当命令字节CMD _REG(7)为'1'时表示单片机要写入数据，这时将命令字节和数据字节一并送给下一个模块IOINOUT；当命令字节CMD _REG(7)为'0'时表示单片机要读出数据，这时只将命令字节送给IOINOUT，并且写入IOINOUT模块的端口WRDATA _OUT呈现高阻态。进程TRIGGER和COUNT利用单稳态脉冲电路产生一个持续两个时钟周期的正脉冲信号，当UART控制器接收到命令和数据字节后，该正脉冲作为提示信号通知IOINOUT模块同时接收该命令和数据。进程P3实现了将读到的数据送给UART模块。进程TRIGGER1和COUNT1也是利用单稳态脉冲电路产生一个正脉冲信号，该脉冲为UART提供串行发送命令提示信号。

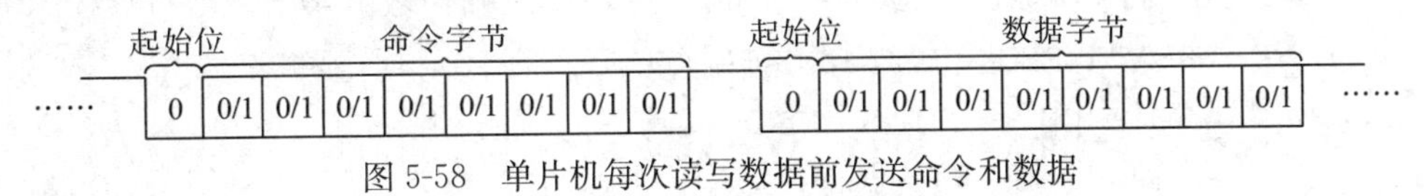

图5-58　单片机每次读写数据前发送命令和数据

【例5.5.2】

```
LIBRARY IEEE;
USE IEEE.STD_LOGIC_1164.ALL;
USE IEEE.STD_LOGIC_UNSIGNED.ALL;
ENTITY UART_CTRL IS
```

```
PORT(CLK: IN STD_LOGIC;      --系统时钟
    CMD_WRDATA_WORD: IN STD_LOGIC_VECTOR(7 DOWNTO 0);
    --接收 UART 收到的命令和数据字节
    RX_CMD_READY: IN STD_LOGIC;   --UART 发出的接收命令和数据的提示信号
    RDDATA_WORD: OUT STD_LOGIC_VECTOR(7 DOWNTO 0);
    --待发送的读到的数据字节信号
    TX_WDDATA_READY: OUT STD_LOGIC; --待写入的数据和命令提示信号
    CMD_OUT: OUT STD_LOGIC_VECTOR(7 DOWNTO 0); --待写入的命令字节信号
    WRDATA_OUT: OUT STD_LOGIC_VECTOR(7 DOWNTO 0); --待写入的数据字节信号
    RDDATA_IN: IN STD_LOGIC_VECTOR(7 DOWNTO 0); --待读出的数据字节信号
    TX_CMD_READY: OUT STD_LOGIC; --待发送的读到的数据命令提示信号
    RX_RDDATA_READY: IN STD_LOGIC); --待读出的数据命令提示信号
END ENTITY;
ARCHITECTURE ONE OF UART_CTRL IS
SIGNAL CMD_REG: STD_LOGIC_VECTOR(7 DOWNTO 0); --命令寄存器
SIGNAL WRDATA_REG: STD_LOGIC_VECTOR(7 DOWNTO 0); --待写入的数据寄存器
SIGNAL RDDATA_REG: STD_LOGIC_VECTOR(7 DOWNTO 0); --待读出的数据寄存器
SIGNAL R_WORD_CNT: STD_LOGIC; --UART 接收命令和数据计数器
SIGNAL Q_TF: STD_LOGIC; --进程 TRIGGER 和 COUNT 的中间通信信号
SIGNAL CNT: INTEGER RANGE 0 TO 1; --进程 COUNT 控制脉冲宽度计数器
SIGNAL Q: STD_LOGIC; --TX_WDDATA_READY 脉冲宽度暂存信号
SIGNAL Q_TF1: STD_LOGIC; --进程 TRIGGER1 和 COUNT1 的中间通信信号
SIGNAL CNT1: INTEGER RANGE 0 TO 320; --进程 COUNT1 控制脉冲宽度计数器
SIGNAL Q1: STD_LOGIC; --TX_CMD_READY 脉冲宽度暂存信号
BEGIN
P1: PROCESS(RX_CMD_READY) BEGIN    --实现对 UART 接收的命令和数据寄存
    IF RX_CMD_READY'EVENT AND RX_CMD_READY= '0' THEN
        --检测来自 UART 发送的接收命令和数据提示信号，在下降沿将其读入
        IF R_WORD_CNT= '0' THEN    --第一帧为命令字节
         CMD_REG<= CMD_WRDATA_WORD;
        ELSIF R_WORD_CNT= '1' THEN    --第二帧为数据字节
         WRDATA_REG<= CMD_WRDATA_WORD;
        R_WORD_CNT<= NOT R_WORD_CNT; END IF;
        ---一帧命令和一帧数据寄存完毕计数器清零
        R_WORD_CNT<= NOT R_WORD_CNT;    --每寄存一次命令字节计数器加 1
    END IF;
END PROCESS;
P2: PROCESS(CMD_REG, WRDATA_REG)  BEGIN  --判断命令是读还是写
    IF CMD_REG(7)= '1' THEN  --命令寄存器最高位为‘1’表示写命令
```

```
        CMD_OUT<= CMD_REG;    --将命令传送给 IOINOUT 模块
        WRDATA_OUT<= WRDATA_REG;    --将待写入的数据传送给 IOINOUT 模块
    ELSIF CMD_REG(7)= '0' THEN  --命令寄存器最高位为‘0’表示读命令
        CMD_OUT<= CMD_REG;    --将命令传送给 IOINOUT 模块
        WRDATA_OUT<= "ZZZZZZZZ";    --待写入的数据端口呈现高阻态
    END IF;
END PROCESS;
TRIGGER: PROCESS(Q_TF, R_WORD_CNT)  BEGIN
    --单稳态触发进程，为 IOINOUT 模块提供待写入的命令和数据提示信号
    IF Q_TF- '1'THEN Q<= '0';
    ELSIF R_WORD_CNT'EVENT AND R_WORD_CNT= '0'THEN Q<= '1';
    --在寄存完一帧命令和一帧数据后触发单稳态脉冲
    END IF;
END PROCESS;
COUNT : PROCESS(CLK, Q) BEGIN  --控制单稳态脉冲宽度计数进程
  IF Q= '0'THEN  CNT<= 0; Q_TF<= '0';
  ELSIF CLK'EVENT AND CLK= '1' THEN
    IF CNT= 1 THENQ_TF<= '1'; END IF;
   CNT<= CNT+ 1;
  END IF;
END PROCESS;
TX_WDDATA_READY< = Q; --为 IOINOUT 模块提供命令和数据接收提示信号
P3: PROCESS(CMD_REG, RX_RDDATA_READY) BEGIN --将读到的数据回送给 UART
    IF CMD_REG(7)= '0' THEN  --判断是否为读命令
     IF RX_RDDATA_READY'EVENT AND RX_RDDATA_READY= '0' THEN
      RDDATA_WORD<= RDDATA_IN; END IF;
     --在 IOINOUT 模块发出读数据接收提示信号的下降沿将读到数据回送给 UART
     ELSE RDDATA_WORD<= "ZZZZZZZZ"; --非读命令端口呈现高阻态
    END IF;
END PROCESS;
TRIGGER1: PROCESS(Q_TF1, RX_RDDATA_READY)  BEGIN
    --单稳态触发进程，为 UART 提供待发送的读数据的命令提示信号
    IF Q_TF1= '1'THEN Q1<= '0';
    ELSIF RX_RDDATA_READY'EVENT AND RX_RDDATA_READY= '0'THEN
        Q1<= '1'; END IF;
END PROCESS;
COUNT1 : PROCESS(CLK, Q1)  BEGIN  --控制单稳态脉冲宽度计数进程
    IF Q1= '0'THEN CNT1<= 0; Q_TF1<= '0';
    ELSIF CLK'EVENT AND CLK= '1' THEN
```

```
        IF CNT1= 320 THEN
        Q_TF1<= '1'; END IF;
        CNT1<= CNT1+ 1;
    END IF;
    END PROCESS;
    TX_CMD_READY< = Q1;     --为 UART 模块提供待发送的读数据命令提示信号
    END ONE;
```

图 5-59 给出了 UART _CTRL 的波形仿真图，图中 CMD _WRDATA _WORD 为待写入的命令和数据的端口，一共写入了两次命令，一次为写命令为 80H，数据为 A5H；另一次为读命令 08H，数据为 B5H。当为写命令 80H 时，将待写入的数据 A5H 输出到 WRDATA _OUT，命令字节输出到 CMD _OUT，同时发出了待写入的数据和命令提示信号 TX _WDATA _READY(为高)，当为读命令 08H 时，在 RX _RDATA _READY 的下降沿将待读出的数据 56H 送到端口 RDDATA _WORD，同时使待发送的读到的数据命令提示信号 TX _CMD _READY 为高。

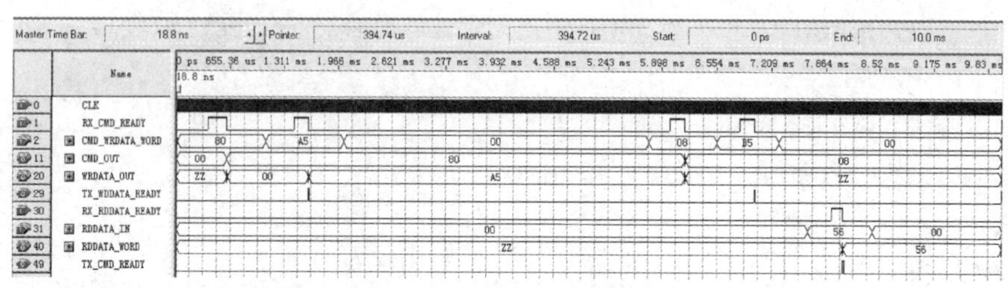

图 5-59 UART _CTRL 的波形仿真图

3)顶层设计

例 5. 5. 3 顶层设计给出了通过 UART 扩展 I/O 设计的顶层原理图，如图 5-60 所示。其中各模块之间的连线参照图 5-54 的规划实现。

【例 5. 5. 3】

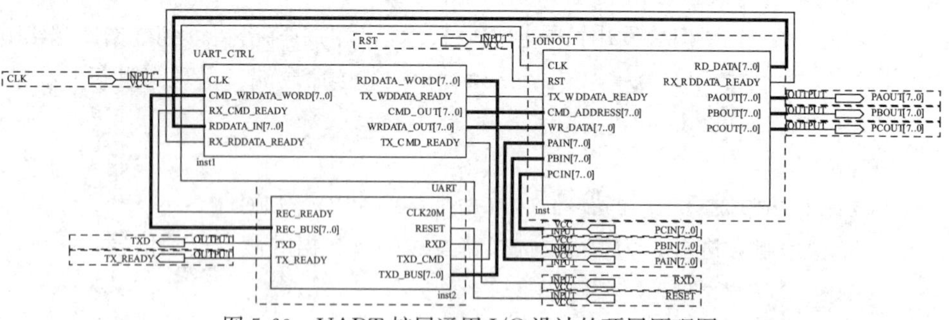

图 5-60 UART 扩展通用 I/O 设计的顶层原理图

图 5-61 给出了 UART 扩展通用 I/O 设计的顶层设计的波形仿真图，图中 RXD 端口为 FPGA 接收到的单片机发送的命令和数据，共发送了 6 次命令，波特率为 9600bit/s，分别是写 A 组 I/O，读 A 组 I/O，写 B 组 I/O，读 B 组 I/O，写 C 组 I/O，读 C 组 I/O，写入的数据均为 55H，待读的数据分别为 B5H、C5H、A8H，分析各个读或写输出端口的数据均正确，满足设计的要求。

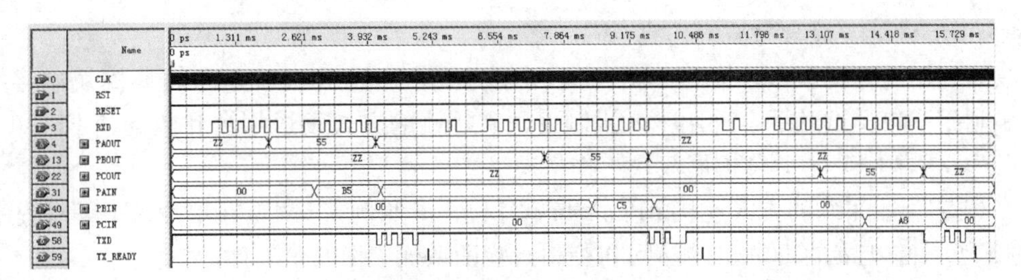

图 5-61　顶层设计的波形仿真图

例 5.5.4 给出了单片机访问 FPGA 的范例程序。程序依照图 5-61 仿真的时序，依次写 A 组 I/O，读 A 组 I/O，写 B 组 I/O，读 B 组 I/O，写 C 组 I/O，读 C 组 I/O ，写入的数据均为 55H。该程序所需的子程序参见例 5.3.5。

【例 5.5.4**】**

```
void main(void)
{  unsigned char i;
   InitUART();                    //串口初始化
   SendOneByte(0x80);             //写 A 口
   SendOneByte(0x55);             //写入数据 55H
   SendOneByte(0x0);              //读 A 口
   SendOneByte(0x55);
   SendOneByte(0x81);             //写 B 口
   SendOneByte(0x55);
   SendOneByte(0x01);             //读 B 口
   SendOneByte(0x55);
   SendOneByte(0x82);             //写 C 口
   SendOneByte(0x55);
   SendOneByte(0x02);             //读 C 口
   SendOneByte(0x55);
   while(1); //循环
}
```

5.5.3　实训内容与步骤

(1)阅读任务分析，理解基于 UART 扩展 I/O 的基本原理和思路和系统结构。UART 相关的知识可以参见实验 5.3。

(2)根据例 5.5.1，理解扩展 I/O 模块 IOINOUT 的设计思想，完成该模块的波形仿真与测试。

(3)根据例 5.5.2，理解 UART 控制器模块 UART _CTRL 的设计思想，完成该模块的波形仿真和测试。

(4)根据例 5.5.3 和实验 5.3 设计的 UART 模块，完成基于 UART 的 I/O 扩展模块的系统顶层设计、综合与波形仿真。

(5)利用计算机串口，按照如图 5-29 所示方式，通过 RS232 电平转换模块连接 FPGA。利用串口调试助手，采用十六进制发送和接收的方式发送指令和数据到 FPGA 中，验证 FPGA 中实现的 I/O 扩展模块工作情况。

(6)按照图 5-40 的方式连接 FPGA 与单片机，参照例 5.5.4，在单片机中编写程序实现对 FPGA 中扩展的 I/O 口的访问和控制，验证系统工作的正确性。

5.5.4 设计思考与拓展

(1)按照范例的设计，对 I/O 口的数据输入只能采用查询方式实现，无法保证输入数据的实时性，思考如何使输入口数据在发生任何变化时能立刻通过中断方式传送数据给单片机，然后修改设计实现。

(2)阅读分析 8255 芯片的数据手册，在扩展 I/O 设计中增加各组 I/O 的按位置位和复位功能，使各组的 I/O 口可以进行单独的某一位的读或写。

(3)在设计范例中，各组 I/O 是独立进行读写的单向 I/O 口，如果要扩展类似于 8255 的双向 I/O 口该如何设计?

第 6 章　基于 MC8051 IP 核的 SOPC 设计

可编程片上系统(System On a Programmable Chip，SOPC)就是将微处理器、各类特定功能的 IP 核、存储器(或片外存储器接口)以及各类接口控制电路等集成在一块可编程芯片上，以一块芯片实现特定用途的完整功能。构建 SOPC 系统可使用的处理器 IP 核非常多，有大量的商业内核和开源软核可供选用。商业内核性能可靠，但必须支付昂贵的授权费，如 ARM 公司的 ARM 系列处理器、IBM 公司的 PowerPC 处理器、MIPS 公司的 MIPS 系列处理器、Motorola 的 MCore 处理器、Tensilica 公司的 Xtensa 处理器等。开源软核一般免费，如 Gaisler Research 公司的 LEON 系列处理器、OpenCores 组织发布的 OpenRISC1200 处理器以及 Altera 公司的 NiosⅡ处理器等。这些处理器凭借其高性能、低成本、良好的可配置性和完善的开发环境而广泛的应用。

以上这些处理器性能优良，且均为 32 位处理器，但对于本科学生而言，入门门槛稍高。目前大部分高校仍以 51 系列单片机为载体学习单片机的开发，因此利用嵌入式 51 单片机 IP 核进入 SOPC 的学习具有积极的意义。比较典型的 51 系列 IP 核主要有 Evatronix 公司的 R8051XC2 核、DCD 公司的 DP8051 核、Synopsys 公司 DW8051 核、Dolphin 的 Flip8051 核、ALTIUM 公司的 TSK51 核、OpenCores 组织的 OC8051 核、Oregano Systems 公司的 MC8051 核等。OC8051、MC8051 等 IP 核均为采用 HDL 语言描述的开源免费软 IP，IP 与工艺无关，在多种 FPGA 上都能进行逻辑综合和实现。本章以 MC8051 IP 核为例，对 MC8051 的功能特点、结构原理、硬件定制等进行介绍，详细论述其在 FPGA 中的实现及应用过程。

6.1　MC8051 核及其定制

6.1.1　MC8051 功能与特点

MC8051 IP 核可以在 Oregano Systems 的官方网站(http://www.oreganosystems.at/)上自由下载。MC8051 IP 核是以 VHDL 源码方式提供的 8 位 MCU IP 软核，代码可综合，可根据具体实际应用作裁剪与配置，并针对 SOC 系统做了设计优化，可应用于各种 FPGA 设计平台。

MC8051 具有如下主要特点：

(1)全同步设计；

(2)指令集和标准 8051 微控制器完全兼容；

(3)优化的架构使每个操作指令执行时间仅需 1~4 个时钟周期；

(4)全新的体系结构带来高达 10 倍的速度；
(5)定时器/计数器以及串行接口数量可由用户定制；
(6)通过新增的特殊功能寄存器可选择不同的定时/计数器和串行接口单元；
(7)可选择是否使用并行乘法单元实现乘法指令 MUL；
(8)可选择是否使用并行除法单元实现除法指令 DIV；
(9)可选择是否使用十进制调整指令 DA；
(10)数据 I/O 口不复用；
(11)带 256 字节内部 RAM；
(12)最多可扩展至 64 KB 的 ROM 和 64 KB 的 RAM；
(13)提供源码，可在 GNU 和 LGPL 许可下自由修改；
(14)VHDL 源码结构清晰，具有良好注释，与工艺无关；
(15)通过修改 VHDL 源代码容易实现扩展；
(16)通过 VHDL 常数可定制参数。

6.1.2 MC8051 结构与层次

1. MC8051 IP 核结构

图 6-1 给出了 MC8051 IP 核顶层设计模块及其子模块的方框图。其顶层设计由 mc8051 _core 和 128 字节内部 RAM、最大 64K 扩展 ROM、最大 64K 扩展 RAM3 个存储器模块构成。mc8051 _core 由控制单元 mc8051 _control、算术逻辑单元 mc8051 _ALU、定时器/计数器单元 mc8051 _tmrctr 和串口单元 mc8051 _siu 等构成。其中定时器/计数器和串口模块的数量可定制，其数量由图中虚线和字母 N 表示。

与标准 8051 单片机不同的是 MC8051 IP 核的输入、输出并口被分别映射到独立的端口上，并未构成复合双向 I/O 口，其引脚名称如图 6-1 所示，各引脚的信号的描述如表 6-1 所示。

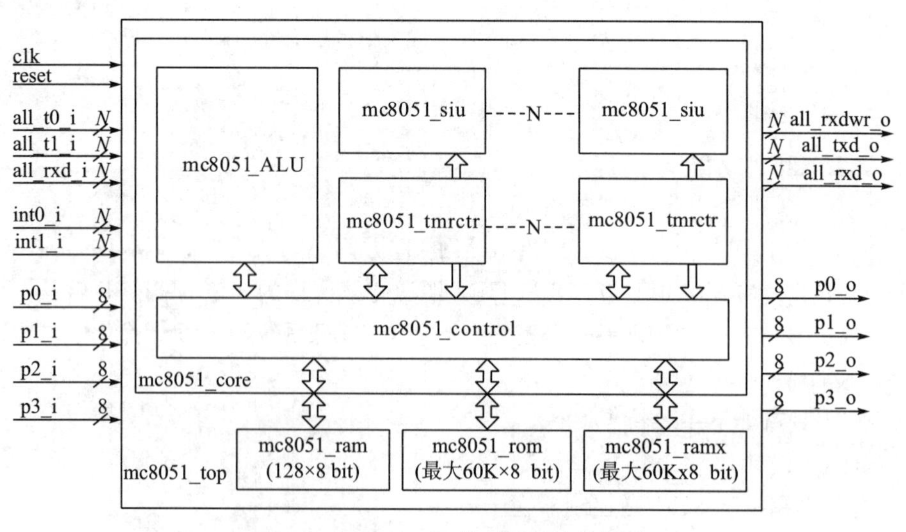

图 6-1 MC8051 IP 核顶层设计方框图

表 6-1　顶层信号名称表

信号名称	端口描述	信号名称	端口描述
clk	系统时钟，仅上升沿有效	p2 _ i	并口 p2 输入
reset	所有触发器的异步复位	p3 _ i	并口 p3 输入
all _ t0 _ i	定时器/计数器 0 输入	all _ rxdwr _ o	rxd 输入/输出数据方向指示(1=输出)
all _ t1 _ i	定时器/计数器 1 输入	all _ txd _ o	串口发送数据输出端
all _ rxd _ i	串口数据接收输入端	all _ rxd _ o	串口模式 0 数据输出端
int0 _ i	中断 0 输入	p0 _ o	并口 p0 输出
int1 _ i	中断 1 输入	p1 _ o	并口 p1 输出
p0 _ i	并口 p0 输入	p2 _ o	并口 p2 输出
p1 _ i	并口 p1 输入	p3 _ o	并口 p3 输出

2. MC8051 IP 核设计层次

MC8051 IP 核的设计层次和相应的 VHDL 文件如图 6-2 所示，VHDL 文件的命名规则如表 6-2 所示。

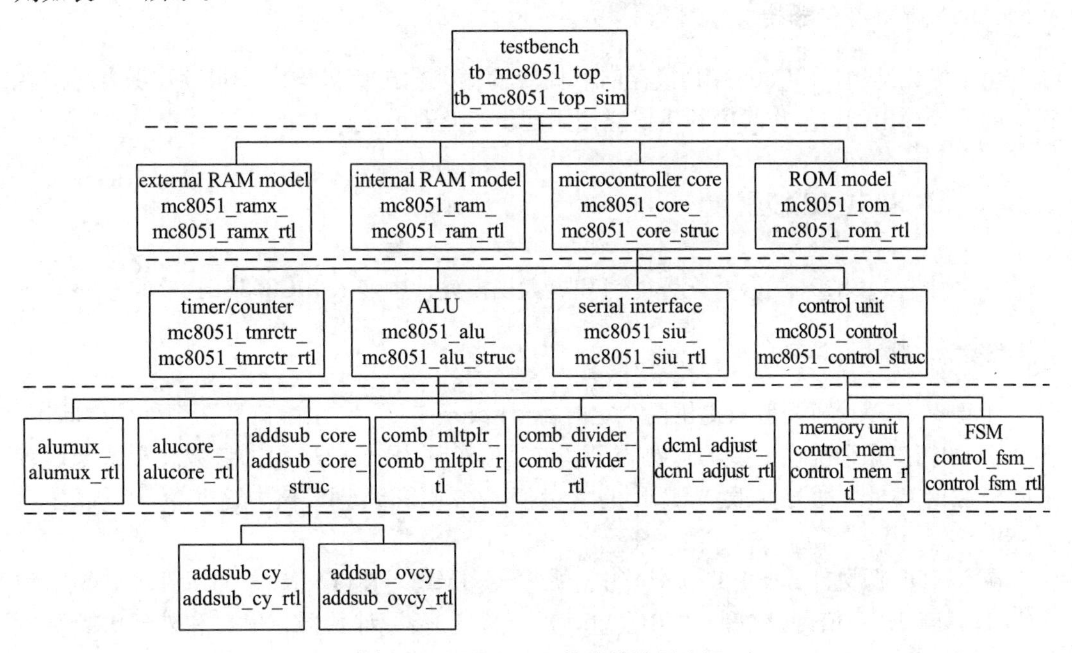

图 6-2　MC8051 IP 核的设计层次图

表 6-2　MC8051 IP 核 VHDL 源文件命名规则

对象	命名规则
VHDL 实体	entity-name _ . vhd
VHDL 结构体	entity-name _ rtl. vhd(逻辑设计的模块) entity-name _ struc. vhd(顶层例化的模块)
VHDL 配置	entity-name _ rtl _ cfg. vhd entity-name _ struc _ cfg. vhd

MC8051 IP核本身只包括ALU、定时器/计数器、串行接口、控制单元等模块，RAM、ROM模块的生成通常与所选择的目标技术相对应，与所选的目标芯片及设计软件相关，因此在设计的最高顶层实现例化。生成的RAM块和BIST结构可以很容易地在该设计层次中添加。

3. MC8051 IP核时钟

MC8051 IP核采用全同步设计，采用单个时钟信号控制所有存储单元的时钟端，没有采用门控时钟，时钟信号也不输入任何组合逻辑单元。中断信号可能由外部电路的其他时钟控制驱动，因此，中断信号的输入也采用了两级同步处理，即锁存2次。并口输入信号没有采用这种同步方式，如果用户需要，也可以很容易地自己添加，作同样的同步处理。

虽然MC8051 IP核的指令执行时间仅为1～4个时钟周期，执行性能为标准8051单片机的8.4倍左右，但MC8051 IP核的定时器和串口波特率的计算仍与标准8051一样，由系统时钟经12倍分频获得计数时钟。

4. MC8051 IP核存储器接口

由于优化结构，MC8051 IP核存储器模块的输入输出信号均未作寄存，综合时应在相应的输入输出端口上作时序约束，应使用同步存储器模块。

6.1.3 MC8051 IP核配置

下面讨论MC8051的参数配置能力和更大规模设计中嵌入MC8051 IP核的方法。

1. 定时器/计数器、串口和中断

标准8051单片机一般只提供两个定时器/计数器单元、一个串口和两个外部中断源，而8051的衍生系列提供更多的这些资源。在MC8051 IP核中采用了参数化形式来设置这些资源的数量。通过修改VHDL的常量值，在MC8051 IP核中这些资源可以多达256组。

在VHDL源文件mc8051_p.vhd中，常量C_IMPL_N_TMR、C_IMPL_N_SIU和C_IMPL_N_EXT值可以在1～256设置，以配置定时器/计数器、串口和外部中断源的数量。相关代码如图6-3所示，只需在1～256范围内修改C_IMPL_N_TMR即可。需要注意的是，C_IMPL_N_TMR、C_IMPL_N_SIU、C_IMPL_N_EXT三个常量不能独立修改，只能同时增减。C_IMPL_N_TMR加1将成组添加2个定时器/计数器、1个串口和2个外部中断源。

```
-----------------------------------------------------------------------
-- Select how many timer/counter units should be implemented
-- Default: 1
constant C_IMPL_N_TMR : integer : = 1;
-----------------------------------------------------------------------


-----------------------------------------------------------------------
-- Select how many serial interface units should be implemented
-- Default: C_IMPL_N_TMR --- (DO NOT CHANGE!)---
constant C_IMPL_N_SIU : integer : = C_IMPL_N_TMR;
-----------------------------------------------------------------------


-----------------------------------------------------------------------
-- Select how many external interrupt-inputs should be implemented
-- Default: C_IMPL_N_TMR --- (DO NOT CHANGE!)---
constant C_IMPL_N_EXT : integer : = C_IMPL_N_TMR;
-----------------------------------------------------------------------
```

图 6-3　配置定时器/计数器、串口和外部中断数量的常量定义源码

为了能访问所生成的新模块，在微控制器的特殊功能寄存器(SFR)区增加了 2 个 8 位寄存器，分别是 TSEL(定时器/计数器选择寄存器，地址 0x8E)和 SSEL(串口选择寄存器，地址 0x9A)，其默认值为 1。如果寄存器被配置为指向不存在的设备号，则默认选择 1 单元，其电路结构图如图 6-4 所示。如果在中断发生期间，设备(寄存器)没被 TSEL 等选中，那么相应的中断标志位将保持置位，直到执行中断服务程序。

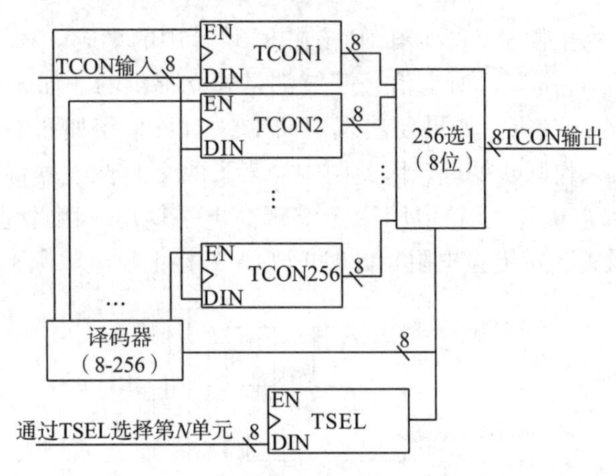

图 6-4　通过 TSEL 选择 TCON 寄存器

2. 可选指令

在某些情况下，有些指令用不上，则可以不实现这些指令，以节省芯片资源。如 8 位乘法指令(MUL)、8 位除法指令(DIV)和 8 位十进制调整指令(DA)。通过将 VHDL

源文件 mc8051 _p. vhd 中的常量 C _IMPL _MUL、C _IMPL _DIV 和 C _IMPL _DA 值设置为 0 即可分别禁用乘法、除法和 DA 调整指令。相关的 VHDL 源码如图 6-5 所示。如果这三条指令都不选，则可以节约大约 10%的芯片面积。

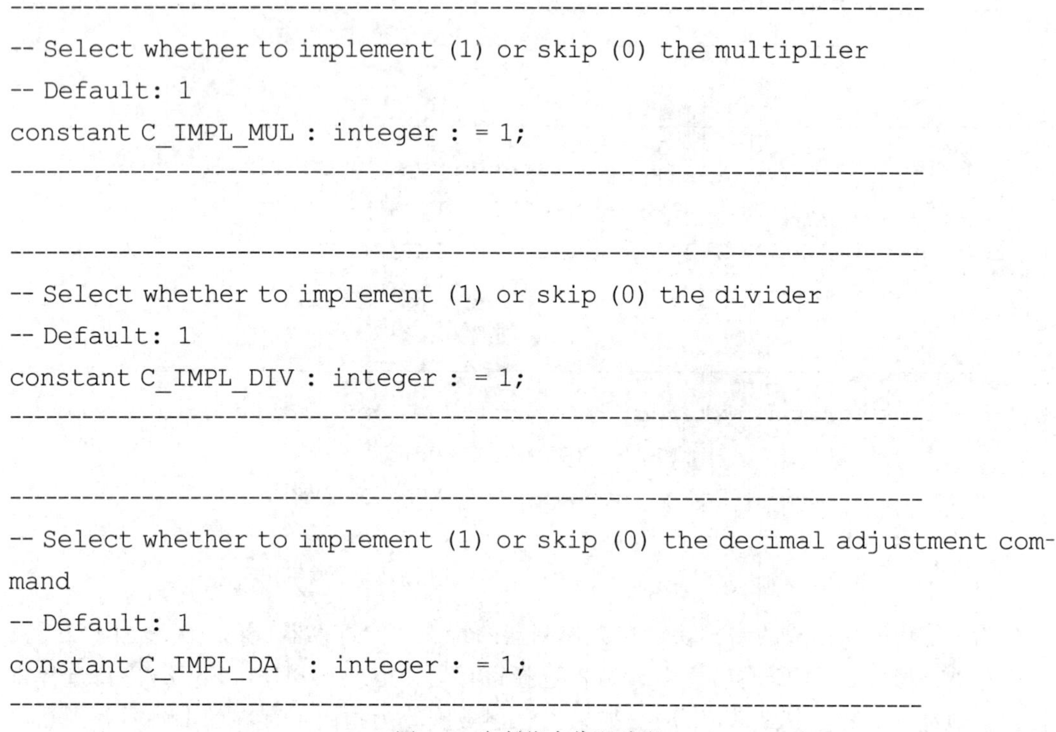

```
-----------------------------------------------------------------------------
-- Select whether to implement (1) or skip (0) the multiplier
-- Default: 1
constant C_IMPL_MUL : integer : = 1;
-----------------------------------------------------------------------------

-----------------------------------------------------------------------------
-- Select whether to implement (1) or skip (0) the divider
-- Default: 1
constant C_IMPL_DIV : integer : = 1;
-----------------------------------------------------------------------------

-----------------------------------------------------------------------------
-- Select whether to implement (1) or skip (0) the decimal adjustment com-
mand
-- Default: 1
constant C_IMPL_DA  : integer : = 1;
-----------------------------------------------------------------------------
```

图 6-5 定制指令代码片段

3. 并行 I/O 口

如图 6-1 所示，为了便于 MC8051 IP 核在 IC 设计中的集成，MC8051 IP 核不提供标准 8051 单片机的多功能端口，所有信号端口都是独立提供的，如 4 个并口、串行接口、计数器输入和存储器接口等。如果要实现双向 I/O 口可采用如图 6-6 所示的电路结构。mc8051 _core 的输入未作同步处理，因此图中加入了两个 D 触发器将输入信号寄存两次，同步后输入给 px _i<7：0>。上拉电阻用于实现高电平输出，因此是必不可少的。部分 FPGA 内部端口可设置为带上拉电阻，此时 FPGA 外接上拉电阻则可省略。

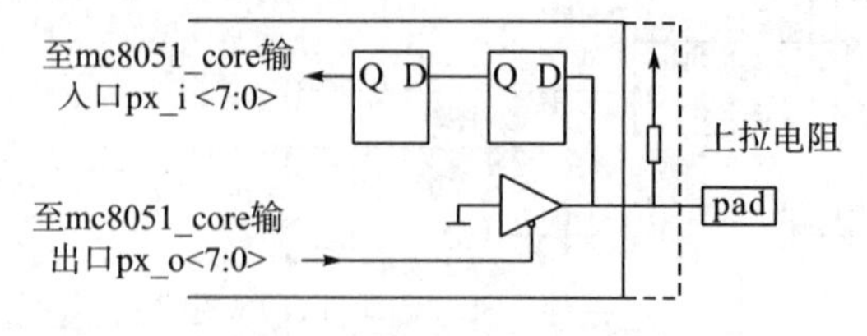

图 6-6 双向 I/O 口基本结构

如果 IP 核的输入和输出采用独立方式分开使用，即 I/O 口没有做成双向端口，则在写单片机程序时，就应特别注意读端口之类的指令会失效，如 P1＝～P1、P1^0＝～P1^0 等，因为此时读回的值不是 I/O 寄存器的值，而是输入引脚的状态。

6.1.4　MC8051 IP 核发布包

MC8051 IP 核的发布包是一个 zip 压缩文件，其最新版本为 1.6 版，官方下载地址为：http://www.oreganosystems.at/download/mc8051_design_v1.6.zip。该压缩包内的文件结构如图 6-7 所示。

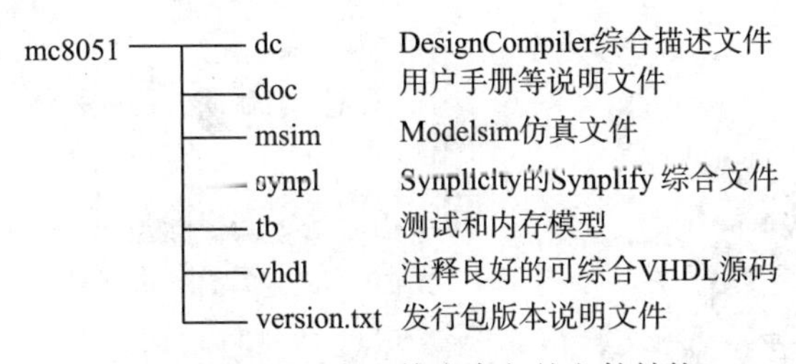

图 6-7　MC8051 IP 核发布包的文件结构

发布包提供了用户验证 MC8051 IP 核功能和后续开发的完整测试文件，为流行的 FPGA 综合工具提供了综合脚本，也为使用 DesignCompiler 的 ASIC 综合提供了一个非常简单的脚本。

需要注意的是，在 MC8051 项目中有两种不同的版本标识符。一种是指整个发行版的版本标识符，即压缩包的版本号，本书采用的是 1.6 版本；另一种是用于每一个具体设计文件的版本标识符，用以区别错误修正后的文件，如该发布包中 addsub_core_.vhd 的版本号为 1.8 等。

6.2　MC8051 IP 核的移植

MC8051 IP 核移植时，首先要用 FPGA 硬件板上的真实存储器替换 IP 核中的存储器仿真模型，其次建议采用一个锁相环，将板上石英振荡器产生的高频时钟变换为频率较低的时钟信号供 MC8501 IP 核使用。这些模块的实现以及 VDHL 实体的产生一般由后端工具软件完成，如 ALTERA 的 QuartusⅡ软件。

6.2.1　移植准备

(1)新建工程文件夹，如“D：\ MC8051TRANS”。

(2)解压“mc8051_design_v1.6.zip”，并将其中“VHDL”文件夹下除配置文件外的所有.vhd 文件复制到新建的工程文件夹下。配置文件名称为“*_cfg.vhd”，如表 6-2 所示。

(3)启动 QuartusⅡ，利用“File”菜单中的“New Project Wizard”创建新工程，工程名取为“MC8051”，顶层实体名取为“TOP”。将工程文件夹下所有的“VHD”文件加入工程中，指定目标芯片为实际硬件平台所用 FPGA 型号，此例选“EP2C8Q208C8”。

6.2.2 锁相环 PLL 的产生

(1)创建锁相环 PLL。在“Tools”菜单中单击“Megawizard Plug-In Manager”。在“I/O”文件夹下找到“ALTPLL”。检查芯片是否与工程中的目标芯片一致，此例中为“CycloneⅡ”，选择输出文件所使用的 HDL，此例选“VHDL”，输出文件取名“PLL”，如图 6-8 所示。

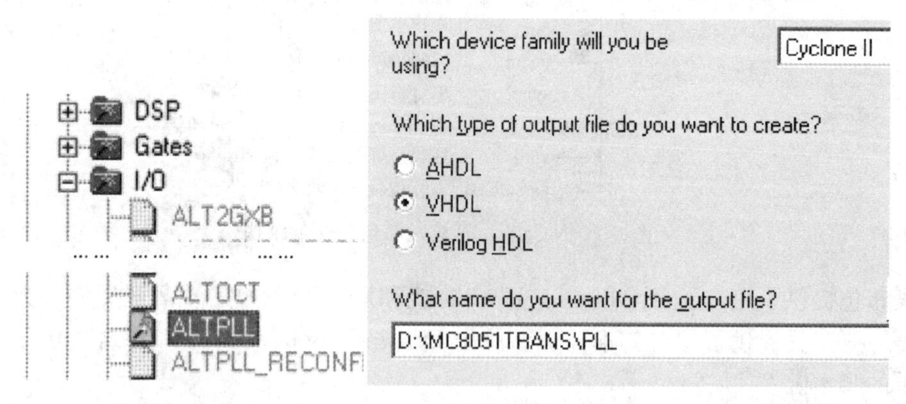

图 6-8 选择 PLL

(2)定义锁相环参数。选择芯片速度等级与目标芯片一致，本例目标芯片为 EP2C8Q208C8，因此速度等级设置为“8”。设置锁相环输入频率，该频率应与硬件板晶振频率一致，其他采用默认值即可。也可以为锁相环添加可选的输入端和输出端，为了保持设计简单，这里都不选择，如图 6-9 所示。

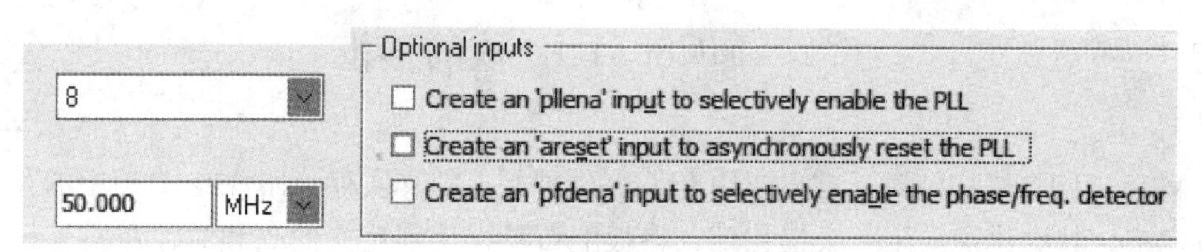

图 6-9 设置输入频率与可选输入端

如果只是用一个时钟输出，则输出将被自动指定到 C0。指定 PLL 输出频率或设置乘数和除数系数，定义 PLL 输出频率。需要注意的是，设置频率时要注意观察窗口上部显示的 PLL 能否实现的显示信息，如果设置的频率 PLL 不能实现，提示信息会变成红色。另外还要注意，MC8051 IP 核的最高时钟频率一般不超过 18MHz，此处输出频率设置为 12MHz，如图 6-10 所示。

图 6-10 设置输出频率

由于不需要其他输出频率，可以跳过后续设置，直接单击【Finish】完成设置。设置完成后，将在工程路径下产生若干以输出文件名命名的文件，其中有“PLL. vhd”的文件，打开该文件可以看到 PLL 实体的定义，利用该实体定义，可以在顶层文件中申明该元件并例化调用。

6. 2. 3　ROM 设计

(1)在“Tools”菜单中单击“Megawizard Plug-In Manager”，选择“ROM：1-PORT”，输出文件 VHDL 格式，文件名“MC8051_ROM”。MC8051 IP 核扩展 ROM 最大 64K，实际设置可根据设计需要选择。在本例中设置为 4K×8，字数 4096，位宽 8 位。为了满足 MC8051 IP 核的信号要求，ROM 必须使用单时钟，设置如图 6-11 所示。

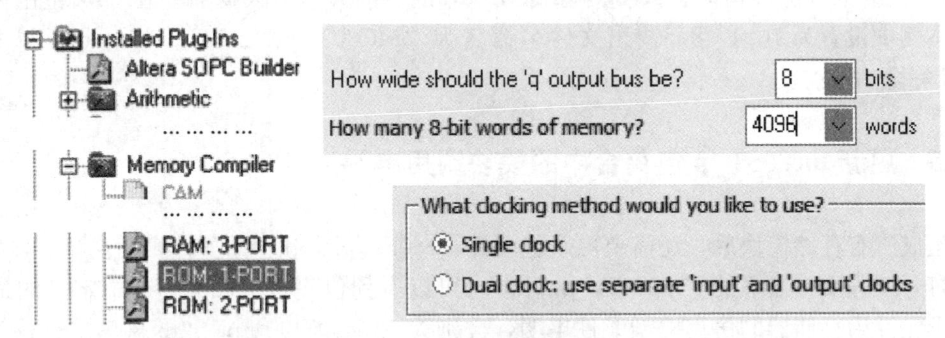

图 6-11　ROM 设置(1)

(2)ROM 模块设置为不需要时钟使能信号，ROM 输出端口 Q 也不能寄存后输出。ROM 创建时存储器文件必须同步加载到存储器中，这可以通过指向包含用户单片机程序的十六进制文件实现。此例中假设单片机编译后生成的程序文件为“PRJ. hex”，并放置在同一工程路径下，如图 6-12 所示。

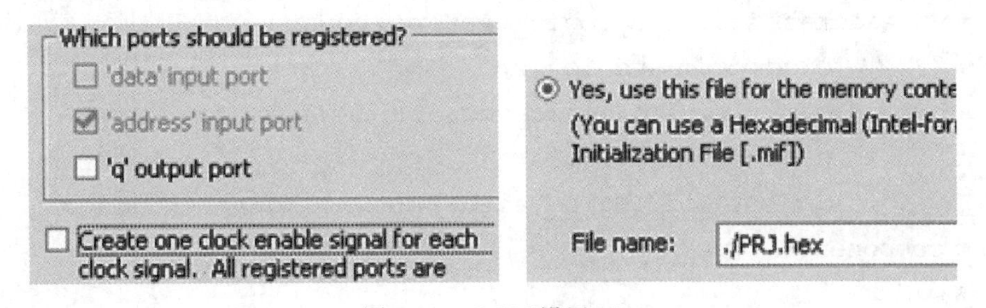

图 6-12　ROM 设置(2)

(3)单击【Finish】完成 ROM 的设计。

6. 2. 4　内部 RAM 与扩展 RAM 的设计

(1)在“Tools”菜单中单击“Megawizard Plug-In Manager”，选择“RAM：1-PORT”，输出文件 VHDL 格式，输出文件名“MC8051_RAM”。MC8051 IP 核的内部 RAM 为 128 字节，即字数 128，位宽 8 位。和 ROM 一样必须使用单时钟，如图 6-13 所示。

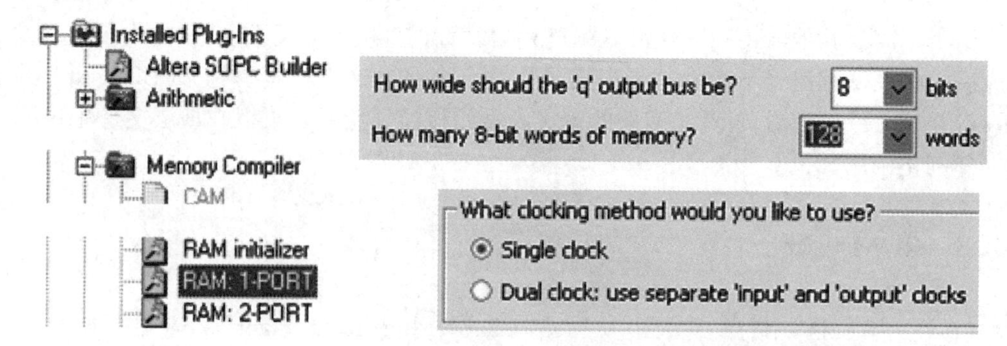

图 6-13 内部 RAM 和扩展 RAM 的设计

(2)和 ROM 设置一样，Q 输出不寄存，无须时钟使能，完成内部 RAM 设计。

(3)同样的方法设置扩展 RAM，扩展 RAM 的实际大小可根据需要在 64K 范围内选择，本例中设置为 1024×8，输出文件名命名为“MC8051 _RAMX”。其他参数与内部 RAM 完全一致。

6.2.5 更新 mc8051 _p 包集合中的模块调用申明

生成所有存储模块后，还需要更新包文件 mc8051 _p. vhd 中的实体声明。

打开工程文件夹下的“mc8051 _p. vhd”，可以看到包集合 mc8051 _p 中定义的最后三个子元件为存储器的仿真模型元件申明，分别为“mc8051 _ram”“mc8051 _ramx”和“mc8051 _rom”。在实际设计中应将仿真模型的元件替换为实际目标平台上的真实物理实体，也就是使用前面创建的实际 ROM 和 RAM 来替换。如果需使用要附加的锁相环，也需要在该包集合中作元件申明。各实体的具体定义可以分别根据“Megawizard Plug-In Manager”创建的各 VHD 输出文件中的实体编写，修改后的元件申明如图 6-14 所示。

```
component mc8051_ram
  port (address : in std_logic_vector(6 downto 0); --地址输入
        clock : in std_logic;                       --时钟输入
        data : in std_logic_vector(7 downto 0);     --数据输入
        wren : in std_logic;                        --写使能
        q : out std_logic_vector(7 downto 0) );     --数据输出
end component;

component mc8051_ramx
  port (address : in std_logic_vector(9 downto 0); --地址输入
        clock : in std_logic;                       --时钟输入
        data : in std_logic_vector(7 downto 0);     --数据输入
        wren : in std_logic;                        --写使能
        q : out std_logic_vector(7 downto 0) );     --数据输出
end component;
```

```
component mc8051_rom
  port (address : in std_logic_vector(11 downto 0);--地址输入
        clock : in std_logic;                       --时钟输入
        q : out std_logic_vector(7 downto 0) );      --数据输出
end component;

component pll
  port (inclk0 : in std_logic;          --PLL 输入
        c0 : out std_logic);            -- PLL 输出
end component;
```

图 6-14　包文件中修改后的代码

6.2.6　修改顶层设计

实际创建的 RAM、ROM 等存储器与 IP 核中原有的仿真模型不一致，因此需要根据实际存储器的地址宽度和控制信号等，在顶层设计中修改对这些模块的例化。原仿真模型中使用的 ROM 为 64K，而此例中只用了 4K，因此地址线需要由 16 根变为 12 根，此例中增加信号 s_rom_adr_sml 来表示 12 位实际地址。此例中的扩展 RAM 也只定义了 1K，而非原来的 64K，因此增加信号 s_ramx_adr_sml 来表示 10 位实际地址。

另外，由于增加了锁相环，也需要将原来的系统时钟输给锁相环的输入，而用锁相环的输出时钟做原来的系统时钟。所以定义了新的系统时钟信号 s_clk_pll。

和工业标准 8051 芯片一样，MC8051 IP 核也采用了高电平复位。该复位信号可以外接开关来实现，但如果硬件平台的开关信号为低电平有效(如图 3-1 所示电路的硬件)，则使用起来会非常不方便，这种情况下可以设计一个反相器将复位信号反相。为了便于在如图 3-1 所示的硬件上完成测试，此处定义了新的反相后的复位信号 s_reset。

顶层设计的具体修改可按如下步骤完成。

(1)打开顶层设计的结构体文件 mc8051_top_struc.vhd。在其结构体说明部分增加以上 4 个信号的定义。修改后的说明部分代码如图 6-15 所示。

```
architecture struc of mc8051_top is
……
signal s_clk_pll : std_logic; -- PLL 输出时钟，新的系统时钟
signal s_reset : std_logic;    --反相后的复位信号，高电平有效
signal s_rom_adr_sml : std_logic_vector(11 downto 0); --新增 ROM 地址信号
signal s_ramx_adr_sml : std_logic_vector(9 downto 0); --新增扩展 RAM 地址信号
begin
```

图 6-15　顶层设计结构体说明部分新增加的信号定义

(2)在结构体功能描述区中增加对 ROM、扩展 RAM 地址线的处理以及对复位信号的反相处理，代码如图 6-16 所示。

```
    s_rom_adr_sml<= std_logic_vector(s_rom_adr(11 downto 0));
    s_ramx_adr_sml<= std_logic_vector(s_ramx_adr(9 downto 0));
    s_reset<= not reset;
```

图 6-16　结构体内增加地址线和复位反相的处理

(3)在结构体功能描述区中修改 mc8051 _core 例化的时钟和复位信号，将时钟连接至锁相环 PLL 的输出，复位连接至反相后的复位信号，代码如图 6-17 所示。

```
  i_mc8051_core : mc8051_core
    port map(clk=> s_clk_pll, -- mc8051_core 时钟连接至锁相环输出 s_clk_pll
reset  => s_reset, --复位连接至反相后的复位信号 s_reset
           ……
           );
```

图 6-17　结构体内修改 mc8051 _core 的时钟和复位信号的例化

(4)在结构体功能描述区中，根据存储器的具体定义修改 ROM、RAM、RAMX 的例化，修改后的代码如图 6-18 所示。

```
---------------------------------------------------------------------------
   -- Hook up the general purpose 128×8 synchronous on-chip RAM
   i_mc8051_ram : mc8051_ram
  port map (address=> s_ram_adr,              --内部 RAM
           clock=> s_clk_pll,
           data=> s_ram_data_in,
           wren=> s_ram_wr,
           q=> s_ram_data_out);
   -- THIS RAM IS A MUST HAVE!!
---------------------------------------------------------------------------

---------------------------------------------------------------------------
   -- Hook up the (up to) 64K×8 synchronous on-chip ROM
   i_mc8051_rom : mc8051_rom
  port map (address=> s_rom_adr_sml,         -- ROM
           clock=> s_clk_pll,
           q=> s_rom_data);
   -- THE ROM OF COURSE IS A MUST HAVE, ALTHOUGH THE SIZE CAN BE SMALLER!!
---------------------------------------------------------------------------

---------------------------------------------------------------------------
   -- Hook up the (up to) 64K×8 synchronous RAM
   i_mc8051_ramx : mc8051_ramx
  port map (address=> s_ramx_adr_sml,      --扩展 RAM
           clock=> s_clk_pll,
```

```
            data=> s_ramx_data_out,
            wren=> s_ramx_wr,
            q=> s_ramx_data_in);
  -- THIS RAM (IF USED) CAN BE ON OR OFF CHIP, THE SIZE IS ARBITRARY
---------------------------------------------------------------------------------
```

图 6-18　结构体内修改 ROM、RAM 和 RAMX 的例化

(5)在结构体功能描述区中，增加对锁相环 PLL 的例化，增加的例化代码如图 6-19 所示。

```
---------------------------------------------------------------------------------
i_cyclonepll : pll
port map (inclk0=> clk,      -- PLL
          c0=> s_clk_pll);
---------------------------------------------------------------------------------
```

图 6-19　结构体内增加 PLL 的例化

6.2.7　设计综合

完成以上修改后，在 QuartusⅡ中将“Top Level Entity”设置为“mc8051 _top”即可进行设计的综合。

综合成功后，可单击菜单“Tools | Netlist Viewers | RTL Viewer”，检查生成的 RTL 图是否正确。此例生成的 RTL 图如图 6-20 所示，其中 MC8051 _CORE、MC8051 _RAM、MC8051 _ROM、MC8051 _RAMX 以及 PLL 都生成了独立模块，其相互之间的连接关系也清晰可见。如果需要观察各模块的更深层次，用鼠标双击相应模块即可。

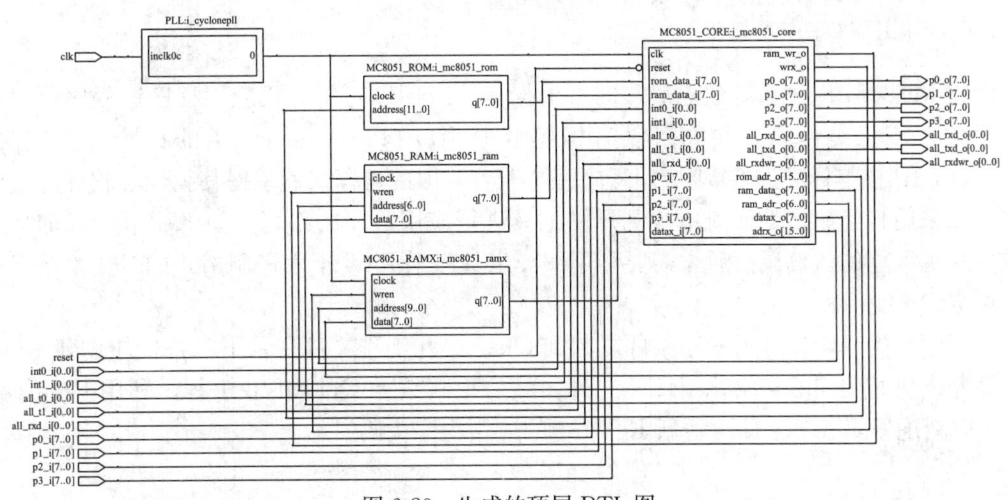

图 6-20　生成的顶层 RTL 图

综合完成后，还需要注意检查锁相环输出的频率是否在 MC8051 IP 核的最高工作频率之内，具体可在“Compilation Report”中单击“Timing Anslyzer”查看。图 6-21 给出了本例的时序分析总结，其中最高工作频率 15. 7MHz，大于锁相环输出频率 12MHz，

系统可以正常工作。如果存在问题，显示信息将会以红色显示。

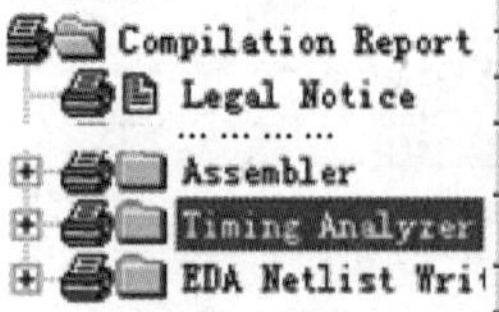

Compilation Report
Legal Notice
Assembler
Timing Analyzer
EDA Netlist Writ

	Type	Slack	Required Time	Actual Time
1	Worst-case tsu	N/A	None	10.522 ns
2	Worst-case tco	N/A	None	6.876 ns
3	Worst-case th	N/A	None	-2.166 ns
4	Clock Setup: 'PLL:i_cyclonepll|altpll:altpll_component...	19.633 ns	12.00 MHz (period = 83.333 ns)	15.70 MHz (period = 63.700 ns)
5	Clock Hold: 'PLL:i_cyclonepll|altpll:altpll_component...	0.499 ns	12.00 MHz (period = 83.333 ns)	N/A
6	Total number of failed paths			

图 6-21 检查最高时钟工作频率

6.2.8 MC8051 IP 的应用方式与程序更新

1. MC8051 IP 核应用方式

MC8051 IP 核移植成功后，就可以展开应用设计。MC8051 IP 核的应用主要有两种形式：一种是作为独立单片机使用，一种是作为 SOPC 系统使用。

作为独立单片机使用就是将 FPGA 配置成一个完整的单片机，作为普通单片机使用。在 6.2.7 节中，综合后的设计即可实现这一目标，且已经将 ROM、内部 RAM 和扩展 RAM 都嵌入其中，只需根据需要将对应的 I/O 口锁定至相应引脚即可。如果需要节约 FPGA 的 I/O 引脚或与外部双向 I/O 接口芯片通信，也可以参考图 6-6，将并行输入和输出端口设计成双向 I/O 口。

作为 SOPC 使用就是将 MC8051 IP 核作为系统的 MCU 控制器，并利用 FPGA 剩余的资源，将系统需要的其他逻辑模块都集中在同一片 FPGA 内，从而利用 FPGA 实现完整的单芯片数字系统。这种方式集成度高，设计灵活，应用也最广泛。作为 SOPC 使用时，也只需在 6.2.7 节的基础上继续添加用户逻辑即可。

2. MC8051 IP 核程序更新

在 MC8051 应用系统建立后，即可根据具体应用编写单片机应用程序。程序可以采用 C 语言或汇编语言。除如果没有构建双向 I/O 口，读端口之类的指令会失效外，MC8051 IP 核与标准的 8051 应用程序完全兼容，因此可以快速掌握其编程。软件开发时也可以采用自己熟悉的任何单片机开发工具进行应用程序的编写，如 Keil μVision4。完成单片机程序的仿真调试后，需要利用编译工具产生 Intel 十六进制格式的. HEX 输出文件供 ROM 使用。

将生成的. HEX 应用程序文件复制到 QuartusⅡ工程文件目录下，替代原创建 ROM 存储器模块时使用的初始化. HEX 文件。然后重新编译 QuartusⅡ工程，利用 Programmer 重新配置 FPGA，即可更新 ROM 中的应用程序代码。

6.2.9 基于原理图的设计

前面介绍的是遵循 MC8051 IP 核的原始设计，将 MC8051_CORE 与 RAM、ROM、扩展 RAM 等在顶层设计 MC8051_TOP 中采用 VHDL 例化方式实现的移植方案。如果习惯于顶层采用原理图设计，则可以按照如下步骤完成基于原理图的移植。

(1)完成 6.2.1 节～6.2.4 节的各移植步骤，建立好工程，准备好 PLL、ROM、RAM 和扩展 RAM。需要注意的是，为了能在后面基于原理图的设计中调用以上模块，需要在利用 Megawizard Plug-In Manager 产生以上模块时，选择同时产生对应的符号文件 *.bsf。具体操作是在 Megawizard Plug-In Manager 产生输出文件选择的最后一步，勾选其中.bsf 的一项即可。图 6-22 为生产 MC8051 _RAM 模块时选择输出文件的界面，在其中勾选“MC8051 _RAM.bsf”即可产生供原理图调用的符号文件。

File	Description
☑ MC8051_RAM.vhd	Variation file
☐ MC8051_RAM.inc	AHDL Include file
☑ MC8051_RAM.cmp	VHDL component declaration file
☑ MC8051_RAM.bsf	Quartus II symbol file
☑ MC8051_RAM_inst.vhd	Instantiation template file
☑ MC8051_RAM_waveforms.html	Sample waveforms in summary

图 6-22　选择输出.bsf 符号文件

如果在产生以上模块时未勾选生成.bsf 文件，也可以在 QuartusⅡ中打开以上模块的.vhd 文件，再单击“File | Create / Update | Create Symbol File for Current File”产生对应的符号文件供原理图调用。

(2)打开“mc8051 _core _.vhd”文件，单击“File | Create / Update | Create Symbol File for Current File”产生 MC8051 的内核元件符号。

(3)新建原理图编辑器文件，单击“Edit | Insert Symbol…”打开元件输入对话框，在对话框左侧“Libraries”栏的“Project”中可以看到产生的 5 个子元件模块，如图 6-23 所示。依次将这些模块放入原理图中，为复位信号加入反相器，调入需要的输入输出口，参照图 6-20 连线即可。

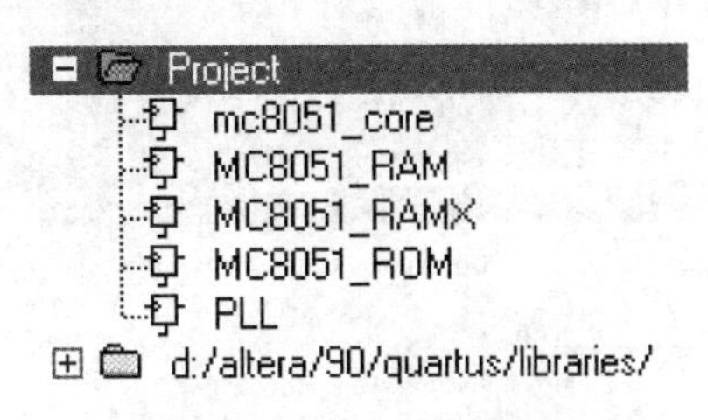

图 6-23　加入子元件

(4)继续设计系统需要的其他模块，并将模块调入该顶层原理图中，编译成功后完成 FPGA 部分的设计。

(5)参照 6.2.8 节完成单片机程序的编写和 FPGA 中 ROM 的更新，直至调试完全成功。

6.2.10　使用 In-System Memory Content Editor 调试和更新程序

In-System Memory Content Editor 是 QuartusⅡ中用于对工程中已经例化的内嵌存储器进行在线编辑的工具，它非常适合在调试过程中使用。使用该工具不仅可以查看当前存储器中的数据，还可以更改其中的值。

(1)在工程导航窗口“Project Navigator”中选择要添加在线观察或修改的存储器模块，如“MC8051_ROM”，如图 6-24 所示。

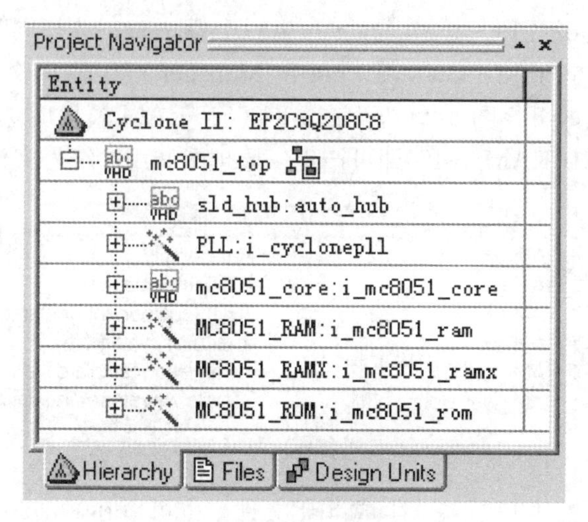

图 6-24 选择要添加的存储器模块

双击“MC8051_ROM”，打开“Megawizard Plug-In Manager”设置窗口，在设置的第三个界面中(单击 3 次【Next】)勾选“Allow In-System Memory Content Editor to capture and update content independently of the system clock”，并设置 ROM 的 Instance ID 名称，此处命名为“ROM”，如图 6-25 所示。勾选该项后，就意味着在 In-System Memory Content Editor 调试工具中可以实时地查看和更改当前 ROM 中的数据。

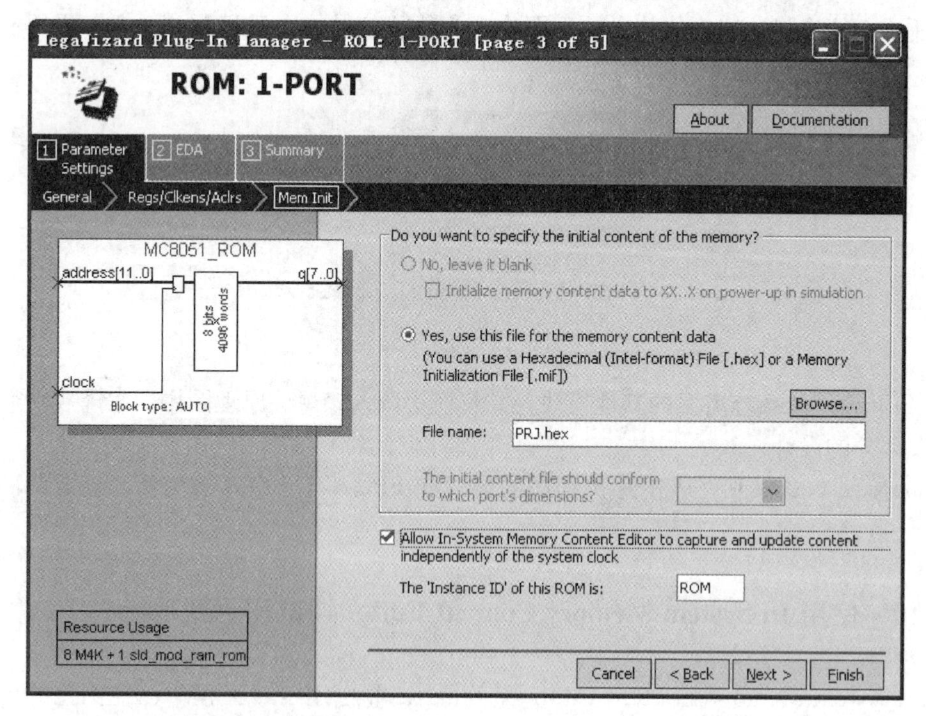

图 6-25 勾选使能 Allow In-System Memory Content Editor

(2)根据需要，可以采用同样的方法为MC8051_RAM和MC8051_RAMX两个模块使能In-System Memory Content Editor工具。

(3)设置好以后，根据硬件的具体情况锁定引脚，重新编译整个工程。为了保证编译成功，如果芯片使用的是CycloneⅡ系列等比较老的芯片，在编译前可能还需要作如下设置。

单击菜单“Assignments | Settings”打开设置对话框。在左侧“Category”窗口中双击“Analysis & Synthesis Settings”，在下面选择“Default Parameters”打开默认参数设置卡，然后在右侧窗口的“Name”后输入默认参数“CYCLONEⅡ_SAFE_WRITE”，“Default setting”后设置默认值VERIFIED_SAFE，单击【ADD】，按【OK】确认，如图6-26所示。

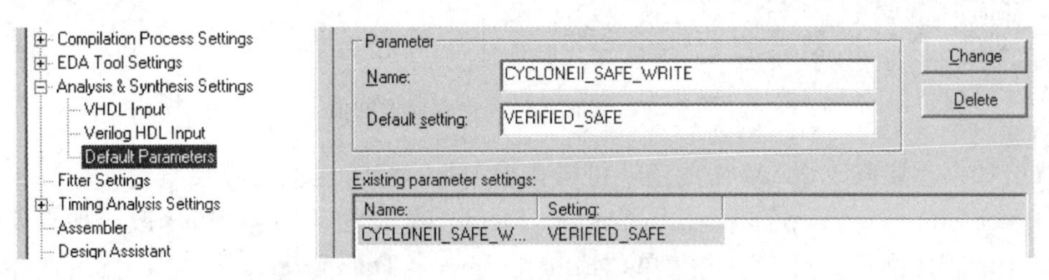

图6-26 设置综合的默认参数

(4)编译成功后，下载工程至FPGA中。

(5)单击菜单“Tools | In-System Memory Content Editor”，打开“In-System Memory Content Editor”界面，首先单击右上角的【Setup】选择使用的下载电缆，此例中为“USB Blaster”。此时窗口中可以看到标示为“??”的各个存储器实例，如图6-27所示。

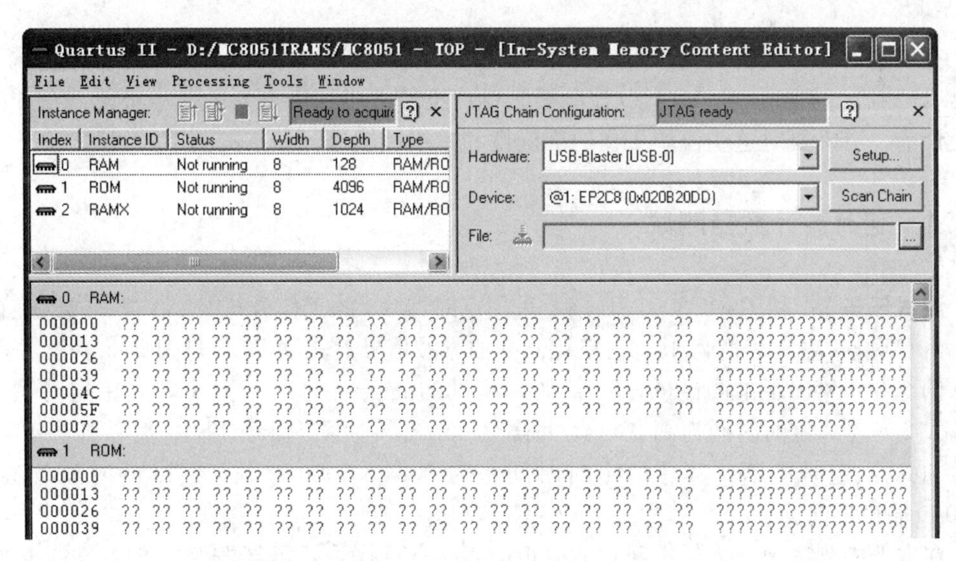

图6-27 打开In-System Memory Content Editor

在左上角窗口中选择想要观察或编辑的存储器实例，如RAM。单击菜单“Processing | Read Data from In-System Memory”或按F5键，从FPGA中读取RAM的值，并

显示出来。如果需要连续读取并实时显示，可以单击菜单“Processing ｜ Continuously Read Data from In-System Memory”或按 F6 键。同样选取 ROM，按 F5 键即可将 ROM 中的 HEX 程序代码读取出来，如图 6-28 所示。

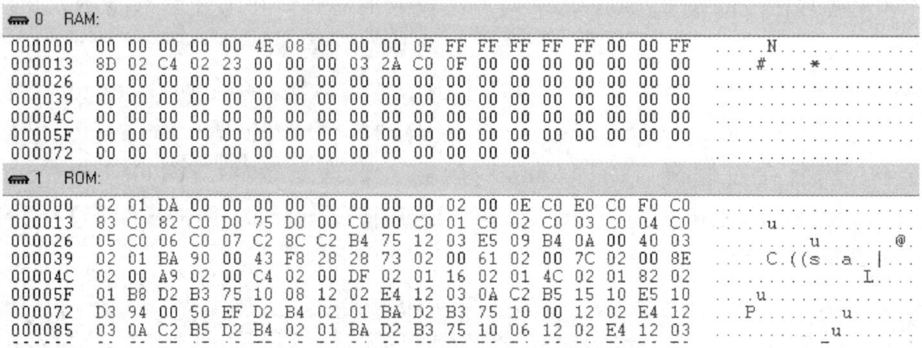

```
0  RAM:
000000  00 00 00 00 00 4E 08 00 00 00 0F FF FF FF FF FF 00 00 FF   .....N.............
000013  8D 02 C4 02 23 00 00 00 03 2A C0 0F 00 00 00 00 00 00 00   ....#....*.........
000026  00 00 00 00 00 00 00 00 00 00 00 00 00 00 00 00 00 00 00   ...................
000039  00 00 00 00 00 00 00 00 00 00 00 00 00 00 00 00 00 00 00   ...................
00004C  00 00 00 00 00 00 00 00 00 00 00 00 00 00 00 00 00 00 00   ...................
00005F  00 00 00 00 00 00 00 00 00 00 00 00 00 00 00 00 00 00 00   ...................
000072  00 00 00 00 00 00 00 00 00 00 00 00 00 00                  ..............
1  ROM:
000000  02 01 DA 00 00 00 00 00 00 00 00 02 00 0E C0 E0 C0 F0 C0   ...................
000013  83 C0 82 C0 D0 75 D0 00 C0 00 C0 01 C0 02 C0 03 C0 04 C0   .....u.............
000026  05 C0 06 C0 07 C2 8C C2 B4 75 12 03 E5 09 B4 0A 00 40 03   .........u.......@.
000039  02 01 BA 90 00 43 F8 28 28 73 02 00 61 02 00 7C 02 00 8E   .....C.((s..a..|...
00004C  02 00 A9 02 00 C4 02 00 DF 02 01 16 02 01 4C 02 01 82 02   ...............L...
00005F  01 B8 D2 B3 75 10 08 12 02 E4 12 03 0A C2 B5 15 10 E5 10   ....u..............
000072  D3 94 00 50 EF D2 B4 02 01 BA D2 B3 75 10 00 12 02 E4 12   ...P........u......
000085  03 0A C2 B5 D2 B4 02 01 BA D2 B3 75 10 06 12 02 E4 12 03   ...........u.......
```

图 6-28　读取 FPGA 中存储器的值

(6)如果需要修改 RAM 中的值，可以在 RAM 的特定地址处直接编辑，然后单击菜单“Processing ｜ Write Data to In-System Memory”或按 F7 键即可修改。如果要修改 ROM 中的程序文件，可以单击菜单“Edit ｜ Import Data from File…”，然后选择编译好的新的.HEX 文件，再按 F7 键将新的程序文件写入 ROM 中，按复位键让单片机复位后即可执行新的程序。相对于 6.2.8 节的程序更新方式，这种方法在程序的调试中是比较高效的。

6.3　MC8051 IP 核的基本测试

完成了对 MC8051 IP 核的定制和移植之后，下面展开对其性能特点的基本测试。定时器/计数器、中断、串口、I/O 控制等是单片机最常用和最重要的基本单元，在开始复杂设计前，有必要对这些模块工作的准确性和基本性能进行基本的测试。

6.3.1　定时器计数器测试

测试任务 1：利用 MC8051 IP 核，采用定时器 T0 的工作方式 2，以查询方式进行编程，由 P0.0 口输出周期为 4s、占空比 0.5 的方波信号，驱动 LED 灯闪烁。

例 6.3.1 给出了本测试的 C51 代码，测试的晶振频率为 12MHz，利用定时器 T0，以方式 2 工作，定时时间为 0.25ms，每隔 0.25ms 产生溢出信号 TF0，然后再重新定时，产生 8000 次定时中断，其总的定时时间将为 0.25×8000＝2s，当 2s 的时间到达后，P0.0 口输出反向。

在本例的测试中，为了实现对 I/O 口的直接取反操作，已经按照图 6-6，将 MC8051 IP 核的 P0.0 口设计为双向 I/O 口，否则对 I/O 口反向操作将不起作用，就只能采用对端口直接写 0 或写 1 的方式来实现。

利用 Keil 软件将 C51 程序编译成 HEX 格式的下载文件，然后将 HEX 格式的文件加载到 MC8051 IP 核的片内 ROM 里面。具体的加载操作可以是使用 In-System Memory Content Editor 更新程序，也可以是将 HEX 文件复制到工程文件夹中替换原 HEX 文件再重新编译 FPGA 工程，然后锁定引脚下载程序观察测试结果。

通过对本例的实际测试，观察到 LED 交替亮灭的现象，闪烁的时间为 2s，这表明定时器工作正常，同时也证明图 6-6 将 P0.0 口修改为双向 I/O 口的工作也是正常的。

【例 6.3.1】

```
#include<reg51.h>
#include<ABSACC.H>
sbit LED= P0^0;
void Delay(unsigned int t)    //定义延时函数
{ do {TR0= 1;                 //启动定时器 T0 计数
      while(TF0= = 0);        //查询 T0 是否计满溢出
      TR0= 0;                 //关闭定时器 T0 计数
      TF0= 0;                 //清零溢出标志
   } while(//t! = 0);}        // t不等于零继续启动定时
void main( )
{ TMOD| = 0x02;               //设置定时器 T0 为工作方式 2
  TH0= 0x06;
  TL0= 0x06;                  //设置 T0 定时时间为 0.25ms 的计数初值
  while(1)
   {  LED= 1;
      Delay(8000);            //调用延时函数，延时时间为 0.25×8000= 2 s
      LED= ~ LED; //延时 2 s输出反相，注：只有双向 I/O 口可以使用该指令
      Delay(8000);            //再次调用延时函数
   }}
```

测试任务 2：利用定时器 T0 定时 25ms，使 P0.0 口输出频率为 20Hz 的方波信号驱动 LED 灯闪烁，利用定时器 T1 定时 50ms，使 P0.1 口输出频率为 10Hz 的方波信号驱动 LED 灯闪烁。要求使用定时器中断方式实现，晶振频率为 12MHz，定时器采用工作方式 1。

例 6.3.2 给出了定时器采用中断方式的具体代码。通过编译下载程序观察测试结果，可以观察到 P0.0 口和 P0.1 口控制的 LED 灯闪烁时间不等，P0.0 口的 LED 灯闪烁快一些，由于频率较高，观察的结果不是很准确，可以利用示波器观察 P0.0 和 P0.1 口输出方波信号。利用示波器观察到 P0.0 口的方波信号频率为 20Hz，P0.1 口为 10Hz 即表明定时器工作正常。

注意，本例中用了 LED=～LED 和 LED1=～LED1 指令，因此 MC8051 IP 核的 P0.0 口和 P0.1 口都必须按照如图 6-6 所示构建为双向 I/O 口。

【例 6.3.2】

```
#include<reg51.h>
#include<ABSACC.H>
sbit LED= P0^0;
```

```
sbit LED1= P0^1;
void T0interrupt() interrupt 1  //定时器T0的中断服务程序
{ TR0= 0;           //停止T0计数
  TH0= 0x9e;
  TL0= 0x58;        //设置T0定时时间为25ms的计数初值
  LED= ~ LED;       //P0.0口输出反相，注：P0.0必须构建为双向I/O口
  TR0= 1;           //再次启动T0计数
}
void T1interrupt() interrupt 3 //定时器T1的中断服务程序
{ TR1= 0;           //停止T1计数
  TH1= 0x3c;
  TL1= 0xb0;        //设置T1定时时间为50ms的计数初值
  LED1= ~ LED1; //P0.1口输出反相，注：P0.1必须构建为双向I/O口
  TR1= 1;           //再次启动T1计数
}
void main()
{ TMOD| = 0x11; //设置T0、T1为工作方式1
  TH0= 0x9e;
  TL0= 0x58;        //设置T0定时时间为25ms的计数初值
  TH1= 0x3c;
  TL1= 0xb0;        //设置T1定时时间为50ms的计数初值
  ET0= 1;           //打开T0中断
  ET1= 1;           //打开T1中断
  EA= 1;            //打开总中断
  TR0= 1;           //启动T0计数
  TR1= 1;           //启动T1计数
  while(1);         //等待T0、T1中断
}
```

6.3.2　外部中断测试

测试任务：使用MC8051 IP核的两个外部中断口上的按键分别控制两只LED灯的亮和灭，外部中断采用电平触发的方式，两个外部中断用按键模拟产生，即按下一次按键，LED灯亮，再按下一次按键，LED灯灭。

例6.3.3给出了外部中断测试的具体代码。具体测试时，将MC8051 IP核的int0和int1这两个中断源锁定到外部按键的引脚，MC8051 IP核的外部中断源int0和int1与传统的51单片机有所区别，并不是与P3.2和P3.3复用，而是独立的两个输入端口。观察测试结果，发现当按下一次键时，LED亮，再按一次键LED灯灭，这说明外部中断能正常触发。

【例 6.3.3】

```
#include<reg51.h>
#include<ABSACC.H>
sbit LED= P0^0;
sbit LED1= P0^1;
void main()
{ EA= 1;          //打开总中断
  EX0= 1;         //打开外部中断 0
  EX1= 1;         //打开外部中断 1
  IT0= 0;         //外部中断 0 采用电平触发
  IT1= 0;         //外部中断 1 采用电平触发
  while(1);       //等待外部中断的到来
  }
  void int0()interrupt 0   //外部中断 0 服务函数
    {LED= ~ LED;           //P0.0 口输出反相，注：P0.0 必须构建为双向 I/O 口
    }
    void int1()interrupt 2//外部中断 1 服务函数
     {LED1= ~ LED1;        //P0.1 口输出反相，注：P0.1 必须构建为双向 I/O 口
    }
```

6.3.3　串口测试

测试任务：利用 MC8051 IP 核自带的串口实现与 PC 的通信，PC 通过串口助手向单片机发送数据，单片机收到数据后，将该数据再回送给 PC，通过串口助手将收到的数据显示出来。

例 6.3.4 给出了串口测试具体代码。串口采用方式 1 工作，采用串口中断方式进行编程。通信的波特率设置为 2400bit/s，定时器 T1 采用工作方式 2。MC8051 IP 核的 RXD 和 TXD 引脚与传统的 51 单片机也有所区别，并不是与 P3.0 和 P3.1 复用。测试时，应将 PC 的串口通过 RS232 模块转换为 TTL 电平，将其 TXD 引脚连接到 MC8051 的 RXD 端口，RXD 引脚连接到 MC8051 的 TXD 端口。打开串口助手，采用十六进制发送，设置波特率为 2400bit/s，将程序下载到 FPGA 中，在 PC 串口助手中向单片机发送 1 个数据，在串口助手的接收区域将立即显示该数据，说明串口工作正常。注意发送端与接收端均使用十六进制模式。

【例 6.3.4】

```
#include<reg51.h>
#define uchar unsigned char
uchar rec_buf;              //接收缓存区
  void ser_init()           //串口初始化函数
   { SCON= 0x50;            //串口工作在方式 1
     TMOD= 0x20;            //定时器 T1 工作在方式 2
```

```
    TH1= 0xf3;
    TL1= 0xf3;          //设置T1的定时初值
    PCON= 0x00;         //波特率不加倍
    TR1= 1;             //启动T1计数
    EA= 1;              //打开总中断
    ES= 1;              //打开串口中断
    }
  void main()
    {ser_init();        //串口初始化
     while(1);          //等待串口中断，即等待PC发送一帧数据
     }
     void seri_int() interrupt 4    //串口中断服务函数
     { RI= 0;           //串口接收标记清零
       ES= 0;           //关闭串口中断
       rec_buf= SBUF;   //接收数据缓存
       SBUF= rec_buf;   //将接收到数据发送出去
       while(TI= = 0);  //等到发送完毕
       TI= 0;           //串口发送标记清零
       ES= 1;           //打开串口中断，准备下一帧数据的接收
     }
```

6.3.4 独立I/O测试实验

测试任务：以流水灯的设计为载体进行MC8051的独立I/O控制测试。采用外部按键控制LED流水灯的状态，当按下K1键时，LED灯从左到右依次点亮，最后全亮，当按下K2键时，LED灯从右到左依次点亮，最后全亮，点亮的时间为1s。利用P1口来控制外部的5个LED，采用外部中断的方式编程，设置定时器T0工作在方式2，延时1s。

例6.3.5给出了LED流水灯实验的具体代码。下载程序，观察测试结果，当按下K1键时，LED灯从左到右依次点亮，最后全亮，当按下K2键时，LED灯从右到左依次点亮，最后点亮，点亮的时间是1s，说明对MC8051 IP核的输出并口整体写入数据功能正常，也再一次说明了MC8051 IP核的定时器的外部中断能正常工作。

【例6.3.5】

```
#include<reg51.h>
#include<ABSACC.H>
#include<intrins.h>
#define uint unsigned int
#define uchar unsigned char
void Delay(unsigned int t)      //延时函数声明
{ do {TR0= 1;                   //启动定时器T0
```

```
    while(! TF0);                  //等待 T0 计数溢出
        TR0= 0;                    //停止 T0 计数
        TF0= 0;                    //清零溢出标记
    } while(--t! = 0);              //若不为 0，再次启动 T0 定时
      }
void main()
{ P1= 0;              //LED 灯全亮
  EA= 1;              //打开总中断
  EX0= 1;             //打开外部中断 0
  EX1= 1;             //打开外部中断 1
  IT0= 0;             //外部中断 0 采用电平触发
  IT1= 0;             //外部中断 1 采用电平触发
  TMOD| = 0x02;       //设置定时器 T0 为工作方式 2
  TH0= 0x06;
  TL0= 0x06;          //设置 T0 计数初值，每次定时 0.25ms
  while(1);           //等待外部中断，即等待按键按下
  }
  void int0()interrupt 0      //外部中断 0 服务函数
   {uchar led_data= 0xfe;     //LED 初始状态，从左到右点亮
  uchar i;
  for(i= 0; i<5; i+ + )
   { P1= led_data;            //P1 口控制外部 5 个 LED 灯，点亮其中一个
     Delay(4000);             //延时 1 s
     led_data= _crol_(led_data, 1);    //将 led_data 左移一位，点亮下一个 LED
     }
     P1= 0;                   //从左到右依次点亮后，最后全亮
   }
  void int1()interrupt 2      //外部中断 1 服务函数
 { uchar led_data= 0xef;      //LED 初始状态，从右到左点亮
   uchar i;
   for(i= 0; i<5; i+ + )
       {P1= led_data;         //P1 口控制外部 5 个 LED 灯，点亮其中一个
       Delay(4000);           //延时 1 s
       led_data= _cror_(led_data, 1);    //将 led_data 右移一位，点亮下
                                         //一个 LED
       }
       P1= 0;                 //从右到左依次点亮后，最后全亮
    }
```

6.3.5 总线 I/O 测试实验

测试任务：采用总线方式实现 MC8051 IP 核对外部设备的访问测试。

51 单片机的外设采用与扩展 RAM 统一编址的方式，对外设的访问和对扩展 RAM 的访问相同。工业标准 51 单片机外设扩展的方式如图 6-29 所示，单片机采用总线方式访问外部存储器时，数据总线和低 8 位地址总线是分时复用的，因此需要使用地址锁存器来分离 P0 口中的数据和低 8 位地址。

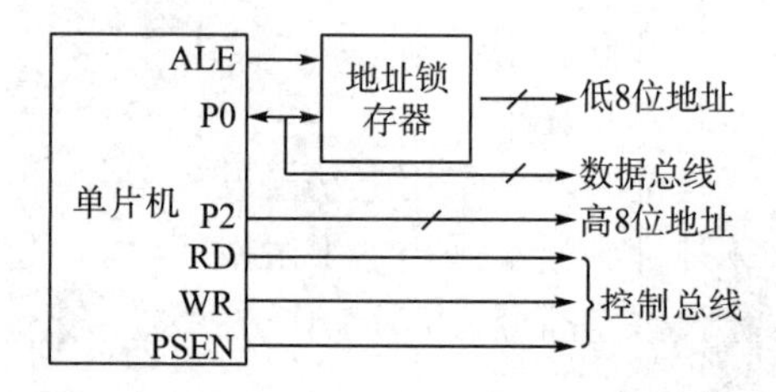

图 6-29　标准 51 单片机外设扩展的总线方式

与标准 51 单片机不同的是，MC8051 IP 核访问外设的地址总线和数据总线是分离的，而且与 P0 口及 P2 口无关。总线方式扩展外设，其外设地址与扩展 RAM 是统一编址的，因此 MC8051 IP 核在以总线方式扩展外设时需要占用其扩展 RAM 的资源。MC8051 IP 核有独立的扩展 RAM 地址线、扩展 RAM 数据输入线和扩展 RAM 数据输出线，以及独立的读写控制线。因此在采用总线方式扩展外设时，就需要使用扩展 RAM 的地址线、数据输入线、数据输出线和控制线，并且需要在 FPGA 内部构建相关控制电路以达到访问扩展外设的目的。

图 6-30 给出了 MC8051 IP 核在 FPGA 内部以总线方式扩展外设的电路结构图。其中，输入数据总线 datax_i［7..0］在 MC8051 IP 核读外部设备时使用(执行 MOVX A，@DPTR 指令)，输出数据总线 datax_o［7..0］在 MC8051IP 写外部设备时使用(执行 MOVX @DPTR，A 指令)，地址总线 adrx_o［15..0］则在读写指令时共用。当执行外部写指令时，adrx_o［15..0］发出地址信号的同时，wrx_o 为高电平；当执行外部读指令时，adrx_o［15..0］发出地址信号的同时，wrx_o 为低电平；空闲时，wrx_o 默认为低电平。

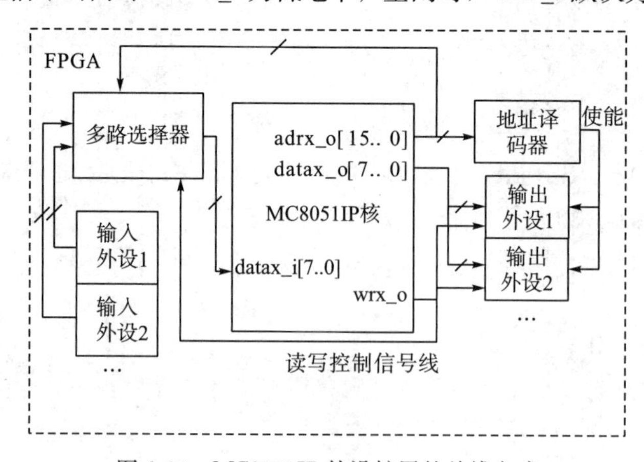

图 6-30　MC8051IP 外设扩展的总线方式

(1)总线方式扩展输出设备的测试。

扩展输出外设构建的电路框图如图 6-31 所示，共分为 4 个部分，MC8051 IP 核、地址译码器 ADDR _DECODER、数据寄存器 REG _XDATA 和锁存器 LATCH _32。该电路实现了 MC8051 IP 核通过总线方式扩展 32 位输出线，并且实现了 32 位数据的同步输出。地址译码器 ADDR _DECODER 根据 MC8051 IP 核访问外部设备的地址进行译码，选通数据寄存器。锁存器 LATCH _32 由 MC8051 IP 核的 P3.0 口控制，当 MC8051 IP 核输出 4 次数据，即 32 位数据时，将这 32 位数据同步寄存后同时输出。

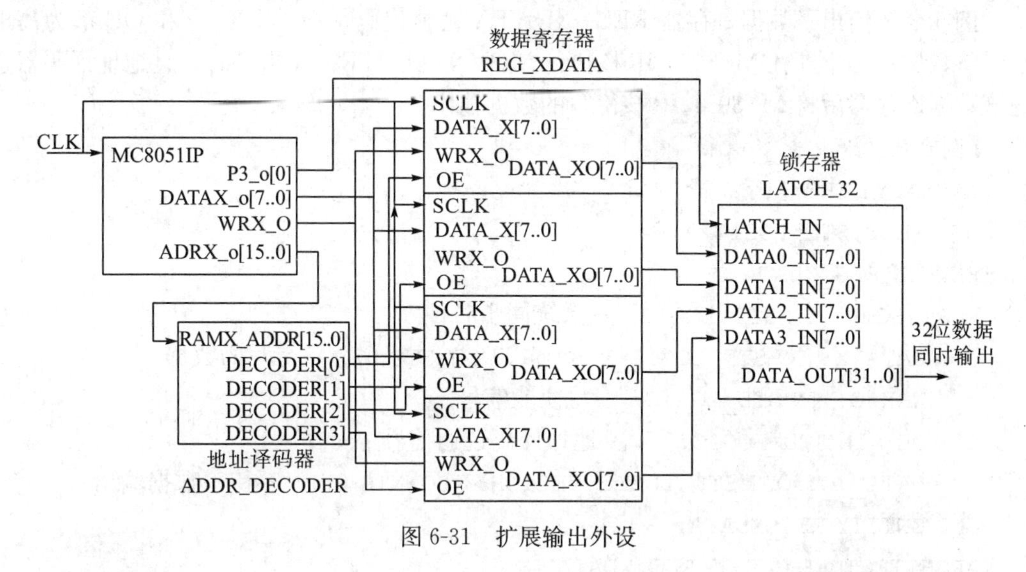

图 6-31　扩展输出外设

例 6.3.6 给出了地址译码器 ADDR _DECODER 完整代码，用户可根据需求添加修改访问的外部地址，这里扩展了 4 个外部地址，即 8000H、8001H、8002H、8003H。

【例 6.3.6】

```
LIBRARY IEEE;
USE IEEE.STD_LOGIC_1164.ALL;
ENTITY ADDR_DECODER IS
PORT(RAMX_ADDR: IN STD_LOGIC_VECTOR(15 DOWNTO 0); --总线地址信号
    DECODER: OUT STD_LOGIC_VECTOR(3 DOWNTO 0));     --地址译码信号
END ENTITY ADDR_DECODER;
ARCHITECTURE ONE OF ADDR_DECODER IS
BEGIN
PROCESS(RAMX_ADDR) BEGIN
  CASE RAMX_ADDR IS
  WHEN "1000000000000000" => DECODER(3 DOWNTO 0)<= "0001";
    --地址为 8000H 时选通第一组数据寄存器
  WHEN "1000000000000001" => DECODER(3 DOWNTO 0)<= "0010";
    --地址为 8001H 时选通第二组数据寄存器
  WHEN "1000000000000010" => DECODER(3 DOWNTO 0)<= "0100";
```

```
    --地址为 8002H 时选通第三组数据寄存器
  WHEN "1000000000000011" => DECODER(3 DOWNTO 0)<= "1000";
    --地址为 8003H 时选通第四组数据寄存器
  WHEN OTHERS=> DECODER(3 DOWNTO 0)<= "0000";
  END CASE;
 END PROCESS;
END ONE;
```

例 6.3.7 给出了数据寄存器 REG _XDATA 完整代码，在 WRX _O 和 OE 都为高电平时将数据送出，即在 MC8051 IP 核执行 MOVX @DPTR，A 指令时，且地址译码器选通该数据寄存器后将 MC8051 IP 核待写的数据输出。

【例 6.3.7】

```
LIBRARY IEEE;
USE IEEE.STD_LOGIC_1164.ALL;
ENTITY REG_XDATA IS
PORT(SCLK: IN STD_LOGIC; --系统同步时钟
    DATA_X: IN STD_LOGIC_VECTOR(7 DOWNTO 0); --待写的数据
    WRX_O: IN STD_LOGIC; --写使能信号
    OE: IN STD_LOGIC;     --地址译码选通信号
    DATA_XO: OUT STD_LOGIC_VECTOR(7 DOWNTO 0)); --待写数据输出
END ENTITY REG_XDATA;
ARCHITECTURE ONE OF REG_XDATA IS
BEGIN
PROCESS(SCLK, DATA_X, WRX_O, OE)
BEGIN
 IF SCLK'EVENT AND SCLK= '1' THEN
  IF WRX_O= '1' AND OE= '1' THEN--在写有效和地址译码选通后将代写数据输出
   DATA_XO<= DATA_X;
  END IF;
 END IF;
END PROCESS;
END ONE;
```

例 6.3.8 给出了锁存器的完整代码。由 P3.0 口控制锁存器的输出，在上升沿到来时将 32 位数据统一输出。

【例 6.3.8】

```
LIBRARY IEEE;
USE IEEE.STD_LOGIC_1164.ALL;
ENTITY LATCH_32 IS
PORT(LATCH_IN: IN STD_LOGIC;
    DATA0_IN: IN STD_LOGIC_VECTOR(7 DOWNTO 0); --写入地址为 8000H 的数据
```

```
    DATA1_IN: IN STD_LOGIC_VECTOR(7 DOWNTO 0); --写入地址为 8001H 的数据
    DATA2_IN: IN STD_LOGIC_VECTOR(7 DOWNTO 0); --写入地址为 8002H 的数据
    DATA3_IN: IN STD_LOGIC_VECTOR(7 DOWNTO 0); --写入地址为 8003H 的数据
    DATA_OUT: OUT STD_LOGIC_VECTOR(31 DOWNTO 0)); --32 位数据统一输出
END ENTITY LATCH_32;
ARCHITECTURE ONE OF LATCH_32 IS
BEGIN
PROCESS(LATCH_IN, DATA0_IN, DATA1_IN, DATA2_IN, DATA3_IN)
  BEGIN
  IF LATCH_IN'EVENT AND LATCH_IN= '1' THEN
    DATA_OUT<= DATA3_IN&DATA2_IN&DATA1_IN&DATA0_IN;
  END IF;
 END PROCESS;
END ONE;
```

图 6-32 给出了 MC8051 IP 核以总线方式扩展输出外设的顶层原理图及具体连线。

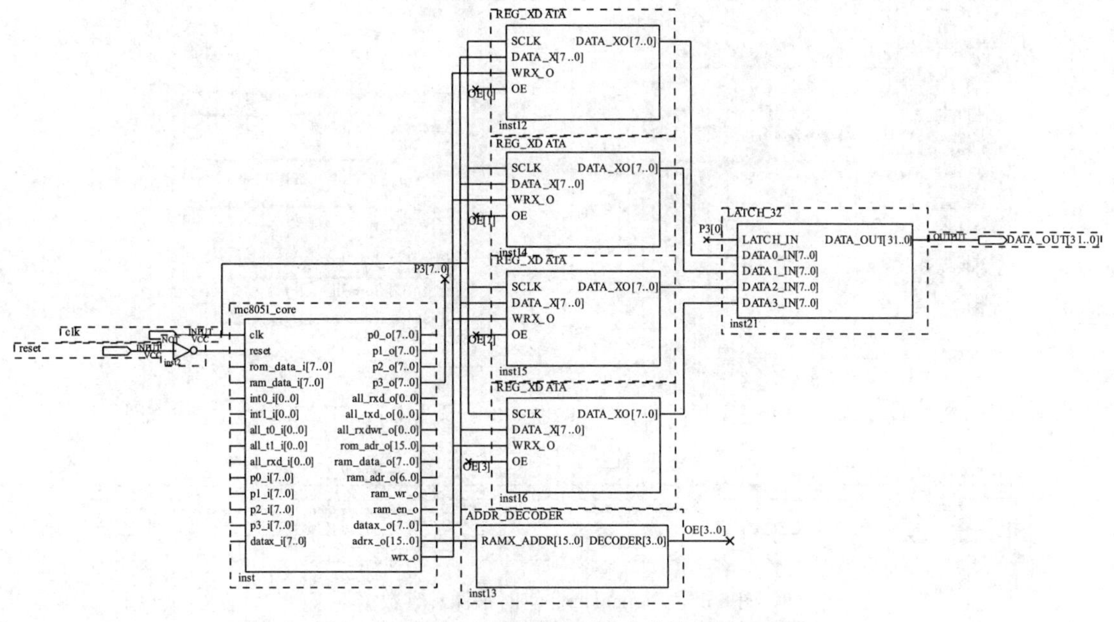

图 6-32　MC8051 IP 核扩展输出外设顶层原理图

例 6.3.9 给出了 MC8051 IP 核访问输出设备 C51 测试代码。程序中直接对外部地址 8000H～8003H 进行赋值，最后通过 P3.0 口控制 32 位数据同时输出。

【例 6.3.9】

```
#include<reg51.h>
#include<absacc.h>
sbit latch= P3^0;
void main()
```

```
{  while(1)
   {  latch= 0;          //P3.0 口置 0
      XBYTE [0x8000] = 0x01;       //对外部地址 8000H 写入数据 01H
      XBYTE [0x8001] = 0x02;       //对外部地址 8001H 写入数据 02H
      XBYTE [0x8002] = 0x03;       //对外部地址 8002H 写入数据 03H
      XBYTE [0x8003] = 0x04;       //对外部地址 8003H 写入数据 04H
      latch= 1;}}                  //P3.0 口置 1，即上升沿触发
```

最后利用 QuartusⅡ的 SignalTapⅡ工具对访问的数据和 MC8051 IP 核访问外设的时序进行采样观察，SignalTapⅡ采样时钟的设置如图 6-33 所示，设置的采样时钟为系统输入时钟，图 6-34 设置了 SignalTapⅡ触发位置和条件，触发位置为中部触发，触发的条件为 P3.0 口输出上升沿时触发。图 6-35 为 SignalTapⅡ实时采样观察到的数据，从图中可以看到 MC8051 IP 核对外设写入数据时控制引脚 wrx_o 输出高电平，同时发出要访问的地址信号，并将写入外设的数据送出去，最后由 P3.0 口控制将 32 位锁存后的数据同步输出，即为 04030201H，这与例 6.3.9 测试代码中的控制输出的数据完全一致。此例说明按照图 6-32 为 MC8051 IP 核以总线方式扩展的输出电路工作正常，也说明 MC8051 IP 核以总线方式输出数据的指令和相关电路工作正常。

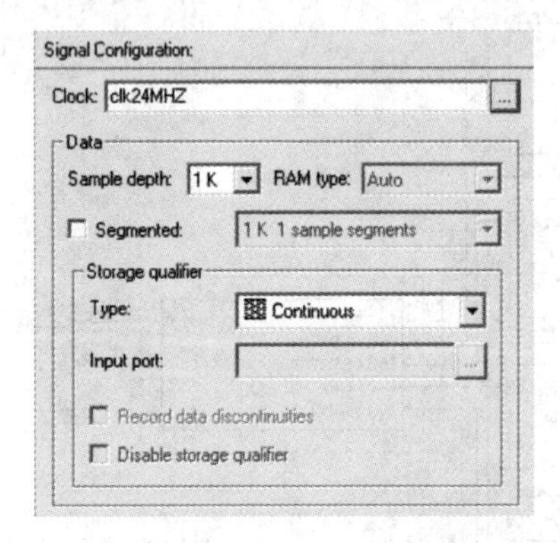

图 6-33 设置 SignalTapⅡ采样时钟

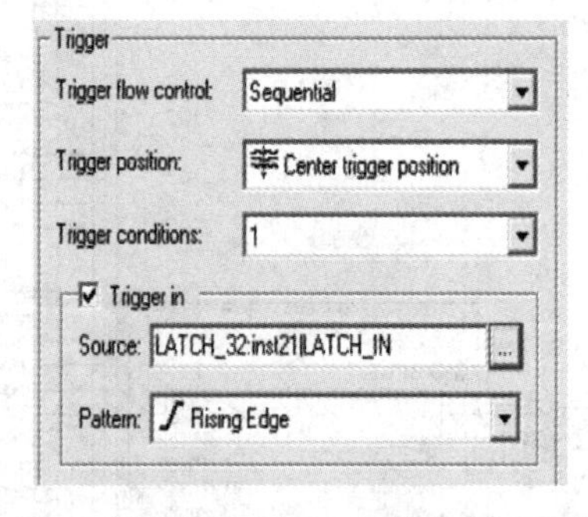

图 6-34 设置 SignalTapⅡ触发位置和条件

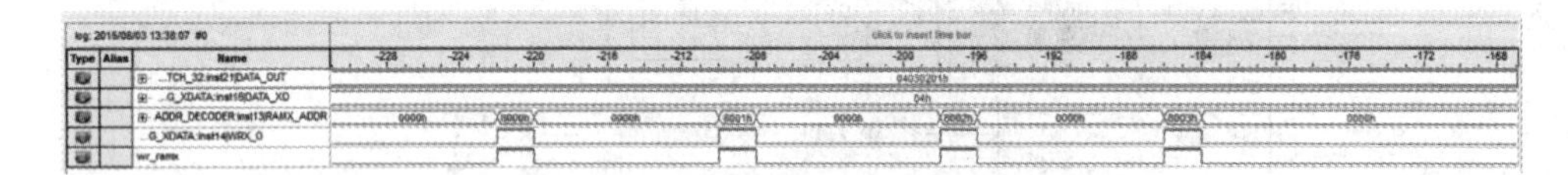

图 6-35 SignalTapⅡ实时采样观察数据

(2)总线方式扩展输入设备的测试。

以总线方式为 MC8051 扩展输入外设的电路框图如图 6-36 所示。图中共分为 4 个部分：输入数据寄存器 REG_8、多路选择器 MUX_DATA、MC8051IP 核和片外 RAM。该电路利用总线访问外设方式扩展了 4 组 8 位数据输入口，数据寄存器 REG_8 对输入的数据进行同步化寄存处理，根据 MC8051 IP 核输出的地址，多路选择器实现对输入数据的选通，其中还包括了片外数据存储器 RAM 的数据选通。图中片外 RAM 的访问地址为 0000H～1000H，地址信号线为 ADRX_o [11..0]，RAM 容量为 4K。

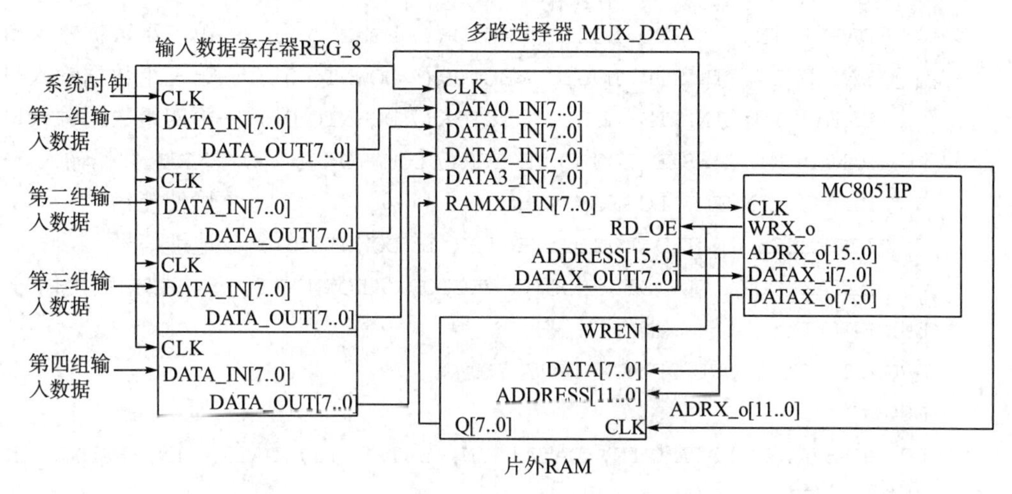

图 6-36　扩展输出外设

例 6.3.10 给出了输入数据寄存器 REG_8 的完整代码，例 6.3.11 给出了多路选择器的完整代码。图 6-37 给出了 MC8051 IP 核访问输出外设顶层原理图。

【例 6.3.10】

```
LIBRARY IEEE;
USE IEEE.STD_LOGIC_1164.ALL;
ENTITY REG_8 IS
PORT(CLK: IN STD_LOGIC;
    DATA_IN: IN STD_LOGIC_VECTOR(7 DOWNTO 0);
    DATA_OUT: OUT STD_LOGIC_VECTOR(7 DOWNTO 0));
END ENTITY REG_8;
ARCHITECTURE ONE OF REG_8 IS
BEGIN
  PROCESS(CLK, DATA_IN)
  BEGIN
  IF CLK'EVENT AND CLK= '1' THEN
    DATA_OUT<= DATA_IN;
  END IF;
 END PROCESS;
END ONE;
```

【例 6.3.11】

```
LIBRARY IEEE;
USE IEEE.STD_LOGIC_1164.ALL;
USE IEEE.STD_LOGIC_UNSIGNED.ALL;
ENTITY MUX_DATA IS
PORT(CLK: IN STD_LOGIC;
    DATA0_IN: IN STD_LOGIC_VECTOR(7 DOWNTO 0); --第一组数据输入口
```

```
        DATA1_IN: IN STD_LOGIC_VECTOR(7 DOWNTO 0); --第二组数据输入口
        DATA2_IN: IN STD_LOGIC_VECTOR(7 DOWNTO 0); --第三组数据输入口
        DATA3_IN: IN STD_LOGIC_VECTOR(7 DOWNTO 0); --第四组数据输入口
        RAMXD_IN: IN STD_LOGIC_VECTOR(7 DOWNTO 0); --片外 RAM 数据输入口
        RD_OE: IN STD_LOGIC;                        --读使能信号
        ADDRESS: IN STD_LOGIC_VECTOR(15 DOWNTO 0); --地址信号
        DATAX_OUT: OUT STD_LOGIC_VECTOR(7 DOWNTO 0)); --数据输出信号
    END ENTITY;
    ARCHITECTURE ONE OF MUX_DATA IS
    BEGIN
    PROCESS(CLK, DATA0_IN, DATA1_IN, DATA2_IN, DATA3_IN, RAMXD_IN,
RD_OE, ADDRESS)
    BEGIN
      IF CLK'EVENT AND CLK= '1' THEN
          IF RD_OE= '0'AND ADDRESS= "1000000000000000" THEN
          --访问地址为 8000H
            DATAX_OUT<= DATA0_IN;
          ELSIF RD_OE= '0'AND ADDRESS= "1000000000000001" THEN
          --访问地址为 8001H
            DATAX_OUT<= DATA1_IN;
          ELSIF RD_OE= '0'AND ADDRESS= "1000000000000010" THEN
          --访问地址为 8002H
            DATAX_OUT<= DATA2_IN;
          ELSIF RD_OE= '0'AND ADDRESS= "1000000000000011" THEN
          --访问地址为 8003H
            DATAX_OUT<= DATA3_IN;
          ELSIF RD_OE= '0'AND ADDRESS<= "0001000000000000" THEN
            --片外 RAM 的访问地址为 0000H~ 1000H
            DATAX_OUT<= RAMXD_IN;
          END IF;
      END IF;
    END PROCESS;
    END ONE;
```

例 6.3.12 给出了 MC8051 IP 核以总线方式访问外部输入设备的测试代码。测试的基本思想是，如图 3-1 所示的硬件中，在按键 K1 的控制下，将拨码开关 S1～S8 的 8 位二进制数读入单片机中，然后再将该 8 位数据输出到 P3 口控制的 8 个 LED 灯上显示出来。具体地讲就是，首先在 FPGA 引脚锁定时，将外部中断 0 锁定到外部按键 K1 上，将地址为 8000H 的 8 位输入数据锁定到 8 个外部拨码开关 S1～S8 上，将 MC8051 P3 口的 8 位数据锁定到 D1～D8 的 8 个 LED 上。然后设置 S1～S8 的开关状态，按下 K1 产生

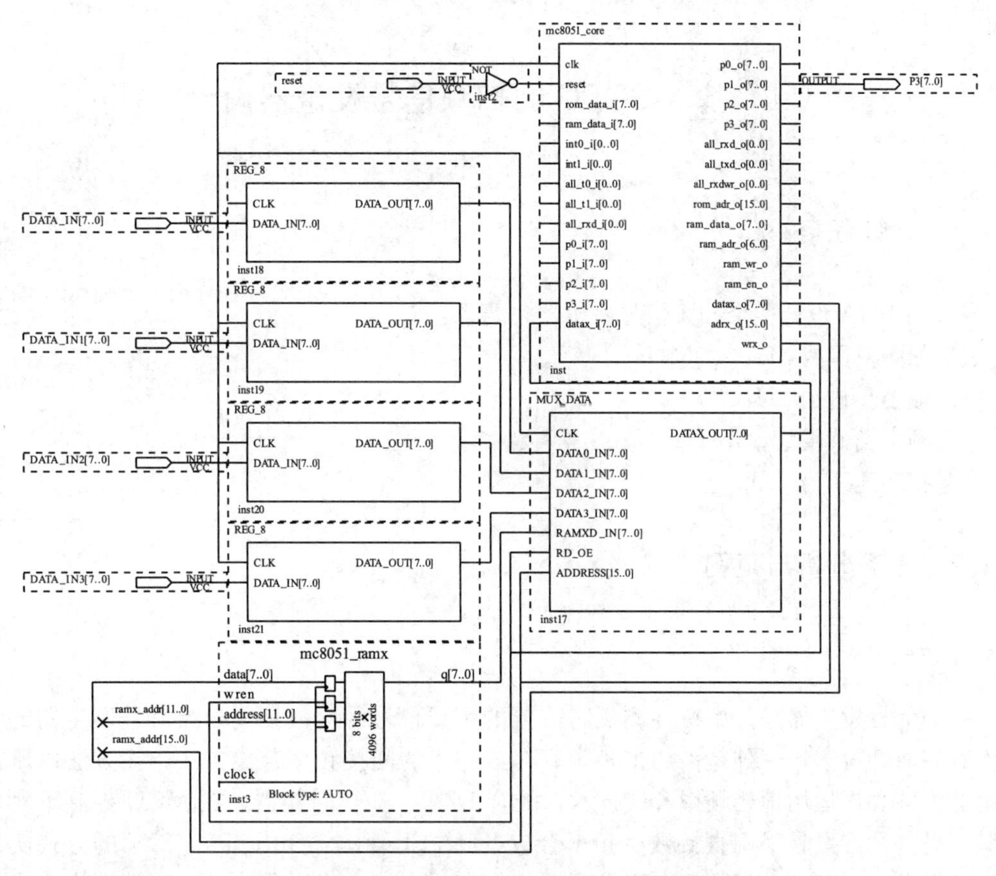

图 6-37　MC8051 IP 核扩展输入外设顶层原理图

中断，MC8051 则读取 S1～S8 的开关量，并将读取的数据从 P3 口输出。最后，观察 LED 显示的数据与拨码开关设置的数据是否一致。通过实验验证，MC8051 IP 核构建的总线方式读取外设的电路工作正常。

【例 6.3.12】

```
#include<reg51.h>
#include<absacc.h>
void int0()interrupt 0
{P3= XBYTE [0x8000];}          //每按一次键读一次按键值
void main()
{ EA= 1;          //打开总中断
  EX0= 1;         //打开外部中断 0
  IT0= 0;         //设置外部中断 0 为电平触发
while(1);
 }
```

6.4 基于 SOPC 的扫频信号发生器设计

6.4.1 设计任务

利用 FPGA 设计一个扫频信号发生器，要求：

(1)扫频范围为 1Hz～10MHz。

(2)最小步进为 1Hz。

(3)频率精确度为±0.1Hz。

(4)扫频速率为 10ms～10s。

6.4.2 任务分析与范例

1. 任务分析

扫频信号发生器是频率特性测试时需要的重要信号源。数字式扫频信号发生器的实现大致有两种方案，一种是采用锁相频率合成技术的间接频率合成方法，该方法以压控振荡器为核心，运用锁相频率合成技术，配合 D/A、A/D 转换器，在 MCU 控制下实现扫频；另一种方案是采用直接数字频率合成(Direct Digital Synthesis，DDS)的方式实现扫频信号发生。直接数字频率合成是利用相位变化直接合成所需波形的一种频率合成技术。它以一个固定频率精度的时钟作为参考时钟源，在 MCU 的控制下通过数字信号处理技术产生一个频率和相位可调的输出信号。这种扫频仪的频率稳定度仅取决于外接参考晶振的稳定度，频率分辨率可以达到微赫兹，输出频率宽、频率转换时间短、数字化程度高、易于集成、易于程控、使用灵活，可以产生任意波形。

DDS 是奈奎斯特采样定理的逆向运用，将 ROM 中量化的数值送往 DAC 以及低通滤波器(LPF)重建原始信号。图 6-38 给出了 DDS 的基本结构框图，包括同步寄存器、相位累加器、相位调制器、正弦 ROM 表、D/A 转换器和低通滤波器等。

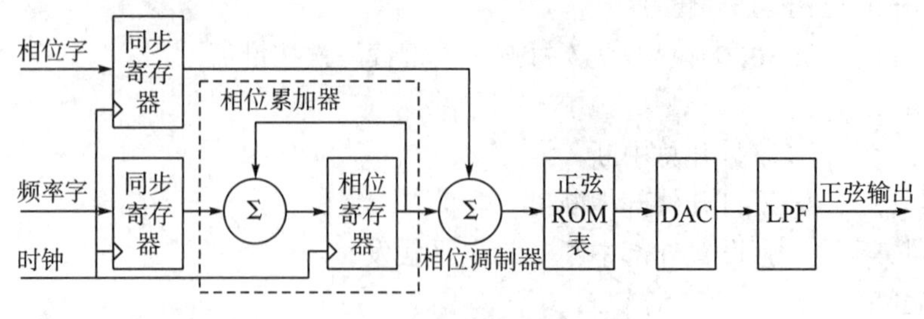

图 6-38 DDS 基本结构框图

同步寄存器主要实现频率字和相位字的同步寄存，使频率字和相位字改变时不影响累加器的工作。相位寄存器和加法器构成的相位累加器是 DDS 的核心，完成相位累加，其输入量为频率字，即相位增量，频率字的大小与输出频率呈线性关系，即公式(6-1)。

相位调制器是在相位累加器输出的基础上叠加一个相位偏移值，以实现输出信号的相位移动。利用相位调制器可以实现移相键控(PSK)等相位调制功能。在本例中不需要移相，因此可以删除该相位调制器。

正弦 ROM 表中存储的是经过抽样、量化后的一个周期的正弦波数据，将该 ROM 表中的数据依次送出，经过 DAC 后就可以得到一个周期的模拟正弦波，经低通滤波后得到比较纯净的正弦波。ROM 表中的正弦数据循环送出，则周期性产生模拟正弦波。这里有两种方法可以改变输出信号的频率：①改变正弦 ROM 表递增地址输入的时钟频率，这种方法容易理解，但不灵活，输出频率与时钟频率之间始终为整数倍关系，无法灵活修改输出频率。②保持时钟频率不变，改变地址的递增的步长(也称为频率字)来改变输出信号的频率，DDS 即采用此法。步长即为正弦 ROM 表的相位增量，由累加器对相位增量进行累加。累加器的输出值作为正弦 ROM 表的地址。例如，ROM 表中的正弦波为 1024 个点，如果设置步长为 1，则累加器的输出每次递增 1，因此需要将 ROM 表中的 1024 个点全部输出才产生一个完整的正弦波周期，此时输出频率为时钟频率的 1/1024。如果设置地址递增的步长为 4，即频率字为 4，则累加器输出的地址也按 4 递增，ROM 表中的 1024 个点的数据被每间隔 4 个数据送出给一个给 DAC 进行转换，因此产生完成一个周期时，实际上只输出了 256 个点，所有此时输出的正弦波频率也就为时钟频率的 1/256。因此，时钟不变的情况下，频率字越大，即步长越大，产生的频率就越高。

D/A 转换器把正弦波数字量转换为包络为正弦波的阶梯波。D/A 转换器的分辨率越高，输出的正弦波阶梯数越多，其波形的精度也越高。经低通滤波输出光滑的模拟波形，低通滤波截止频率一般可选为时钟频率的一半。

DDS 的详细工作原理可以自行查看相关文献。设 f_{clk} 为系统基准时钟，f_{o} 为输出频率，W 为频率控制字，即相位增量，n 为相位累加器的位宽，Δf_{o} 为频率分辨率，则主要参数的计算公式可表示如下。

(1)输出频率：

$$f_{\mathrm{o}} = W\frac{f_{\mathrm{clk}}}{2^n} \tag{6-1}$$

可见，在系统基准时钟频率不变和累加器相位一定的情况下，输出频率与频率控制字呈简单线性关系。DDS 的最大输出频率由奈奎斯特采样定理决定，理论上可达到 $f_{\mathrm{clk}}/2$，即频率字 W 的最大值为 2^{n-1}。考虑到滤波器输出特性，实际输出最大频率一般取

$$f_{\mathrm{o\,max}} = f_{\mathrm{clk}} \times 40\% \tag{6-2}$$

(2)频率分辨率：

$$\Delta f_{\mathrm{o}} = \frac{f_{\mathrm{clk}}}{2^n} \tag{6-3}$$

分辨率为当频率字为 1 时的频率输出，也是最小的频率步进值。从表达式可见，只要 n 足够大，DDS 就可以得到非常低的频率步进值，这是传统频率合成技术无法相比的优势。

(3)频率字：

$$W = \frac{2^n f_{\mathrm{o}}}{f_{\mathrm{clk}}} \tag{6-4}$$

设计实际 DDS 信号源时，首先要根据输出最高频率的要求，确定系统的最低时钟频率，然后根据频率分辨率的要求确定相位累加器的位数 n。

图 6-39 给出了扫频信号发生器的系统结构框图。整个系统由 FPGA、键盘、液晶显示、D/A 转换器、低通滤波等模块组成。其中 FPGA 为系统核心，将微控制器 MC8051、锁相环、DDS 发生模块、键盘输入处理模块、输出模块等集成在其内部，构成 SOPC 系统。FPGA 外部主要包括由键盘和显示实现的人机交互接口，方便用户设置扫频信号的频率扫描范围、扫描模式、扫频速度等参数。DAC、LPF 模块实现数模转换、信号滤波功能，如果需要还可以在低通滤波器模块后面接入程控增益放大器，以实现输出信号的增益控制。

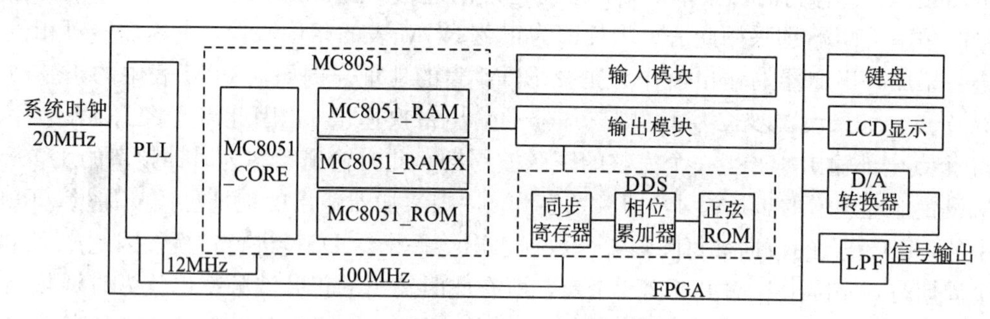

图 6-39 扫频信号发生器系统结构框图

2. 设计范例

在后面的设计中，将采用 1024 个点表示一个完整正弦波，设 D/A 转换器为 10 位，因此应设计地址位宽为 10 位、数据位宽也为 10 位的正弦 ROM。在设计 ROM 时需要对 ROM 中的数据作初始化。ROM 的初始化文件可以采用. HEX 或. MIF 两种格式。ROM 中的数据众多，且数据为非线性数据，采用 QuartusⅡ中存储器文件编辑工具来完成编辑效率太低，因此可以采用 C 语言、Matlab 或 DSP Builder 等工具来生成所需要的初始化文件。

例 6.4.1 给出了利用 C 语言产生. MIF 格式的正弦波存储器初始化文件的一种方法。首先利用 C 编译器编译生成可执行文件，如 SINROM. EXE，然后在 DOS 下执行 SINROM>SINROM. MIF 即可将程序产生的数据写入名为 SINROM. MIF 的文本文件中，从而生成所需要的 MIF 存储器初始化文件，最后按照前面介绍的 ROM 构建方法构建正弦 ROM 模块。

【例 6.4.1】

```
//--10 位 1024 点正弦 ROM 产生--
#include<stdio.h>
#include " math.h"
main()
{int i; float temp;
printf("WIDTH= 10; \ n");
printf("DEPTH= 1024; \ n");
printf("ADDRESS_RADIX= UNS; \ n");
```

```
printf("DATA_RADIX= UNS; \ n");
printf("CONTENT BEGIN \ n");
for(i= 0; i<1024; i+ + )
{ temp= sin(atan(1)* 8* i/1024);
  printf("% d :% d; \ n", i, (int)((temp+ 1)* 1023/2));
    }
printf(" END; \ n");
}
```

例6.4.2实现了DDS模块中的频率字同步寄存器和相位累加器的设计。其中进程PA实现了频率字的同步寄存。频率字位宽为32位，因此在MC8051模块中往往需要作并行I/O口扩展，如果在MC8051外围采用了如图6-36所示的类似方式进行基于总线的32位输出口扩展，并已经进行了32位的同步输出处理，则进程PA实现的同步寄存器就可以省略。进程PB实现了相位累加功能，相位累加器的位宽也为32位，正弦ROM仅1024个点，即数据线仅10根，因此只能将相位累加器的高10位输出地址送给正弦ROM的地址输入端。

【例6.4.2】

```
LIBRARY IEEE;
USE IEEE.STD_LOGIC_1164.ALL;
USE IEEE.STD_LOGIC_UNSIGNED.ALL;
ENTITY DDS IS
PORT(CLK: IN STD_LOGIC;
    FCW: IN STD_LOGIC_VECTOR(31 DOWNTO 0);
    ADR: OUT STD_LOGIC_VECTOR(9 DOWNTO 0));
END ENTITY DDS;
ARCHITECTURE DEMO OF DDS IS
SIGNAL FCWB: STD_LOGIC_VECTOR(31 DOWNTO 0);
SIGNAL CNT: STD_LOGIC_VECTOR(31 DOWNTO 0);
BEGIN
PA: PROCESS(CLK)   --32位频率字同步寄存器
    BEGIN
    IF RISING_EDGE(CLK) THEN
        FCWB<= FCW;
    END IF;
    END PROCESS PA;
PB: PROCESS(CLK)   --32位相位累加器
    BEGIN
    IF RISING_EDGE(CLK) THEN
        CNT<= CNT+ FCWB;
    END IF;
```

```
    END PROCESS PB;
    ADR<= CNT(31 DOWNTO 22);    --将累加器高 10 位地址送给 ROM 做地址输入
END DEMO;
```

对 MC8051 输入模块和输出模块的并行扩展设计可以采用如 6.3.4 节和 6.3.5 节所述的方法。本例采用了 6.3.5 节所述的总线扩展方式实现，这将具有更高的效率和准确性。

键盘接口的实现有两种方法，一种是通过输入输出模块接口，由单片机直接完成键盘扫描、消抖动和键值识别，这种方法在几乎任何一本单片机书中都会讲解；另一种方法是采用 FPGA 实现键盘的扫描、消抖动和键值识别，完成后通过中断通知单片机读取即可，其处理方法在 4.5 节中已经阐述，相比于第一种规划方式，这种方式主要采用硬件实现，可以降低单片机的软件工作强度。

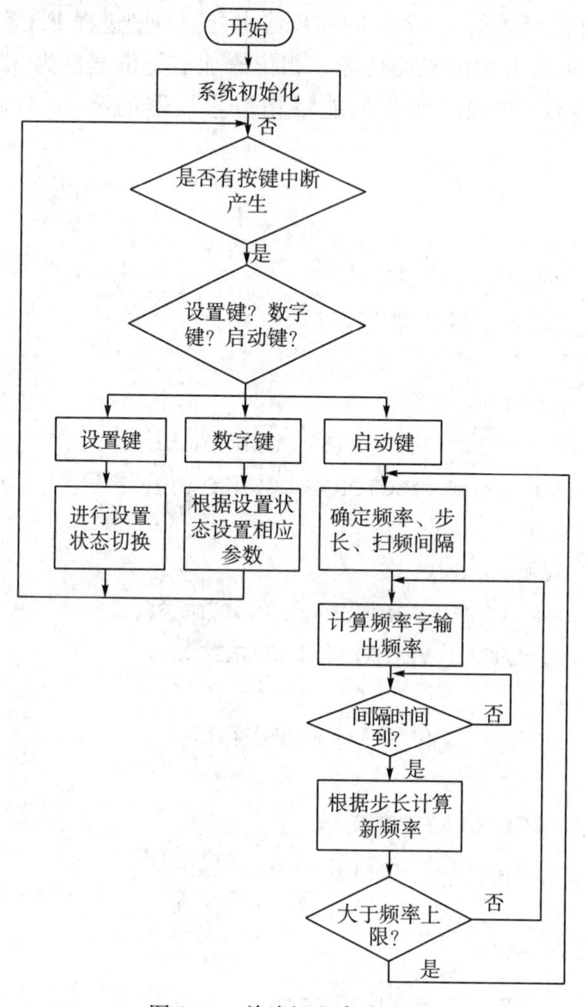

图 6-40　单片机程序流程图

图 6-40 给出了单片机程序的大致流程。系统上电后，单片机首先进行系统初始化，完成定时/计数器、中断初始设置，初始化液晶显示器，加载扫频信号发生器默认基本参数。然后等待用户修改扫频参数或启动扫频。如果用户按设置键，则进行设置状态的切

换；如果按键为数字键，则根据设置状态的不同修改相应参数；如果按键为启动键，则根据设置参数确定最终的扫频信号发生器的扫频起始频率、终止频率、扫频步进值、扫频速度等参数。之后，根据需要产生的频率，计算控制 DDS 的频率字，写入 FPGA 内部，输出相应频率。在输出频率的同时，启动定时器，对扫频时间间隔进行定时，定时时间到，则频率按步进值增加，如果增加后的频率值没有超过输出频率上限，则重新计算频率字，并写入 FPGA，产生新频率输出，如果增加后的频率值超出了频率上限值，则根据扫频参数，从起始频率重新开始扫描。

例 6.4.3 给出了单片机总线方式访问外部 FPGA 的地址定义。将 32 位频率字分别设置为 4 个 8 位寄存器，寄存器地址从 0x8000 一直到 0x8003，该地址的具体数值取决于图 6-36 中的多路数据选择器的设计，也就是例 6.3.11 中的具体地址分配。MC8051 IP 核通过外部地址向 FPGA 发送 4 次数据，每次发送 8 位，共 32 位，实现频率字的写入。

【例 6.4.3】

```
#define DDS_W0 XBYTE [0x8000] --定义 DDS 频率字的 0~7 位访问地址
#define DDS_W1 XBYTE [0x8001] --定义 DDS 频率字的 8~15 位访问地址
#define DDS_W2 XBYTE [0x8002] --定义 DDS 频率字的 16~23 位访问地址
#define DDS_W0 XBYTE [0x8003] --定义 DDS 频率字的 24~31 位访问地址
```

例 6.4.4 给出了单片机实现线性扫频的一个简单程序片段。函数 FrequencySweep 首先根据设置的扫频频率上限和频率下限计算出扫频的频率范围 freqdff，并根据设置的扫频仪的步进频率，计算出在整个扫频范围内需要修改频率的次数 swfrenum，再根据设置的扫频时间计算频率步进的时间间隔 timelag。之后根据需要设置的频率计算出频率字，并将频率字分 4 次依次写入 FPGA 内的寄存器暂存，当 32 位频率字写完后，再通过 WREN 的上升沿将 32 位数据同步更新至 DDS 模块的输入寄存器内，控制 DDS 产生所需要的频率。在步进时间间隔到后，更新频率字，产生新的频率值。当完成一次完整扫描后，即 swfrenum=0 时就需要重新执行以上过程。

【例 6.4.4】

```
uint 32FWx;          //定义开始扫频的频率字，为 32 位长整型
uint32 addFWx;       //定义扫频步进的频率字，为 32 位长整型，每次累加的频率
uint32 lowfreq;      //读取到按键输入的最低扫频频率
uint32 highfreq;     //读取到按键输入的最高扫频频率
uint32 stepfreq;     //读取到按键输入的扫频步进间隔
int swtime;          //读取到按键输入的扫频时间
```

//根据按键设置的参数计算出扫频的最低频率字、扫频的时间间隔，以及扫频步进的频率字，然后开始扫频

```
void FrequencySweep()
{float temp= 0.0;
   uint8 i= 0;
   uint32 freqdff;           //定义频率差
   uint32swfrenum;           //定义扫频次数
```

```
……
    freqdff= highfreq-lowfreq;        //计算频率差
    swfrenum= freqdff/stepfreq;       //计算扫频次数
    timelag= swtime/swfrenum;         //计算扫频的时间间隔
……
//根据频率值计算 DDS 的频率字，累加器为 32 位，系统时钟为 100MHz
    //计算公式：频率字= HEX((需要产生的频率×2^32)/100×10^6)
    temp= lowfreq* 42.94967296;       //42.94967296= 2^32/100MHz
    FWx= (uint32)(temp+ 0.5);         //将浮点数四舍五入，转为整型 32
                                      //位频率字
    for(i= swfrenum; i> = 0; i--)     //开始扫频
     { //将 32 位整型数据拆分为 4 个 8 位频率设置值分四次送给 FPGA
        DDS_W0= FWx & 0xff;       //取出频率字的最低 8 位写入 FPGA 的寄
        存器
        DDS_W1= FWx>> 8 & 0xff;       //获取频率字次低 8 位写入寄存器
        DDS_W2= FWx>> 16 & 0xff;      //获取频率字次高 8 位写入寄存器
        DDS_W3= FWx>> 24 & 0xff;      //获取频率字高 8 位写入寄存器
        WREN= 0;        //产生上升，将 32 位频率字同步锁存输入 DDS 模块，
        WREN= 1;
        delay1us(swtime);       //每隔 swtime 时间变换一次频率
    FWx= FWx+ addFWx;           //频率字累加
    }
……
}
```

6.4.3 实训内容与步骤

(1)分析设计任务，理解扫频信号发生器的工作原理和设计思路。

(2)根据 6.2 节，采用 HDL 或原理图方式进行 MC8051 IP 核的构建，包括 RAM、ROM 和扩展 RAM 的设计，构建单片机最小系统，即图 6-39 中 MC8051 虚线框所示部分。

(3)根据 6.2 节，创建锁相环 PLL 模块，通过锁相环输出 12MHz 单片机工作时钟，输出 100MHz DDS 工作时钟。

(4)根据 6.4 节的设计范例，完成同步寄存器、相位累加器、正弦 ROM 模块的设计，构建完整 DDS 模块，即图 6-39 中标示 DDS 的虚线框内的内容。

(5)规划键盘模块、液晶显示模块等外围扩展与 MC8051 IP 核的接口扩展方式，可以采用总线方式扩展，也可以采用独立 I/O 方式扩展。完成输入模块和输出模块的设计与测试。

(6)根据图 6-39 的结构框图，将 MC8051 IP 核系统、DDS 模块、锁相环、输入模块

和输出模块等构建成完整系统。

(7)编写单片机程序，完成扫频信号发生器的整体系统要求。

6.4.4　设计思考与拓展

(1)为扫频信号发生器增加扫频模式选择功能，使其支持线性扫频和对数扫频等方式。

(2)为系统增加输出幅度数控功能，使输出幅度可调。

参 考 文 献

王琼. 2013. 单片机原理及应用实验教程. 2 版. 合肥：合肥工业大学出版社.

贡雪梅，王昆. 2014. 单片机实验与实践教程. 西安：西北工业大学出版社.

焦学辉. 2010. 单片机及接口技术实训. 北京：中国电力出版社.

陈朝大，韩剑. 2014. 单片机原理与应用实验实训和课程设计. 武汉：华中科技大学出版社.

薛庆军，张秀娟. 2008. 单片机原理实验教程. 北京：北京航空航天大学出版社.

江世明. 2010. 单片机原理及应用实验教程. 北京：中国铁道出版社.

赵建领. 2012. 51 系列单片机开发宝典. 2 版. 北京：电子工业出版社.

毋茂盛. 2015. 单片机原理与开发. 北京：高等教育出版社.

李全利. 2009. 单片机原理及接口技术. 2 版. 北京：高等教育出版社.

潘松，黄继业. 2010. EDA 技术实用教程——VHDL 版. 4 版. 科学出版社.

卢毅，赖杰. 2001. VHDL 与数字电路设计. 北京：科学出版社.

王锁萍. 2000. 电子设计自动化(EDA)教程. 成都：电子科技大学出版社.

康华光. 2006. 电子技术基础：数字部分. 5 版. 北京：高等教育出版社.

唐续，刘曦. 2013. 现代电子技术综合实验教程. 北京：电子工业出版社.

刘韬，楼兴华. 2005. FPGA 数字电子系统设计与开发实例导航. 北京：人民邮电出版社.

王彦. 2007. 基于 FPGA 的工程设计与应用. 西安：西安电子科技大学出版社.

Oregano Systems. 2013. MC8051 IP Core User Guide(V1.2). Vienna：Oregano Systems.

Oregano Systems. 2004. Implementing the MC8051 IP Core On A Cyclone Nios Board. Vienna：Oregano Systems.